U0347534

21世纪普通高校计算机公共课程规划教材

Visual FoxPro程序设计

曾庆森 王艳 等编著

清华大学出版社
北京

内 容 简 介

本书以 Visual FoxPro 6.0 关系数据库知识为背景，介绍了关系数据库管理系统的基础知识及系统开发技术。全书主要内容包括：Visual FoxPro 数据库基础、Visual FoxPro 数据类型与数据运算、关系数据库标准语言 SQL、Visual FoxPro 数据库及表操作、结构化程序设计、面向对象程序设计及其表单设计、菜单设计、报表和标签、项目管理器、数据库系统开发实例等内容。全书的编写主要以数据库的基础知识、数据库类型与数据运算、关系数据库标准语言 SQL、面向对象程序设计知识为重点，引导读者不断地理解和掌握 Visual FoxPro 基本知识和数据库基本应用，全书列举了大量的案例和例题，所涉及的程序代码都在计算机上运行并调试通过，而且操作步骤较为详细，为学生自主学习课程起到了很好的帮助作用。

为了方便教学及读者进一步理解和掌握 Visual FoxPro 程序设计的应用和开发，同时编写了一本《Visual FoxPro 程序设计实验指导及习题》，该书所编写的实验内容是按照"Visual FoxPro 程序设计"课程教学循序渐进的方式而进行编写的，通过做一定的习题和实验巩固所学的知识，能为学习好课程起到很好的帮助作用。同时为了配合教学需要配套编写了教学课件。

本书内容丰富，覆盖了 Visual FoxPro 程序设计的主要内容，该书不仅适合高等学校 Visual FoxPro 程序设计课程的教材，而且对参加计算机二级等级考试的应试者，也是一本很好的适用培训教材，也可供数据库开发人员参考。

图书在版编目(CIP)数据

Visual FoxPro 程序设计/曾庆森，王艳等编著. —北京：清华大学出版社，2013.2(2018.1 重印)
(21 世纪普通高校计算机公共课程规划教材)
ISBN 978-7-302-31438-7

Ⅰ. ①V…　Ⅱ. ①曾…　②王…　Ⅲ. ①关系数据库系统-程序设计-高等学校-教材
Ⅳ. ①TP311.138

中国版本图书馆 CIP 数据核字(2013)第 020188 号

责任编辑：付弘宇　薛　阳
封面设计：何凤霞
责任校对：李建庄
责任印制：刘祎淼

出版发行：清华大学出版社
网　址：http://www.tup.com.cn，http://www.wqbook.com
地　址：北京清华大学学研大厦 A 座　**邮　编**：100084
社 总 机：010-62770175　**邮　购**：010-62786544
投稿与读者服务：010-62776969，c-service@tup.tsinghua.edu.cn
质量反馈：010-62772015，zhiliang@tup.tsinghua.edu.cn
课件下载：http://www.tup.com.cn，010-62795954
印 装 者：北京鑫海金澳胶印有限公司
经　销：全国新华书店
开　本：185mm×260mm　**印　张**：19.75　**字　数**：488 千字
版　次：2013 年 2 月第 1 版　**印　次**：2018 年 1 月第 6 次印刷
印　数：9501～10300
定　价：35.00 元

产品编号：051392-01

出版说明

随着我国改革开放的进一步深化，高等教育也得到了快速发展，各地高校紧密结合地方经济建设发展需要，科学运用市场调节机制，加大了使用信息科学等现代科学技术提升、改造传统学科专业的投入力度，通过教育改革合理调整和配置了教育资源，优化了传统学科专业，积极为地方经济建设输送人才，为我国经济社会的快速、健康和可持续发展以及高等教育自身的改革发展做出了巨大贡献。但是，高等教育质量还需要进一步提高以适应经济社会发展的需要，不少高校的专业设置和结构不尽合理，教师队伍整体素质亟待提高，人才培养模式、教学内容和方法需要进一步转变，学生的实践能力和创新精神亟待加强。

教育部一直十分重视高等教育质量工作。2007 年 1 月，教育部下发了《关于实施高等学校本科教学质量与教学改革工程的意见》，计划实施“高等学校本科教学质量与教学改革工程（简称‘质量工程’）”，通过专业结构调整、课程教材建设、实践教学改革、教学团队建设等多项内容，进一步深化高等学校教学改革，提高人才培养的能力和水平，更好地满足经济社会发展对高素质人才的需要。在贯彻和落实教育部“质量工程”的过程中，各地高校发挥师资力量强、办学经验丰富、教学资源充裕等优势，对其特色专业及特色课程（群）加以规划、整理和总结，更新教学内容、改革课程体系，建设了一大批内容新、体系新、方法新、手段新的特色课程。在此基础上，经教育部相关教学指导委员会专家的指导和建议，清华大学出版社在多个领域精选各高校的特色课程，分别规划出版系列教材，以配合“质量工程”的实施，满足各高校教学质量和教学改革的需要。

本系列教材立足于计算机公共课程领域，以公共基础课为主、专业基础课为辅，横向满足高校多层次教学的需要。在规划过程中体现了如下一些基本原则和特点。

（1）面向多层次、多学科专业，强调计算机在各专业中的应用。教材内容坚持基本理论适度，反映各层次对基本理论和原理的需求，同时加强实践和应用环节。

（2）反映教学需要，促进教学发展。教材要适应多样化的教学需要，正确把握教学内容和课程体系的改革方向，在选择教材内容和编写体系时注意体现素质教育、创新能力与实践能力的培养，为学生知识、能力、素质协调发展创造条件。

（3）实施精品战略，突出重点，保证质量。规划教材把重点放在公共基础课和专业基础课的教材建设上；特别注意选择并安排一部分原来基础比较好的优秀教材或讲义修订再版，逐步形成精品教材；提倡并鼓励编写体现教学质量和教学改革成果的教材。

（4）主张一纲多本，合理配套。基础课和专业基础课教材配套，同一门课程有针对不同层次、面向不同专业的多本具有各自内容特点的教材。处理好教材统一性与多样化，基本教材与辅助教材、教学参考书，文字教材与软件教材的关系，实现教材系列资源配套。

（5）依靠专家，择优选用。在制定教材规划时要依靠各课程专家在调查研究本课程教材建设现状的基础上提出规划选题。在落实主编人选时，要引入竞争机制，通过申报、评审确定主题。书稿完成后要认真实行审稿程序，确保出书质量。

繁荣教材出版事业，提高教材质量的关键是教师。建立一支高水平教材编写梯队才能保证教材的编写质量和建设力度，希望有志于教材建设的教师能够加入到我们的编写队伍中来。

21世纪普通高校计算机公共课程规划教材编委会

联系人：魏江江 weijj@tup.tsinghua.edu.cn

前 言

在当今世界，人们生活的方方面面都要与计算机打交道，在计算机的应用领域中，70%的应用都是数据处理，而 Visual FoxPro 程序设计的主要应用领域就是数据处理，主要解决的是数据的组织、管理、操作和面向对象程序设计基本操作，通过该门课程的学习可以使读者清楚地理解数据在计算机的应用以及与人们生活的关系，使自己对计算机的认识得到一个显著的升华。

Visual FoxPro 6.0 关系数据库是新一代小型数据库管理系统的接触代表，它不仅有强大功能、完整而又丰富的工具、较高的处理速度、友好界面以及完备兼容性等特点，而且作为掌握后台数据库操作技能，前台开发界面设计，都是一个很好的开发工具。

本书从数据库的基本知识出发，以循序渐进的方式讲解与数据库有关的基本知识和基本概念、数据类型、变量和常量、关系数据库标准语言 SQL、数据库基本知识、面向过程的简单程序设计、面向对象程序设计、表单、报表、菜单设计以及数据库系统开发案例等知识，内容的组织和编排主要是按照数据库知识的连贯性和可理解性进行。全书知识编排合理，安排了大量的实例方便理解和掌握知识的运用，并且程序设计代码都在计算机上调试运行，这样对学习和掌握书本知识具有很好的示范作用。

为了配合教学，与此同时，又编写了一本《Visual FoxPro 程序设计实验指导及习题》，该书不仅具有大基的实验内容，而且有教材的习题参考答案，理论知识习题等内容。为了配合教学需要配套编写了教学课件。

本书由重庆理工大学曾庆森、王艳等编著，第 1 章和第 2 章由重庆理工大学盛莉编写，第 3 章和第 7 章由重庆理工大学龚箭编写，第 4 章和第 11 章由重庆理工大学王艳编写，第 5 章、第 6 章和第 8 章由重庆理工大学曾庆森编写，第 9 章和第 10 章由重庆理工大学何进编写。最后由曾庆森统编、定稿，并进行了大量的检查和校阅工作。西南大学邹显春老师、重庆理工大学李梁老师对本书的编写提出了许多宝贵意见和建议，“Visual FoxPro 程序设计”精品课题组的老师们也对教材的编写提出了宝贵的意见，在此一一表示衷心的感谢。

由于时间仓促及作者水平有限，书中难免出现一些疏漏或者错误，恳请广大的读者提出宝贵意见。

编者

2012 年 10 月 18 日

目　录

第1章 Visual FoxPro 数据库基础

Visual FoxPro 是计算机优秀的数据库管理系统软件之一，Visual 是指它采用了可视化、面向对象的程序设计方法，大大简化了应用系统的开发过程。数据库技术产生于20世纪60年代，在科学计算、数据处理、过程控制等计算机应用领域中，数据处理约占70%，因此，数据库技术是计算机科学的重大应用。

计算机技术的高速发展被认为是人类进入信息时代的标志。在信息时代，人们需要对大量的信息进行加工和处理，在这一过程中应用数据库技术，一方面促进了计算机技术的高度发展，另一方面也形成了专门的信息处理理论和数据库管理系统。

本章主要介绍有关数据库的一些基本概念和关系数据设计的基础知识，为学习和掌握 Visual FoxPro 提供基础。主要掌握 Visual FoxPro 系统特点、工作方式和基本数据元素，对数据库基本知识有一定的了解。

1.1 数据库基础知识

1.1.1 计算机数据库管理的发展

1. 信息与数据

信息是客观事物属性的反映，是对客观事物状态、特征、特性的描述。数字、文字、声音、图形、图像等是信息的不同表现形式，是信息的载体，信息就是通过载体来传播的。

数据是人们用于记录事物情况的物理符号。为了描述客观事物而用到的数字、字符以及所有能输入到计算机中并能被计算机处理的符号都可以看作数据。有两种基本形式的数据：数值型数据、字符型数据。此外，还有图形、图像、声音等多媒体数据。

信息是经过加工的有用数据。这种数据有时能够产生决策性的影响。通俗地讲，信息是经过加工处理并对人类社会实践和生产活动产生决策影响的数据。

数据与信息既有区别，又有联系。数据是表示信息的，但并非任何数据都能表示信息，信息只是加工处理后的数据，是数据所表达的内容。另一方面，信息不随表示它的数据形式而改变，它是反映客观现实世界的知识，而数据则具有任意性，用不同的数据形式可以表示同样的信息。

数据与信息是密切相关的，数据是信息的载体，信息是数据的内涵。

2. 数据处理

数据处理是指对各种类型的数据进行收集、存储、分类、计算、加工、检索及传输的过程，其目的是得到信息。其基本目的是从大量的、杂乱无章的、难以理解的数据中整理出对人们有价值、有意义的数据(即信息),作为决策的依据。

3. 数据管理技术

1) 人工管理阶段

20 世纪 50 年代中期以前,计算机主要应用于科学计算,数据量较少,一般不需要长期保存数据。在人工管理阶段应用程序和数据之间是一一对应的关系,即一个应用程序的功能针对一组数据,它的主要特点如下。

- 数据和应用程序不具有独立性;
- 数据不能长期保存;
- 数据不能共享,冗余度高。

2) 文件系统阶段

20 世纪 50 年代后期至 60 年代后期,计算机开始大量用于数据管理。硬件上出现了直接存取的大容量外存储器,如磁盘、磁鼓等,这为计算机系统管理数据提供了物质基础。软件方面,出现了操作系统,其中包含文件系统,这又为数据管理提供了技术支持。

文件管理阶段应用程序和数据之间的关系是通过文件系统进行连接的,数据和程序都依赖于文件系统。它的主要特点如下。

- 数据和应用程序具有一定的独立性
- 数据文件可以长期保存
- 数据不能共享,冗余度高

3) 数据库系统阶段

20 世纪 60 年代后期,计算机在管理中应用规模更加庞大、数据量急剧增加,数据共享性更强。硬件价格下降,软件价格上升,编制和维护软件所需成本相对增加,其中维护成本更高。这些成为数据管理在文件系统的基础上发展到数据库系统的原动力。

在数据库系统中,由一种称为数据库管理系统(Database Management Systems, DBMS)的系统软件来对数据进行统一的控制和管理,从而有效地减少了数据冗余,实现了数据共享,解决了数据独立性问题,并提供统一的安全性、完整性和并发控制功能。

数据库是在数据库管理系统的集中控制之下,按一定的组织方式存储起来的、相互关联的数据集合。在数据库中集中了一个部门或单位完整的数据资源,这些数据能够为多个用户同时共享,且具有冗余度小、独立性和安全性高等特点。它的主要特点如下。

- 实现数据共享,减少数据冗余;
- 采用特定的数据模型;
- 具有较高的数据独立性;
- 有一定的数据控制功能。

4) 分布式数据库系统

20 世纪 70 年代后期,网络技术的发展为数据库提供了分布式运行环境。分布式数据库系统是数据库技术、计算机网络技术以及分布处理技术相结合的产物。

5) 面向对象数据库系统

面向对象的数据库技术是 20 世纪 80 年代,面向对象的程序设计与先进的数据库技术有机结合而形成的新型数据库系统。它的发展非常快,对计算机科学及其应用的各个领域都有较大的影响。

1.1.2 数据库系统

现代计算机应用十分广泛，深入到人们生活的各个方面。数据库系统其实就是以数据库应用为基础的计算机系统。

1. 数据库系统的组成

采用了数据库技术的完整的计算机系统就是数据库系统。主要包括以下几方面。

(1) 计算机硬件系统。主机、键盘、显示器、硬盘、光驱、鼠标、打印机等。

(2) 计算机软件系统 。操作系统、数据库管理系统及数据库应用系统等。

(3) 数据库。按一定法则存储在计算机外存储器中的大批数据。它不仅包括描述事物的数据本身，而且还包括相关事物之间的联系。

(4) 用户。包括三类：最终用户、数据库应用系统开发人员和数据库管理员。最终用户指通过应用系统的用户界面使用数据库的人员，他们一般对数据库知识了解不多。数据库应用系统开发人员包括系统分析员、系统设计员和程序员。系统分析员负责应用系统的分析，他们和用户、数据库管理员相配合，参与系统分析；系统设计员负责应用系统设计和数据库设计；程序员则根据设计要求进行编码。数据库管理员是数据管理机构的一组人员，他们负责对整个数据库系统进行总体控制和维护，以保证数据库系统的正常运行。

2. 数据库系统的特点

数据库系统是指引进数据库后的计算机系统，实现有组织地、动态地存储大量相关数据，提供数据处理和信息资源共享的便利手段。一个数据库系统的主要特点如下。

1) 实现数据共享，减少冗余

在数据库系统中，对数据的定义和描述已经从应用程序中分离出来，通过数据库系统来统一管理。数据的最小访问单位是字段，既可以按字段的名称存取某一个或者一组字段，也可以存取一条记录或一组记录。

2) 采用特定的数据模型

数据库中的数据是有结构的，这种结构由数据库管理系统所支持的数据模型表现出来。数据库系统不仅可以表示事物内部各数据项之间的联系，而且可以表示事物与事物之间的联系，从而反映出现实世界事物之间的联系。因此，任何数据库管理系统都支持一种抽象的数据模型。

3) 具有较高的数据独立性

在数据库系统中，数据库管理系统提供映像功能，实现了应用程序对数据的总体逻辑结构、物理存储结构之间较高的独立性。用户只以简单的逻辑结构来操作数据，无须考虑数据在存储器上的物理位置与结构。

4) 有统一的数据控制功能

数据库可以被多个用户或应用程序共享，数据的存取往往是并发的，即多个用户同时使用同一个数据库。数据库管理系统必须提供必要的保护措施，包括并发访问控制功能、数据的安全控制功能和实际的完整性控制功能。

1.1.3 数据模型

数据库需要根据应用系统中的数据的性质、内在联系，按照管理的要求来设计和组织。

人们把客观存在的事物以数据的形式存储到计算机中，经历了对现实生活中事物特性的认识、概念化到计算机数据库里的具体表示的逐级抽象过程，如图 1.1 所示。

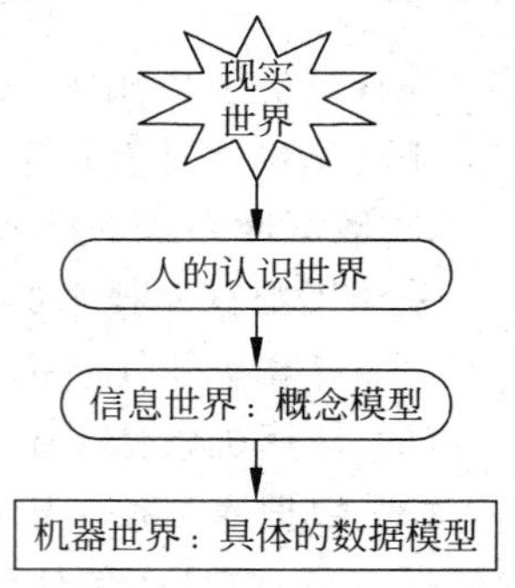

图 1.1　客观世界的抽象过程

1. 实体及其联系

1）实体

实体是客观存在并且可以区别的事物。从数据处理的角度看，现实世界中的客观事物称为实体，它可以指人，如一个教师、一个学生等，也可以指物，如一本书、一张桌子等。它不仅可以指实际的物体，还可以指抽象的事件，如一次借书、一次奖励等。它还可以指事物与事物之间的联系，如学生选课、客户订货等。

一个实体可有不同的属性，属性就是描述实体的特性。例如，教师实体可以用教师编号、姓名、性别、出生日期、职称、基本工资、研究方向等属性来描述。每个属性可以取不同的值，对于具体的某一教师，其编号为 10121、姓名为张衡梨、性别为男、出生日期为 1963 年 9 月 7 日、职称为教授、基本工资为 678 元、研究方向为网络信息系统，分别为上述教师实体属性的取值。属性值的变化范围称作属性值的域。如性别这个属性的域为(男，女)，职称的域为(助教，讲师，副教授，教授)等，由此可见，属性是个变量，属性值是变量所取的值，而域是变量的变化范围。

由上可见，属性值所组成的集合表征一个实体，相应的这些属性的集合表征了一种实体的类型，称为实体型，例如上面的教师编号、姓名、性别、出生日期、职称、基本工资、研究方向等表征“教师”这样一种实体的实体型。同类型的实体的集合称为实体集。

在 Visual FoxPro 中，用“表”来表示同一类实体，即实体集，用“记录”来表示一个具体的实体，用“字段”来表示实体的属性。显然，字段的集合组成一个记录，记录的集合组成一个表。相应于实体型，则代表了表的结构。

2）实体间的联系

实体之间的对应关系称为联系，它反映了现实世界事物之间的相互关联。例如，图书和出版社之间的关联关系为：一个出版社可出版多种书，同一种书只能在一个出版社出版。

实体间的联系是指一个实体集中可能出现的每一个实体与另一实体集中多少个具体实体存在联系。实体之间有各种各样的联系，归纳起来有以下三种类型。

(1) 一对一联系(1∶1)。如果对于实体集 A 中的每一个实体，实体集 B 中有且只有一个实体与之联系，反之亦然，则称实体集 A 与实体集 B 具有一对一联系。例如：一个企业只能有一位董事长，并且董事长不可以在别的企业兼职，董事长和企业的关系就是一对一的关系。

(2) 一对多联系(1∶n)。如果对于实体集 A 中的每一个实体，实体集 B 中有多个实体与之联系，反之，对于实体集 B 中的每一个实体，实体集 A 中至多只有一个实体与之联系，则称实体集 A 与实体集 B 有一对多的联系。例如：一位老师可以同时与多名学生讲授知识，多名学生可以接受同一位老师讲授知识，则老师讲授知识和学生的关系就是一对多的关系。

(3) 多对多联系(m∶n)。如果对于实体集 A 中的每一个实体，实体集 B 中有多个实体与之联系，而对于实体集 B 中的每一个实体，实体集 A 中也有多个实体与之联系，则称实体集 A 与实体集 B 之间有多对多的联系。例如：一名学生可以选多门课程，一门课程可以被

多名学生选修，学生和课程的联系就是多对多的联系

可以用图形来表示两个实体之间的三类联系，如图 1.2 所示。

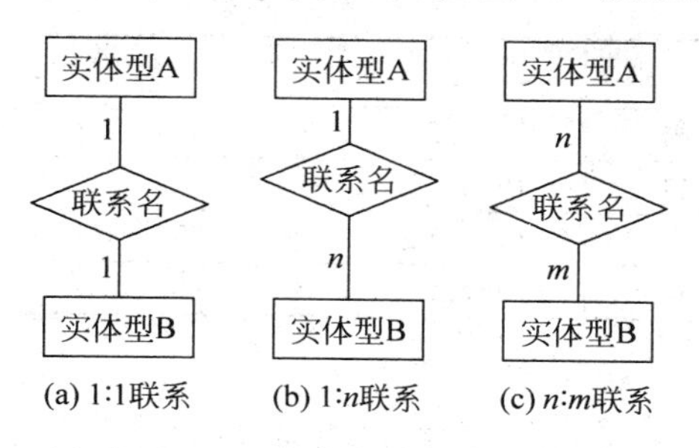

图 1.2　两个实体之间的三类联系三类

2. 数据模型

数据模型就是数据库管理系统中用来表示实体和实体之间联系的方法。由于采用的数据模型不同，相应的数据库管理系统也就完全不同。在数据库系统中，常用的数据模型有层次模型、网状模型和关系模型三种。

1）层次模型

层次模型用树状结构来表示实体及其之间的联系，如图 1.3 所示。在这种模型中，数据被组织成由“根”开始的“树”，每个实体由根开始沿着不同的分支放在不同的层次上。树中的每一个结点代表实体型，连线则表示它们之间的关系，从上到下是一对多的联系。层次模型具有以下两个特点。

（1）有且仅有一个无父结点的根结点，位于最高层次。

（2）其他结点有且仅有一个父结点。向下有一个或者多个子结点。

2）网状模型

网状数据模型就是用网状结构来表示实体及其之间联系的模型，如图 1.4 所示。其特点如下。

（1）可以有一个以上的结点无父结点。

（2）至少有一个结点有多于一个的父结点。

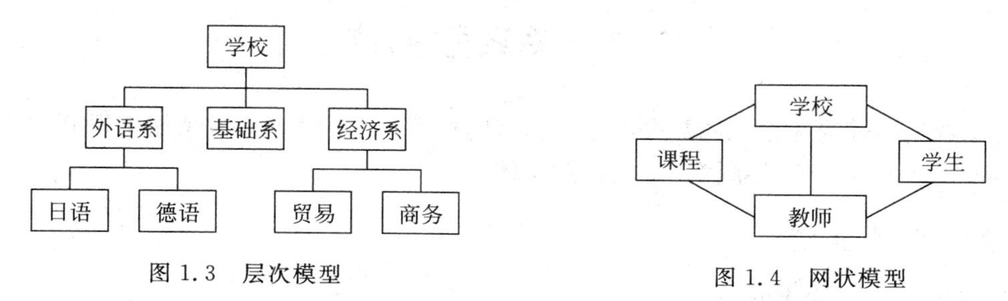

图 1.3　层次模型　　图 1.4　网状模型

网状模型上的结点就像是联入到互联网上的计算机一样，可以在任意两个结点之间建立一条通路。

3）关系模型

关系模型是用二维表格来表示实体及其相互之间的联系。在关系模型中，把实体集看成一个二维表，每一个二维表称为一个关系。每个关系均有一个名字，称为关系名。

本书讨论的Visual FoxPro就是一种关系数据库管理系统，如表1.1所示。

表1.1 学生关系

学 号	姓 名	性 别	出生日期	数 学	外 语	简 历	相 片
610221	王大为	男	1984.2.5	88	94		
610204	彭 斌	男	1983.12.31	74	85		
240111	李远明	女	1985.11.12	85	94		
240105	冯珊珊	女	1987.2.4	78	98		

4）E-R数据模型

概念模型的最常用的表示方法是实体-联系方法（Entity-Relation Approach，E-R方法）。E-R方法是由P. P. S. Chen于1976年提出的，其方法是用E-R图来描述某一组织的信息模型。当时层次、网状和关系三种传统数据模型都已经提出并得到应用。但是对它们的优缺点还有不同的看法和争论。当初提出E-R数据模型的目的主要有以下三点。

（1）企图建立一个统一的数据模型，以概括三种传统的数据模型。

（2）作为三种传统的数据模型互相转换的中间模型。

（3）作为超脱DBMS的一种概念数据模型，以比较自然的方式模拟现实世界。

在考察了客观事物及其联系之后，即可着手建立E-R模型。在模型设计中，首先根据分析阶段收集到的材料，利用分类、聚集、概括等方法抽象出实体，并一一命名，再根据实体的属性描述其间的各种联系。

E-R数据模型不同于传统的数据模型，它不是面向实现，而是面向现实世界。设计这种面向的出发点是有效和自然地模拟现实世界，而不是首先考虑它在机器中如何实现。现实世界是千变万化和千差万别的。显然，一种数据模型不可能也不必要把这些千变万化和千差万别都一一反映进去。数据模型是对现实世界的一种抽象，它抽取了客观事物中人们所关心的信息、忽略了非本质的细节，并对这些信息进行了精确的描述。E-R图所表示的概念模型与具体的DBMS所支持的数据模型相独立，是各种数据模型的共同基础，因而是抽象和描述现实世界的有力工具。

1.2 关系数据库

关系数据库是当今主流的数据库系统，在教育、科研、金融等众多领域中得到了广泛应用。本节主要介绍基于关系模型的数据库系统。

1.2.1 关系模型

1. 关系模型的基本概念

1）关系

一个关系就是一张二维表，通常将一个没有重复行、重复列的二维表看成一个关系，每个关系都有一个关系名。在Visual FoxPro中，一个关系对应于一个表文件，其扩展名为.dbf，称为“表”。

对关系的描述称为关系模式，一个关系模式对应一个关系的结构。其格式为：

关系名(属性 1,属性 2,属性 3,…,属性 n)

在 Visual FoxPro 中表示为表结构为：

表名(字段 1,字段 2,字段 3,…,字段 n)

2）元组

二维表的每一行在关系中称为元组，元组对应存储文件中的一个具体记录。在 Visual FoxPro 中，一个元组对应表中一个记录。

3）属性

二维表的每一列在关系中称为属性，每个属性都有一个属性名，属性值则是各个元组属性的取值。在 Visual FoxPro 中，一个属性对应表中一个字段，属性名对应字段名，属性值对应于各个记录的字段值。每个字段的数据类型、宽度等在创建表的结构时就规定了。

4）域

属性的取值范围称为域。域作为属性值的集合，其类型与范围具体由属性的性质及其所表示的意义确定。同一属性只能在相同域中取值。例如，姓名的取值范围为文字，性别的取值为"男"或者"女"，成绩的取值为相应的分数。

5）关键字

能唯一区分、确定不同元组的属性或属性组合，称为该关系的一个关键字。单个属性组成的关键字称为单关键字，多个属性组合的关键字称为组合关键字。需要强调的是，关键字的属性值不能取"空值"，所谓空值就是"不知道"或"不确定"的值，因而无法唯一地区分、确定元组。

6）候选关键字

关系中能够成为关键字的属性或属性组合可能不是唯一的。凡在关系中能够唯一区分、确定不同元组的属性或属性组合，称为候选关键字。

7）主关键字

在候选关键字中选定一个作为关键字，称为该关系的主关键字。关系中主关键字是唯一的，不能有重复。

8）外部关键字

关系中某个属性或属性组合并非关键字，但却是另一个关系的主关键字，称此属性或属性组合为本关系的外部关键字。关系之间的联系是通过外部关键字实现的。

9）关系模式

对关系的描述称为关系模式，其格式为：

关系名(属性名 1,属性名 2,…,属性名 n)

关系既可以用二维表格描述，也可以用数学形式的关系模式来描述。一个关系模式对应一个关系的结构。在 Visual FoxPro 中，也就是表的结构。

2. 关系的基本特点

在关系模型中，关系具有以下基本特点。

(1) 关系必须规范化，属性不可再分割。

(2) 规范化是指关系模型中每个关系模式都必须满足一定的要求，最基本的要求是关系必须是一张二维表,每个属性值必须是不可分割的最小数据单元,即表中不能再包含表。

(3) 在同一关系中不允许出现相同的属性名。Visual FoxPro 不允许同一个表中有相同的字段名。

(4) 关系中不允许有完全相同的元组,即冗余。

(5) 在同一关系中元组的次序无关紧要。也就是说,任意交换两行的位置并不影响数据的实际含义。

(6) 在同一关系中属性的次序无关紧要。任意交换两列的位置也并不影响数据的实际含义,不会改变关系模式。

3. 关系模型的优点

(1) 数据结构单一。

(2) 关系模型中,不管是实体还是实体之间的联系,都用关系来表示,而关系都对应一张二维数据表,数据结构简单、清晰。

(3) 关系规范化,并建立在严格的理论基础上。

(4) 关系中每个属性不可再分割,构成关系的基本规范。同时关系是建立在严格的数学概念基础上,具有坚实的理论基础。

(5) 概念简单,操作方便。

(6) 关系模型最大的优点就是简单,用户容易理解和掌握,一个关系就是一张二维表格,用户只需用简单的查询语言就能对数据库进行操作。

1.2.2 关系运算

对关系数据库进行查询时,要找到有用的数据,就需要对关系进行一定的关系运算。关系的基本运算有两类:一类是传统的集合运算(并、差、交),另一类是专门的关系运算(选择、投影、联接)。关系运算的结果仍然是关系。

1. 选择

选择运算是从关系中查找符合指定条件元组的操作。以逻辑表达式指定选择条件,选择运算将选取使逻辑表达式为真的所有元组。选择运算的结果构成关系的一个子集,是关系中的部分元组,其关系模式不变。

选择运算是从二维表格中选取若干行的操作,在表中则是选取若干个记录的操作。在 Visual FoxPro 中,可以通过命令子句 FOR ＜逻辑表达式＞、WHILE ＜逻辑表达式＞和设置记录过滤器实现选择运算。例如:在关系 R 中选择出部门为计算机的职工,得到新的关系 S,如图 1.5 所示。

关系 R

姓名	性别	部门
汤莉莉	女	计算机
李刚	男	计算机
查亚平	女	会计
张员	男	会计
李文	女	汽车

选择运算和得到的新关系 S

姓名	性别	部门
汤莉莉	女	计算机
李刚	男	计算机

图 1.5 选择运算示意图

2. 投影

投影运算是从关系模式中选取若干个属性组成新的关系的操作。投影从列的角度进行运算，相当于对关系进行垂直分解，得到一个新的关系。

投影是从二维表格中选取若干列的操作，在表中则是选取若干个字段。在 Visual FoxPro 中，通过命令子句 FIELDS ＜字段表＞和设置字段过滤器，实现投影运算。例如：对关系 R 中的姓名属性进行投影运算，得到的新关系 S，如图 1.6 所示。

关系 R

姓名	性别	部门
汤莉莉	女	计算机
李刚	男	计算机
查亚平	女	会计
张员	男	会计
李文	女	汽车

投影运算和得到的新关系 S

姓名
汤莉莉
李刚
查亚平
张员
李文

图 1.6　投影运算示意图

3. 联接

联接运算是将两个关系模式的若干属性拼接成一个新的关系模式的操作，对应的新关系中，包含满足联接条件的所有元组。联接过程是通过联接条件来控制的，联接条件中将出现两个关系中的公共属性名，或者具有相同语义、可比的属性。联接运算的结果相当于 Visual FoxPro 中的“内部联接”(inner join)。

选择和投影运算的操作对象只需一个表，即只对一个关系进行操作；联接运算的操作对象是两个表，可以实现多个关系的联接。

例如：设有“职工”和“工资”两个关系，查询职工的姓名、性别、基本工资、实发工资和奖金。其中姓名、性别、职称是关系“职工”的属性，基本工资、实发工资和奖金是关系“工资”的属性。故要将这两个关系联接起来，如图 1.7 所示。

职工

职工号	姓名	性别	职称
20070201	汤莉莉	女	教授
20060102	李刚	男	副教授
20040105	查亚平	女	讲师
20030405	张员	男	助教
20040607	李文	女	讲师

基本工资

职工号	基本工资	奖金	实发工资
20070201	1800	2000	3800
20060102	1400	1500	2900
20040105	1200	1000	2200
20030405	800	700	1500
20040607	1300	1100	2400

联接后的新关系

职工号	姓名	性别	基本工资	奖金	实发工资
20070201	汤莉莉	女	1800	2000	3800
20060102	李刚	男	1400	1500	2900
20040105	查亚平	女	1200	1000	2200
20030405	张员	男	800	700	1500
20040607	李文	女	1300	1100	2400

图 1.7　联接运算

1.3 Visual FoxPro 操作基础

Visual FoxPro 是一种关系型数据库，是一个优秀的可视化数据库编程工具，主要用于 Windows 环境。通过它，用户不仅可以创建和管理数据库，而且可以建立各种应用程序。是面向对象的编程语言。本章主要介绍 Visual FoxPro 的安装与启动以及基本操作，主要掌握 Visual FoxPro 命令的基本格式、短语及其数据基本输出格式。

1.3.1 Visual FoxPro 的安装与启动

1. Visual FoxPro 的运行环境

Visual FoxPro 的功能强大，但是它对系统的要求并不高，个人计算机的软硬件基本配置要求如下。

(1) 处理器：486DX/66MHz 或更高。

(2) 内存：16MB 以上。

(3) 硬盘空间：典型安装需要 85MB，最大安装需要 90MB。

(4) 显示器：VGA 或更高分辨率的显示器。

(5) 一个鼠标、一个光驱。

(6) 操作系统：Windows 95/98/2000/NT 4.0，或者更高版本。

2. Visual FoxPro 的安装

Visual FoxPro 6.0 既可以用光盘安装，也可以在网络上安装，下面简要介绍从 CD-ROM 上安装的步骤。

(1) 将 Visual FoxPro 6.0 系统光盘放入 CD-ROM 驱动器，在“我的电脑”或“资源管理器”中双击 setup.exe 文件，或在 Windows 桌面上单击“开始”按钮，选择“运行”选项，输入“F:\SETUP”(假定 CD-ROM 驱动器号是 F)，并且按回车键。运行 setup.exe 文件后，进入 Visual FoxPro 安装过程。

(2) 按照安装向导的提示，单击“下一步”按钮，进入用户许可协议界面。选择“接受协议”后，单击“下一步”按钮。

(3) 在产品号和用户 ID 界面，输入产品的 ID 号和用户信息，单击“下一步”按钮。只有输入正确的产品 ID 号以后，安装过程才能继续。

(4) 接下来为 Visual Studio 6.0 应用程序所公用的文件选择安装位置。默认情况下，Visual FoxPro 会自动将公用文件安装在 C:\Program Files\Microsoft Visual Studio\Common 目录下，如果用户还安装了其他 Visual Studio 6.0 的产品，最好不要更改此目录。

(5) 单击“下一步”按钮后，进入 Visual FoxPro 6.0 的安装程序，选择安装类型。若要进行典型安装(85MB)，选择“典型安装”，该选项将安装最典型的组件，并将帮助文件留在 CD-ROM 上。若需要安装其他的 Visual FoxPro 文件，包括 ActiveX 控件或企业版文件，选择“自定义安装”，该选项允许自定义要安装的组件。系统默认安装所有文件。安装完成后系统自动提示“安装结束”。

1.3.2 Visual FoxPro 用户界面

用户界面是指软件启动后屏幕上显示的提示界面。Visual FoxPro 的用户界面如图 1.8 所示，由标题栏、菜单栏、工具栏、工作区、命令窗口和状态栏组成。要灵活使用 Visual FoxPro，首先就要熟悉用户界面。

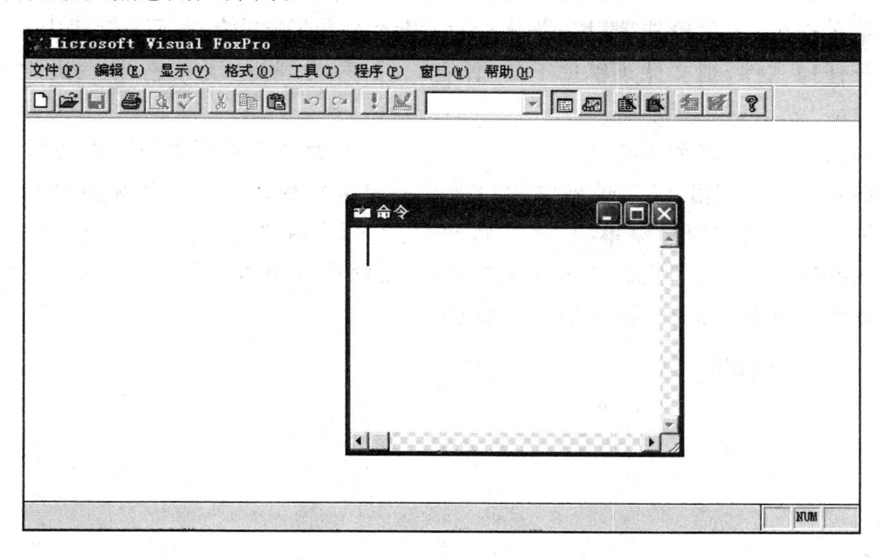

图 1.8 Visual FoxPro 主窗口

1. Visual FoxPro 标题栏

标题栏位于用户界面的第一行，它包含系统程序图标、主屏幕标题、“最小化”按钮、“最大化”按钮和“关闭”按钮 5 个对象。

1）系统程序图标

单击 Visual FoxPro 系统程序图标，可以打开窗口控制菜单，通过窗口控制菜单，可以移动屏幕并改变屏幕大小。

双击系统程序图标，可以关闭 Visual FoxPro 系统。

2）主屏幕标题

主屏幕标题是系统当前窗口的名称，可以根据需要改变它的内容。

3）“最小化”按钮

单击“最小化”按钮可以将 Visual FoxPro 窗口缩小为图标，存放在 Windows 桌面的任务栏中。

4）“最大化”按钮

单击“最大化”按钮，可将 Visual FoxPro 的屏幕定义为最大化窗口，此时窗口没有边框。

5）“关闭”按钮

单击“关闭”按钮，可以关闭 Visual FoxPro 系统。

2. Visual FoxPro 主菜单

1）Visual FoxPro 菜单的约定

带“省略号”的菜单选项：如果在菜单选项右方紧跟一个省略号（…），表示选择该项后将弹出一个对话框，等待用户继续选择。

带向右箭头的菜单选项：有些菜单选项后面带有一个向右箭头，表示选择该项会打开一个子菜单。

有“对号”的菜单选项：如果菜单选项被选择后在其左方出现一个“对号”(√)，表示该项在当前有效。若要使它失效，只需再将它选择一次，使“对号”消失即可。

灰色菜单选项：当菜单选项以灰色显示时，表示该项在当前条件下不能使用，例如，如果现在未打开任何文件，则文件菜单项下的“保存”、“另存为”将呈现灰色，因为此时无文件需要保存。

热键和快捷键：热键和快捷键均用于键盘操作。前者指菜单项中带下划线的字母，例如“文件”菜单项中的F，“格式”菜单项中的O等。后者常出现在菜单项名称的右方，一般采用组合键的形式，例如，“文件”菜单项下的“新建”为Ctrl＋N，“打开”为Ctrl＋O等。如果用户记住了这些键，可直接用它们来选择菜单项，比逐级选择更省时间。

具体各个主菜单项的功能，如图1.9所示。

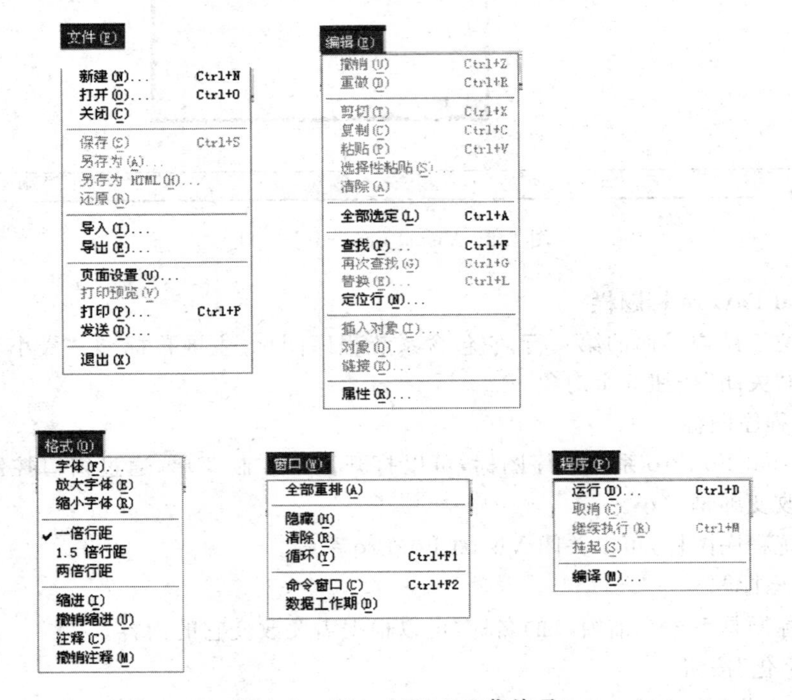

图1.9　Visual FoxPro 菜单项

2) Visual FoxPro 菜单项的功能

“文件”菜单：用于新建、打开、保存和打印以及退出 Visual FoxPro 等操作。

“编辑”菜单：提供了许多编辑功能。在编辑窗口中编辑 Visual FoxPro 程序文件时，选取某个菜单项就可完成某项操作，如剪切、复制、粘贴、查找、替换等。

“编辑”菜单还允许插入在其他非 Visual FoxPro 应用程序中创建的对象，如文档、图形、电子表格等。使用 Microsoft 的对象链接与嵌入(OLE)技术，可以在通用型字段中嵌入一个对象或者将该对象与创建它的应用程序链接起来。

只有处于通用型字段的编辑窗口时，“编辑”菜单中的“插入对象”、“对象”、“链接”选项才是可选的。

“显示”菜单：主要是显示 Visual FoxPro 的各种控件和设计器，如表单控件、表单设计器、查询设计器、视图设计器、报表控件、报表设计器、数据库设计器等。

“格式”菜单：提供一些排版方面的功能，允许用户在显示正文时选择字体和行间距，检查在正文编辑窗口中的拼写错误，确定缩进和不缩进段落等。

“工具”菜单：“工具”菜单提供了表、查询、表单、报表、标签等项目的向导模块。并提供了 Visual FoxPro 系统环境的设置。

“程序”菜单：仅用于程序运行控制、程序调试等。

“窗口”菜单：用于 Visual FoxPro 窗口的控制。单击窗口菜单中的“命令窗口”，可打开“命令窗口”进入命令编辑方式。

“帮助”菜单：在菜单栏的最右边，为用户提供帮助信息。

1.3.3 Visual FoxPro 的启动与退出

1. Visual FoxPro 6.0 的启动

(1) 在 Windows 桌面上单击“开始”按钮，选择“程序”选项，单击 Microsoft Visual Studio 6.0 组中的 Microsoft Visual FoxPro 6.0 选项。

(2) 运行 Visual FoxPro 6.0 系统的启动程序 vfp6.exe。通过“我的电脑”或“资源管理器”去查找这个程序，然后双击它。或单击“开始”按钮，选择“运行”选项，在弹出的“运行”对话框中输入 Visual FoxPro 6.0 启动程序的文件名，单击“确定”按钮。

(3) 在 Windows 桌面上建立 Visual FoxPro 6.0 系统的快捷方式图标，只要在桌面上双击该图标即可启动 Visual FoxPro。

启动 Visual FoxPro 后，屏幕上即出现 Microsoft Visual FoxPro 窗口，此为 Visual FoxPro 主窗口。它的出现，表示已成功地进入 Visual FoxPro 操作环境，如图 1.8 所示。

2. Visual FoxPro 6.0 的退出

(1) 在 Visual FoxPro 文件菜单项下，选择“退出”菜单项。

(2) 在 Visual FoxPro 命令窗口中输入 QUIT 命令并回车。

(3) 单击 Visual FoxPro 主窗口右上角的“关闭”按钮。

(4) 单击 Visual FoxPro 主窗口左上角的控制菜单图标，从弹出的菜单中选择“关闭”。或者双击控制菜单图标。

(5) 按 Alt+F4 键。

1.3.4 Visual FoxPro 命令窗口

1. 命令窗口的隐藏与激活

Visual FoxPro 启动后，命令窗口被自动设置为活动窗口，在窗口左上角出现插入光标，等待用户输入命令。若要把处于活动状态的命令窗口隐藏起来，使之在屏幕上不可见，可以选择“窗口”菜单项中的“隐藏”选项。命令窗口被隐藏后，按快捷键 Ctrl+F2，或在“窗口”菜单项中选择“命令窗口”选项，则命令窗口被激活，再现在 Visual FoxPro 主窗口中。

2. 命令窗口的使用

1) Visual FoxPro 的命令工作方式

在命令窗口中输入一条命令，Visual FoxPro 即刻执行该命令，并在主窗口显示命令的执行结果，然后返回命令窗口，等待用户的下一条命令。

例如，在命令窗口中输入以下两条命令：

```
? 18 * 21
?? (8 + 19)/3
```

将立即在主窗口中显示执行结果：378 和 9，如图 1.10 所示。

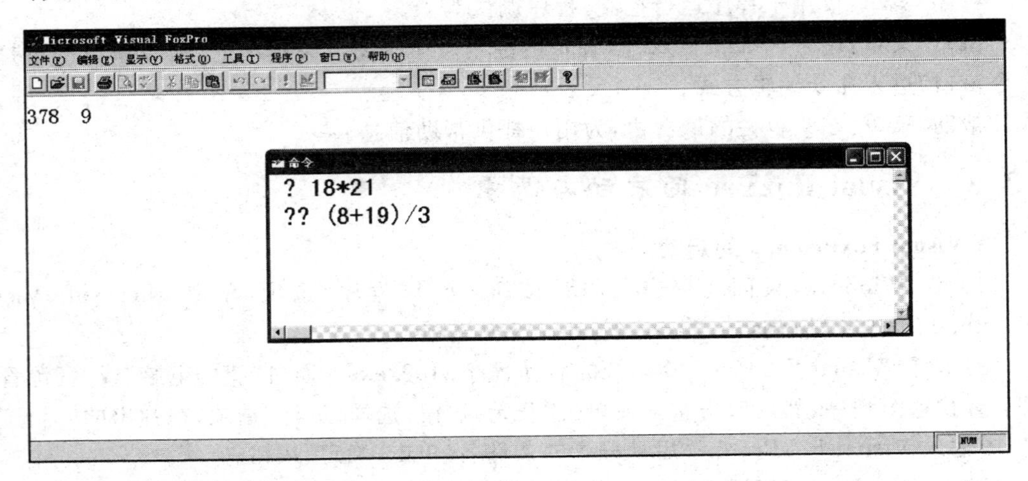

图 1.10　命令窗口

命令格式如下：

?|?? <表达式表>

该命令的功能是依次计算并显示各表达式的值。? 与?? 的区别在于：? 在当前光标下行首列输出；而?? 则在当前光标的当前位置输出。可以用屏幕行函数 row( )和屏幕列函数 col( )测试当前光标所在的位置。

2) 命令窗口的自动响应菜单操作功能

当在 Visual FoxPro 菜单中选择某个菜单选项时，Visual FoxPro 会把与该操作等价的命令自动显示在命令窗口中。对于初学者来说，这也是学习 Visual FoxPro 命令的一种好方法。

3) 命令窗口的命令记忆功能

Visual FoxPro 在内存中设置一个缓冲区，用于存储已执行过的命令。通过使用命令窗口右侧的滚动条，或用上、下光标移动键能把光标移至曾执行过的某个命令上。这不仅可用于命令的查看、重复执行，而且对于纠正错误、调试程序是非常有用的。

1.3.5　Visual FoxPro 工具栏

工具栏指的是将大多数常用的功能或工具操作放入某一个工具栏中，以方便用户的操作和查询。在 Visual FoxPro 6.0 中有许多设计器，每种设计器都有一个或多个工具栏。在操作时，可以根据需要在屏幕上放置多个工具栏，通过把工具栏停放在屏幕的上部、底部或两边，可以定制工作环境。Visual FoxPro 6.0 能够记忆工具栏的位置，再次进入 Visual FoxPro 时，工具栏将位于关闭时所在的位置上。

对工具栏可以显示或隐藏，若需要显示或隐藏某一个工具栏，可以单击"显示"菜单项，再选择"工具栏"选项，此时出现"工具栏"对话框，如图 1.11 所示，选择或清除相应的工具栏，然后单击"确定"按钮，便可显示或隐藏选定的工具栏。

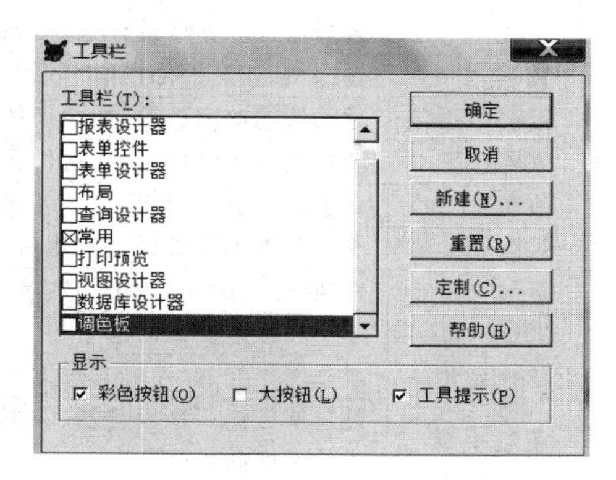

图 1.11 "工具栏"对话框

在"工具栏"对话框的下面是"显示"选项，其中有三个复选框。选中"彩色按钮"选项表示系统中的工具栏按钮将变为彩色按钮，否则所有的工具栏按钮都将为黑白的，系统默认为彩色按钮。选中"大按钮"选项，则系统中的工具栏按钮将放大一倍，不选中时恢复原样，即为小按钮，系统默认为小按钮。选中"工具提示"选项表示每个工具栏中的按钮都有文本提示功能，即把鼠标指针停留在某个按钮图标时，系统将自动显示出该按钮图标的名称，否则不显示名称，系统默认为显示工具提示。

1.3.6 Visual FoxPro 的系统环境配置

用户可以根据自己的喜好或需要来定制开发环境。实现查看系统配置、显示配置设置和保存配置设置的功能。如果是临时设置，就保存在内存中并在退出 Visual FoxPro 的时候释放；如果是永久设置，它们将永久保存在 Windows 的注册表中。

单击"工具"菜单项，选择"选项"功能，出现如图 1.12 所示的"选项"对话框，用户可以利用各选项卡来进行系统配置。表 1.2 中列举了各选项卡的设置功能。

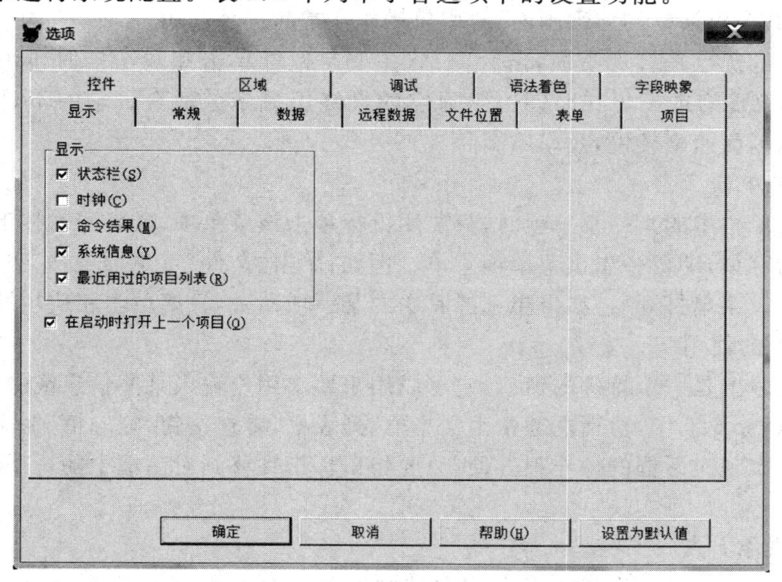

图 1.12 "选项"对话框

表 1.2 "选项"对话框中的选项卡

选 项 卡	功 能
显示	界面选项,如是否显示状态栏、系统信息等
常规	数据输入和程序设计选项,如设置警告声音等
数据	表选项,如是否使用索引强制唯一性,备注块大小等
远程数据	远程数据访问选项,如如何使用 SQL 更新等
文件位置	设置默认目录位置,如帮助文件及辅助文件存放在何处
表单	表单设计器选项,如设置表格空间大小,使用何种模板等
控件	设置在表单控件栏上有哪些可视类库和 ActiveX 控件有效
区域	日期格式、时间、货币和数字等参数的设置
调试	显示和跟踪调试器选项
语法着色	区分程序元素(注释和关键字)所有的字体及颜色
字段映像	设定从数据环境设计器、数据库设计器或项目管理器中将表或字段拖动到表单时将创建什么样的控件
项目	设定项目创建管理时的一些初始值和默认值

选项配置完成后,如果要暂时保存当前设置,就在"选项"对话框中设置完成后,单击"确定"按钮即可,这些设置在用户退出 Visual FoxPro 之前都有效(除非用户再次更改设置);如果要永久保存,就在"选项"对话框中设置完成后,单击"设置为默认值"按钮即可,则每次启动 Visual FoxPro 后,都会自动采用所设置的参数

1.4 Visual FoxPro 操作概述

1. 菜单操作方式

菜单操作方式是 Visual FoxPro 的一种重要的工作方式。Visual FoxPro 的大部分功能都可以通过菜单操作来实现的。在图形用户界面下,菜单操作实质上是对菜单和对话框的联合运用,其中对话框的详细画面,对用户操作常常起提示作用。

菜单操作的优点是直观易懂,击键简单(主要是鼠标单击和双击),对于不熟悉 Visual FoxPro 命令、又没有或不想花时间去学习它的最终用户十分适合。它的不足是操作环节多,步骤烦琐,因而速度较慢,效率不高。

1) 选择菜单项

要选择菜单栏中的某一菜单项时,只要用鼠标单击该菜单项,或者同时按下 Alt 和选项的带下划线的字母,即可弹出该菜单项菜单。例如,单击"文件"菜单项或按 Alt+F,就可弹出"文件"菜单。菜单打开后,如果想选择其中的某一项命令,只要单击相应项即可。

2) 对话框的使用

对话框实际上是一个特殊的窗口,它可以用来要求用户输入某些信息或做出某些选择,在 Visual FoxPro 6.0 中,对话框通常由文本框、列表框、单选按钮、复选框、命令按钮等部件组成。用鼠标实现对话框的操作很方便,只要将鼠标指针移到对话框中的选项处,单击鼠标即可。

2. 命令操作方式

启动 Visual FoxPro 后,命令操作窗口就在主窗口上,光标停留在命令窗口中等待命令

的输入，这时就进入命令操作方式。命令窗口可以直接运行程序，也可以直接输入命令。单击命令窗口右上角的“×”按钮，关闭命令窗口；若要再打开命令窗口，单击“窗口”菜单项，选择“命令窗口”或用快捷键 Ctrl＋F2。

3. 程序工作方式

Visual FoxPro 除了提供菜单操作方式、命令操作方式外，还提供程序工作方式。程序是由命令或语句组成。通过运行程序，为用户提供更简洁的界面，达到操作的目的。掌握基本的程序设计方法，进而开发出实际的数据库应用系统是学习 Visual FoxPro 的根本目的。

1.5 Visual FoxPro 命令概述

1.5.1 Visual FoxPro 命令的基本格式

Visual FoxPro 命令通常由 4 部分组成。第一部分是命令动词，它的词意指明了该命令的功能，是任何 Visual FoxPro 命令不能缺少的，而且所放的位置必须在命令的开头，命令动词可以写前 4 个字母，字母不分大小写。后面几部分包含几个跟随在命令动词后面的短语，这些短语主要有[范围]、[条件]、[字段表]等几部分，通常用来对所要执行的命令进行某些限制性的说明，位置可以互换，但不能有交叉。Visual FoxPro 命令基本格式如下：

```
命令动词[范围][FOR/WHILE 条件][FIELDS 字段表]
```

命令中的短语很多，下面对常用的短语进行进一步说明。

1. FIELDS 子句

本子句用以规定当前处理的字段或表达式。一般形式为：

```
FIELDS <字段名表>
```

在使用 FIELDS 子句时，如果已经由 SET FIELDS TO 命令建立了内存字段表，而且内存字段表已打开(即 SET FIELDS ON)，那么在 FIELDS 子句中出现的字段名必须是内存字段表中已存在的，否则就会发生语法错误。FIELDS 字段表是命令操作中需要显示的字段，各个字段之间用逗号(,)分隔。如：

```
LIST FIELDS 姓名,性别,少数民族否 && 列表显示姓名,性别,少数民族否三个字段
```

2. 范围子句

表示本命令对数据库文件进行操作的记录范围，一般有以下 4 种选择。

ALL：对数据库文件的全部记录进行操作。如果有条件且是对全部记录操作，可以不要。

NEXT n：只对包括当前记录在内的以下 n 个记录进行操作。包括当前记录开始的 n 条记录。

RECORD n：只对第 n 个记录进行操作。实际操作只有一条记录。

REST：自当前记录开始到文件尾的所有记录。包括当前记录。

其中 $n(n\neq 0)$ 为数值量。若有小数则自动舍去小数部分。

命令执行后，记录指针的位置也取决于命令中指定的范围。如果指定的范围为当前一条记录，则指针位置不发生变化；如果指定的范围为某一条记录(如 RECORD n)，则指针移

到该条记录；如果指定的范围为 NEXT n，则当有 FOR 短语或无条件短语时，指针将停在此范围中最下一条记录。当有 WHILE 条件短语时，指针停在此范围内第一个不符合条件的记录；如果指定的范围为 ALL 或 REST，则只要不是 WHILE 条件未满足的情况，最后指针都将停在文件尾，也就是使 EOF( )为. T. 处，而不是最后一条记录。例如：

```
GO  5                              && 记录指针定位到表的第 5 条记录
LIST NEXT  2                       && 表示显示表中的第 5、第 6 两条记录
LIST RECORD 2                      && 表示显示表的第 2 条记录，仅显示一条记录
GO  5
LIST REST                          && 表示显示表的第 5 条记录及以后的所有记录
```

3. FOR 子句和 WHILE 子句

这两个子句的格式分别是 FOR <条件>和 WHILE <条件>。它们的作用是让数据库记录操作命令只作用于符合<条件>的。

FOR <条件>的作用是：在规定的范围中，按条件检查全部记录。即从第一条记录开始，满足条件的记录就执行该命令，不满足就跳过该记录，继续搜索下一记录，直到最后一条记录为止。若省略<范围>则默认为 ALL。

WHILE <条件>的作用是：在规定的范围内，只要条件成立，就对当前记录执行该命令，并把记录指针指向下一个记录，一旦遇到使条件不满足的记录，就停止搜索并结束该命令的执行。即遇到第一个不满足条件的记录时，就停止执行该命令，即使后面还有满足条件的记录也不执行。若省略范围则默认为 REST。

FOR 子句一般用在未排序或未索引的数据库文件中，而 WHILE 子句用在已排序或已索引的数据库文件中，以加快检索速度。

若同时使用 FOR 和 WHILE 子句，则 WHILE 有较高的优先级，而 FOR 用来过滤由 WHILE 挑选出来的记录。例如：

```
LIST FOR 性别 = "女"                && 在表中显示性别为"女"的所有记录
LIST WHILE  性别 = "女"
                     && 从当前记录开始，显示性别为"女"的连续记录，遇到为"男"的记录就停止显示
```

1.5.2　命令书写的规则

Visual FoxPro 命令的书写规则主要有以下几点。

(1) 每个命令必须以一个命令动词开头，而命令中的各个子句可以按任意次序排列。

(2) 命令行中各个词应以一个或多个空格隔开，如果两个词之间嵌有双撇号、单撇号、括号、逗号等分界符，则空格可以省略。但应注意，. T. 或. F. 两个逻辑值中的小圆点与字母之间不许有空格。

(3) 一个命令行的最大长度是 254 个字符。如果一个命令太长，一行写不下，可以使用续行符"；"，然后回车，在行末进行分行，并在下一行继续书写。即一个命令行可以分为若干个连续的物理行，其中除最后一个以外，各物理行应以分号结束。各物理行的长度之和不得超过 254 个字符。

(4) 命令行的内容可以用英文字母的大写、小写或大小写混合。

(5) 命令动词和子句中的短语可以用其前 4 个以上字母缩写表示。例如，DISPLAY

STRUCTURE 可简写为 DISP STRU。

(6) 不可用 A～J 之间的单个字母作为数据库文件名,因为它们已被保留用作数据库工作区名称。也不可用操作系统所规定的输出设备名作为文件名。

(7) 尽量不要用命令动词、短语等 Visual FoxPro 的保留字作为文件名、字段名、变量名等,以免发生混乱。

(8) 一行只能写一条命令,每条命令的结束标志是按回车键。

习　题

一、选择题

1. 在 Visual FoxPro 中,"表"通常是指(　　)。

　A. 报表　B. 表单　C. 关系数据库中的关系　D. 以上都不对

2. 用二维关系来表示实体与实体之间联系的数据模型是(　　)。

　A. 层次模型　B. 网状模型　C. 关系模型　D. E-R 模型

3. 关系数据库管理系统实现的专门关系运算包括(　　)。

　A. 排序、索引、统计　B. 关联、排序、更新

　C. 选择、投影、联接　D. 选择、更新、排序

4. 从关系模式中指定若干个属性组成新的关系的运算是(　　)。

　A. 投影　B. 选择　C. 索引　D. 联接

5. 从表中选择字段形成新关系的操作是(　　)。

　A. 联接　B. 并　C. 选择　D. 投影

6. 在 Visual FoxPro 中,关系数据库管理系统所管理的关系是(　　)。

　A. 一个 DEC 文件　B. 若干个 DBC 文件

　C. 一个 DBF 文件　D. 若干个二维表

7. 以下关于关系的说法正确的是(　　)。

　A. 列的次序无关紧要　B. 关键字必须指定为第一列

　C. 列的次序非常重要　D. 行的次序非常重要

8. 一个工作人员可以使用多台计算机,而一台计算机可被多个人使用,则实体工作人员与实体计算机之间的联系是(　　)。

　A. 多对一　B. 多对多　C. 一对多　D. 一对一

二、填空题

1. 用二维表的形式来表示实体之间联系的数据模型称为(　　)。
2. 数据库系统中对数据库进行管理的核心软件是(　　)。
3. 在关系数据库中,用来表示实体之间联系的是(　　)。
4. 在关系操作中,从表中取出满足条件的元组的操作称作(　　)。

第2章 Visual FoxPro 数据类型与数据运算

本章是学习 Visual FoxPro 的基础，也是学好 Visual FoxPro 的关键。关于 Visual FoxPro 涉及的基本数据类型，要求读者必须十分清楚地掌握和分辨这些数据类型之间的区别，这是本章的关键，也是重点所在。Visual FoxPro 数据主要表现形式有常量、变量和函数，用相应的运算符将这些数据连接起来，就是数据表达式。

2.1 Visual FoxPro 的数据类型

数据具有数据类型和数据值两种基本属性，只有相同数据类型的数据才可以进行相应的运算，因此必须清楚各种数据类型的表现形式和它们之间的区别，才能更为方便地使用各种数据，Visual FoxPro 主要有以下数据类型。

1. 字符型

字符型(Character)数据是不能直接进行算术运算的数据类型(用相应函数转换为数值型数据可以进行相应的数学运算)，用字母 C 表示。字符型数据包括中文字符、英文字符、数字字符和其他 ASCII 字符，其长度(即字符个数)范围是 0～254 个字符。例如，姓名、籍贯、学号、身份证号等数据，其主要目的是不需要进行算术。

2. 数值型

数值型(Numeric)数据是表示数量并可以进行算术运算的数据类型，用字母 N 表示，数值型数据的主要用途是参与运算。数值型数据由数字、小数点和正负号组成。数值型数据在内存中占用 8 个字节，相应的字段变量长度(数据位数)最大为 20 位。例如，基本工资、数学成绩、外语成绩等数据，这些数据定义为数值型的主要目的是需要进行基本的算术运算。

在 Visual FoxPro 中，具有数值特征的数据类型还有整型(Integer)、浮点型(Float)和双精度型(Double)，不过这三种数据类型只能用于字段变量。

3. 日期型

日期型(Date)数据是表示日期的数据，用字母 D 表示。日期的默认格式是{mm/dd/yy}，其中 mm 表示月份，dd 表示日期，yy 表示年度，年度也可以是 4 位。日期型数据的长度固定为 8 位。日期型数据的显示格式有多种，它受系统日期格式设置的影响。例如，出生日期、参加工作时间等日期型数据。

4. 日期时间型

日期时间型(Date Time)数据是表示日期和时间的数据，用字母 T 表示。日期时间的默认格式是{mm/dd/yyyy hh:mm:ss}，其中 mm、dd、yyyy 的意义与日期型相同，而 hh 表示小时，mm 表示分钟，ss 表示秒数。日期时间型数据也是采用固定长度 8 位，取值范围是：

日期为 01/01/0001～12/31/9999，时间为 00：00：00～23：59：59。如{08/16/2003 10：35：30}表示 2003 年 8 月 16 日 10 时 35 分 30 秒这一日期和时间。这样的数据不仅具有日期，而且保存有时间，例如考勤时间等数据。

5. 逻辑型

逻辑型(Logic)数据是描述客观事物真假的数据类型，表示逻辑判断的结果，用字母 L 表示。逻辑型数据只有真(.T.或.Y.)和假(.F.或.N.)两种，长度固定为 1 位。通常用来表示取两种状态的数据。如少数民族否、婚否等具有两种取值的数据。

6. 货币型

货币型(Currency)数据是为存储货币值而使用的一种数据类型，它默认保留 4 位小数，占据 8 字节存储空间。货币型数据用字母 Y 表示。例如金额。

7. 备注型

备注型(Memo)数据是用于存放较多字符的数据类型，用字母 M 表示。备注型数据没有数据长度限制，仅受限于磁盘空间。它只用于表中字段类型的定义，字段长度固定为 4 个字节，实际数据存放在与表文件同名的备注文件(.fpt)中，长度根据数据的内容而定。例如表格中的备注、简历等数据。

8. 通用型

通用型(General)数据是存储 OLE(对象链接与嵌入)对象的数据类型，用字母 G 表示。通用型数据中的 OLE 对象可以是电子表格、文档、图形、声音等。它只用于表中字段类型的定义。通用型数据字段长度固定为 4 位，实际数据长度仅受限于磁盘空间。例如相片数据。

注意：在一个表中如果设置了多个备注型字段和多个通用型字段，在表中备注文件仅有一个文件。

2.2 Visual FoxPro 的常量

常量是在程序的运行过程中其值不变的量。不同类型的常量有不同的书写格式，Visual FoxPro 常量包括数值型、字符型、日期型、日期时间型、逻辑型和货币型 6 种类型，不同类型的常量采用不同的定界符来表示。下面将逐一介绍。

1. 字符型常量

字符型常量在习惯上也称为“字符串”，由中英文字符、ASCII 码、各种符号、空格和数字组成，是用定界符括起来的一串字符。在 Visual FoxPro 中，定界符有三种：半角单引号(' ')、半角双引号(" ")或方括号([])。定界符的作用是确定字符串的起始和终止的界限，它本身并不作为字符串的一部分。例如' University '、"123456"是字符型常量(在 Visual FoxPro 中所使用的标点符号及其括号等都必须是英文标点即 ASCII 码)。注意定界符必须匹配，如果不匹配就是错误的字符型数据，例如，正确的字符型常量：

```
"学生"、'中国'、[123]
```

错误的字符型常量：

```
"重庆]、[上海'、"1234'
```

如果某一定界符也是字符串内容的一部分，则需要用另外一种定界符作为该字符串的定界符。例如，定界符使用的正确形式：

```
[中国的'花朵']、"[中国人民财产]"
```

定界符使用的错误形式：

```
'祖国的'花朵"、[[祖国人民]]、""1234""
```

不包含任何字符的字符串("")称为空串，空串与包含空格的字符串(" ")不同。在字符型数据中，一个汉字占两个字节位置，其他字符占一个字节的位置。

2. 数值型常量

数值型常量就是平时所讲的数值，如 123.345，由数字、小数点和正负号组成。在 Visual FoxPro 中，数值型常量有两种表示方法：小数形式和指数形式。如 75、−3.75 是小数形式的数值型常量。指数形式通常用来表示那些绝对值很大或很小、而有效位数不太长的一些数值，对应于日常应用中的科学记数法。指数形式用字母 E 来表示以 10 为底的指数，E 左边为数字部分，称为尾数，右边为指数部分，称为阶码。阶码只能是整数，尾数可以是整数，也可以是小数。尾数与阶码均可正可负。例如，常量 0.6947×10^{-6}、4.9523×10^{9} 分别用指数形式表示为 0.6947E−6、4.9523E9。

3. 日期型常量

日期型常量要放在一对花括号({})中，花括号内包括年、月、日三部分内容，各部分内容之间用分隔符分隔。分隔符可以是/(斜杠)、-(连字符)、.(句号)和空格。Visual FoxPro 的默认日期格式是{^mm/dd/[yy]yy}。用来表示具体的日期。例如：{^1964-05-21}是日期型常量。

4. 日期时间型常量

日期时间型常量也要放在一对花括号中，其中既含日期又含时间。日期的格式与日期型常量相同，时间包括时、分、秒，时分秒之间用“:”分隔。日期时间型常量的默认格式是：

```
{mm/dd/[yy]yy [,] [hh[:mm[:ss]][a|p]]}
```

其中，hh、mm、ss 的默认值分别为 12、0 和 0。a 和 p 分别表示 AM(上午)和 PM(下午)，默认为 AM。如果指定时间大于等于 12，则自然为下午的时间。

日期值和日期时间值的输入格式与输出格式并不完全相同，特别是输出格式受系统环境设置的影响，用户可根据应用需要进行相应设置。下面介绍有关命令。

请注意：mm/dd/yy 为系统默认的传统日期格式，在书写严格的日期格式时，除了有定界符{}外，必须在前边加脱字符(^)。

1) 日期格式中的世纪值

通常日期格式中用两位数表示年份，但涉及世纪问题时就不便区分。Visual FoxPro 提供设置命令对此进行相应设置。命令格式如下：

```
SET CENTURY ON | OFF | TO [nCentury]
```

命令功能：用于设置显示日期时是否显示世纪。其中，ON 表示日期值输出时显示世纪值，即日期数据显示 10 位，年份占 4 位。OFF(默认值)表示日期值输出时不显示世纪值，即日期数据显示 8 位，年份占两位。TO [nCentury]指定日期数据所对应的世纪值，nCentury 是一个 1～99 的整数，代表世纪数。

例 2.1

```
set cent on
a = {^2009 - 8 - 8}                    && 为变量赋值为 2009 年 8 月 8 日
```

```
?a                                      && 显示的值为 08/08/2009
set cent off
?a                                      && 显示的值为 08/08/09
set cent to  20cent
?a                                      && 显示的值为 08/08/09
```

2）设置日期显示格式

用户可以调整、设置日期的显示输出格式。

命令格式如下：

SET DATE [TO] AMERICAN | ANSI | BRITISH | FRENCH | GERMAN | ITLIAN | JAPAN | USA | MDY | DMY | YMD | SHORT | LONG

命令功能：设置日期的显示输出格式。命令中各个短语所定义的日期格式如表 2.1 所示。

表 2.1 常用日期格式

短　语	格　式	短　语	格　式
AMERICAN	mm/dd/yy	ANSI	yy. mm. dd
BRITISH /FRENCH	dd/mm/yy	GERMAN	dd. mm. yy
ITLIAN	dd-mm-yy	JAPAN	yy/mm/dd
USA	mm-ddd-yy	MDY	mm/dd/yy
DMY	dd/mm/yy	YMD	yy/mm/dd

系统默认为 AMERICAN(美国日期格式)。如果日期格式设置为 SHORT 或 LONG 格式，Visual FoxPro 将按 Windows 系统设置的短日期格式或长日期格式显示输出日期数据，而且 SET CENTURY 命令的设置将被忽略。

例 2.2

```
a = {^2012 - 10 - 8}
set date to ansi
?a                                      && 显示的值为 12.10.08
set date to mdy
?a                                      && 显示的值为 10/08/12
```

3）设置日期分隔符

命令格式如下。

SET MARK TO [日期分隔符]

命令功能：设置显示日期时使用的分隔符，如/、-、. 等。如没有指定任何分隔符，则恢复系统默认的斜杠分隔符。

例 2.3

```
a = {^2012 - 10 - 8}
set mark to " - "
?a                                      && 显示的值为 10 - 08 - 12
```

5. 逻辑型常量

逻辑型常量用来表示逻辑真成逻辑假的常量。只有“真”和“假”两种值。在 Visual FoxPro 中，逻辑真用. T. 、. t. 、. Y. 或. y. 表示，逻辑假用. F. 、. f. 、. N. 或. n. 表示。注意字母前后的圆点一定不能丢。如果缺少了系统将自动默认为变量名。逻辑型数据只占用一个字节。

6. 货币型常量

货币型常量的书写格式与数值型常量类似，但要加上一个前置的$。货币型数据在存储和计算时，采用4位小数。如果一个货币型常量多于4位小数，那么系统会自动将多余的小数位四舍五入。例如，货币型常量$3.141 592 6将存储为$3.1416。货币型常量不能采用指数形式。

2.3 Visual FoxPro的变量

变量是在程序的运行过程中其值变化的量，也就是变量的值是能够随时改变的量。在Visual FoxPro中变量分为字段变量、内存变量、数组变量和系统变量4类。此外，作为面向对象的程序设计语言，Visual FoxPro在进行面向对象的程序设计中引入了对象的概念，对象实质上也是一类变量。确定一个变量，需要确定其三个要素：变量名、数据类型和变量值。

2.3.1 命名规则

(1) 使用字母、汉字、下划线和数字组成，例如不能用"#"、"$"等来组成变量名。

(2) 命名以字母或下划线开头。除表中字段名、索引的TAG标识名最多只能10个字符外，其他的命名可使用1～128个字符。例如123_cfc不能作为变量名。

(3) 为避免误解、混淆，避免使用Visual FoxPro的保留字。例如create为创建表的命令，不能作为变量名。

(4) 字母不区分大小写，即变量名ab、AB、Ab在系统中都被认为是同等的变量名对待。

2.3.2 字段变量

字段变量就是表中的字段名，它是表中最基本的数据单元。字段变量是一种多值变量，一个表有多少条记录，那么该表的每一字段就有多少个值，当用某一字段名作为变量时，它的值就是表记录指针所指的那条记录对应字段的值。字段变量的类型可以是Visual FoxPro的任意数据类型。字段变量的名字、类型、长度等是在定义表结构时定义的(具体在第4章表的操作中重点讲解)。

2.3.3 内存变量

Visual FoxPro的内存变量可以分为简单内存变量和数组两种。

Visual FoxPro中，除了字段变量外，还有一种变量，它独立于表，是一种临时工作单元，称为内存变量。内存变量的类型有字符型(C)、数值型(N)、货币型(Y)、逻辑型(L)、日期型(D)和日期时间型(T)6种。

可直接用内存变量名对内存变量进行访问，但若它与已打开的表中字段变量同名时，则应该用如下格式进行访问：

```
M.内存变量名
```

```
M->内存变量名
```

否则系统将访问同名的字段变量。

1. 内存变量的赋值

给内存变量赋值的命令有两种格式：

```
<内存变量>=<表达式>
STORE <表达式> TO <内存变量表>
```

该命令先计算表达式的值，然后将表达式的值赋给一个或几个内存变量。第一种格式只能给一个内存变量赋值。第二种格式可以同时给一个或多个内存变量赋相同的值，各内存变量名之间用逗号分隔。内存变量的数据类型取决于表达式值的类型。可以通过对内存变量重新赋值来改变其值和类型。

2. 内存变量的显示

可以用命令显示当前已定义的内存变量的有关信息，包括变量名、作用域、类型和取值。命令格式为：

```
DISPLAY MEMORY [LIKE <通配符>] [TO PRINTER][TO FILE <文件名>]
LIST MEMORY [LIKE <通配符>] [TO PRINTER][TO FILE <文件名>]
```

其中，LIKE 选项表示显示与通配符相匹配的内存变量，在<通配符>中允许使用符号？和 *，"?"表示任意一个字符，"*"表示任意多个字符 。TO PRINTER 或 TO FILE <文件名>选项可将内存变量的有关信息在打印机上打印出来，或者以给定的文件名存入文本文件中(扩展名为.txt)。

LIST 命令一次显示所有内存变量，如果内存变量多，一屏显示不下，则连续向上滚动。而 DISPLAY 命令分屏显示所有内存变量，如果内存变量多，显示一屏后暂停，按任意键后再继续显示下一屏。

例 2.4 在命令窗口中依次输入下列命令，注意屏幕的显示：

```
STORE "好好学习 VFP" TO A1,A2 && 为变量名 A1 和 A2 赋初值为"好好学习 VFP"
A3 = {^2012-10-8}
DISP MEMORY LIKE A?
```

此时屏幕显示第一个字母为 A，变量名的长度为两个字符的所有内存变量，显示的结果为：

```
A1    Pub    C   "好好学习 VFP"
A2    Pub    C   "好好学习 VFP"
A3    Pub    D   10/08/12
```

注意：A1、A2、A3 为变量名，PUB 表示变量的作用域为全局变量，C、D 表示变量类型分别为字符型和日期型

3. 内存变量文件的建立

将所定义的内存变量的各种信息全都保存到一个文件中，该文件称为内存变量文件。其默认的扩展名为.mem。建立内存变量文件命令的格式为：

```
SAVE TO <内存变量文件名> [ALL [LIKE|EXCEPT <通配符>]]
```

其中，ALL 表示将全部内存变量存入文件中。ALL LIKE <通配符>表示内存变量中所有与通配符相匹配的内存变量都存入文件。ALL EXCEPT <通配符>表示把与通配符不匹配的全部内存变量存入文件中。

4. 内存变量的恢复

内存变量的恢复是指将已存入内存变量文件中的内存变量从文件中读出，装入内存中。其命令格式为：

```
RESTORE FROM <内存变量文件名> [ADDITIVE]
```

若命令中含有 ADDITIVE 任选项，系统不清除内存中现有的内存变量，并追加文件中的内存变量。

5. 内存变量的清除

清除内存变量并释放相应的内存空间，所采用命令的格式为：

```
CLEAR MEMORY
RELEASE [<内存变量表>][ALL [LIKE|EXCEPT <通配符>]]
```

其中第一条命令是清除所有的内存变量，第二条命令是清除指定的内存变量。

例 2.5 依次在命令窗口中输入下列命令，注意看屏幕的显示结果：

```
A1 = 234                               && 为变量 A1 赋值为数值型，值为 234
A2 = "234"                             && 为变量 A2 赋值为字符型，值为"234"
A3 = .F.                               && 为变量 A3 赋值为逻辑型，值为假
A4 = {^2012 - 10 - 08}                 && 为变量 A4 赋值为日期型，值为 2012 年 10 月 8 日
DISPLAY MEMORY LIKE A?                 && 显示第一个字符为 A，长度为两个字符的变量
SAVE TO AA    ALL    LIKE A?
                 && 将第一个字符为 A，最多为两个字符的内存变量保存在内存变量文件 AA.men 文件中
RELEASE    A1,A2,A4                    && 清除内存变量 A1,A2,A4
DISPLAY MEMORY LIKE A?                 && 注意看两条命令的显示结果的区别
RESTORE    FROM    AA
DISPLAY    MEMORY    LIKE    A?        && 注意看显示的结果与上一条显示命令的区别
```

2.3.4 数组变量

在使用多个内存变量时，需要变量名具有一定的规律性，而且方便使用，可以使用数组变量，数组变量的使用与内存变量类似，实际数组变量也是一种内存变量，即数组变量的赋值、显示、保存、恢复等操作都与内存变量一样，只是数组变量需要先定义，后使用。数组变量被定义为一组变量的集合，这些变量可以具有不同的数据类型。数组由数组元素组成，每个数组元素就相当于一个内存变量，它可以用数组名后接顺序号来表示，顺序号也叫下标。

与简单内存变量不同，数组在使用之前必须用数组说明命令进行定义，即定义数据名、维数和大小。其命令格式为：

```
DIMENSION <数组名>(<下标上界 1>[,<下标上界 2]）[,…]
DECLARE <数组名>(<下标上界 1>[,<下标上界 2]）[,…]
```

两条命令的功能完全相同，用于定义一维或二维数组。下标上界是一数值量，下标的下界由

系统统一规定为1。

数组一经定义，它的每个元素都可当作一个内存变量来使用，因此它具有与内存变量相同的性质。Visual FoxPro命令行中可以使用内存变量的地方都能用数组元素代替。

在没有向数组元素赋值之前，数组元素的初值均为逻辑假(.F.)值。

在Visual FoxPro中，二维数组各元素在内存中按行的顺序存储，它们也可按一维数组元素的顺序来存取数据。例如有数组A(2,3)，则数组元素A(2,2)与A(5)，A(1,2)与A(2)是完全相同的。

例2.6 数组操作。

```
CLEAR MEMORY                 && 清除所有内存变量
DIMEN X(6),Y(3,4)            && 定义一个一维数组 X,有 6 个元素,一个二维数组 Y,有 12 个元素
X = 10                       && 对一维数组 X 的所有元素赋初值为 10
Y(1,2) = 2                   && 对二维数组 Y(1,2)的元素赋值为 2
Y(3) = .T.                   && 实际是为 Y(1,3) 元素赋初值为逻辑真
Y(7) = 100                   && 实际是为 Y(2,3) 元素赋初值为 100
DISPLAY MEMORY LIKE X        && 显示数组元素的 6 个元素的值都为 10
DISPLAY MEMORY LIKE Y
```

此时在主窗口中显示下列内容：

```
Y              Pub     A
   (  1,   1)          L   .F.
   (  1,   2)          N   .2.
   (  1,   3)          L   .T.
   (  1,   4)          L   .F.
   (  2,   1)          L   .F.
   (  2,   2)          L   .F.
   (  2,   3)          N   100            (         100.00000000)
   (  2,   4)          L   .F.
   (  3,   1)          L   .F.
   (  3,   2)          L   .F.
   (  3,   3)          L   .F.
   (  3,   4)          L   .F.
```

数组与表记录之间的数据传递主要用到的命令有：SCATTER、GATHER、COPY TO ARRAY和APPEND FROM ARRAY等

2.3.5 系统变量

系统变量是由Visual FoxPro自身提供的内存变量。系统变量名都是以下划线开始，一般用户不使用它，如下面所示的系统变量：

```
打印系统内存变量

_ALIGNMENT      Pub     C   "LEFT"
_ASCIICOLS      Pub     N   80               (          80.00000000)
_ASCIIROWS      Pub     N   63               (          63.00000000)
_ASSIST         Pub     C   ""
_BEAUTIFY       Pub     C   "E:\ZQS\VFP98\BEAUTIFY.APP"
_BOX            Pub     L   .T.
_BROWSER        Pub     C   "E:\ZQS\VFP98\BROWSER.APP"
_BUILDER        Pub     C   "E:\ZQS\VFP98\BUILDER.APP"
_CALCMEM        Pub     N   0.00             (           0.00000000)
_CALCVALUE      Pub     N   0.00             (           0.00000000)
_CONVERTER      Pub     C   "E:\ZQS\VFP98\CONVERT.APP"
_COVERAGE       Pub     C   "E:\ZQS\VFP98\COVERAGE.APP"
_CUROBJ         Pub     N   -1               (          -1.00000000)
_DBLCLICK       Pub     N   0.50             (           0.50000000)
_DIARYDATE      Pub     D   04/15/07
_DOS            Pub     L   .F.
_FOXDOC         Pub     C   ""
_FOXGRAPH       Pub     C   ""
```

2.4 Visual FoxPro 的内部函数

为了增强 Visual FoxPro 系统的功能和方便用户的使用，系统提供了许多内部函数，每个函数实现一定的功能或者完成某种运算。系统内部函数是系统提供的，用户只需使用，掌握其基本格式；在后面将会学到自定义函数，函数的功能是自己编程确认。函数的一般格式为：

```
函数名([参数表])
```

只要是函数，则必须有函数名和括号，参数根据不同的函数有不同的参数表，下面根据功能划分说明一些常用函数的使用及其相应功能，其他函数可以查阅帮助功能。

函数运算后会有一个值，称为函数值。根据函数返回的值的类型可以将函数分为数值函数、字符函数、日期函数、类型转换函数和测试函数等。

2.4.1 数值函数

数值函数是指函数值为数值的一类函数，它们的自变量和返回值一般也都是数值型数据。

1. 求绝对值函数

格式如下：

```
ABS(<数值型表达式>)
```

功能：求数值型表达式的绝对值。函数值为数值型。

例 2.7

```
STORE 10 TO X
?ABS(15 - X),ABS(X - 15)
```

输出的结果为：5　5

2. 求平方根函数

格式如下：

```
SQRT(<数值型表达式>)
```

功能：求数值型表达式的算术平方根，数值型表达式的值应不小于零。函数值为数值型。

例 2.8

```
?sqrt(64),sqrt(3 * 3)
```

屏幕显示的结果为 8.00　　3.00，系统对数值型数据默认保留两位小数。

3. 求指数函数

格式如下：

```
EXP(<数值型表达式>)
```

功能：将数值型表达式的值作为指数 x，求出 e^x 的值。函数值为数值型。

例 2.9

```
?EXP(1)
```

屏幕显示的结果为 2.72。因为 E 为 2.718 28…，系统默认保留两位小数。

4. 求对数函数

格式如下：

```
LOG(<数值型表达式>)
LOG10(<数值型表达式>)
```

功能：LOG 求数值型表达式的自然对数，LOG10 求数值型表达式的常用对数，数值型表达式的值必须大于零。函数值为数值型。

例 2.10

```
?LOG(3),LOG10(1000)
```

屏幕显示的结果为：1.10　　　3.00

5. 取整函数

格式如下：

```
INT(<数值型表达式>)
CEILING(<数值型表达式>)
FLOOR(<数值型表达式>)
```

功能：INT( )返回数值表达式的整数部分。
　　　CEILING( )返回大于或等于数值表达式的最小整数。
　　　FLOOR( )返回小于或等于数值表达式的最大整数。

例 2.11

```
X = 3.2
?INT(X),INT( - X),CEILING(X),CEILING( - X),FLOOR(X),FLOOR( - X)
```

屏幕显示的结果为：3　　−3　　4　　−3　　3　　−4

6. 求余数函数

格式如下：

```
MOD(<数值型表达式 1 >,<数值型表达式 2 >)
```

功能：求＜数值型表达式 1＞除以＜数值型表达式 2＞所得出的余数，所得余数的符号和表达式 2 相同。如果被除数与除数同号，那么函数值即为两数相除的余数。如果被除数与除数异号，则函数值为两数相除的余数再加上＜数值型表达式 2＞的值。函数值为数值型。

例 2.12

```
MOD(10,3),MOD(10, - 3),MOD( - 10,3),MOD( - 10, - 3)
```

屏幕显示的结果为：1　−2　　2　　−1

例 2.13 将任意一个三位数字反向输出。

```
X = 123                      && 假设需要转换的数据为 123
X1 = INT(X/100)              && 取 X 的百位数字
X2 = INT(MOD(X,100)/10)      && 取 X 的十位数字
X3 = MOD(X,10)               && 取 X 的个位数字
?X1 + X2 * 10 + X3 * 100     && 输出的结果为 321
```

也可以用下面讲解的字符运算函数解决相应问题。

7. 四舍五入函数

格式如下：

```
ROUND(<数值型表达式 1>,<数值型表达式 2>)
```

功能：对<数值型表达式 1>求值并保留 n 位小数，从 $n+1$ 位小数起进行四舍五入，n 的值由<数值型表达式 2>确定，若 n 小于 0，则对<数值型表达式 1>的整数部分按 n 的绝对值进行四舍五入。

例 2.13

```
? ROUND(3.1415 * 3,2),ROUND(156.78, - 1),ROUND(156.78, - 2),ROUND(156.87, - 3)
```

屏幕显示的结果为：9.42　　160　　200　　0

8. 求最大值和最小值函数

格式如下：

```
MAX(<表达式 1>),<表达式 2>, … , <表达式 n>)
MIN(<表达式 1>,<表达式 2>, … , <表达式 n>)
```

功能：MAX 求 n 个表达式中的最大值，MIN 求 n 个表达式中的最小值。表达式的类型可以是数值型、字符型、货币型、浮点型、双精度型、日期型和日期时间型，但所有表达式的类型应相同。函数值的类型与自变量的类型一致。

说明：字符型数据按 ASCII 顺序，即按照字符从小到大的顺序为“0”～“9”，“A”～“Z”，“a”～“z”，字符的比较是按照字符的顺序一一比较，如果通过第一个字符就比较出结果，则结束比较。常用汉字按拼音字母的顺序。

例 2.14

```
?MAX(59,35,28),MAX("2","1322","0567"),MAX("男","女")
?MIN("汽车","飞机","轮船")
```

输出的结果为：59　　2　　女

　　　　　　　飞机

9. 符号函数

格式如下：

```
SIGN(<数值表达式>)
```

功能：返回指定表达式的符号。当表达式的运算结果为正、负和 0 时，函数值分别为 1、－1 和 0。

例 2.15

```
?SIGN(5),SIGN(-6),SIGN(0)
```

输出的结果为：1　－1　0

2.4.2 字符函数

字符函数是处理字符型数据的函数，其自变量或函数值中至少有一个是字符型数据。

1. 宏代换函数

格式如下：

```
&<字符型内存变量>[.字符表达式]
```

功能：一是替换字符型内存变量的值，二是将数值型字符转换为数值型数据。如果该函数与其后的字符无明确分界，则要用“.”作为函数结束标识。

例 2.16

```
C2 = "Computer"
C1 = "2"
C = "c&c1"
?&C1.2 * 3,&C
```

输出的结果为：66　Computer

例 2.17

```
A = "100"        && 为内存变量 A 赋值为字符型数据"100"
?a + 100         && 屏幕输出数据为错误提示：操作数/操作类型不匹配
?&a + 100        && 屏幕输出的结果为 200,表示整数相加
?&a.0 + 100      && 屏幕输出的结果为 1100,表示整数相加,点表示连接符
?&a..0 + 100     && 屏幕输出的结果为 200.00,表示实数相加,第一个点为连接符,第二个点为小数点
```

2. 求字符串长度函数

格式如下：

```
LEN(字符型表达式)
```

功能：求字符串的长度，即所包含的字符个数。若是空串，则长度为 0。函数值为数值型。

例 2.18

```
?LEN("计算机学院"),LEN("我 要 学 习")
```

屏幕显示的结果为：10　　11(注意"我 要 学 习"，每个字中间都有一个空格)

3. 求子串位置函数

格式如下：

```
AT(<字符型表达式 1>,<字符型表达式 2>)
ATC(<字符型表达式 1>,<字符型表达式 2>)
```

功能：若<字符型表达式 1>的值存在于<字符型表达式 2>的值中，则给出<字符型表达式 1>在<字符型表达式 2>中的开始位置，若不存在，则函数值为 0。函数值为数值型。ATC 函数在子串比较时不区分字母大小写。

例 2.19

```
?AT("345","123456"),AT("5","12367")
?AT("abc","ABCDE abcde"),AT("abc","ABDCE abdce")
```

输出的值为：3　　0

　　　　　　7　　0

4. 取子串函数

格式如下：

```
LEFT(<字符型表达式>,<数值型表达式>)
RIGHT(<字符型表达式>,<数值型表达式>)
SUBSTR(<字符型表达式>,<数值型表达式 1>[,<数值型表达式 2>])
```

功能：LEFT 函数从字符型表达式左边的第一个字符开始截取子串，RIGHT 函数从字符型表达式右边的第一个字符开始截取子串。若数值型表达式的值大于 0，且小于等于字符串的长度，则子串的长度与数值型表达式值相同。若数值型表达式的值大于字符串的长度，则给出整个字符串。若数值型的表达式小于或等于 0，则给出一个空字符串。

SUBSTR 函数对字符型表达式从指定位置开始截取若干个字符。起始位置和字符个数分别由数值型表达式 1 和数值型表达式 2 决定。若字符个数省略，或字符个数多于从起始位置到原字符串尾部的字符个数，则取从起始位置起，一直到字符串尾的字符串作为函数值。若起始位置或字符个数为 0，则函数值为空串。显然 SUBSTR 函数可以代替 LEFT 函数和 RIGHT 函数的功能。

例 2.20

```
STORE   "GOOD BYE!" TO  X
?LEFT(x,2),SUBSTR(x,6,2),SUBSTR(x,6),RIGHT(x,3)
```

输出的函数值为：GO　　BY　　BYE!　　YE!

5. 删除字符串前后空格函数

格式如下：

```
LTRIM(<字符型表达式>)
RTRIM(<字符型表达式>)
ALLTRIM(<字符型表达式>)
```

功能：LTRIM 删除字符串的前导空格。

　　　RTRIM 删除字符串的尾部空格。RTRIM 也可写成 TRIM。

　　　ALLTRIM 删除字符串中的前导和尾部空格。ALLTRIM 函数兼有 LTRIM 和 RTRIM 函数的功能。

例 2.21

```
STORE   SPACE(2) + "TEST" + SPACE(3)   TO   SS      &&SPACE( )为产生空格函数
```

```
?TRIM(SS) + LTRIM(SS) + ALLTRIM(SS)
?LEN(SS),LEN(TRIM(SS)),LEN(LTRIM(SS)),LEN(ALLTRIM(SS))
```

输出的结果为： TESTTEST TEST

9 6 7 4

6. 生成空格函数

格式如下：

```
SPACE(<数值型表达式>)
```

功能：生成若干个空格，空格的个数由数值型表达式的值决定。

例 2.22

```
name = SPACE(8)  && 等效为变量 name 为字符型变量,变量值为 8 个空格
? LEN(LTRIM(name))
                        && 先用函数 LTRIM( )删除了变量 NAME 的空格,再求该函数的长度,故屏幕输出的值为 0
```

7. 字符串替换函数

格式如下：

```
STUFF(<字符型表达式 1>,<数值型表达式 1>,<数值表达式 2>,<字符型表达式 2>)
```

功能：用<字符型表达式 2>去替换<字符型表达式 1>中由起始位置开始所指定的若干个字符。起始位置和字符个数分别由数值型表达式 1 和数值型表达式 2 指定。如果字符型表达式 2 的值是空串，则字符型表达式 1 中由起始位置开始所指定的若干个字符被删除。

例 2.23

```
STORE '中国 重庆' TO x
? STUFF(x,6,4,'北京'),STUFF(X,5,0,"北京"),STUFF(X,5,10,"北京")
```

屏幕输出为：中国 北京　　中国北京 重庆　　中国北京

8. 产生重复字符函数

格式如下：

```
REPLICATE(<字符型表达式>,<数值型表达式>)
```

功能：重复给定字符串若干次，次数由数值型表达式给定。

例 2.24

```
? REPLICATE ('*',6)  && 屏幕输出为: ******
```

9. 大小写字母转换函数

格式如下：

```
LOWER(<字符型表达式>)
UPPER(<字符型表达式>)
```

功能：LOWER 将字符串中的大写字母转换成小写。

UPPER 将字符串中的小写字母转换成大写。

例 2.25

```
a = "ABcd"
? UPPER(a),LOWER("a")
```

输出的函数值为：ABCD　　　　abcd

在字符串中，同一字母的大小写为不同字符，如果利用大小字母转换函数，就可以不考虑字符串中的字母是大写还是小写。

10. 计算字串出现次数函数

格式如下：

```
OCCURS(<字符型表达式 1>,<字符型表达式 2>)
```

功能：OCCURS()函数返回第一个字符串在第二个字符串中出现的次数，如果第一个字符串不是第二个字符串的子串，则函数值为 0。

例 2.26

```
?OCCURS("R","PRTOUTR")        && 输出的结果为: 2
```

11. 字符串匹配函数

格式如下：

```
LIKE(<字符型表达式 1>,<字符型表达式 2>)
```

功能：LIKE()函数比较两个字符串对应位置上的字符，如果所有对应字符都匹配，函数返回逻辑值(.T.)，否则返回逻辑值(.F.)。

例 2.27

```
?LIKE("XY*","XYZ")
```

输出的结果为：.T.

2.4.3 日期和时间函数

日期时间函数是处理日期型或日期时间型数据的函数。

1. 系统日期和时间函数

格式如下：

```
DATE()
TIME()
DATETIME()
```

功能：DATE 函数给出当前的系统日期，函数值为日期型。

TIME 函数给出当前的系统时间，形式为 hh:mm:ss，函数值为字符型。

DATETIME 函数给出当前的系统日期和时间，函数值为日期时间型。

例 2.28　假定现在系统的日期为{^2012/9/12 11:38:38 AM}。

```
?DATE(),TIME() ,DATETIME()
```

输出的结果为：09/12/12　　　11:38:38　　　09/12/12 11:38:38 AM

2. 求年份、月份和天数函数

格式如下：

```
YEAR(<日期型表达式>|<日期时间型表达式>)
MONTH(<日期型表达式>|<日期时间型表达式>)
DAY(<日期型表达式>|<日期时间型表达式>)
```

功能：YEAR 函数返回日期表达式或日期时间型表达式所对应的年份值。

MONTH 函数返回日期型表达式或日期时间型表达式所对应的月份，月份以数值 1～12 来表示。

DAY 函数返回日期型表达式或日期时间型表达式所对应月份里面的天数。

例 2.29

```
A = {^2012 - 08 - 16}
?YEAR(A),MONTH(A),DAY(A)      && 输出的结果为：2012   8   16
```

3. 求时、分和秒函数

格式如下：

```
HOUR(<日期时间型表达式>)
MINUTE(<日期时间型表达式>)
SEC(<日期时间型表达式>)
```

功能：HOUR 函数返回日期时间型表达式所对应的小时部分(按 24 小时制)。

MINUTE 函数返回日期时间型表达式所对应的分钟部分。

SEC 函数返回日期时间型表达式所对应的秒数部分。

例 2.30

```
a = {^2012 - 04 - 16,15:40:36}
?HOUR(a),MINUE(a),SEC(a)
```

主屏幕输出的结果为：15　40　36

2.4.4　数据类型转换函数

转换函数的主要用途是在表达式中有不同类型的数据，需要将这些不同类型的数据转换为相同的数据类型才能运算，注意：一个表达式中有字符型、数值型、日期型等数据，在操作中一般将数据都转化为字符型数据。

1. 将字符转换成 ASCII 码的函数

格式如下：

```
ASC(<字符型表达式>)
```

功能：给出指定字符串最左边的一个字符的 ASCII 码值。函数值为数值型。

说明：该函数仅求出字符串的最左边的字符的 ASCII 值，常见字符“0”～“9”，“A”～“Z”，“a”～“z”的 ASCII 值为 48～57，65～92，97～122。

例 2.31

```
?ASC("A"),ASC("a"),ASC("0"),ASC("1")
```

主屏输出的结果为：65　　97　　48　　49

2. 将 ASCII 值转换成相应字符函数

格式如下：

```
CHR(<数值型表达式>)
```

功能：将数值型表达式的值作为 ASCII 码，给出所对应的字符。该函数与 ASC( )函数的功能正好相反。

3. 将字符串转换成日期或日期时间函数

格式如下：

```
CTOD(<字符型表达式>)
CTOT(<字符型表达式>)
```

功能：CTOD 函数将指定的字符串转换成日期型数据，CTOT 函数将指定的字符串转换成日期时间型数据。字符型表达式中的日期部分格式要与系统设置的日期显示格式一致，其中的年份可以用 4 位，也可以用两位。如果用两位，则世纪值由 SET CENTURY TO 命令指定。

例 2.32

```
SET DATE TO YMD
SET CENTURY ON
X = "^2012 - 08 - 16"
?CTOD(X) + 10
```

屏幕上输出的结果为：2012/08/26

4. 将日期或日期时间转换成字符串函数

格式如下：

```
DTOC(<日期表达式>|<日期时间表达式>[,1])
TTOC(<日期时间表达式>[,1])
```

功能：DTOC 函数将日期数据或日期时间数据的日期部分转换为字符型，TTOC 函数将日期时间数据转换为字符型。字符串中日期和时间的格式受系统设置的影响。对 DTOC 来说，若选用 1，结果为 yyyymmdd 格式。对 TTOC 来说，若选用 1，结果为 yyyymmddhhmmss 格式。

例 2.33　假定现在系统的日期为{^2012/9/14 11:38:38 AM}。

```
M = DATETIME( )
?M
```

屏幕输出的结果为：09/14/12 11:38:38 AM

```
?DTOC(M),DTOC(M,1)TTOC(M),TTOC(M,1)
```

屏幕输出的结果为：09/14/12　20120914　09/14/12 11:38:38 AM　20120914113838

5. 将数值转换成字符串函数

格式如下：

```
STR(<数值型表达式 1>[,<数值型表达式 2>[,<数值型表达式 3>]])
```

功能：将＜数值型表达式 1＞的值转换成字符串。转换后字符串的长度由＜数值型表达式 2＞决定，保留的小数位数由＜数值型表达式 3＞决定。省略＜数值型表达式 3＞时，转换后将无小数部分。省略＜数值型表达式 2＞和＜数值型表达式 3＞时，字符串长度为 10，无小数部分。如果指定的长度大于小数点左边的位数，则在字符串的前面加上空格，如果指定的长度小于小数点左边的位数，则返回指定长度个星号 *，表示出错。

例 2.34

```
N = - 123.456
?"n = " + STR(n,8,3)
?STR(n,9,2),STR(n,6,2),STR(n,3),STR(n,6),STR(n)
```

主屏输出的结果为：n＝－123.456

－123.46　　－123.5　　* * *　　－123　　－123

* 代表数据不能表示，* 个数表示数据的位数。

6. 将字符串转换成数值函数

格式如下：

```
VAL(<字符型表达式>)
```

功能：将由数字、正负号、小数点组成的字符串转换为数值，转换遇上非上述字符停止。若串的第一个字符即非上述字符，函数值为 0。前导空格不影响转换。

例 2.35

```
STORE " - 123" TO x
STORE "45" TO y
STORE 'A45' TO z
?VAL(x + y),VAL(x + z),VAL(z + y)
?VAL("123.45A"),VAL("123.4A5"),VAL("123.A45")
?VAL("12A3.45"),VAL("1A3.45"),VAL("A123.45")
```

主屏输出的结果为：－12345.00　　－123.00　　0.00

123.45.00　　123.40　　123.00

12.00　　1.00　　0.00

2.4.5 测试函数

1. 数据类型测试函数

格式如下：

```
VARTYPE(<表达式>,[<逻辑表达式>])
```

功能：测试引号内表达式的数据类型，返回用字母代表的数据类型。函数值为字符型。未定义或错误的表达式返回字母 U。若表达式是一个数组，则根据第一个数组元素的类型返回字符串。若表达式的运算结果是 NULL 值，则根据函数中逻辑表达式的值决定是否返回表达式的类型。具体规则是：如果逻辑表达式为.T.，则返回表达式的原数据类型。如果逻辑表达式为.F.或省略，则返回 X，表明表达式的运算结果是 NULL 值。

例 2.36

```
X = "AAA"
Y = 10
Z = $ 100.2
?VARTYPE(X), VARTYPE(Y), VARTYPE(Z)
```

主屏输出的结果为：C　N　Y

2. 表头测试函数

格式如下：

```
BOF([<工作区号>|<别名>])
```

功能：测试指定或当前工作区的记录指针是否超过了第一个逻辑记录，即是否指向表头，若是，函数值为.T.，否则为.F.。<工作区号>用于指定工作区，<别名>为工作区的别名或在该工作区上打开的表的别名。当<工作区号>和<别名>都缺省不写时，默认为当前工作区。

3. 表尾测试函数

格式如下：

```
EOF([<工作区号>|<别名>])
```

功能：测试指定或当前工作区中记录指针是否超过了最后一个逻辑记录，即是否指向表的末尾，若是，函数值为.T.，否则为.F.。自变量含义同 BOF 函数，缺省时默认为当前工作区。

4. 记录号测试函数

格式如下：

```
RECNO([<工作区号>|<别名>])
```

功能：返回指定或当前工作区中当前记录的记录号，函数值为数值型。省略参数时，默认为当前工作区。如果记录指针在最后一个记录之后，即 EOF()为.T.，RECNO()返回比记录总数大 1 的值。如果记录指针在第一个记录之前或者无记录，即 BOF()为.T.，RECONO()返回 1。

5. 记录个数测试函数

格式如下：

```
RECCOUNT([<工作区号>|<别名>])
```

功能：返回指定或当前工作区中当前表文件中的记录个数，如果指定的工作区上没有打开的表文件，则函数值为 0。

6. 查找是否成功测试函数

格式如下：

```
FOUND([<工作区号|别名>])
```

功能：在当前或指定表中，检测是否找到所需的数据。如果省略参数，则默认为当前工作区。数据搜索由 FIND、SEEK、LOCATE 或 CONTINUE 命令实现。如果这些命令搜索到所需的数据记录，函数值为.T.，否则函数值为.F.。如果指定的工作区中没有表被打开，则 FOUND( )返回.F.。如果用非搜索命令如 GO 移动记录指针，则函数值为.F.。

7. 文件是否存在测试函数

格式如下：

```
FILE(<文件名>)
```

功能：检测指定的文件是否存在。如果文件存在，则函数值为.T.，否则函数值为.F.。文件名必须是全称，包括盘符、路径和扩展名，且<文件名>是字符型表达式。

8. 判断值介于两个值之间的函数

格式如下：

```
BETWEEN(<被测试表达式>,<下限表达式>, <上限表达式>)
```

功能：判断表达式的值是否介于相同数据类型的两个表达式值之间。BETWEEN()首先计算表达式的值。如果一个字符、数值、日期、表达式的值介于两个相同类型表达式的值之间，即被测表达式的值大于或等于下限表达式的值，小于或者等于上限表达式的值，BETWEEN()将返回.T.，则返回.F.。

例 2.37

```
gz = 375
? BETWEEN(gz,260,650)
```

输出为.T.。

9. 条件函数 IIF

格式如下：

```
IIF(<逻辑型表达式>,<表达式 1 >,<表达式 2 >)
```

功能：若<逻辑型表达式>的值为.T.，函数值为<表达式 1>的值，否则为<表达式 2>的值。

例 2.38

```
xb = "女"
? IIF(xb = [男],1,IIF(xb = [女],2,3))
```

输出为 2。

10. 空值(NULL 值)测试函数

格式如下：

```
ISNULL(<表达式>)
```

功能：判断一个表达式的值是否为 NULL 值，若是则返回逻辑真(.T.)，否则返回逻辑假(.F.)。

11. 表达式是否为空测试函数

格式如下：

```
EMPTY(<表达式>)
```

功能：判断表达式是否有内容。一个变量无值时为空，表达式可以是任意类型。不同类型数据的“空”值规定如表 2.2 所示。

表 2.2　不同类型数据的“空”值规定

数据类型	“空”值	数据类型	“空”值
字符型	空串、空格、制表符、回车符、换行符	逻辑型	.F.
数值型	0	备注型	空
日期型	空	浮点型	0
日期时间型	空	整型	0
货币型	0	双精度型	0

12. 记录是否有删除标记测试函数

格式如下：

```
DELETED([<工作区号>|<别名>])
```

功能：测试当前表的记录指针所指的当前记录是否有删除标记“*”，若有则为真，否则为假。

2.5　Visual FoxPro 的表达式

表达式是由常量、变量和函数用运算符连接起来的运算式。根据运算符的不同，可以将 Visual FoxPro 的表达式分为数值表达式、字符表达式、日期表达式、关系表达式和逻辑表达式等。

2.5.1　数值表达式

用算术运算符将数值型常量、变量及其数值型函数连接起来的式子叫算术表达式。算术运算符及其优先级别，如表 2.3 所示。

表 2.3　算术运算符及其优先级别

优先级	运算符	说明
1	()	先括号内，再括号外
2	** 或者^	乘方运算
3	*、/、%	乘、除、求余(与函数 mod()功能一样)运算
4	+、-	加、减运算

例 2.39　求算术表达式 $32^2+(10\div2-100\times6)$ 和 $\sqrt[2]{\left[\dfrac{34+2\times10}{100-24\div4}\right]}$ 的值。

```
?32^2+(10/2-100*6),SQRT((34+2*10)/(100-24/4))
```

屏幕输出的结果为：429.00　　　0.76

2.5.2 字符表达式

1. 连接运算

连接运算符有完全连接运算符"＋"和不完全连接运算符"－"两种。"＋"运算的功能是将两个字符串连接起来形成一个新的字符串。"－"运算的功能是将字符串 1 尾部的空格移到字符串 2 的尾部，两个字符串连接起来形成一个新的字符串。

例 2.40

```
? "姓名□" - "李小四" + "张得华"        && 符号"□"表示空格符号
```

输出为：

```
姓名李小四□张得华
```

2. 包含运算

包含运算的结果是逻辑值。一般格式为：

```
<字符串 1 > $ <字符串 2 >
```

若＜字符串 1＞包含在＜字符串 2＞之中，其表达式值为.T.，否则为.F.。

例 2.41

```
? "教授" $ "副教授","ac" $ "abcdef"
```

屏幕输出的结果为：　.T.　　　　.F.

2.5.3 日期和时间表达式

日期运算符有＋、－和关系运算符，日期表达式的格式有如下几种。

格式 1：

```
<日期型数据> + ( - )<数值>(实际是天数)      &&结果为日期型
```

格式 2：

```
<日期型数据 1 > - <日期型数据 2 >             &&结果为数值型,实际为两个日期型数据相隔的天数
```

格式 3：

```
<日期型数据 1 >关系表达式运算符<日期型数据 2 >   &&结果为逻辑型,实际是两个日期型数据进行
                                              &&比较运算,故结果为逻辑型。
```

例 2.42

```
A = {^2012 - 8 - 16}
B = A + 10
?B - A
```

输出的结果为 10。

2.5.4 关系表达式

关系表达式也称为简单的逻辑表达式，它是由关系运算符将两个运算对象连接起来形

成的式子,关系表达式的运算结果为逻辑型数据,关系表达式的优先级相同,关系运算符及其含义如表 2.4 所示。

表 2.4 关系运算符

运 算 符	说 明	运 算 符	说 明
<	小于	<=	小于等于
>	大于	>=	大于等于
=	等于	==	恒等
<>#!	不等于		

关系表达式的一般形式为:

```
e1 <关系运算符> e2
```

其中,e1、e2 可以同为数值型表达式、字符型表达式、日期型表达式或逻辑型表达式。但==仅适用于字符型数据。关系表达式表示一个条件,条件成立时值为.T.,否则为.F.。

各种类型数据的比较规则如下。

(1) 数值型和货币型数据根据其代数值的大小进行比较。

(2) 日期型和日期时间型数据进行比较时,离现在日期或时间越近的日期或时间越大。

(3) 逻辑型数据比较时,.T.比.F.大。

对于字符型数据,字符按照机内码顺序排序。对于西文字符而言,按其 ASCII 码值大小进行排列:空格在最前面,大写字母在小写字母前面,数字在字母之前。因此,空格最小,大写字母小于小写字母,数字字符小于字母。对于汉字字符,按其国标码的大小进行排列,对常用的一级汉字而言,根据它们的拼音顺序比较大小。字符串的比较是以第一个字符开始逐个字符向右进行比较。比较字符串时,先取两字符串的第一个字符比较,若两者不等,其大小就决定了两字符串的大小,若相等,则各取第二个字符比较,以此类推,直到最后,若每个字符都相等,则两个字符串相等。

例 2.43 在不同的字符排序次序下,比较字符串的大小。

```
SET COLLATE TO "Machine"    && 按机器次序,按照机内码顺序排序.文章字符的顺序为:空格→大写
字母 ABCD→小写字母 abcd,汉字按机内码,常用一级汉字拼音顺序。
? "助教">"教授","abc">"a","">"a","XYZ">"a"。
```

屏幕显示的结果为:.T. .F. .F. .F.

```
SET COLLATE TO "PinYin"    && 按拼音顺序,对于英文,空格在最前面,小写字母在前,大写字母在后
? "助教">"教授","abc">"a","">"a","XYZ">"a"
```

屏幕显示的结果为:.T. .F. .F. .T.

```
SET COLLATE TO "Stroke"    && 按笔画顺序,无论中文、英文,按照书写笔画的多少排序
? "助教">"教授","abc">"a","">"a","XYZ">"a"
```

屏幕显示的结果为:.F. .F. .F. .T.

要注意=(等于)和==(精确等于)两个关系运算符的区别。它们主要是对字符串进行比较时有所区别。

字符串的"等于"比较有精确和非精确之分，精确等于是指只有在两字符串完全相同时才为真，而非精确等于是指当"="号右边的串与"="号左边的串的前几个字符相同时，运算结果即为真。可以用命令 SET EXACT ON 来设置字符串精确比较，此时，=和==的作用相同，用命令 SET EXACT OFF 可设置字符串非精确比较，此时，=和==的作用是不相同的，==为精确比较，=为非精确比较。

例 2.44 字符串比较举例。

```
SET EXACT OFF
zc = "教授□□"
? zc = "教授","教授" = zc,"教授" == LEFT(zc,4),zc == "教授","abcd" = "a"
```

输出结果为：.T.　.F.　.T.　.F.　.T.

```
A = 100
?A = A + 100          && 屏幕输出的结果为：.F.
A = a = 100
?a                    && 屏幕输出的结果为：.T.
```

请注意在非精确比较状态下，条件 zc="教授"与条件"教授"=zc 不等价。

2.5.5 逻辑表达式

逻辑表达式是由逻辑运算符将逻辑型数据连接起来的式子，其值仍是逻辑值。

逻辑运算符有：NOT 或.NOT.或！（逻辑非）、AND 或.AND.（逻辑与）、OR 或.OR.（逻辑或）。逻辑运算的优先级为：

```
NOT→AND→OR(依次降低)
```

逻辑非运算符是单目运算符，只作用于后面的一个逻辑操作数，若操作数为真，则返回假，否则返回真。

逻辑与与逻辑或是双目运算符，所构成的逻辑表达式为：

```
L1 AND L2
L1 OR  L2
```

其中 L1 和 L2 均为逻辑型操作数。

对于逻辑与运算，只有 L1 和 L2 同时为真，表达式值才为真，只要其中一个为假，则结果为假。

对于逻辑或运算，L1 和 L2 中只要有一个为真，表达式即为真，只有 L1 和 L2 均为假时，表达式才为假。

当一个表达式包含多种运算时，其运算的优先级由高到低排列为：

算术运算 → 字符串运算 → 日期运算 → 关系运算 → 逻辑运算

在对表进行各种操作时常常要表达各种条件，即对满足条件的记录进行操作，此时就要综合运用本章的知识。下面的例子希望读者能认真领会，这些知识对以后章节的学习十分重要。

例 2.45 学生表的结构如下：

学生(学号 C 6，姓名 C 10，性别 C 2，出生日期 D，少数民族否 L，籍贯 C 10，数学(N,5.1)，外语(N,5.1)，简历 M，照片 G)，针对学生表(请见第 4 章)，写出下列条件：

(1) 姓“张”的学生。

(2) 20岁以下的学生。

(3) 家住四川或重庆的学生。

(4) 少数民族学生。

(5) 数学成绩在60分以上的北京学生或成绩不及格的西藏的学生。

解：(1) 方法可以有多种，都可以表达相同的内容。

方法1：AT("张",姓名)=1

方法2：SUBSTR(姓名,1,2)="张"

方法3：姓名="张"　　&& 该方法在非精确比较下可行

方法4：LEFT(姓名,2)="张"

(2)

方法1：DATE()-出生日期＜=20*365

方法2：YEAR(DATE())-YEAR(出生日期)＜=20

(3) 籍贯="四川" OR 籍贯="重庆"

(4)

方法1：少数民族否

方法2：少数民族否=.T.

方法3：IIF(少数民族否,"少数民族","汉族")="少数民族"

(5)

方法1：数学＞=60　AND 籍贯="北京" OR 数学＜60　AND 籍贯="西藏"

方法2：数学＞=60　AND　籍贯="北京" OR　NOT 数学＞=60 AND 籍贯="西藏"

习　　题

一、选择题

1. 在 Visual FoxPro 中，(　　)是合法的字符串。

   A. ""计算机等级考试""　　B. [[计算机等级考试]]

   C. ['计算机等级考试']　　D. {'计算机等级考试'}

2. 在 Visual FoxPro 表文件中，逻辑型、日期型、备注型的数据宽度分别是(　　)。

   A. 1,8,10　　B. 1,8,254　　C. 1,8,4　　D. 1,8,任意

3. Visual FoxPro 中表文件的扩展名为(　　)。

   A. .DBF　　B. .DBC　　C. .DCT　　D. .CDX

4. 一个表文件中多个备注型字段的内容是存放在(　　)。

   A. 一个文本文件中　　B. 一个备注文件中

   C. 多个备注型文件中　　D. 这个表文件中

5. 可以链接或嵌入 OLE 对象的字段类型是(　　)。

   A. 备注型　　B. 通用型和备注型

   C. 通用型　　D. 任何类型的字段

6. 下列数据中合法的 Visual FoxPro 常量是(　　)。

A. 01/10/2003　　B. .y.　　C. True　　D. 75%

7. 用命令 DIMENSION S(3,4)定义后,S 数组中共有(　　)个数据元素。

A. 3　　B. 4　　C. 7　　D. 12

8. 设已经定义了一个一维数组 A(6),并且 A(1)～A(4)各数组元素的值依次是 1,3,5,2。然后又定义了一个二维数组 A(2,3),执行命令? A(2,2)后,显示的结果是(　　)。

A. 变量未定义　　B. 4　　C. 2　　D. .F.

9. 以下命令中,可以显示“大学”的是(　　)。

A. ? SUBSTR("清华大学信息院",5,4)

B. ? SUBSTR("清华大学信息院",5,2)

C. ? SUBSTR("清华大学信息院",3,2)

D. ? SUBSTR("清华大学信息院",3,4)

10. 若 X=56.789,则命令? STR(X,2)－SUBS('56.789',5,1)的显示结果是(　　)。

A. 568　　B. 578　　C. 48　　D. 49

11. 若 DATE='99/11/20',表达式 &DATE 的结果的数据类型是(　　)。

A. 日期型　　B. 数值型　　C. 字符型　　D. 不确定

12. 要判断数值型变量 Y 是否能被 3 整除,错误的条件表达式为(　　)。

A. MOD(Y,3)=0　　B. INT(Y/3)=Y/3

C. Y%3=0　　D. INT(Y/3)=MOD(Y,3)

13. 执行下列命令后,输出的结果是(　　)。

```
D = " * "
?"3&D.8 = " + STR(3&D.8,2)
```

A. 3&D.8=24　　B. 3&D.8=0　　C. 3 * .8=38　　D. 3 * 8=24

14. 函数 LEN(TRIM(SPACE(8))－SPACE(8))返回的值是(　　)。

A. 0　　B. 16　　C. 8　　D. 出错

15. 执行下列语句序列之后,最后一条命令的显示结果是(　　)。

```
Y = "33.77"
X = VAL(Y)
?&Y = X
```

A. 33.77　　B. .T.　　C. .F.　　D. 出错信息

16. 数学表达式 4≤X≤7 在 Visual FoxPro 中应表示为(　　)。

A. X>=4 .OR. X<=7　　B. X>=4 .AND. X<=7

C. X≤7.AND.4≤X　　D. 4≤X.OR.X≤7

二、填空题

1. 字段变量的类型在定义(　　)时定义。

2. 自由表中字段名长度最长是(　　)个字符。

3. 在 Visual FoxPro 表中,放置相片信息的字段类型是(　　),可用字母(　　)表示此字段类型,该类型字段的长度为(　　)。

4. 设 Visual FoxPro 的当前状态已设置为 SET　EXACT OFF,则命令?“你好吗?”=

[你好]的显示结果是(　　)。

5. 在 Visual FoxPro 中,要将系统默认磁盘设置为 A 盘,可执行命令(　　)。

6. 顺序执行如下两条命令后,显示的结果是(　　)。

```
m = "ABC",
?m = m + "DEP"
```

7. 顺序执行如下两条命令后,显示的结果是(　　)。

```
A = 100
?A = A + 1
```

8. 用 DIMENSION　A(3,6)命令定义的数组,变量的个数为(　　),数组元素的个数为(　　)。

第3章 关系数据库标准语言SQL

关系数据库管理系统有很多，如FoxPro、Sybase、Oracle和SQL Server，而不同关系数据库使用不同查询语言，就会带来很多问题，唯一的解决方法就是标准的语言SQL。SQL全称是Structured Query Language（结构化查询语言），是对数据库中的数据进行组织、管理和检索的工具。SQL结构简洁，功能强大，简单易学。

本章将介绍SQL所包含的数据定义、数据操纵和数据查询等功能部分，其中查询是SQL语言的重要组成部分，也是本章的重点。

3.1 SQL 概 述

在20世纪80年代初，ANSI开始着手制定SQL标准。目前，各主流数据库产品采用的SQL标准是1992年制定的SQL92，由于它功能丰富、语言简洁而备受计算机界欢迎。

按照ANSI的规定，SQL被作为关系数据库的标准语言。SQL语句可以用来执行各种各样的操作。SQL由以下三部分组成。

(1) 数据定义语言(Data Definition Language，DDL)。

(2) 数据操纵语言(Data Manipulation Language，DML)。

(3) 数据控制语言(Data Control Language，DCL)。

SQL具有如下特点。

(1) 高度集成化。SQL集数据定义、数据查询、数据操纵和数据控制功能于一体，可以独立完成数据库操作和管理的全部操作，为数据库应用系统的开发提供了良好的手段。

(2) 非过程化。SQL是一种高度非过程化的语言。它不必告诉计算机怎么做，只要提出做什么，SQL就可以将要求交给系统，自动完成全部工作从而大大减轻了用户的负担，还有利于提高数据独立性。

(3) 简洁易学。SQL功能很强，但却非常简洁，它只有为数不多的9条命令，如表3.1所示。另外，SQL的语法也非常简单，它很接近英语自然语言，因此容易学习和掌握。

表3.1 SQL命令动词

SQL功能	命令动词	SQL功能	命令动词
数据查询	SELECT	数据操纵	INSERT、UPDATE、DELETE
数据定义	CREATE、DROP、ALTER	数据控制	GRANT、REVOKE

(4) 用法灵活。SQL可以直接以命令方式交互使用，也可以嵌入到程序设计语言中以程序方式使用。现在很多数据库应用开发工具都将SQL直接融入到自身的语言之中，使用

起来更方便，Visual FoxPro 就是如此。这些使用方式为用户提供了灵活的选择余地。需要注意的是，SQL 虽然在各种数据库产品中得到了广泛的支持，但迄今为止，它只是一种建议标准，各种数据库产品中所实现的 SQL 语法虽然基本是一致的，但还是略有差异，本章讲述 Visual FoxPro 中 SQL 的语法、功能与应用。

3.2　SQL 的数据定义功能

标准 SQL 的数据定义功能非常广泛，包括数据库、表、视图、存储过程、规则及索引的定义等。数据定义语言由 CREATE(创建)、DROP(删除)、ALTER(修改)三个命令组成。这三个命令针对不同的数据对象分别有三条命令，如操作数据表时可使用 CREATE、DROP 和 ALTER 命令，操作视图也可以使用这三条命令。

3.2.1　建立表结构

命令格式如下：

```
CREATE TABLE|DBF <表名 1> [NAME <长表名>][FREE]
(<字段名 1> <类型>(<宽度>[,<小数位数>])[NULL|NOT NULL]
[CHECK <条件表达式 1>[ERROR <出错显示信息>]] [DEFAULT <表达式 1>]
[PRIMARY KEY | UNIQUE]REFERENCES <表名 2>[TAG <标识 1>]
[<字段名 2><类型>(<宽度>[,<小数位数>])[NULL|NOT NULL]
[CHECK <条件表达式 2>[ERROR <出错显示信息>]] [DEFAULT <表达式 2>]
[PRIMARY KEY | UNIQUE]REFERENCES <表名 3>[TAG <标识 2>]
…)|FROM ARRAY <数组名>
```

命令说明：

(1) CREATE TABLE 或 CREATE DBF 功能等价，都是建立表。

(2) FREE：指明所创建的表为自由表。默认在数据库未打开时创建的表是自由表，在数据库打开时创建的表为数据库表。

(3) 字段名 1、字段名 2、…：所要建立的新表的字段名，在语法格式中，两个字段名之间的语法成分都是对一个字段的属性说明，包括以下内容。

① 类型——说明字段类型，可选项的字段类型如表 3.2 所示。

表 3.2　数据类型说明

字段类型	字段宽度	小数位	说　　明
C	N	—	字符型字段的宽度为 N
D	—	—	日期型(Date)
T	—	—	日期时间型(Datetime)
N	N	D	数值字段类型(Numeric)，宽度为 N，小数为 D
F	N	D	浮点数值字段类型(Float)，宽度为 N，小数为 D
I	—	—	整数类型(Integer)
B	—	D	双精度类型(Double)
Y	—	—	货币型(Currency)
L	—	—	逻辑型(Logic)
M	—	—	备注型(Memo)
G	—	—	通用型(General)

② 宽度及小数位数——字段宽度及小数位数如表 3.2 所示。

③ NULL、NOT NULL——该字段是否允许“空值”，其默认值为 NULL，即允许“空”值。

④ CHECK <条件表达式>——用来检测字段的值是否有效，这是实行数据库的一种完整性检查。

⑤ ERROR <出错显示信息>——当完整性检查有错误，即条件表达式的值为假时的提示信息。

⑥ DEFAULT <表达式>——为一个字段指定的默认值。

⑦ PRIMARY KEY——指定该字段为关键字段，它能保证关键字段的唯一性和非空性，非数据库表不能使用该参数。

⑧ UNIQUE——指定该字段为一个候选关键字段。注意，指定为关键字或候选关键字的字段都不允许出现重复值，这称为对字段值的唯一性约束。

⑨ REFERENCES <表名>——这里指定的表作为新建表的永久性父表，新建表作为子表。

⑩ TAG <标识>——父表中的关联字段，若缺省该参数，则默认父表的主索引字段作为关联字段。

(4) FROM ARRAY <数组名>：根据指定数组的内容建立表，数组元素依次是字段名、类型等。

从以上命令格式可以看出，除了建立表的基本功能外，它还包括满足实体完整性的主关键字(主索引)PRIMARY KEY、定义域完整性的 CHECK 约束及出错提示信息 ERROR、定义默认值的 DEFAULT 等。另外，还有描述表之间联系的 FOREIGN KEY 和 REFERENCES 等。

例 3.1 利用 SQL 命令建立学生管理数据库，其中包含三个表：学生表、选课表和课程表。操作步骤如下。

(1) 用 CREATE 命令建立数据库。

```
CREATE DATABASE  D:\学生管理
```

(2) 用 CREATE 命令建立学生表。

```
CREATE TABLE 学生(学号 C(6)  PRIMARY KEY,姓名 C(8),性别 C(2),出生日期 D,;
少数民族否 L,籍贯 C(10),入学成绩  N(3,0)  CHECK(入学成绩>0) ERROR "成绩应该大于 0!",简历
  M,照片 G NULL)
```

其中指定学号是主关键字，设置入学成绩字段有效性规则。

(3) 建立课程表。

```
CREATE TABLE 课程(课程号 C(6)  PRIMARY KEY,课程名 C(10),学分 N(1))
```

其中指定课程号是主关键字

(4) 建立选课表。

```
CREATE TABLE 选课(学号 C(6),课程号 C(6),;
成绩 N(3,0)  CHECK(成绩>=0 AND 成绩<=100);
ERROR "成绩值的范围 0～100!" DEFAULT 60,;
FOREIGN KEY 学号 TAG 学号 REFERENCES 学生,;
```

```
FOREIGN KEY 课程号 TAG 课程号 REFERENCES 课程)
```

注意：用 SQL CREATE 命令新建的表自动在最小可用工作区打开，并可以通过别名引用，新表的打开方式为独占方式，忽略 SET EXCLUSIVE 的当前设置。

如果建立自由表(当前没有打开的数据库或使用了 FREE)，则很多选项在命令中不能使用，如 NAME、CHECK、DEFAULT、FOREIGN KEY、PRIMARY KEY 和 REFERENCES 等。

如上 4 命令有两个 FOREIGN KEY…REFERENCES…短语，分别说明了学生表与选课表、课程表与选课表之间的联系。

以上所有建立表的命令执行完后，可以在数据库设计器中看到各个表以及它们之间的联系，如图 3.1 所示，然后可以用其他的方法来编辑参照完整性，进一步完善数据库的设计。

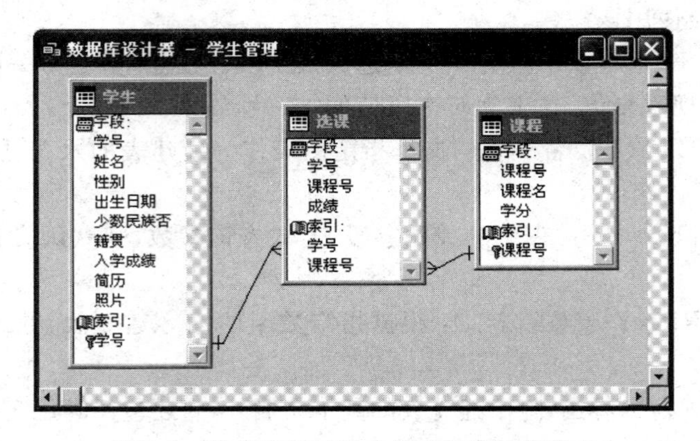

图 3.1　数据库设计器中各表与表间的联系

3.2.2　删除表

当某个表不再需要时，可以使用 DROP TABLE 语句删除它。

基本表定义一旦删除，表中的数据、此表上建立的索引和视图都将自动被删除。因此执行删除基本表的操作时一定要格外小心。

删除表的 SQL 命令格式是：

```
DROP TABLE <表名>
```

DROP TABLE 命令直接从磁盘上删除所指定的表文件。如果指定的表文件是数据库中的表并且相应的数据库是当前数据库，则从数据库中删除了表。否则虽然从磁盘上删除了表文件，但是记录在数据库文件中的信息却没有删除，此后会出现错误提示。所以要删除数据库中的表时，最好应使数据库是当前打开的数据库，在数据库中进行操作。

例如，删除“学生管理”数据库的“课程”表：

```
OPEN DATABASE 学生管理
DROP TABLE 课程
```

3.2.3　修改表结构

如果需要修改已建立好的表结构，SQL 提供了 ALTER TABLE 语句，该命令有三种格式。

1. 格式 1

```
ALTER TABLE <表名 1 >
ADD|ALTER [COLUMN] <字段名><字段类型>[(<宽度>[,<小数位数>])]
[NULL | NOT NULL][CHECK <逻辑表达式> [ERROR<出错显示信息>]]
[DEFAULT <表达式>][PRIMARY KEY|UNIQUE]
[REFERENCES <表名 2 >[TAG <标识名>]]
```

该格式可以添加字段,修改字段的类型、宽度、有效性规则、错误信息、默认值,定义主关键字和联系等。

例 3.2 为选课表增加一个字段:平时成绩 N(5,1)。

```
ALTER TABLE 选课 ADD 平时成绩 N(5,1)
```

例 3.3 将课程表的课程名字段的宽度由原来的 10 改为 20。

```
ALTER TABLE 课程 ALTER 课程名 C(20)
```

2. 格式 2

```
ALTER TABLE <表名>
ALTER [COLUMN] <字段名> [NULL|NOT NULL]
[SET DEFAULT <表达式>[SET CHECK <逻辑表达式> [ERROR <出错显示信息>]]
[DROP DEFAULT][DROP CHECK]
```

该格式命令主要用于定义、修改和删除有效性规则以及默认值定义。命令说明:

(1) SET DEFAULT <表达式> 用来设置默认值;SET CHECK<逻辑表达式>[ERROR<出错显示信息>]短语用来设置约束条件。

(2) DROP DEFAULT 短语用来删除默认值;DROP CHECK 短语用来删除约束条件。

(3) 本命令仅适合数据库表。

例 3.4 为学生表的入学成绩字段添加有效性规则。

```
ALTER TABLE 学生 ALTER 入学成绩 SET CHECK(入学成绩>=0);
ERROR "入学成绩应大于 0!"
```

例 3.5 删除平时成绩字段的有效性规则并设置字段默认值为 80。

```
ALTER TABLE 选课 ALTER 平时成绩 DROP CHECK
ALTER TABLE 选课 ALTER 平时成绩 SET DEFAULT 80
```

3. 格式 3

```
ALTER TABLE <表名> [DROP [COLUMN] <字段名>]
[SET CHECK <逻辑表达式>[ERROR <出错显示信息>]]
[DROP CHECK]
[ADD PRIMARY KEY <表达式> TAG <索引标识> [FOR <逻辑表达式>]]
[DROP PRIMARY KEY]
[ADD UNIQUE <表达式> [TAG <索引标识> [FOR <逻辑表达式>]
[DROP UNIQUE TAG <索引标识>
```

```
[ADD FOREIGN KEY <表达式> TAG <索引标识> [FOR <逻辑表达式>]]
REFERENCES <表名 2 >[TAG <索引标识>]]
[DROP FOREIGN KEY TAG <索引标识>[SAVE]]
[RENAME COLUMN <原字段名> TO <目标字段名>]
```


该格式的命令可以删除指定字段(DROP [COLUMN])、修改字段名(RENAME COLUMN)、修改指定表的完整性规则,包括主索引、外关键字、候选索引及表的合法值限定的添加与删除。

例 3.6 将选课表中平时成绩字段改为平时分。

```
ALTER TABLE 选课 RENAME COLUMN 平时成绩 TO 平时分
```

例 3.7 删除选课表的平时分字段。

```
ALTER TABLE 课程 DROP COLUMN 平时分
```

例 3.8 在学生表中定义学号和姓名为候选索引。

```
ALTER TABLE 学生 ADD UNIQUE 学号 + 姓名 TAG RAN
```

例 3.9 删除学生表的候选索引 RAN。

```
ALTER TABLE 学生 DROP UNIQUE TAG RAN
```

说明:如被删除的字段建立了索引,则必须先将索引删除,然后才能删除该字段。

3.3 SQL 的数据修改功能

SQL 的数据修改功能主要有:记录的插入、删除和数据更新等功能,其命令主要有:INSEET、DELETE、UPDATE。

3.3.1 插入记录

Visual FoxPro 支持两种 SQL 插入命令,其格式如下。

格式 1:

```
INSERT INTO <表名>[(字段名 1[<字段名 2 >[,…]])]
    VALUES(<表达式 1 >[,<表达式 2 >[,…]])
```

该命令在指定的表尾添加一条新记录,其值为 VALUES 后面表达式的值。

当需要插入表中所有字段的数据时,表名后面的字段名可以缺省,但插入数据的格式及顺序必须与表的结构完全吻合;若只需要插入表中某些字段的数据,就需要列出插入数据的字段名,当然相应表达式的数据位置应与之对应。

例 3.10 向学生表中添加记录。

```
INSERT INTO 学生 VALUES("231002","杨阳","男",{^1984 - 07 - 07},.T.,"北京",680,"",NULL)
INSERT INTO 学生(学号,姓名) VALUES("231109","李兵")
```

格式 2:

```
INSERT INTO  <表名>  FROM  ARRAY <数组名> |FROM MEMORY]
```

该命令在指定的表尾添加一条新记录,其值来自于数组或对应的同名内存变量。

例 3.11 已经定义了数组 A(5),A 中各元素的值分别是:A(1)="231013",A(2)="张阳",A(3)="女",A(4)={^1985-01-02},A(5)=.F.。利用该数组向学生表中添加记录。

```
INSERT INTO 学生 FROM ARRAY  A
```

3.3.2 删除记录

在 Visual FoxPro 中,DELETE 可以为指定的数据表中的记录添加删除标记。命令格式是:

```
DELETE  FROM [<数据库名>! ] <表名> [WHERE <条件表达式>
```

该命令从指定表中,根据指定的条件逻辑删除记录。如果要真正物理删除记录,在该命令后还必须用 PACK 命令,也可以使用 RECALL 命令恢复逻辑删除的记录。

例 3.12 将"学生"表所有男生的记录逻辑删除。

```
DELETE  FROM 学生 WHERE 性别 = "男"
```

3.3.3 更新记录

更新记录时对存储在表中的记录进行修改,命令是 UPDATE,也可以对用 SELECT 语句选择出的记录进行数据更新。命令格式是:

```
UPDATE [<数据库名>! ]<表名>
SET <字段名 1 > = <表达式 1 >[,<字段名 2 > = <表达式 2 >… ]  [WHERE <逻辑表达式>]
```

该命令用指定的新值更新记录。

例 3.13 将"学生"表中姓名为杨阳的学生的入学成绩改为 600。

```
UPDATE 学生 SET 入学成绩 = 600  WHERE  姓名 = "杨阳"
```

例 3.14 所有男生的入学成绩加 20 分。

```
UPDATE 选课 SET 入学成绩 = 入学成绩 + 20
   WHERE 学号 IN  (SELECT 学号  FROM  学生 WHERE 性别 = "男")
```

以上命令中,用到了 WHERE 条件运算符"IN"和对用 SELECT 语句选择出的记录进行数据更新。注意 UPDATE 一次只能在单一的表中更新记录。

3.4 SQL 的数据查询

SQL 的核心是查询。SQL 的查询命令也称作 SELECT,它的基本形式由 SELECT…FROM…WHERE 查询块组成,多个查询块可以嵌套执行。通过使用 SELECT 命令,可以对数据源进行各种组合、有效地筛选记录、管理数据、对结果排序、指定输出去向,等等,无论查询多么复杂,其内容只有一条 SELECT 语句。Visual FoxPro 的 SQL SELECT 命令的语法格式如下:

```
SELECT [ALL|DISTINCT] [TOP N [PERCENT]]
[<别名>.]<选项>[AS <显示列名>][,[<别名>.]<选项>[AS <显示列名>]…]
FROM [<数据库名!]<表名>[[AS] <本地别名>]
[[INNER | LEFT [OUTER] | RIGHT[OUTER]|FULL [OUTER]
JOIN <数据库名>!]<表名>[[AS]<本地别名>][ON <联接条件>…]
[[INTO <目标>|[TO FILE <文件名>][ADDITIVE]
|TO PRINTER [PROMPT]|TO SCREEN]]
[PREFERENCE <参照名>][NOCONSOLE][PLAIN][NOWAIT]
[WHERE <联接条件 1 >[AND <联接条件 2 >…]
[AND|OR <过滤条件 1 >[AND|OR <过滤条件 2 >…]]]
[GROUP BY <分组列名 1 >[,<分组列名 2 >…]][HAVING <过滤条件>]
[UNION[ALL]SELECT 命令]
[ORDER BY <排序选项 1 >[ASC|DESC][,<排序选项 2 >[ASC|DESC]…]]
```

命令功能：根据指定条件从一个或者多个表中检索输出数据。

命令说明：

(1) SELECT 短语指明要在查询结果中输出的字段内容。其中，DISTINCT 用来指定消除输出结果中重复的行，TOP＜数值表达式＞[PERCENT]用来指定输出的行数或百分比，默认为 ALL。使用短语 TOP 必须要排序，即使用 ORDER BY 短语。

(2) FROM 说明要查询的数据来自哪个或哪些表，可以对单个表或多个表进行查询。

(3) WHERE 说明查询条件，即选择元组的条件。

(4) GROUP BY 短语用来对查询结果进行分组，可以利用它进行分组汇总；其中 HAVING 短语用来限定分组必须满足的条件。

(5) ORDER BY 短语用来对查询的结果进行排序。默认为升序，降序必须使用 DESC。

(6) INTO＜目标＞短语指明查询结果的输出目的地。INTO ARRAY 表示输出到数组，INTO CURSOR 表示输出到临时表，INTO DBF 或者 INTO TABLE 表示输出到数据表中。默认为浏览窗口。

以上短语是学习和理解 SELECT 命令必须要掌握的，还有一些短语是 Visual FoxPro 特有的。

SELECT 查询命令的使用非常灵活，用它可以构造各种各样的查询。本节将通过大量实例来介绍 SELECT 命令的使用，在例子中再具体解释各个短语的含义，为方便说明，首先给出学生、选课、课程三个表的内容：

学生表的内容如表 3.3 所示。

表 3.3 学生表

学　号	姓　名	性别	出生日期	少数民族否	籍　贯	入学成绩	简　历	照　片
610221	王大为	男	02/05/85	F	江苏	568.0	memo	gen
610204	彭斌	男	12/31/83	T	北京	547.0	memo	gen
240111	李远明	女	11/12/85	F	重庆	621.0	memo	gen
240105	冯珊珊	女	02/04/87	F	重庆	470.0	memo	gen
250205	张大力	男	02/04/86	F	四川成都	250.0	memo	gen
810213	陈雪花	女	05/05/86	F	广州	368.0	memo	gen
820106	汤莉	男	06/21/70	F	重庆	456.0	memo	gen

续表

学　号	姓　名	性别	出生日期	少数民族否	籍　贯	入学成绩	简　历	照　片
510204	查亚平	女	04/07/71	F	重庆	666.0	memo	gen
860307	杨武胜	男	04/05/78	T	湖南	568.0	memo	gen
520204	钱广花	女	02/07/80	T	湖北	589.0	memo	gen
231002	杨阳	男	07/28/12	T	北京	680.0	memo	gen

选课表的内容如表 3.4 所示。

表 3.4　选课表

学　号	课　程　号	成　绩	学　号	课　程　号	成　绩
610221	01101	85.0	820106	01103	68.0
610204	01102	95.0	510204	01101	88.0
240111	12100	95.0	860307	01101	98.0
240105	15105	65.0	520204	01102	78.0
250205	01102	85.0			

课程表的内容如表 3.5 所示。

表 3.5　课程表

课　程　号	课　程　名	学　分	课　程　号	课　程　名	学　分
01101	数据库原理	3.0	12100	计算机网络	2.0
01102	软件工程	2.0	15104	英语口语	3.0
01103	VFP 程序设	4.0			

3.4.1　基本查询

所谓简单查询是指基于一个表，可以有简单的查询条件或者没有条件，基本上由 SELECT、FROM 、WHERE 构成的简单查询。

例 3.15　列出所有学生名单。

```
SELECT *  FROM 学生
```

命令中的 * 表示输出所有字段，数据来源是学生表，所有内容以浏览方式显示。

例 3.16　在学生表中查询所有男生的学号，姓名和出生日期。

```
SELECT  学号,姓名,出生日期 FROM 学生 WHERE  性别 = "男"
```

例 3.17　列出所有学生姓名，去掉重名。

```
SELECT DISTINCT 姓名 AS  学生名单  FROM 学生
```

3.4.2　带特殊运算符的条件查询

WHERE 是条件语句关键字，是可选项，其格式是：

```
WHERE <条件表达式>
```

其中，条件表达式可以是单表的条件表达式，也可以是多表之间的条件表达式，表达式用的比较符为：=(等于)、＜＞、!=(不等于)、==(精确等于)、＞(大于)、＞=(大于等于)、＜(小于)、＜=(小于等于)。

在SELECT命令中还可以使用BETWEEN、IN、LIKE等特殊运算符，这些运算符的使用，可以方便灵活使用SQL。表3.6中列出了可用于条件表达式中几个特殊运算符的意义和使用方法。

表3.6 WHERE子句中的特殊运算符

运　算　符	说　　明
BETWEEN	字段值在指定范围内，用法：＜字段＞BETWEEN＜范围始值＞ AND ＜范围终值＞
IN	字段值是结果集合的内容＜字段＞[NOT] IN ＜结果集合＞
LIKE	对字符型数据进行字符串比较，提供两种通配符，即下划线"_"(代表1个字符)和百分号"%"(代表0或多个字符) 用法：＜字段＞ LIKE ＜字符表达式＞

如查询入学成绩在600～650分之间的学生，可以使用如下的方法：

```
SELECT * FROM 学生 WHERE 入学成绩 BETWEEN 600 AND 650
```

这里的入学成绩 BETWEEN 600 AND 650 与入学成绩＞=600 AND 入学成绩＜=650是等效的。

例3.18 列出学生的学号尾数为"2"的所有学生，注意学号字段的类型为字符型数据。

```
SELECT *  FROM 学生 WHERE 学号 LIKE "%2"
```

查询结果如图3.2所示。

图3.2 带特殊运算符的查询

这里的LIKE是字符串匹配运算符，通配符"%"表示0个或者多个字符。通配符"_"表示一个字符。如：

```
SELECT * FROM 学生 WHERE 学号 LIKE "_5%"
```

表示学号第二个字符为"5"的所有学生

例3.19 列出数学成绩不在80～95之间的学生。

```
SELECT *  FROM 学生 WHERE 数学  NOT BETWEEN 80 AND 95
```

例3.20 列出所有姓赵的学生名单。

```
SELECT 学号,姓名 FROM 学生 WHERE 姓名 LIKE "赵%"
```

以上命令的功能等同于：

```
SELECT 学号,姓名,专业 FROM 学生 WHERE 姓名 = "赵"
```

例 3.21　列出重庆和成都的学生信息。

```
SELECT * FROM 学生 WHERE 籍贯 IN ("重庆","成都")
该命令的查询条件等同于 WHERE 籍贯 = "重庆"  or  籍贯 = "成都"
```

例 3.22　列出所有非重庆籍的学生的学号、姓名和出生日期。

```
SELECT  学号,姓名,出生日期 FROM 学生 WHERE 籍贯! = "重庆"
```

在 SQL 中,"不等于"可以用"! ="、"#"或"<>"表示。另外,还可以用否定运算符 NOT 表示取反(非)操作,例如,上述查询条件也可以写为

```
WHERE NOT(籍贯 = "重庆")
```

3.4.3　空值查询

SQL 支持空值(NULL),空值表示尚未确定的数据。例如,某些学生在选课后还没有参加考试,所以这些学生虽然有选课记录,但是没有考试成绩,因此考试成绩为空值(NULL)。需要注意的是,空值的录入。在建立表结构时,要设置为空值,在录入表记录时,在需要录入的地方按 Ctrl+0 即可。

判断某个值是否为空值,不能使用普通的比较运算符(=,! =等),只能使用专门判断空值的子句来完成。

判断取值为空的语句格式为:

```
列名 IS NULL
```

判断取值不为空的语句格式为:

```
列名 IS NOT NULL
```

例 3.23　查询所有有考试成绩的学生的学号和课程号。

```
SELECT * FROM  选课 WHERE 成绩 IS NOT NULL
```

例 3.24　查询没有参加课程号为"01101"考试的学生的学号。

```
SELECT 学号 FROM 选课 WHERE 课程号 = "01101" AND 成绩 IS NULL
```

3.4.4　简单的计算查询

SELECT 命令中的选项,不仅可以是字段名,还可以是表达式,也可以是一些函数。表 3.7 中列出了 SELECT 命令可操纵的常用聚合函数。

表 3.7　SELECT 命令常用聚合函数

函　　数	功　　能	函　　数	功　　能
AVG(字段名)	求字段的平均值	MIN(字段名)	求字段的最小值
SUM(字段名)	求字段的和	COUNT(*)	求满足条件的数值
MAX(字段名)	求字段的最大值		

例 3.25　将所有的学生入学成绩四舍五入，只显示学号、姓名和数学成绩。

```
SELECT 学号,姓名,ROUND(入学成绩,0) AS "总成绩"  FROM  学生
```

注意：这个结果不影响数据库表中的结果，只是在输出时通过函数计算输出。

例 3.26　求出所有学生的入学成绩平均分、最高分，最低分。

```
SELECT AVG(入学成绩) AS  "入学成绩平均分",MAX
(入学成绩) AS  "入学成绩最高分",MIN(入学成绩)
AS  "入学成绩最低分"  FROM 学生
```

查询结果如图 3.3 所示。

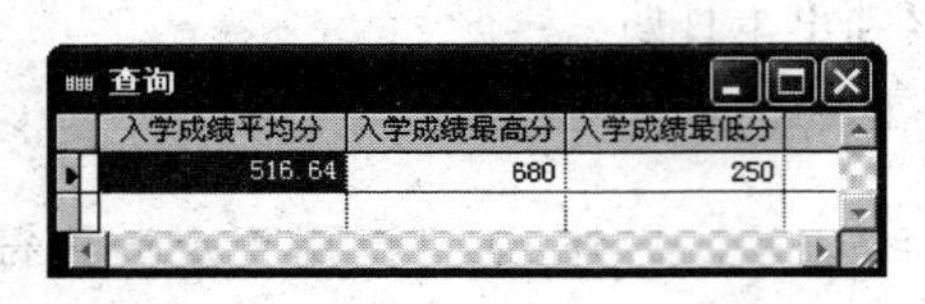

入学成绩平均分	入学成绩最高分	入学成绩最低分
516.64	680	250

图 3.3　带函数的 SELECT 查询结果

3.4.5　分组统计查询与筛选

查询结果可以分组，其格式是：

```
GROUP BY <分组选项 1>[,<分组选项 2>… ]
```

其中，<分组选项>可以是字段名，SQL 函数表达式，也可以是列序号(最左边为 1)。

筛选条件格式是：

```
HAVING <筛选条件表达式>
```

HAVING 子句与 WHERE 功能一样，只不过是与 GROUP BY 子句连用，用来指定每一分组内应满足的条件。

例 3.27　分别统计男女人数。

```
SELECT 性别,COUNT(性别) FROM 学生 GROUP BY 性别
```

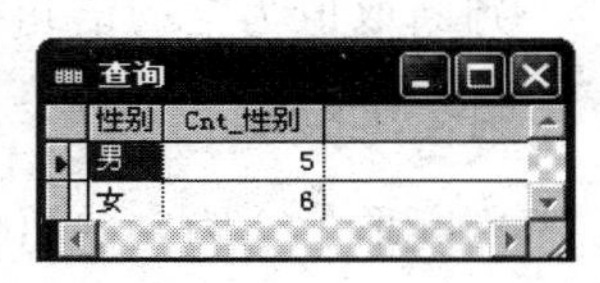

性别	Cnt_性别
男	5
女	6

图 3.4　分组查询

查询结果如图 3.4 所示。

例 3.28　分别统计男女中入学成绩大于 600 分的学生人数。

```
SELECT 性别,COUNT(性别) FROM 学生 GROUP BY 性别 WHERE 入学成绩> 600
```

如果把命令写成如下形式，统计的结果就是错误的。

```
SELECT 性别,COUNT(性别) FROM 学生 GROUP BY 性别 HAVING 入学成绩> 600
```

例 3.29　统计每门课程的平均成绩。

```
SELECT 课程号,AVG(成绩) FROM 选课 GROUP BY 课程号
```

例 3.30　列出平均成绩大于 80 分的课程号。

```
SELECT 课程号,AVG(成绩) FROM 选课 GROUP BY 课程号 HAVING AVG(成绩)> 80
```

3.4.6　排序查询

SELECT 的查询结果是按查询过程中的自然顺序给出的，因此查询结果通常无序，如果希望查询结果有序输出，需要下面的子句配合：

```
ORDER BY <排序选项 1>[ASC | DESC][,<排序选项 2>[ASC | DESC]…]
```

其中排序选项可以是字段名，也可以是数字。字段名必须是主 SELECT 子句的选项，当然是 FROM ＜表＞中的字段。数字是表的列序号，第 1 列为 1。ASC 指定的排序项按升序排列，DESC 指定的排序项按降序排列。

例 3.31 按性别升序列出学生的学号、姓名、性别及入学成绩，性别相同的再按入学成绩由高到低排序。

```
SELECT 学号,姓名,性别,入学成绩  FROM 学生 ORDER BY  性别,入学成绩  DESC
```

查询结果如图 3.5 所示。

查询

学号	姓名	性别	入学成绩
231002	杨阳	男	680
610221	王大为	男	568
860307	杨武胜	男	568
610204	彭斌	男	547
250205	张大力	男	250
510204	查亚平	女	666
240111	李远明	女	621
520204	钱广花	女	489
240105	冯姗姗	女	470
820106	汤莉	女	456
810213	陈雪花	女	368

图 3.5 多关键字排序查询

例 3.32 对学生表，请输出入学成绩最高的前 5 名学生的信息。

```
SELECT  *  TOP  5  FROM 学生 ORDER BY 入学成绩 DESC
```

输出的结果可能超过 5 条记录，如果入学成绩有并列的则都要输出。

3.4.7 查询结果输出

在用 SELECT 语句进行查询时，默认的输出结果都在屏幕上，需要改变输出结果可以使用 INTO 可选项，其格式如下：

```
[INTO <目标>] | [TO FILE <文件名>[ADDITIVE] | TO PRINTER]
```

其中：

＜目标＞有如下三种形式。

ARRAY ＜数组名＞：将查询结果存到指定数组名的内存变量数组中。

CURSOR ＜临时表＞：将输出结果存到一个临时表(游标)，这个表的操作与其他表一样，不同的是，一旦被关闭就被删除。

DBF ＜表＞|TABLE ＜表＞：将结果存到一个表，如果该表已经打开，则系统自动关闭它。如果 SET SAFETY OFF，则重新打开它不提示。如果没有指定后缀，则默认为 .dbf。在 SELECT 命令执行完后，该表为打开状态。

TO FILE ＜文件名＞[ADDITIVE]将结果输出到指定文本文件，ADDITIVE 表示将结果添加到文件后面。在输出的文件中，系统可以自动处理重名的问题。如不同文件同字段名用文件名来区分，表达式用 EXP-A、EXP-B 等来自动命名，SELECT 函数用函数名来辅助命名。

TO PRINTER 将结果送打印机输出。

例 3.33 输出学生表中的学号、性别、入学成绩，按照性别升序，入学成绩降序，将查询结果保存到 test1.txt 文本文件中。

```
SELECT 学号,性别,入学成绩  FROM 学生 ORDER BY  性别,入学成绩  DESC
TO FILE test1
```

例 3.34 将例 3.33 的查询结果保存到 testtable 表中。

```
SELECT 学号,性别,入学成绩  FROM 学生 ORDER BY  性别,入学成绩  DESC INTO TABLE testtable
```

3.4.8 多表查询

在一个表中进行查询,一般说来是比较简单的,联接查询是基于多个表的查询,表之间的联系是通过字段值来体现的,而这种字段通常称为联接字段。联接操作的目的就是通过加在联接字段的条件将多个表联接起来,达到从多个表中获取数据的目的。

用来联接两个表的条件称为联接条件或联接谓词,其一般格式为:

[<表名 1>.]<列名 1><比较运算符> [<表名 2>.]<列名 2>

其中,比较运算符主要有:=、>、<、>=、<=、!=。

此外,联接谓词还可以使用下面的形式:

[<表名 1>.]<列名 1> BETWEEN [<表名 2>.]<列名 2> AND [<表名 2>.]<列名 3>

当联接运算符为"="时,称为等值联接,使用其他运算符称为非等值联接。

1. 等值联接

例 3.35 查询所有学生的成绩单,要求给出学号、姓名、课程号、课程名和成绩。

```
SELECT a.学号,a.姓名,b.课程号,c.课程名,b.成绩;
FROM 学生 a,选课 b,课程 c;
WHERE a.学号 = b.学号 AND b.课程号 = c.课程号
```

注意:短语 FROM 学生 a,表示选择学生表,并将学生表的别名取为 a ,其他表类似。短语 SELECT a.学号表示取学生表的学号字段。

学生情况存放在学生表中,学生选课情况存放在选课表中,课程的信息存放在课程表中,所以本查询实际上同时涉及学生、选课、课程三个表中的数据。这三个表之间的联系是分别通过字段学号和课程号实现的。要查询学生及其选修课程的情况,就必须分别将表中学号相同的元组以及课程号相同的元组联接起来。这是一个等值联接。

例 3.36 查询男生的选课情况,要求列出学号、姓名、课程号、课程名和学分数。

```
SELECT a.学号,a.姓名 AS 学生姓名,b.课程号,c.课程名, c.学分;
FROM 学生 a,选课 b,课程 c;
WHERE a.学号 = b.学号 AND b.课程号 = c.课程号 AND  a.性别 = "男"
```

2. 非等值联接查询

例 3.37 列出选修"01102"课的学生中,成绩大于学号为"250205"的学生该门课成绩的那些学号及其成绩。

```
SELECT a.学号,a.成绩 FROM 选课 a,选课 b;
WHERE a.成绩> b.成绩 AND a.课程号 = b.课程号 AND b.课程号 = "01102"AND b.学号 = "250205"
```

在命令中,将成绩表看作 a 和 b 两张独立的表,表 b 中选出学号为"250205"同学的"01102"课的成绩,a 表中选出的是选修"01102"课学生的成绩,"a.成绩>b.成绩"反映的是不等值联接。查询结果如图 3.6 所示。

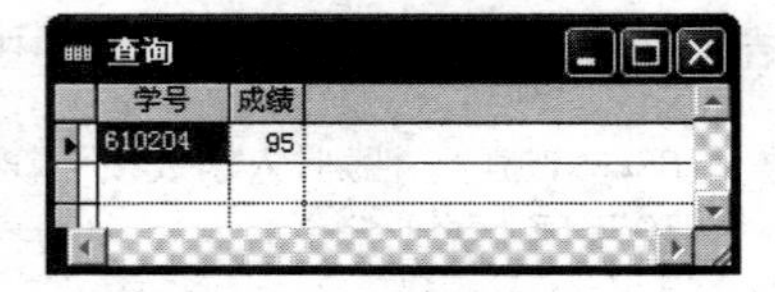

图 3.6 非等值联接查询

3.4.9 联接查询

Visual FoxPro 提供的 SELECT 命令，在 FROM 子句中提供一种称之为联接的子句。联接分为内部联接和外部联接。外部联接又分为左外联接、右外联接与全外联接，与联接运算有关的 SQL 语句的命令格式为：

```
SELECT … FROM <表名> INNER | LEFT |RIGHT | FULL JOIN <表名>
```

1. 内部联接

实际上，上面的例子全部都是内部联接(Inner Join)。所谓内部联接是指包括符合条件的每个表中的记录。也就是说是所有满足联接条件的记录都包含在查询结果中。

例 3.38 列出男生的学号、课程号及成绩。

```
SELECT a.学号,b.课程号,b.成绩 FROM 学生 a,选课 b;
WHERE a.学号 = b.学号 AND a.性别 = "男"
```

如果采用内部联接方式，则命令

```
SELECT a.学号,b.课程号,a.成绩 FROM 学生 a INNER JOIN 选课 b;
ON a.学号 = b.学号 WHERE a.性别 = "男"
```

所得到的结果完全相同。

2. 外部联接

外部联接(Outer Join)又分为左外联接、右外联接和全外联接。外部联接的目的是为了尽可能多地输出信息，比如有的同学没有选修课程，但是还是希望输出他的学号、姓名等信息。

1) 左外联接

也叫左联接(Left Join)，其系统执行过程是左表的某条记录与右表的所有记录依次比较，若有满足联接条件的，则产生一个真实值记录。若都不满足，则产生一个含有 NULL 值的记录。接着，左表的下一记录与右表的所有记录依次比较字段值，重复上述过程，直到左表所有记录都比较完为止。联接结果的记录个数与左表的记录个数一致。

2) 右外联接

也叫右联接(Right Join)，其系统执行过程是右表的某条记录与左表的所有记录依次比较，若有满足联接条件的，则产生一个真实值记录；若都不满足，则产生一个含有 NULL 值的记录。接着，右表的下一记录与左表的所有记录依次比较字段值，重复上述过程，直到左表所有记录都比较完为止。联接结果的记录个数与右表的记录个数一致。

3) 全外联接

也叫完全联接(Full Join)，其系统执行过程是先按右联接比较字段值，然后按左联接比较字段值，重复记录不记入查询结果中。

3.4.10 嵌套查询

有时候一个 SELECT 命令无法完成查询任务，需要一个子 SELECT 的结果作为条件语句的条件，即需要在一个 SELECT 命令的 WHERE 子句中出现另一个 SELECT

命令，这种查询称为嵌套查询。通常把仅嵌入一层子查询的 SELECT 命令称为单层嵌套查询，把嵌入子查询多于一层的查询称为多层嵌套查询。Visual FoxPro 只支持单层嵌套查询。

1. 返回单值的子查询

例 3.39 列出选修“数据库原理”的所有学生的学号。

```
SELECT 学号 FROM 选课 WHERE 课程号 = ;
(SELECT 课程号 FROM 课程 WHERE 课程名 = "数据库原理")
```

上述 SQL 语句执行的是两个过程，首先在课程表中找出“数据库原理”的课程号（比如“01001”），然后再在选课表中找出课程号等于“01101”的记录，列出这些记录的学号，查询结果如图 3.7 所示。

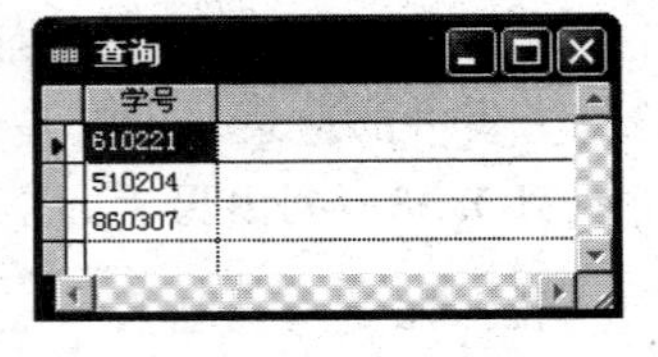

图 3.7 返回单值的子查询

2. 返回一组值的子查询

若某个子查询返回值不止一个，则必须指明在 WHERE 子句中应怎样使用这些返回值。通常使用条件 ANY（或 SOME）、ALL 和 IN。表 3.8 中列出了这些运算符的意义和使用方法。

表 3.8 WHERE 子句中的特殊运算符

运 算 符	说 明
ALL	满足子查询中所有值的记录，用法：<字段><比较符>ALL(<子查询>)
ANY	满足子查询中任意一个值的记录 用法：<字段><比较符>ANY(<子查询>)
EXISTS	测试子查询中查询结果是否为空，若为空，则返回 .F. 用法：[NOT] EXISTS(<子查询>)
IN	字段值是子查询中的内容，<字段> [NOT] IN(<子查询>)
SOME	满足集合中某个值，功能与用法等同于 ANY 用法：<字段><比较符>SOME(<子查询>)

1）ANY 运算符的用法

例 3.40 列出选修“01101”课的学生中成绩比选修“01102”的最低成绩高的学生的学号和成绩。

```
SELECT 学号,成绩 FROM 选课 WHERE 课程号 = "01101" AND 成绩> ANY;
(SELECT 成绩 FROM 选课 WHERE 课程号 = "01102")
```

该查询必须做两件事：先找出选修“01102”课的所有学生的成绩（比如说结果为 92 和 51），然后在选修“01101”课的学生中选出其成绩高于选修“01102”课的任何一个学生的成绩（即高于 51 分）的那些学生，查询结果如图 3.8 所示。

当然也可以先找出选修“01102”的最低成绩，然后再查询。所以也可以写成：

```
SELECT 学号,成绩 FROM 选课 WHERE 课程号 = "01101" AND 成绩>;
(SELECT MIN(成绩) FROM 选课 WHERE 课程号 = "01102")
```

2）ALL 运算符的用法

例 3.41 列出选修“01101”课，成绩比选修“01102”课的最高成绩还要高的学生的学号和成绩。

```
SELECT 学号,成绩 FROM 选课 WHERE 课程号 = "01101" AND 成绩> ALL;
(SELECT 成绩 FROM 选课 WHERE 课程号 = "01102")
```

该查询的含义是：先找出选修“01102”课的所有学生的成绩，然后再在选修“01101”课的学生中选出其成绩中高于选修“01102”课的所有成绩的那些学生。查询结果如图 3.9 所示。

查询

学号	成绩
610221	85
510204	88
860307	98

图 3.8 返回一组值的子查询

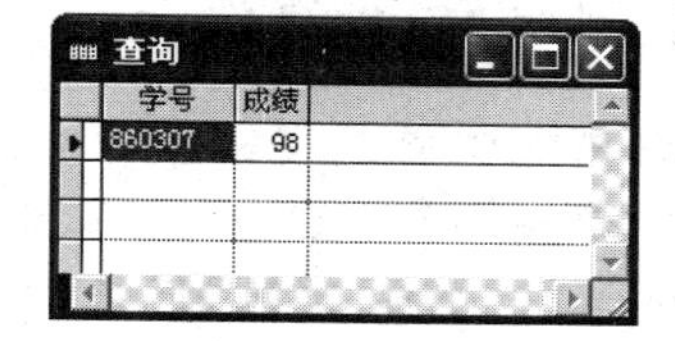

查询

学号	成绩
860307	98

图 3.9 含 ALL 运算符的查询

当然也可以先找出选修“01102”的最高成绩，然后再查询。所以也可以写成：

```
SELECT 学号,成绩 FROM 选课 WHERE 课程号 = "01101" AND 成绩>;
(SELECT MAX(成绩) FROM 选课 WHERE 课程号 = "01102")
```

3）IN 运算符的用法

例 3.42 列出选修“数据库原理”或“软件工程”的所有学生的学号。

```
SELECT 学号 FROM 选课 WHERE 课程号 IN;
(SELECT 课程号 FROM 课程 WHERE 课程名 = "数据库原理"OR 课程名 = "软件工程")
```

IN 是属于的意思，等价于“＝ANY”，即等于子查询中任何一个值。

3.4.11 输出合并

输出合并(UNION)是指将两个查询结果进行集合并操作，其子句格式是：

```
[UNION [ALL] <SELECT 命令>]
```

其中，ALL 表示结果全部合并。若没有 ALL，则重复的记录将被自动取掉。合并的规则如下。

(1) 不能合并子查询的结果。

(2) 两个 SELECT 命令必须输出同样的列数。

(3) 两个表各相应列出的数据类型必须相同，数字和字符不能合并。

(4) 仅最后一个＜SELECT 命令＞中可以用 ORDER BY 子句，且排序选项必须用数字说明。

例 3.43 列出选修“01101”或“01102”课程的所有学生的学号。

```
SELECT 学号 FROM 选课 WHERE 课程号 = "01101" UNION SELECT 学号 FROM;
选课 WHERE 课程号 = "01102"
```

3.5 查询设计器

在 VFP 中,可以利用 SQL 设计查询,也可以利用查询设计器在交互式环境下建立查询。前面讲的 SQL 查询,大部分都可以通过查询设计器自动生成,非常方便。下面介绍查询设计器的使用。利用查询设计器可以得到一个扩展名为.QPR 的查询文件,其内容的主体是 SQL SELECT 语句,通过运行该查询文件,用户可以获取所需的查询结果。

3.5.1 查询设计器的使用

1. 启动查询设计器

启动查询设计器,建立查询的方法很多。

(1) 菜单操作。选择"文件"菜单下的"新建"选项,或单击常用工具栏上的"新建"按钮,打开"新建"对话框,然后选择"查询"并单击"新建文件"打开查询设计器建立查询。

(2) 命令操作。用 CREATE QUERY 命令打开查询设计器建立查询。

下面介绍使用查询设计器建立查询的方法。

不管使用哪种方法打开查询设计器建立查询,都首先进入"添加表或视图"对话框,如图 3.10 所示。从中选择用于建立查询的表或视图,这时单击要选择的表或视图,然后单击"添加"按钮。如果单击"其他"按钮还可以选择自由表。当选择完表或视图后,单击"关闭"按钮进入如图 3.11 所示的查询设计器窗口。

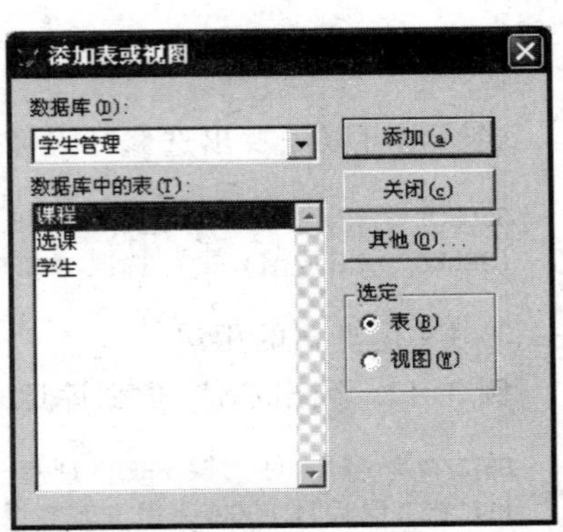

图 3.10 添加表或视图

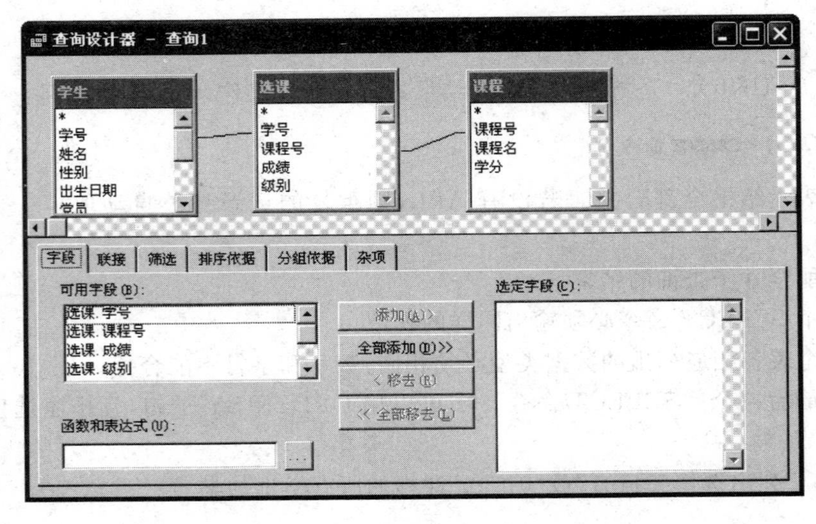

图 3.11 查询设计器

2. 查询设计器的选项卡

“查询设计器”中有6个选项卡，其功能和SQL SELECT命令的各子句是相对应的。

(1) 字段。在“字段”选项卡设置查询结果中要包含的字段，对应于SELECT命令中的输出字段。双击“可用字段”列表框中的字段，相应的字段就自动移到右边的“选定字段”列表框中。如果选择全部字段，单击“全部添加”按钮。在“函数和表达式”编辑框中，输入或由“表达式生成器”生成一个计算表达式，如“AVG(入学成绩)”。

(2) 联接。如果要查询多个表，可以在“联接”选项卡中设置表间的联接条件，对应于JOIN ON子句，如果数据库中多个表已经建立好永久关系，则这里的条件会利用数据库中的设置自动设置好。

(3) 筛选。在“筛选”选项卡中设置查询条件。对应于WHERE子句的表达式。

(4) 排序依据。在“排序依据”选项卡中指定排序的字段和排序方式。对应于ORDER BY子句。

(5) 分组依据。在“分组依据”选项卡中设置分组条件。对应于GROUP BY子句。

(6) 杂项。在“杂项”选项卡中设置有无重复记录以及查询结果中显示的记录数等。

由此可见，“查询设计器”实际上是SELECT命令的图形化界面。

3.5.2 建立查询示例

例3.44 在学生表中查询所有学生的学号、姓名、出生日期、入学成绩，查询结果按入学成绩升序排列。

1. 启动查询设计器

启动查询设计器，并将学生表添加到查询设计器中。

2. 选取查询所需的字段

如图3.12所示，在查询设计器中选择“字段”选项卡，从“可用字段”列表框中选择“学号”字段双击，或单击“添加”按钮，将其添加到“选定字段”列表框中。使用上述方法将“姓名”、“出生日期”和“入学成绩”字段添加到“选定字段”列表框中，这4个字段即为查询结果中要显示的字段。用鼠标拖动选定的字段左边的小方块，上下移动，即可调整字段的显示顺序。

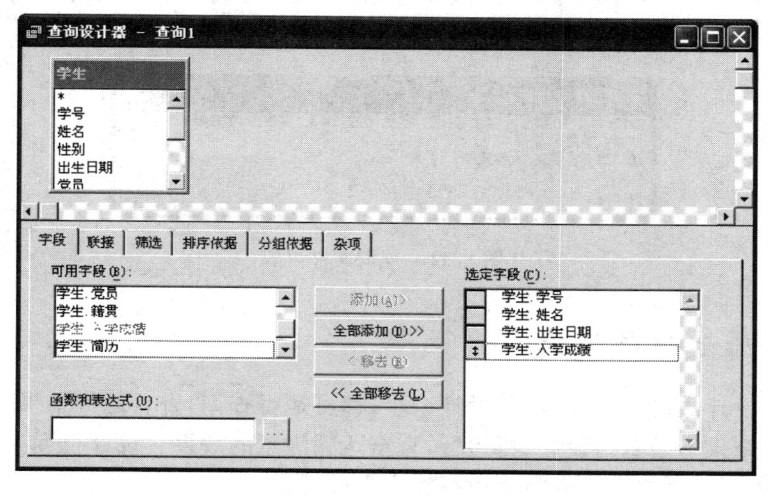

图3.12 字段选择

3. 建立排序查询

如果在“排序依据”选项卡中不设置排序条件，则显示结果按表中记录顺序显示。现要求记录按“入学成绩”的升序显示，因此在“选定字段”列表框中选择“入学成绩”字段，再单击“添加”按钮，将其添加到“排序条件”列表框中，再选择“排序选项”中的“升序”单选按钮，如图 3.13 所示。

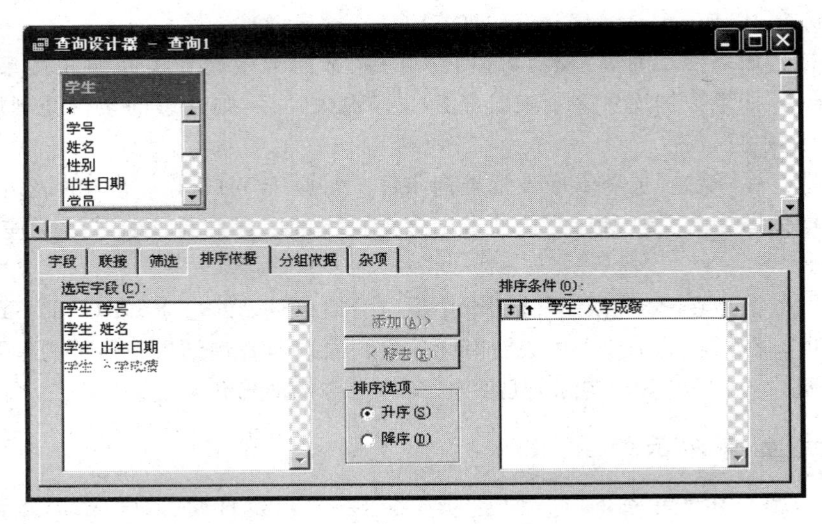

图 3.13　设置排序依据

4. 保存查询文件

查询设计完成后，选择“文件”菜单中的“另存为”选项，或单击常用工具栏上的“保存”按钮，打开“另存为”对话框。选定查询文件将要保存的位置，输入查询文件名，并单击“保存”按钮。

5. 关闭查询设计器

单击“关闭”按钮，关闭查询设计器。完成查询操作后，单击“查询设计器”工具栏中的 SQL 按钮，或从“查询”菜单项中选择“查看 SQL”命令，可看到查询文件的内容，如图 3.14 所示。

图 3.14　查询文件内容

3.5.3　查询文件的操作

使用查询设计器设计查询时，每设计一步，都可运行查询，查看运行结果，这样可以边设计、边运行，对结果不满意再设计、再运行，直至达到满意的效果。设计查询工作完成并保存查询文件后，可利用菜单选项或命令运行查询文件。

(1) 在查询设计器中直接运行。在查询设计器窗口,选择“查询”菜单中的“运行查询”选项,或单击常用工具栏中的“运行”按钮,即可运行查询。上面建立的查询,运行结果如图 3.15 所示。

(2) 利用菜单选项运行。在设计查询过程中或保存查询文件后,单击“程序”菜单中的“运行”选项,打开“运行”对话框。选择要运行的查询文件,再单击“运行”按钮,即可运行文件。

(3) 命令方式。

在命令窗口中执行运行查询文件的命令,也可运行查询文件。命令格式是:

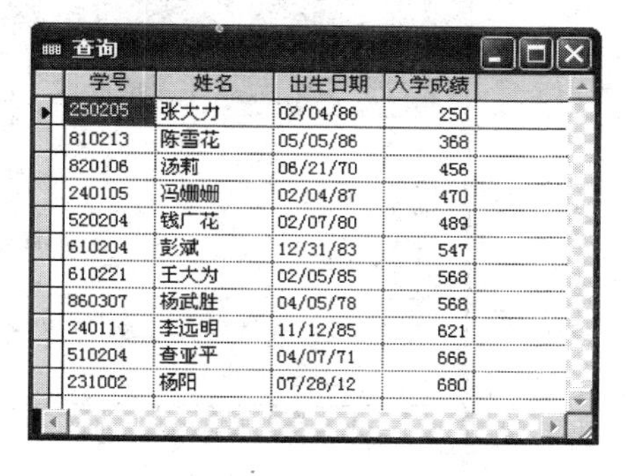

学号	姓名	出生日期	入学成绩
250205	张大力	02/04/86	250
810213	陈雪花	05/05/86	368
820106	汤莉	06/21/70	456
240105	冯姗姗	02/04/87	470
520204	钱广花	02/07/80	489
610204	彭斌	12/31/83	547
610221	王大为	02/05/85	568
860307	杨武胜	04/05/78	568
240111	李远明	11/12/85	621
510204	查亚平	04/07/71	666
231002	杨阳	07/28/12	680

图 3.15 学生信息查询结果

```
DO \[路径\] <查询文件名.qpr>
```

值得注意的是,命令中查询文件必须是全名,即扩展名.qpr 不能省略。

3.5.4 修改查询文件

1. 打开查询设计器

选择“文件”菜单中的“打开”选项,指定文件类型为“查询”,选择相应的查询文件,单击“确定”按钮,打开该查询文件的查询设计器。

使用命令也可以打开查询设计器,命令格式是:

```
MODIFY QUERY <查询文件名>
```

打开指定查询文件的查询设计器,以便修改查询文件。

2. 修改查询条件

根据查询结果的需要,可在 6 个查询选项卡中对不同的选项进行重新设置查询条件。下面根据要求,对查询文件进行修改。

1) 设置查询条件

对查询结果只显示“姓名”不等于“冯姗姗”的记录,修改过程如下。

选择“筛选”选项卡,单击“字段名”输入框,从显示的下拉列表中选取“姓名”。从“条件”下拉列表中选择“=”。从“实例”输入框中单击,显示输入提示符后输入“冯姗姗”。此时设置的条件为:姓名=冯姗姗。单击“否”下方的按钮,设置的条件将变为:姓名不等于冯姗姗,如图 3.16 所示。

2) 修改排序顺序

将排序顺序改为按“入学成绩”降序排列,修改过程如下:选择“排序依据”选项卡,单击“排序选项”中的“降序”单选按钮。

3. 运行查询文件

单击常用工具栏上的运行按钮,运行查询文件。相应的 SQL 语句如图 3.17 所示。

4. 保存修改结果

选择“文件”菜单中的“保存”选项,或单击常用工具栏上的“保存”按钮,保存对文件的修改。单击“关闭”按钮,关闭查询设计器。

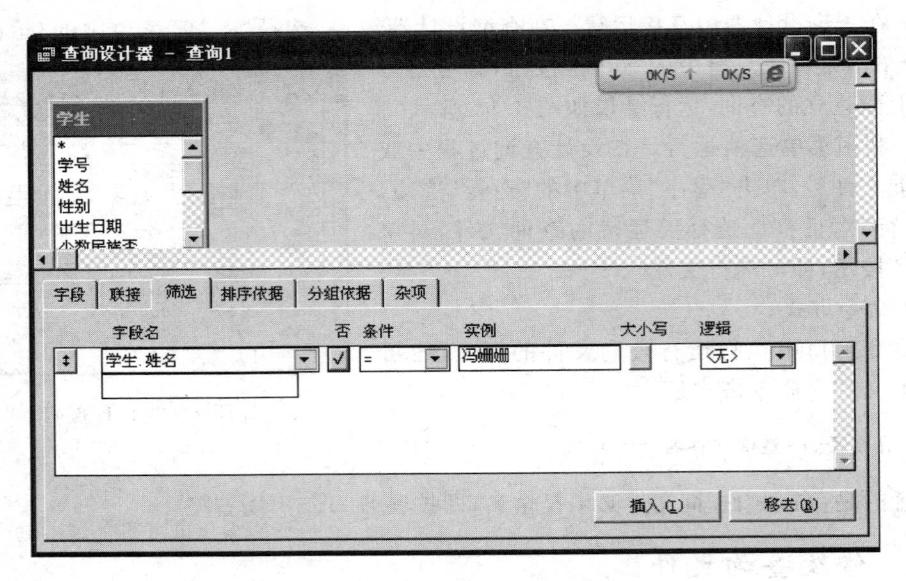

图 3.16　设置筛选条件

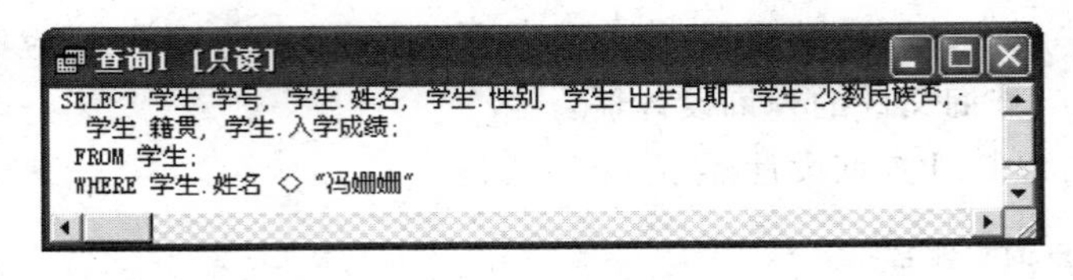

图 3.17　相应的 SQL 语句

3.5.5 定向输出查询文件

通常，如果不选择查询结果的去向，系统默认将查询的结果显示在"浏览"窗口中。也可以选择其他输出目的地，将查询结果送往指定的地点，例如输出到临时表、表、图形、屏幕、报表和标签，如图 3.18 所示。

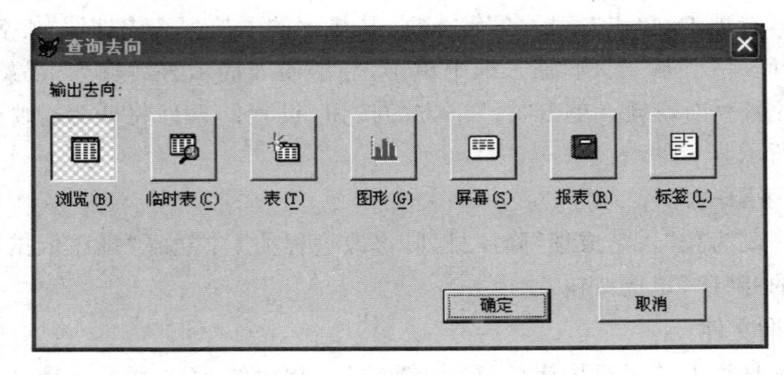

图 3.18　查询去向

"查询去向"对话框中各按钮的含义如表 3.9 所示。

表 3.9 查询去向及含义

查询去向按钮	输出方向
浏览	在“浏览”窗口中显示查询结果
临时表	将查询结果存储在一个命名的临时只读表中
表	将查询结果存储在一个命名的表中
图形	将查询结果输送给 MS Graph 程序以绘制图表,该查询结果中只能有一个字符型字段和若干个数值型字段
屏幕	在 Visual FoxPro 的主窗口或当前活动输出窗口中显示查询结果
报表	将查询结果输送给一个报表文件(.FRX)
标签	将查询结果输送给一个标签文件(.LBX)

下面将查询文件的查询结果输出到临时表,具体操作方法如下。

(1) 打开查询设计器。

(2) 选择“查询”菜单中的“查询去向”选项,系统将显示“查询去向”对话框。

(3) 单击“临时表”按钮。在“临时表名”文本框中输入临时表名,单击“确定”按钮,关闭“查询去向”对话框。

(4) 保存对查询文件的修改。单击查询设计器窗口的“关闭”按钮,关闭查询设计器。

(5) 运行该查询文件,由于将查询结果输出到了一个临时表中,因此查询结果不在浏览窗口中显示。

选择“显示”菜单中的“浏览”选项,将显示该临时表的内容。单击浏览窗口的“关闭”按钮,关闭浏览窗口。

如果用户只需浏览查询结果,可输出到浏览窗口。浏览窗口中的表是一个临时表,关闭浏览窗口后,该临时表将自动删除。

用户可根据需要选择查询去向,如果选择输出为图形,在运行该查询文件时,系统将启动图形向导,用户根据图形向导的提示进行操作,将查询结果存到 Microsoft Graph 中制作图表。

把查询结果用图形的方式显示出来虽然是一种比较直观的显示方式,但它要求在查询结果中必须包含用于分类的字段和数值型字段。另外,表越大图形向导处理图表的时间就越长,因此用户还必须考虑表的大小。

3.5.6 查询的基本技巧

在查询设计器中,充分利用查询设计器中的函数和表达式,以及筛选选项可以很方便地设计查询。查询的输出结果中,除了能够在输出中查询看到表数据项本身字段内容外,还需要将表中的字段进行各种运算,如加、减、乘、除等运算,需要生成新字段。

例 3.45 在学生表中,查询每个学生的姓名、性别、年龄、入学成绩等字段内容。

操作步骤如下。

(1) 打开查询设计器,并添加学生表。

(2) 在“字段”选项卡中,双击需要输出的字段。但学生表中仅有出生日期字段,没有年龄字段,每个人的年龄可以利用“year(date( ))—year(出生日期) as 年龄”来计算,因此,在“函数和表达式”文本框中输入 year(date( ))—year(出生日期) as 年龄,单击“添加”按钮,将函数及其表达式添加到输出的字段中,如图 3.19 所示。

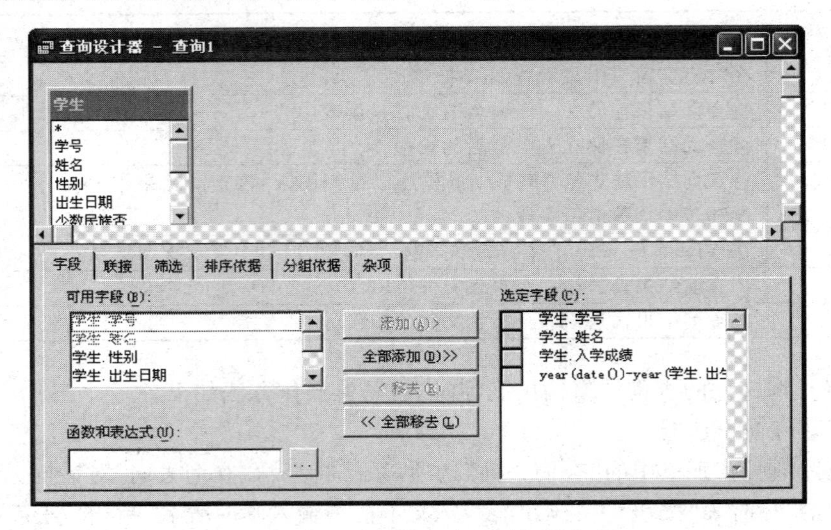

图 3.19　查询设计器中新增年龄字段

(3) 运行该查询,结果如图 3.20 所示。

(4) 查看相应的 SQL 语句,如图 3.21 所示。

查询

学号	姓名	入学成绩	年龄
250205	张大力	250	26
810213	陈雪花	368	26
820106	汤莉	456	42
240105	冯姗姗	470	25
520204	钱广花	489	32
610204	彭斌	547	29
610221	王大为	568	27
860307	杨武胜	568	34
240111	李远明	621	27
510204	查亚平	666	41
231002	杨阳	680	0

图 3.20　运行查询结果

图 3.21　相应的 SQL 语句

3.5.7　多表查询

多表查询主要是利用联接选项,将需要联接的表一次添加到查询设计器中,并在关键字上建立联接条件,再确定显示输出的字段。

例 3.46　有学生档案表 Xsda.dbf 有字段 xh(学号)、xm(姓名)、xb(性别)、csrq(出生日期)等字段,还有学生成绩表 Xscj.dbf 有字段 xh(学号)、foxpro(VFP 成绩)、english(英语成绩)、kj(会计成绩)等字段,要求输出 xh,xm,xb,foxpro,english 和年龄字段的数据。

操作步骤如下。

(1) 打开查询设计器,并添加两个表 Xsda.dbf 和 Xscj.dbf,如图 3.22 所示。

(2) 在"字段"选项卡中,双击需要输出的字段。在年龄字段,需要利用"函数和表达式"选项,在该文本框中输入:"year(date( ))-year(xsda1.csrq)as 年龄",单击"添加"按钮,将

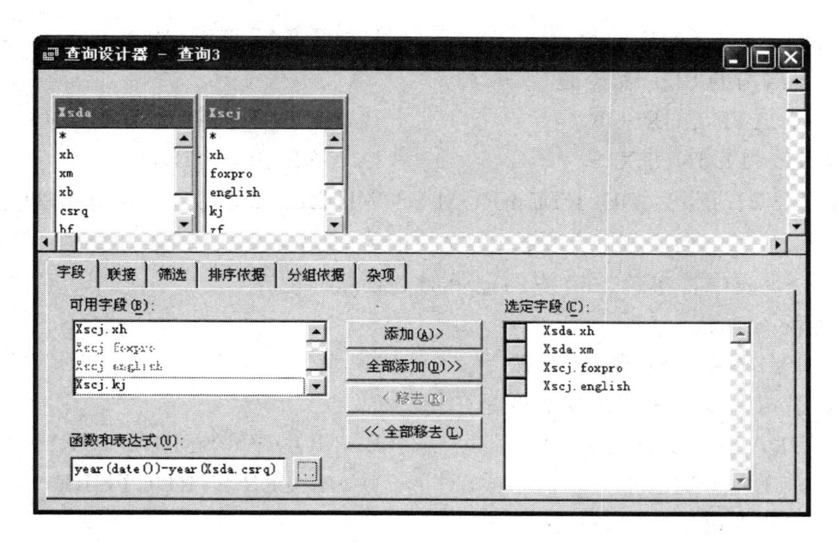

图 3.22 查询设计器(多表联接)

函数及其表达式添加到输出的字段中。

(3) 运行该查询,结果如图 3.23 所示。

(4) 查看相应的 SQL 语句,如图 3.24 所示。

查询

Xh	Xm	年龄	Foxpro	English
970101	答复	34	89	98.0
970101	哈哈	35	88	99.0
975108	达达	35	90	97.0
970101	哈哈	35	88	99.0
970101	答复	34	89	98.0
975114	会计航空	33	80	78.0
950101	答复	34	98	34.0
950101	答复	34	98	34.0
975109	达达	35	88	77.0
975112	好好玩	34	89	88.0
950101	答复	34	98	34.0
950101	答复	34	98	34.0
975106	哈哈	35	88	99.0
975110	达达	35	88	77.0
975113	好玩	34	0	88.0
975103	答复	34	98	34.0
975107	哈哈	35	88	99.0

图 3.23 查询运行结果

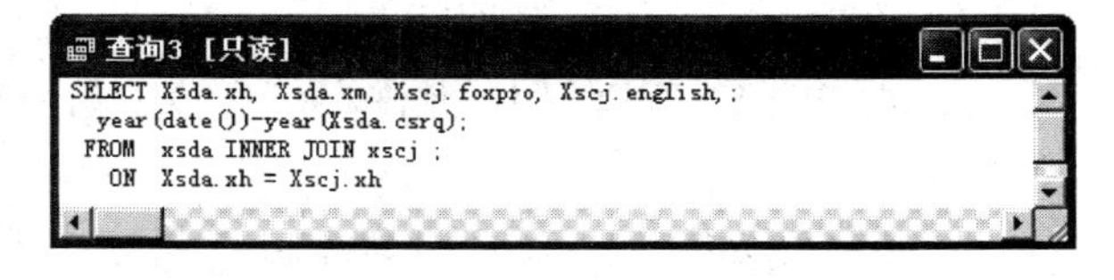

图 3.24 相应的 SQL 语句

习 题

一、选择题

1. SQL 语句中条件语句的关键字是(　　)。

   A. IF　　B. FOR　　C. WHILE　　D. WHERE

2. 从数据库中删除表的命令是(　　)。

   A. DROP TABLE　　B. ALTER TABLE

C. DELETE TABLE　　　　　　　　D. CREATE TABLE

3. 建立表结构的 SQL 命令是(　　)。

A. CREATE CURSOR　　　　　　　B. CREATE TABLE

C. CREATE INDEX　　　　　　　　D. CREATE VIEW

4. 有如下 SQL 语句：DELETE FROM SS WHERE 年龄＞60，其功能是(　　)。

A. 从 SS 表中彻底删除年龄＞60 岁的记录

B. 在 SS 表中将年龄＞60 岁的记录加上删除标记

C. 删除 SS 表

D. 删除 SS 表中的“年龄”字段

5. SQL 语句中修改表结构的命令是(　　)。

A. UPDATE STRUCTURE　　　　　B. MODIFY STRUCTURE

C. ALTER TABLE　　　　　　　　D. ALTER STRUCTURE

6. SELECT 语句是(　　)。

A. 选择工作区语句　　　　　　　B. 数据查询语句

C. 选择标准语句　　　　　　　　D. 数据修改语句

7. 只有满足联接条件的记录才包含在查询结果中，这种联接为(　　)。

A. 左联接　　　　B. 右联接　　　　C. 内部联接　　　　D. 完全联接

8. 在 Visual FoxPro 中，关于查询的说法正确的是(　　)。

A. “联接”选项卡与 SQL 语句的 GROUP BY 对应

B. “筛选”选项卡与 SQL 语句的 HAVING 对应

C. “排序依据”选项卡与 SQL 语句的 ORDER BY 对应

D. “分组依据”选项卡与 SQL 语句的 JOIN ON 对应

二、填空题

1. SQL 集(　　)、(　　)、(　　)、(　　)功能于一体。

2. 在 VFP 6.0 支持的 SQL 语句中，(　　)命令可以修改表中数据，(　　)命令可以修改表结构。

3. 在 SELECT 语句中，允许在(　　)子句中给表定义别名，以便于在查询的其他部分使用。

4. 在 SQL 语句中，(　　)命令可以从表中删除记录，(　　)命令可以从数据库中删除表。

5. 在 SELECT 语句中，带(　　)子句可以消除查询结果中重复的记录。

6. 在 SELECT 语句中，分组用(　　)子句，排序用(　　)子句。

7. 在 ORDER BY 子句的选项中，DESC 代表(　　)输出，省略 DESC 时，代表(　　)输出。

8. HAVING 子句不能单独使用，必须在(　　)短语之后使用。

三、操作题

1. 订货管理数据库有 4 个表：

仓库表(仓库号 C(3)，城市 C(6)，面积 N(3)) 以仓库号为主索引。

职工表(仓库号 C(3)，职工号 C(2)，工资 N(4))以职工号为主索引，仓库号为普通索引。

订购单表(职工号 C(2),供应商号 C(2),订购单号 C(4),订购日期 D(8)) 以订购单号建立主索引,供应商号为普通索引。

供应商表(供应商号 C(2),供应商名 C(12),地址 C(4)) 以供应商号建立主索引,以职工号、订购单号为普通索引。

各表中的记录实例如下。

仓库表

仓库号	城市	面积
WH1	北京	370
WH2	上海	500
WH3	广州	200
WH4	武汉	400

职工表

仓库号	职工号	工资
WH2	E1	1220
WH1	E3	1210
WH2	E4	1250
WH3	E6	1230
WH1	E7	1250

订购单表

职工号	供应商号	订购单号	订购日期
E3	S7	OR67	2004/06/23
E1	S4	OR73	2004/07/28
E7	S4	OR76	2004/05/25
E6	NULL	OR77	NULL
E3	S4	OR79	2004/06/13
E1	NULL	OR80	NULL
E3	NULL	OR90	NULL
E3	S3	OR91	2004/07/13

供应商表

供应商号	供应商名	地址
S3	振华电子厂	西安
S4	华通电子公司	北京
S6	607 厂	郑州
S7	爱华电子厂	北京

用 SQL 的数据定义功能建立订货管理数据库,在数据库中创建表以及各个表之间的关系,并在数据库表中插入记录数据。

2. 利用第 1 题建立的表,用 SQL 语句完成以下操作。

(1) 从职工表中查询所有工资值,要求结果中没有重复值。

(2) 查询工资多于 1230 元的职工号。

(3) 查询哪些仓库有工资多于 1210 元的职工。

(4) 给出在仓库 WH1 或 WH2 工作,并且工资少于 1250 元的职工号。

(5) 找出工资多于 1230 元的职工号和他们所在的城市。

(6) 找出工作在面积大于 400 的仓库的职工号以及这些职工工作所在的城市。

(7) 查询出工资在 1220～1240 元范围内的职工信息。

(8) 从供应商表中查询出全部公司的信息。

(9) 找出不在北京的全部供应商信息。

(10) 按职工的工资值升序查询出全部职工信息。

(11) 先按仓库号排序，再按工资排序并输出全部职工信息。

(12) 找出尚未确定供应商的订购单。

(13) 列出已经确定了供应商的订购单信息。

(14) 查询出向供应商 S3 发过订购单的职工的职工号和仓库号。

(15) 查询出向 S4 供应商发出订购单的仓库所在的城市。

(16) 查询出由工资多于 1230 元的职工向北京的供应商发出的订购单号。

(17) 查询出所有仓库的平均面积。

(18) 找出供应商所在地的数目。

(19) 求北京和上海的仓库职工的工资总和。

(20) 求每个仓库的职工的平均工资。

(21) 找出和职工 E4 有相同工资的所有职工。

(22) 查询哪些仓库中至少已经有一个职工的仓库的信息。

(23) 查询哪些城市至少有一个仓库的职工工资为 1250 元。

(24) 查询所有职工的工资都多于 1210 元的仓库的信息。

3. 利用查询设计器建立第 2 题中的(2)～(18)的查询。

第4章 Visual FoxPro 数据库及表操作

Visual FoxPro 数据库是具有逻辑关系的表的集合，表是库中的成员。在关系数据库中，把一个二维表定义为表，表是数据库中收集和存储信息的基本单元，是构成数据库的基本元素之一。数据库几乎所有的工作都是在表的基础上进行的，一个数据库通常可集中管理若干个关系比较固定的表，通过在表间建立关联关系、数据有效性规则、参照完整性等，控制各表之间协同工作，从而解决复杂的数据处理问题，实现数据库的多重功能。Visual FoxPro 中有两种类型的表：自由表和数据库表，不属于任何数据库的表称为自由表，与某个数据库有联系的表称为数据库表，数据库表和自由表的操作基本一致。

本章将介绍 Visual FoxPro 数据库的相关操作，包括建立和管理数据库、建立和使用表以及索引和数据完整性等方面的内容。

4.1 Visual FoxPro 数据库及其建立

在 Visual FoxPro 中，数据库是一个逻辑上的概念和手段，也可以当作一个容器；它是通过一组系统文件将相互关联的数据库表及相关的数据库对象统一组织和管理。在建立 Visual FoxPro 数据库时，形成扩展名为.dbc 的数据库文件、与其主名相同的数据库备注文件.dct 和数据库索引文件.dcx 共三个文件，这三个文件是供 Visual FoxPro 数据库管理系统管理数据库使用的，用户一般不能直接使用这些文件。

这时建立的数据库只是定义了一个空的数据库，接着还需要建立数据库表和其他数据库对象，然后才能输入数据和实施其他数据库操作。

4.1.1 建立数据库文件

在 Visual FoxPro 中创建新数据库，通常采用菜单、命令两种操作方式。数据库创建后将保存在扩展名为.dbc 的数据库文件中。

1. 菜单方式

选择"文件"→"新建"命令，出现"新建"对话框，如图 4.1 所示。在"新建"对话框中选择"数据库"单选按钮，再单击"新建文件"按钮，出现"创建"对话框，如图 4.2 所示。在"创建"对话框中输入数据库文件名和保存位置。单击"保存"按钮，系统将打开数据库设计器，此时数据库中没有任何表，如图 4.3 所示。

2. 命令方式

若不用菜单操作，也可以用下面的命令操作。

命令格式如下：

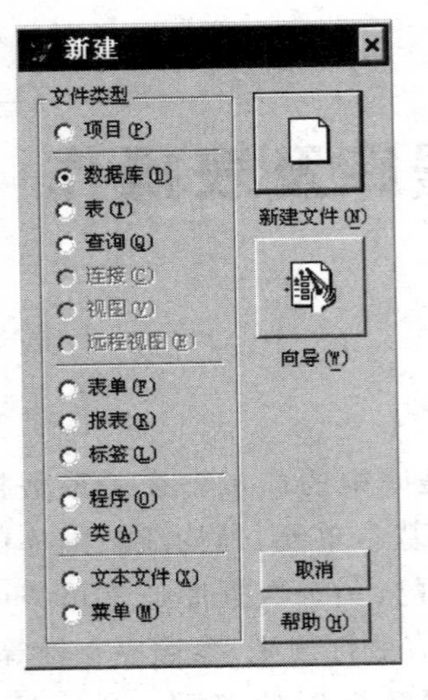

图 4.1 “新建”对话框

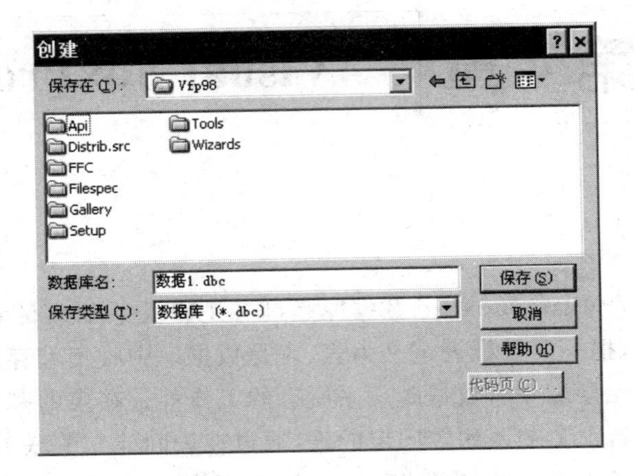

图 4.2 “创建”对话框

```
CREATE DATABASE [<数据库文件名>|?]
```

说明：

(1) ＜数据库文件名＞指定生成的数据库文件，若省略扩展名，则默认为.dbc。

(2) 如果未指定数据库文件名或用“?”代替数据库文件名，则弹出如图 4.2 所示“创建”对话框，在给出数据库名后，单击“保存”按钮。

(3) 使用命令方式建立数据库，不会自动打开如图 4.3 所示的数据库设计器，只是使数据库处于打开状态。

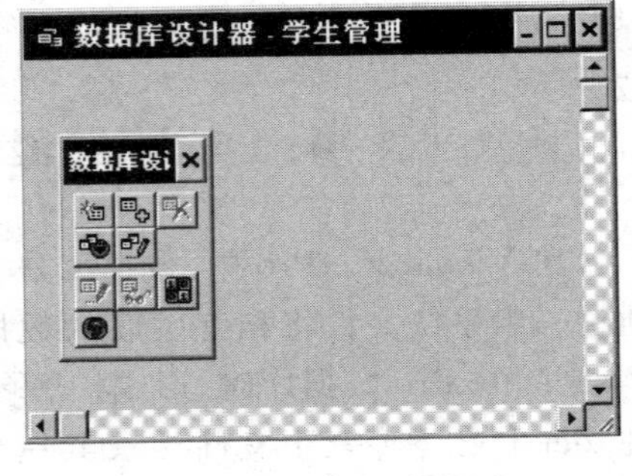

图 4.3 “数据库设计器”窗口

命令方式经常用在程序代码中，在以后编写程序代码时，将体会到这一点。

4.1.2 数据库的打开与关闭

1. 数据库的打开

在数据库中建立表或使用数据库中的表时，都必须先打开数据库。具体操作方法如下。

1) 菜单方式

选择“文件”→“打开”命令，出现“打开”对话框。在该对话框中选择所要打开的数据库文件名，单击“确定”按钮打开数据库。

2) 命令方式

命令格式如下：

```
OPEN DATABASE [<数据库文件名> |? ]
```

命令功能：打开指定名称的数据库文件。

2. 数据库的关闭

数据库文件操作完成后，必须将其关闭，以确保数据的安全性。要关闭当前打开的数据库可以使用 CLOSE 命令。

命令格式如下：

```
CLOSE [ALL|DATABASE]
```

命令功能：关闭当前的数据库文件。

其中：ALL 用于关闭所有对象，如数据库、表、索引等，DATABASE 用于关闭当前数据库和数据库表。

4.1.3 数据库的修改

数据库的修改都是在数据库设计器中完成的，因此数据库的修改就是打开数据库设计器。

命令格式如下：

```
MODIFY DATABASE [<数据库文件名>]
```

命令功能：打开数据库设计器窗口，在其中显示指定的数据库内容。

4.1.4 数据库的删除

命令格式如下：

```
DELETE DATABASE [<数据库文件名|?>][DELETETABLES]
```

命令功能：删除指定名称的数据库文件。

说明：被删除的数据库必须是处于关闭状态。如果带 DELETETABLES 选项，则数据库中所有的表将被一起从磁盘上永久删除；如果无此选项，则只删除数据库，同时数据库中的表都变成自由表。

4.2 表结构的创建和编辑

一般情况下，数据库的操作主要是针对表的操作，因此，表的操作是数据库操作的基础。Visual FoxPro 系统中，一个表由表文件名、表结构和表记录三部分构成；分别对应于一张二维表的表名、表头和表的内容。表文件名相当于二维表的表名，用户可以根据表文件名对表进行存取、使用。表结构相当于二维表的表头，二维表的每一列对应表中的一个字段。表记录即二维表的具体内容。

4.2.1 设计表的结构

设计表的结构，就是根据二维表的表头，按实际需要设计表中的字段个数、字段名、字段类型、字段宽度、小数位数、是否为空等内容。

1. 字段名

字段名就是关系的属性名或表的列名，每一列都必须有一个唯一的名字。可以通过字段名直接引用表中的数据。字段名的命名规则如下。

(1) 由汉字、字母、数字及下划线组成，首字符必须是汉字或字母。

(2) 自由表中的字段名不超过10个字符(数据库表中的字段名不超过128个字符)。

(3) 字段名中不能有空格。

2. 字段类型和宽度

字段类型表示该字段中存放数据的类型。同样的数据类型通过宽度限制可以决定存储数据的数量和精度。表4.1中列出了可以选择的数据类型。

表4.1 字段类型列表

字段类型	类型代码	宽　度	说　明
字符型	C	用户自定义	可以是汉字、字母、数字等各种字符型文本，如姓名
数值型	N	用户自定义	整数或者小数，如成绩
日期型	D	8	由年月日构成的日期型数据，如出生日期
逻辑型	L	1	值为真或假，如少数民族否
备注型	M	4	不定长的文本字符，如简历
通用型	G	4	OLE(通过对象的链接与嵌入实现)，如相片
日期时间型	T	8	由年月日时分秒构成的数据类型，如签到时间
货币型	Y	8	货币单位，如商品价格
浮点型	F	用户自定义	类似于数值型
整型	I	4	没有小数的数值型数据，如商品的件数
双精度	B	8	一般用于精度很高的数据

注意：备注型和通用型字段的内容都没有直接存放在表文件中，而是存放在一个与表文件同名的备注文件(扩展名为.fpt)中。它们4个字节的宽度仅用于存放有关内容在备注文件中的实际存储地址。备注文件的打开是当表文件打开时自动打开，如果备注文件被删除(前提是表设计时有备注或者通用型字段)，则该表也不能打开。

3. 小数位数

只有数值型与浮点型字段才有小数位数，小数位数至少应比该字段的宽度值小2。双精度型字段允许输入小数，但不需事先定义小数位数，小数点将在输入数据时输入。

4. 是否允许为空

表示是否允许字段接受空值(NULL)。空值是指无确定的值，它与空字符串、数值0等是不同的。例如，表示成绩的字段，空值表示没有确定成绩，0表示0分。一个字段是否允许为空值与字段的性质有关，例如作为关键字的字段是不允许为空值的。

根据以上Visual FoxPro的规定，为表4.2设计出如表4.3所示的表的结构。

表4.2 学生表的基本情况

学　号	姓　名	性　别	出生日期	少数民族否	籍贯	入学成绩	简　历	相　片
610221	王大为	男	1984.2.5	否	江苏	568		
610204	彭斌	男	1983.12.31	是	北京	547		
240111	李远明	女	1985.11.12	否	重庆	621		
240105	冯珊珊	女	1987.2.4	否	重庆	470		

续表

学　　号	姓　　名	性　别	出生日期	少数民族否	籍贯	入学成绩	简　　历	相　片
250205	张大力	男	1986.2.4	否	四川成都	250	继续努力	
810213	陈雪花	女	1986.5.5	否	广州	368		
820106	汤莉	女	1970.6.21	否	重庆	456	读书,工作,经商	
510204	查亚平	女	1971.4.7	是	重庆	666		
860307	杨武胜	男	1978.4.5	是	湖南	568		
520204	钱广花	女	1980.2.7	是	湖北	489		

表 4.3　学生表的结构

字　段　名	字段类型	宽　　度	小数位数
学号	C	6	
姓名	C	8	
性别	C	2	
出生日期	D	8	
少数民族否	L	1	
籍贯	C	10	
入学成绩	N	5	1
简历	M	4	
相片	G	4	

4.2.2　表结构的建立

在 Visual FoxPro 中建立表结构有两种方法：一种是通过表设计器来建立，另一种是通过表向导在已有表的基础上建立一个新表。操作方式也有两种：菜单方式和命令方式。

1. 菜单操作方式

在 Visual FoxPro 中，要建立文件可选择“文件”→“新建”命令，系统提供一系列的窗口与对话框，用户只要根据屏幕的提示，就可完成有关操作。

(1) 选择“文件”→“新建”命令，弹出“新建”对话框如图 4.1 所示。在对话框中选择新建文件类型为“表”。然后单击“新建文件”按钮，弹出如图 4.4 所示的“创建”对话框。

(2) 在“创建”对话框中，选择保存位置，输入文件名，类型为表，扩展名为.DBF，然后单击“保存”按钮，弹出如图 4.5 所示的“表设计器”对话框。在该对话框中，有“字段”、“索引”和“表”三个选项卡，利用“字段”选项卡可建立表结构。

(3) 在“表设计器”对话框中，可输入表的字段参数。

① 在“字段名”下面的文本编辑区中输入字段的名字。

② 在“类型”列表框中，单击右边的箭头打开下拉列表选择所需的类型。

③ 在“宽度”列表框中，进入宽度列，可直接输入所需的字段宽度或连续单击右侧的上下箭头，使数字变化到所需的大小。如果类型是数值型或浮点型，还需要设置小数点位数。

④ “索引”列可确定索引字段及索引方式(升序或降序)。

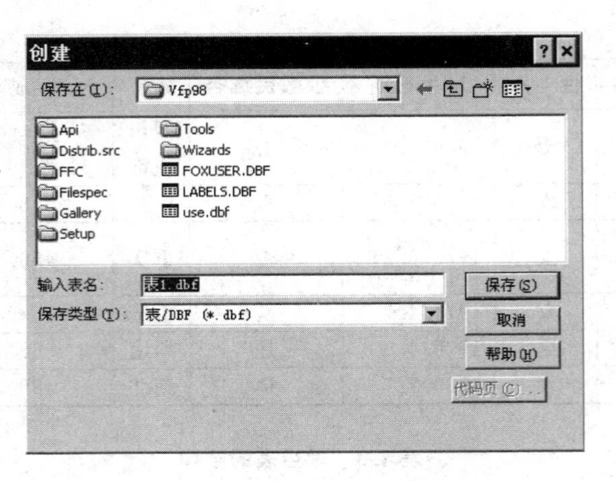

图 4.4 “创建”对话框

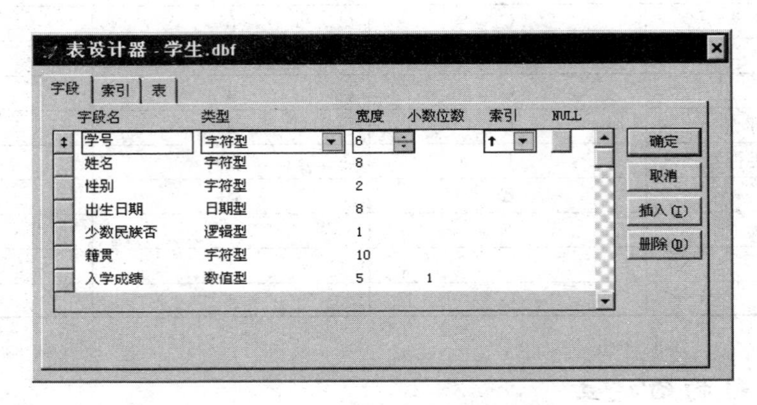

图 4.5 “表设计器”对话框

⑤ NULL 列可设置字段是否接受 NULL 值。选中此项意味该字段可接受 NULL 值。

(4) 表字段设置完成后，单击“确定”按钮，结束表结构的建立。这时将弹出对话框，询问“现在输入数据记录吗?”，若选择“否”，则退出不输入记录，以后需要时可以打开该表并输入数据。若选择“是”，则可以立即输入数据，如图 4.6 所示。

图 4.6 询问是否输入数据

2. 命令操作方式

在命令窗口中使用 CREATE 命令来建立表的结构。其命令格式为：

```
CREATE [<表文件名>|? ]
```

说明：在命令中使用? 或省略该参数时，打开“创建”对话框，提示输入表名并选择保存表的位置。

CREATE 命令执行后，屏幕上打开表设计器窗口，以后的操作方法与菜单操作相同。

4.2.3 向表中输入记录

把建立好的表结构存盘以后，若要立即输入记录，此时，屏幕显示记录输入窗口，用户可通过它输入一个个记录。输入数据有两种方式：一是编辑方式，即一条记录的每个字段占一行；另一种方式是浏览方式，即一条记录占一行，分别如图 4.7 和图 4.8 所示。

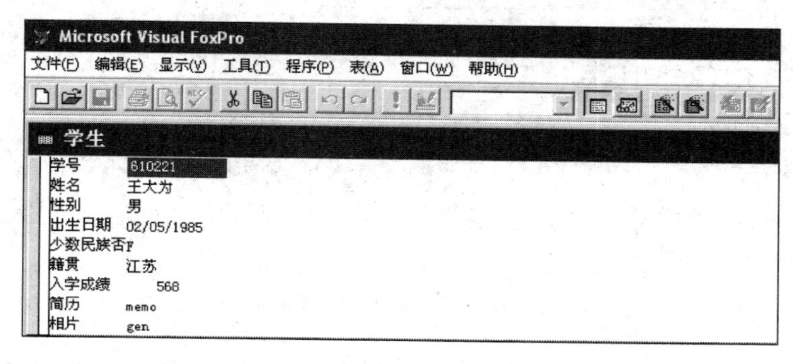

图 4.7 编辑方式

Microsoft Visual FoxPro

文件(F) 编辑(E) 显示(V) 工具(T) 程序(P) 表(A) 窗口(W) 帮助(H)

学生

学号	姓名	性别	出生日期	少数民族否	籍贯	入学成绩	简历	相片
610221	王大为	男	02/05/1985	F	江苏	568	memo	gen
610204	彭斌	男	12/31/1983	T	北京	547	memo	gen
240111	李远明	女	11/12/1985	F	重庆	621	memo	gen
240105	冯姗姗	女	02/04/1987	F	重庆	470	memo	gen
250205	张大力	男	02/04/1986	F	四川成都	250	Memo	Gen
810213	陈雪花	女	05/05/1986	F	广州	368	memo	gen
820106	汤莉	女	06/21/1970	F	重庆	456	Memo	Gen
510204	查亚平	女	04/07/1971	T	重庆	666	memo	gen
860307	杨武胜	男	04/05/1978	T	湖南	568	memo	gen
520204	钱广花	女	02/07/1980	T	湖北	489	memo	gen

图 4.8 浏览方式

1. 备注型字段数据的输入

在记录输入窗口中，备注型字段显示“memo”标志，表示该条记录没有数据，其值通过一个专门的编辑窗口输入。具体的操作方法如下。

(1) 选择备注型字段显示的 memo，按 Ctrl+PgUp、Ctrl+PgDn 或双击，进入备注型字段编辑窗口。

(2) 在此窗口中输入、编辑文本。输入完毕，按 Ctrl+W 或者单击右上角的“关闭”按钮。输入数据保存后该字段由 memo 变为 Memo，表示该备注字段有数据。

若要删除备注字段的内容，进入备注字段输入窗口，删除输入的所有数据，关闭备注字段输入窗口即可。

2. 通用型字段数据的输入

通用型字段可以添加图像、声音及所有可以插入的 OLE 对象，方法如下。

(1) 双击通用型字段的 gen 处，进入通用型字段编辑窗口。选择“编辑”→“插入对象”命令，打开如图 4.9 所示的“插入对象”对话框。

(2) 若插入的对象是新创建的,则单击"新建"选项,然后从"对象类型"列表框中选择要创建的对象类型,如图 4.9(a)所示。单击"确定"按钮后,进入对象创建窗口,对象创建完成后,退出此窗口即可。

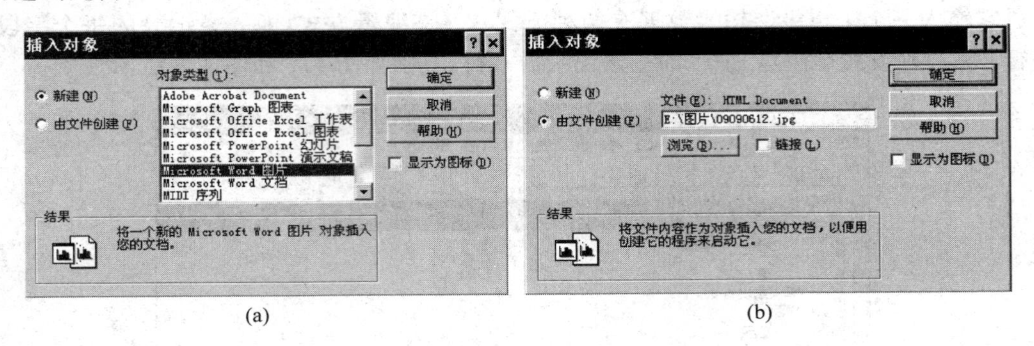

(a) (b)

图 4.9 "插入对象"对话框

(3) 若插入的对象已存在,单击"由文件创建"选项,在"文件"文本框中输入文件名,或单击"浏览"按钮,选择所需文件,如图 4.9(b)所示。再单击"确定"按钮,对象即插入编辑窗口。

(4) 编辑完通用型字段内容后,单击编辑窗口右上角的"关闭"按钮即可。

4.3 表的基本操作

4.3.1 表的打开与关闭

1. 表的打开

在 Visual FoxPro 中操作表,被操作的表必须是打开状态。打开表的方法有两种:菜单方式和命令方式。

(1) 菜单方式。具体操作方法是:选择"文件"→"打开"命令,出现"打开"对话框。在该对话框中选择要打开的表文件,或在"文件名"文本框中直接输入表文件名,然后单击"确定"按钮将其打开。若打开了新的表,则会关闭原先已打开的表文件。

(2) 命令方式。即在命令窗口中输入命令"USE　表名"打开表,例如:

```
USE  学生                    && 表示打开学生表
USE                          && 表示关闭当前工作区打开学生表
```

2. 表的关闭

表操作完毕后应及时关闭,以保证更新后的内容能写入相应的表中。表的关闭仍然有两种方式:菜单方式和命令方式。

(1) 菜单方式:选择"窗口"→"数据工作期"命令,打开"数据工作期"窗口,在该窗口中单击"关闭"按钮关闭表。

(2) 命令方式如下:

```
USE [IN <工作区号|别名>]
```

说明：

① 使用不带文件名的 USE 命令关闭当前工作区打开的表；使用命令 USE IN ＜工作区号|别名＞关闭指定工作区打开的表。

② 如果在同一工作区打开另一表，则原来打开的表就自动关闭。

③ CLOSE TABLES 命令关闭所在工作区打开的自由表。

④ CLEAR ALL 和 CLOSE ALL 命令关闭所有表文件。

4.3.2 表的显示

1. 表结构的显示

列出指定表的结构，包括文件更新日期、记录个数、记录长度及各字段的名称、类型、宽度和小数位数等内容。

命令格式如下：

```
LIST|DISPLAY STRUCTURE [TO PRINTER [PROMPT]|TO FILE <文件名>]
```

命令功能：显示当前打开的表的结构。两个命令的作用基本相同，区别仅在于 LIST 是连续显示，当显示的内容超过一屏幕时，自动向上滚动，直到显示完成为止。DISPLAY 是分屏显示，显示满一屏时暂停，待用户按任一键后继续显示后面的内容。

说明：

(1) 若选择 TO PRINTER 子句，则一边显示一边打印。若包括 PROMPT 命令，则在打印前显示一个对话框，用于设置打印机，包括打印份数、打印的页码等。

(2) 若选择 TO FILE ＜文件名＞，则在显示的同时将表结构输出到指定的文本文件中。例如：

```
USE   学生
LIST  STRUCTURE
```

注意：表结构的显示中所显示的字段宽度的总计比各个字段的宽度之和多了一个字节，该字节是用于存放记录的删除标记。即 47=6+8+2+8+1+10+3+4+4+1，如图 4.10 所示。

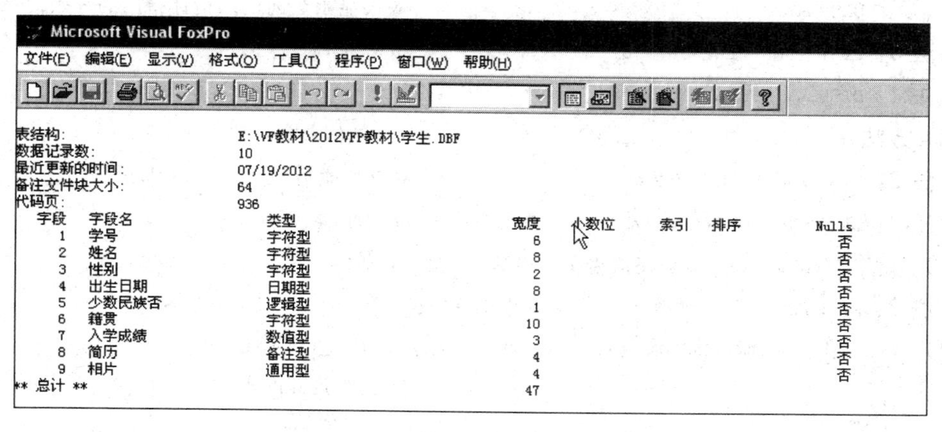

图 4.10 表结构的显示

2. 表记录的显示

显示当前表中的记录命令是 LIST 或 DISPLAY，它们的区别仅在于不使用条件时，LIST 默认显示全部记录，而 DISPLAY 则默认显示当前记录。

命令格式如下：

```
LIST|DISPLAY [[FIELDS] <表达式表>] [<范围>] [FOR <条件>] [WHILE <条件>]
             [TO PRINTER [PROMPT]|TO FILE <文件名>] [OFF]
```

说明：

(1) FIELDS <表达式表>指定要显示的字段、字段的表达式列表或不含字段的任何表达式。

(2) 若选定 FOR 子句，则显示满足所给条件的所有记录。若选定 WHILE 子句，显示直到条件不成立时为止，后面即使还有满足条件的记录也不再显示。FOR 子句和 WHILE 子句可以同时使用，同时使用时 WHILE 子句优先。

(3) <范围>，FOR 子句和 WHILE 子句用于决定对哪些记录进行操作。如果有 FOR 子句，缺省的范围为 ALL，有 WHILE 子句，缺省的范围为 REST。

(4) 选用 OFF 时，表示只显示记录内容而不显示记录号。若省略该项则同时显示记录号和记录内容。

例 4.1 就学生表，写出进行如下操作的命令。

(1) 显示第 5 条记录。

(2) 显示记录号为偶数的记录。

(3) 显示汉族女学生的记录。

(4) 显示男学生的姓名、性别、年龄以及简历。

操作命令如下：

```
USE  学生                                          && 打开学生表
(1) 方法 1：LIST RECORD  5
方法 2：GO 5                                        && 定位记录指针到第 5 条记录
       DISPLAY                                      && 仅显示当前记录指针指向的一条记录
方法 3：LIST  FOR  RECNO() = 5                      &&RECNO()记录号函数
方法 4：DISPLAY  FOR RECNO() = 5
(2) 方法 1：LIST FOR  MOD(RECNO(),2) = 0            && MOD()求余函数
方法 2：LIST FOR RECNO() % 2 = 0                    && % 功能与函数 MOD()相同
方法 3：LIST FOR INT(RECNO()/2) = RECNO()/2         &&INT()取整函数
(3) 方法 1：LIST FOR !少数民族否 AND 性别 = "女"
方法 2：LIST FOR 少数民族否 = .F.  AND 性别 = "女"
(4) LIST  姓名,性别,YEAR(DATE()) - YEAR(出生日期),简历 FOR 性别 = "男"
USE                                                 && 关闭打开的表
```

4.3.3 表的修改

1. 表结构的修改

要修改当前表的结构，既可修改各字段的名字、类型、宽度、小数位数，又可增加、删除、移动字段或者修改索引标记。命令格式如下：

```
MODIFY STRUCTURE
```

修改表结构时，屏幕上会出现表设计器窗口，该窗口和建立表时的屏幕画面是一样的（如图 4.5 所示）。不过在修改表结构时，在窗口上会显示出原有表的结构，此时可以根据需要修改表的结构。在表设计器中可以插入一个新字段、删除一个原来的字段，也可以一次修改一个字段的某项数据。

注意：为了保存原来的数据，在修改字段时，一次对一个字段最好只修改一项数据，但可以同时修改多个字段。

表结构修改完成后，在表设计器中单击"确定"按钮，出现询问"结构更改为永久性更改?"确认对话框，如图 4.11 所示，选"是"将保存对表结构所做的修改，否则放弃修改。单击"取消"按钮，出现询问"放弃结构更改?"确认对话框，如图 4.12 所示，选"是"表示修改无效且关闭表设计器，否则可继续修改。

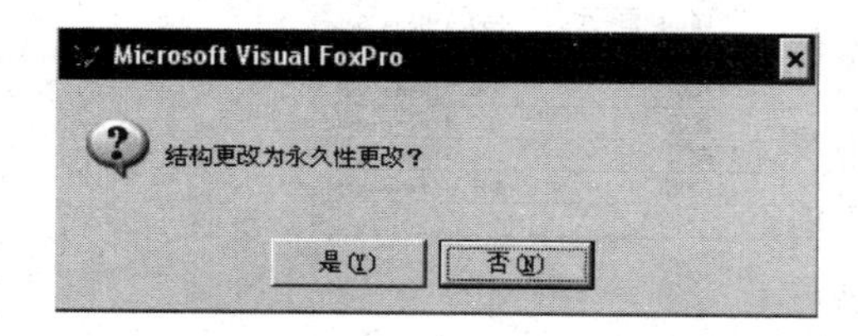

图 4.11 永久性修改

图 4.12 放弃结构更改

2. 表记录的修改

表记录的修改有 4 个命令：全屏幕修改 BROWSE、CHANGE、EDIT、REPLACE。也可以用菜单方式："显示"→"浏览"命令，这种情况下可以修改数据和浏览数据，如需要添加数据，继续选择"显示"→"追加方式"，就可以增加记录。当然浏览数据可以选择"显示"→"浏览"和"显示"→"编辑"两种方法进行操作。

1）编辑修改

命令格式如下：

```
EDIT|CHANGE[<范围>][FOR <条件>][FIELDS <字段表>]
```

命令功能：打开编辑窗口，供用户以交互方式修改记录，每个字段占据一行。

例如：

```
USE  学生        && 打开表，对表的任何操作首先都必须首先打开表
EDIT  5          && 从第 5 条记录开始编辑，即记录指针定位在表的第 5 条记录上
CHANGE  5        && 功能与 EDIT 5 完全一致
```

2）浏览修改

命令格式如下：

```
BROWSE [LOCK <expN>][FREEZE <字段名>][NOAPPEND][NOMODIFY]
```

命令功能：全屏幕修改记录，每条记录占据一行。

说明：

(1) 选择了 NOAPPEND 选项表示禁止追加记录。

(2) 选择了 NOMODIFY 选项表示禁止修改表记录的任何内容。

(3) 选择了 LOCK<expN>选项则锁定窗口左端的<expN>个字段。

(4) 选择了 FREEZE<字段名>选项将使光标定格在某个指定的字段上。

例如：

```
BROWSE  LOCK 1 FREEZE 姓名 NOAPP      && 浏览学生表的记录，第一个字段学号锁定，光标定位在姓名
                                      && 字段上，不能添加记录，如图 4.13 所示
```

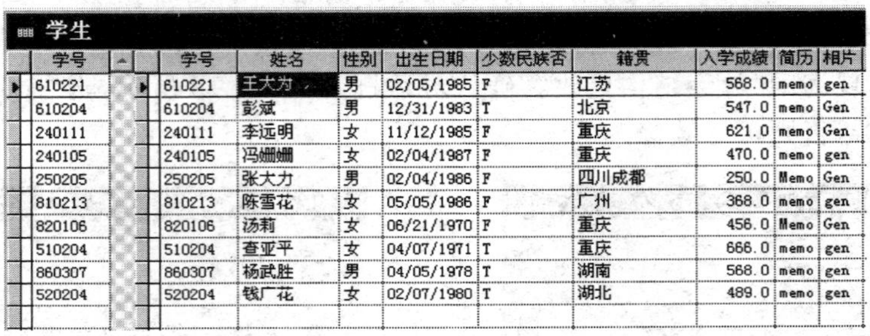

学生

学号	学号	姓名	性别	出生日期	少数民族否	籍贯	入学成绩	简历	相片
610221	610221	王大为	男	02/05/1985	F	江苏	568.0	memo	gen
610204	610204	彭斌	男	12/31/1983	T	北京	547.0	memo	Gen
240111	240111	李远明	女	11/12/1985	F	重庆	621.0	memo	Gen
240105	240105	冯姗姗	女	02/04/1987	F	重庆	470.0	memo	gen
250205	250205	张大力	男	02/04/1986	F	四川成都	250.0	Memo	Gen
810213	810213	陈雪花	女	05/05/1986	F	广州	368.0	memo	gen
820106	820106	汤莉	女	06/21/1970	F	重庆	456.0	Memo	Gen
510204	510204	查亚平	女	04/07/1971	T	重庆	666.0	memo	gen
860307	860307	杨武胜	男	04/05/1978	T	湖南	568.0	memo	gen
520204	520204	钱广花	女	02/07/1980	T	湖北	489.0	memo	gen

图 4.13　浏览修改

3）成批替换修改

有时对记录数据的修改是有规律的，对这种数据的修改如果仍用 BROWSE 等命令逐个修改就很麻烦，而使用成批替换修改的方法就非常方便。命令格式如下：

```
REPLACE <字段名 1> WITH <表达式 1> [ADDITIVE]
[,<字段名 2> WITH <表达式 2> [ADDITIVE]] [,…][<范围>] [FOR <条件>] [WHILE <条件>] … [IN <工
作区号>/<别名>]
```

命令功能：对指定范围内满足条件的记录，用一个表达式的值成批替换当前表中指定字段的值。

说明：

(1) REPLACE 命令默认指向当前记录。

(2) 若不选择<范围>和 FOR 子句或 WHILE 子句，则默认为当前记录。如果选择了 FOR 子句，则<范围>默认为 ALL，选择了 WHILE 子句，则<范围>默认为 REST。

(3) ADDITIVE 只能在替换备注型字段时使用。使用 ADDITIVE，备注型字段的替换内容将附加到备注型字段原来内容的后面，否则用表达式的值改写原备注型字段内容。

例 4.2　写出对学生表进行如下操作的命令。

(1) 将少数民族学生的入学成绩增加 20 分。

(2) 将籍贯是重庆的汉族学生的入学成绩在原有成绩的基础上调 10%。

(3) 将 6 号记录的出生日期修改为 1983 年 9 月 7 日。

(1) 操作命令：

```
USE 学生
```

方法 1：

```
REPLACE 入学成绩 WITH 入学成绩 + 20 FOR 少数民族否
```

方法 2：

```
REPLACE 入学成绩 WITH 入学成绩 + 20 FOR 少数民族否 = .T.
```

方法 3：

```
REPLACE 入学成绩 WITH 入学成绩 + 20 FOR  NOT 少数民族否 = .F.
```

(2) 操作命令：

```
REPLACE  入学成绩 WITH 入学成绩 * 1.1  FOR  NOT 少数民族否  AND  籍贯 = "重庆"
```

(3) 操作命令：

方法 1：

```
GO 6                                    && 将记录指针定位到 6 号记录
REPLACE 出生日期 WITH {^1983-09-07}     && 将当前一条记录的出生日期修改
```

方法 2：

```
REPLACE 出生日期 WITH {^1983-09-07} FOR RECNO() = 6
```

4.3.4 表记录指针的定位

1. 绝对定位

命令格式如下：

```
GO  [TO]  [RECORD]<记录号>|TOP|BOTTOM
```

说明：

(1) RECORD <记录号>：将记录指针定位到指定的物理记录号对应的记录上。

(2) TOP：记录指针指向表头，当不使用索引时是记录号为 1 的记录，使用索引时是索引项排在最前面的索引对应的记录。

(3) BOTTOM：记录指针指向表的最后一条记录，当不使用索引时是记录号最大的那条记录，使用索引时是索引项排在最后面的索引对应的记录。

例 4.3 请将记录指针分别移到最后一条记录、第一条记录和第四条记录上，分别显示它们的记录号。

```
USE 学生
```

```
GO BOTTOM
?RECNO()          && 显示表的最大记录号
GO TOP
?RECNO()          && 显示表的第一条记录号
GO  4
?RECNO()          && 显示记录号为 4
```

2. 相对定位

命令格式如下：

```
SKIP [<+/-记录数>][IN<工作区号>/<别名>]
```

命令功能：相对定位是以当前记录位置为基准，向前或向后移动记录指针。

如果<记录数>的值为正数，则记录指针往表尾方向移动，若为负数，则往表头方向移动。若省略此项，则记录指针移到下一个记录。如果记录指针指向末记录而执行 SKIP，则 RECON()返回一个比表记录数大 1 的数，且 EOF()返回.T.。如果记录指针指向首记录而执行 SKIP －1，则 RECNO()返回 1，且 BOF()返回.T.。利用 BOF()和 EOF()这两个函数可以掌握有关记录指针移动的情况。如果表为空表时 BOF()和 EOF()这两个函数的值都为.T.。

例 4.4 请将记录指针分别移动到第一条记录、表头，将记录指针移动到最后一条记录、表尾，显示相应的记录号和表头、表尾函数值。

```
USE 学生                  && 打开表,记录指针指向第一条记录
?RECNO() ,  BOF()         && 显示结果为: 1        .F.
SKIP   -1
?RECNO() ,  BOF()         && 显示结果为: 1        .T.
SKIP 4
?RECNO()                  && 显示结果为: 5
SKIP -3
?RECNO()                  && 显示结果为: 2
GO BOTTOM
?RECNO() , EOF()          && 显示结果为: 10        .F.(假定表中仅有 10 条记录)
SKIP
?RECNO() , EOF()          && 显示结果为: 11       .T.
```

4.3.5 表记录的增加与删除

1. 插入记录

命令格式如下：

```
INSERT [BEFORE][BLANK]
```

命令功能：在当前表的某个记录之前或之后插入一条记录。如果不指定 BEFORE，则在当前记录之后插入一条新记录，否则在当前记录之前插入一条新记录。若指定 BLANK，则在当前记录之后或之前插入一条空白记录。若只执行 INSERT 命令，则进入全屏幕数据记录输入窗口。

例 4.5　在第二条记录和第三条记录之间插入一条新记录。

方法 1：

```
GO 2
INSERT
```

方法 2：

```
GO 3
INSERT  BEFORE
```

2. 添加记录

命令格式如下：

```
APPEND [BLANK]
```

命令功能：在当前表的末尾增加一条空白记录。

在表尾添加记录，也可以用菜单方式："显示"→"追加方式"。

例 4.6　在学生表末记录后增加两个记录。

```
USE 学生
APPEND                    && 在表的末尾添加记录,用全屏幕方式进行,如图 4.14 所示
APPEND  BLANK             && 在表的尾部添加一条空白记录
```

图 4.14　添加记录

3. 删除记录

Visual FoxPro 对部分记录的删除分两步进行：首先对想要删除的记录加上删除标志（*），这时被标记的记录并没有真正被删除，需要时仍可以恢复（逻辑删除）。然后对加了删除标志的记录真正地从表中删除掉（物理删除）。

1）给记录加删除标志

命令格式如下：

```
DELETE [<范围>] [FOR <条件>] [WHILE <条件>]
```

命令功能：该命令给指定的记录加上删除标志。若不选择可选项，则仅对当前记录加上删除标志。

说明：

根据 SET DELETED ON/OFF 不同，执行不同的结果，默认为 OFF，处理记录忽略所有的删除标记；当为 ON 时，所有做了删除标记的记录不参与运算，好像是真的删除一样。

但实际上这些记录是可以恢复的。

例 4.7 打开“学生”表,将女生的记录加删除标志。

```
USE  学生
DELETE  FOR 性别 = "女"
BROW
```

屏幕显示的结果如图 4.15 所示。

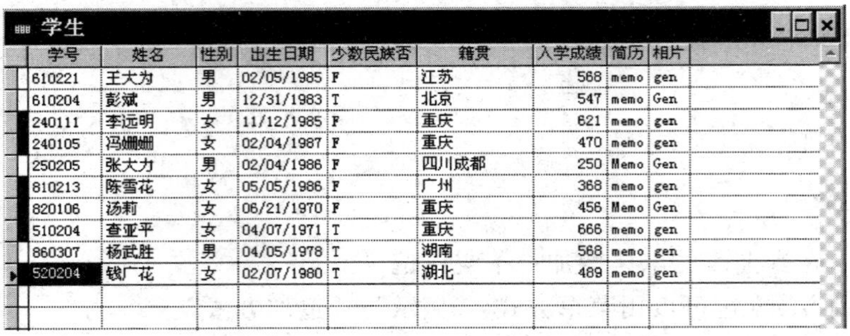

学生

学号	姓名	性别	出生日期	少数民族否	籍贯	入学成绩	简历	相片
610221	王大为	男	02/05/1985	F	江苏	568	memo	gen
610204	彭斌	男	12/31/1983	T	北京	547	memo	Gen
240111	李远明	女	11/12/1985	F	重庆	621	memo	gen
240105	冯姗姗	女	02/04/1987	F	重庆	470	memo	gen
250205	张大力	男	02/04/1986	F	四川成都	250	Memo	Gen
810213	陈雪花	女	05/05/1986	F	广州	368	memo	gen
820106	汤莉	女	06/21/1970	F	重庆	456	Memo	Gen
510204	查亚平	女	04/07/1971	T	重庆	666	memo	gen
860307	杨武胜	男	04/05/1978	T	湖南	568	memo	gen
520204	钱广花	女	02/07/1980	T	湖北	489	memo	gen

图 4.15 逻辑删除记录

```
SET  DELETED  ON              && 做了删除标记的记录不参与运算
BROW
```

显示结果如图 4.16 所示。

学生

学号	姓名	性别	出生日期	少数民族否	籍贯	入学成绩	简历	相片
610221	王大为	男	02/05/1985	F	江苏	568	memo	gen
610204	彭斌	男	12/31/1983	T	北京	547	memo	Gen
250205	张大力	男	02/04/1986	F	四川成都	250	Memo	Gen
860307	杨武胜	男	04/05/1978	T	湖南	568	memo	gen

图 4.16 逻辑删记录

2) 取消删除标记

命令格式如下:

```
RECALL [<范围>] [FOR <条件>] [WHILE <条件>]
```

命令功能:取消指定记录上的删除标志,若不选择可选项,则仅取消当前记录的删除标志。

仅恢复用 DELETE 命令逻辑删除的记录,物理删除的记录不能恢复。

3) 物理删除记录

命令格式如下:

```
PACK
```

命令功能:清除所有带删除标志的记录,记录号重新进行整理。

例 4.8 物理删除学生表中第 5 号和第 8 号记录。

```
USE  学生
DELETE   FOR RECNO() = 5 OR RECNO() = 8
PACK
```

4）删除全部记录

命令格式如下：

```
ZAP
```

命令功能：该命令删除当前表的全部记录，只留下表结构。等同于 DELETE ALL 和 PACK 两条命令。

4.4 表的排序与索引

4.4.1 表的排序

表记录存储在物理磁盘上时，被系统按照输入的先后顺序进行了编号，也就是记录号。表记录的这种存储顺序称为物理顺序。有时，需要对表中的记录顺序进行重新组织，即将原来的表记录按照某种顺序重排后，生成完全独立于原表并且有新的记录号的新表，这种表记录顺序的组织方式称为物理排序。Visual FoxPro 称其为排序。

建立排序文件的命令格式如下：

```
SORT TO <文件名> ON <字段名 1 >[/A|/D][/C][,<字段名 2 >[/A|/D][/C] … ]
    [FIELDS <字段名表>] [<范围>] [FOR <条件>] [WHILE <条件>]
```

命令功能：将当前打开的表中记录按指定的字段排序，新的排序结果存储在指定的表文件名中。

说明：

(1) <文件名>是排序后产生的新表文件名，其扩展名默认为. dbf。

(2) 由<字段名 1>的值决定新表中记录的排列顺序，缺省时，按升序排列。不能按备注型或通用型字段排序。也叫主关键字。可以用多个字段排序，其他字段为次关键字。

(3) 对于在排序中使用的每个字段，可以指定升序或降序的排列顺序。/A 表示升序，/D 表示降序，/A 或/D 适合于任何类型的字段；指定/C 时，排序的字母不区分大小写，不指定时为区分大小写。

(4) 由 FIELDS 指定从当前表中的字段来生成新表中包含的各个字段名的列表。如果省略 FIELDS 子句，当前表中的所有字段都包含在新表中。

(5) 各种类型的字段名都可用作排序关键字。数值型字段按数值大小进行排序，字符型字段值的大小根据组成字符串的字符的 ASCII 码值的大小进行排序，汉字按其内码大小，日期型字段按年、月、日的先后顺序进行排序，逻辑型字段的大小排序为. F. 小于. T. 。

例 4.9 对学生表，显示入学成绩最高的 5 名学生的记录。

操作命令如下：

```
USE 学生
SORT  ON 入学成绩/D  TO  SX            && 对学生表按照入学成绩降序排列，产生新表 SX 文件
```

```
USE   SX                              && 打开排序后生成的新表文件
LIST NEXT 5                           && 显示 SX 表的前 5 条记录
```

4.4.2 索引概述

排序由于要建立一个新的表，因此数据记录很多时，既费时间，又占用磁盘空间。而且由于生成的各表彼此独立，当修改原表的文件数据时，必须对每个排序表文件重新排序，否则就会造成各表数据不一致。而表的索引正好解决这两个问题。

1. 索引的概念

将表中的记录按照某种顺序重新排序后并未形成新表，而只是将这种包含数据表的某个关键字段的值和记录号(并非实际记录的顺序)存储于一个与表相关联的文件中，这种表记录顺序的文件称为索引文件，按照某个索引排序的记录顺序称为逻辑顺序。Visual FoxPro 称其为索引。

索引不改变表记录的物理顺序，但要生成一个排序文件或排序标记。在排序文件或排序标记中，仅有两个字段：表达式值和一个指向表的对应记录的指针。索引文件不能单独打开，它必须在表打开后才起作用。索引是为快速查询而设置的一种记录的组织方式，正如人们查字典总是先查索引，然后再查正文一样，在这里字典中的索引对应 Visual FoxPro 的索引文件(.CDX 或.IDX)，而字典正文则相当于 Visual FoxPro 的表文件(.DBF)。

对于已建好的表，可以利用索引对其中的数据进行排序，以便提高数据的查询速度。可以用索引快速显示、查询或打印记录，还可以选择记录，控制重复字段的输入，并支持表间的关系操作。索引对于数据库内部的表之间创建关联也很重要。

2. 索引文件的种类

Visual FoxPro 提供了两种不同类型的索引文件：单索引文件和复合索引文件。

(1) 单索引文件。扩展名为.idx，只能容纳一个索引项，其他的索引被存放在各自的索引文件中，而且这些索引与表文件都不同步，要用命令方式建立。单索引文件常作为临时索引，在需要时创建或重新编排。单索引的打开需要用命令完成。

(2) 复合索引。扩展名为.cdx，一个复合索引文件中，可以容纳一个表的多项索引，其中每个索引都以不同的标识名区分。复合索引文件又分为结构复合索引文件和非结构复合索引文件两种，其扩展名相同。

① 结构复合索引文件。只有一个，其文件名与表文件名相同，在索引时由系统自动生成。而且该文件打开或关闭都与表文件同步。此种索引在 Visual FoxPro 系统中使用最多。

② 非结构复合索引文件。由用户命名的复合索引文件，可以有多个，它的打开或关闭不与表文件同步，需要专门的命令打开。由于使用不多，故这里不做介绍。

3. 索引的类型

索引关键字是由一个或几个字段构成的索引表达式，索引表达式的类型决定了不同的索引方式。在 Visual FoxPro 中，有 4 种类型的索引：主索引、候选索引、普通索引和唯一索引，如表 4.4 所示。

表 4.4　索引关键字的类型

类　　型	关键字取值	说　　明	索 引 个 数
主索引	不允许有重复值，即关键字必须唯一	仅用于数据库，用于在永久关系中建立参照完整形	只能有一个
候选索引		主关键字，用于在永久关系中建立参照完整形	可以多个
普通索引	允许有重复值	可作一对多永久关联的“多方”	可以多个
唯一索引	输入允许重复值，输出无重复值	为兼容老版本而设置	可以多个

(1) 主索引：仅用于数据库表，自由表没有。主索引的关键字值必须唯一。一个数据库表只能有一个主索引。

(2) 候选索引：即主索引的候选者，故具有主索引的性质，即关键字值不能有重复。对一个表可以建立多个候选索引。

(3) 普通索引：索引关键字值可以重复，且一个表可以建立多个普通索引。

(4) 唯一索引：在表中对索引关键字的值可以输入重复值，但在索引文件中仅保留第一条记录，若后面的记录中有相同关键字的值则不保留。

主索引只能用于数据库表，其他三种在数据库表和自由表中都可以适用。

4.4.3　建立索引文件

命令格式如下：

```
INDEX ON <索引表达式>  TO <单索引文件名>|TAG <索引标志名> [OF <复合索引文件名>] [FOR <条件>] [COMPACT] [ASCENDING|DESCENDING] [UNIQUE] [ADDITIVE]
```

命令功能：对当前表建立一个索引文件或增加索引标志。

说明：

(1) ＜索引表达式＞是包含当前表中的字段名的表达式，表达式中的操作数应具有相同的数据类型。

(2) TO ＜单索引文件名＞子句，则建立一个单索引文件，扩展名为.IDX。

(3) TAG ＜索引标志名＞ [OF ＜复合索引文件名＞]中的“索引标志名”给出索引名，多个索引可以创建在一个复合索引文件中，默认的索引文件名与对应的表同名，扩展名为.CDX，否则可用“复合索引文件名”指定索引文件名，即为非结构索引。

(4) FOR ＜条件＞选项，则只有那些满足条件的记录才出现在索引文件中。

(5) 选用 COMPACT 指明当使用 TO ＜单索引文件名＞建立一个压缩的单索引文件。复合索引文件自动采用压缩方式。

(6) ASCENDING 或 DESCENDING 指明建立升序或降序索引，默认是升序。

(7) 单索引文件只能按升序索引，没有降序。

(8) 选用 UNIQUE，则对于索引表达式值相同的记录，只有第一个记录列入索引文件。

(9) 选用 ADDITIVE，则建立本索引文件时，以前打开的索引文件仍保持打开状态。

(10) 索引表达式类型有 4 种：字符型、数字型、日期型、逻辑型。

例 4.10　用单索引方式显示入学成绩前 5 名的学生记录。

```
USE 学生
INDEX   ON   —入学成绩    TO    CJ        && 按照入学成绩降序建立索引
LIST NEXT 5                             && 显示入学成绩最高的前 5 位同学
INDEX ON 姓名 TO NAME                    && 按照姓名升序建立索引
LIST
```

例 4.11 对学生表建立结构复合索引文件,其中包含以下三个索引项。

(1) 按学号的升序排列,不允许有编号相同的记录。

(2) 先按性别升序,性别相同再按入学成绩降序排列。

(3) 先按性别升序,性别相同再按年龄由大到小排列。

```
USE   学生
INDEX ON   学号   TAG   XH   UNIQUE
LIST
INDEX ON 性别 + STR(1000 - 入学成绩)    TAG    XBCJ
LIST
INDEX ON 性别 + DTOC(出生日期,1)       TAG       XBNL
LIST
```

4.4.4 索引文件的使用

1. 打开索引文件

索引文件必须先打开才能使用。结构复合索引文件随相关表的打开而自动打开,但单索引文件和非结构复合索引文件必须由用户自己打开。打开索引文件有两种方法,一种是在打开表的同时打开索引文件,另一种是在打开表后,需要使用索引时,再打开索引文件。

1) 表和索引文件同时打开

命令格式如下:

```
USE <表文件名> INDEX <索引文件名表>
```

命令功能:打开指定的表及其相关的索引文件。注意索引文件必须在该命令前用 INDEX 命令建立好的索引文件。

例如:

```
USE 学生 INDEX CJ              && 打开学生表的同时,打开已经建立的索引文件 CJ.IDX
LIST
```

2) 打开表后再打开索引文件

命令格式如下:

```
SET INDEX TO [<索引文件名表>] [ADDITIVE]
```

命令功能:为当前表打开一个或多个索引文件。

说明:

(1) SET INDEX TO 表示关闭当前工作区中的单索引文件。

(2) 若省略 ADDITIVE 选项,打开新的索引文件的同时关闭原来打开的单索引。

2. 确定主控索引

当一个表建立了若干个索引后,某个时刻最多有一个索引在起作用,这个索引被称为主控索引。

命令格式如下：

```
SET ORDER TO  <索引标志名>|[<索引文件顺序号>|<单索引文件名>]
```

命令功能：指定表的主控索引文件或主控索引标志。即指定当前是哪个索引为主控索引。

说明：不带任何短语的SET ORDER TO命令可以取消主控索引。

例如：

```
USE  学生
SET INDEX TO  CJ, NAME       && 索引文件CJ、NAME必须先用INDEX命令建立好,才能用该命令,
                             && 表示同时打开两个索引文件
LIST                         && 显示按照入学成绩降序索引表记录
SET ORDER TO 2               && 设置NAME为主索引
LIST                         && 按照姓名升序显示记录
SET ORDER TO 1               && 或者SET ORDER TO  CJ
LIST
SET OREDR TO                 && 取消主索引,索引无效,以表的物理顺序显示
LIST                         && 注意记录的显示顺序
```

3. 关闭索引文件

命令格式如下：

```
CLOSE INDEX
SET INDEX TO
```

命令功能：关闭当前工作区内所有打开的索引文件。但结构复合索引文件不能关闭，它随表的关闭而自动关闭。

此外，使用无任何选项的USE命令，除了关闭当前工作区的表外，也关闭了与之相关的索引文件。

4. 删除索引

命令格式如下：

```
DELETE FILE <索引文件名>
DELETE TAG ALL|<索引标志名表>
```

第一种格式的命令用于删除一个单索引文件。第二种格式的命令用于删除打开的复合索引文件的所有索引标志或指定的索引标志。如果一个复合索引文件的所有索引标志都被删除，则该复合索引文件也就自动被删除了。

5. 查询定位

在表中查找某条件的记录，需要将记录指针定位到满足条件的记录上，定位记录指针有两种方法：一是在非索引或排序文件中顺序查找；另一种是在索引文件中查找定位。

顺序查询的命令格式如下：

```
LOCATE [<范围>] FOR <条件>|WHILE <条件>
```

命令功能：定位记录指针到满足指定＜范围＞的第一条记录上，如有满足条件的记录

则函数FOUND()值为.T.或者EOF()的值为.F.。如果有多条满足条件的记录，当需要继续查找满足条件的下一条记录，则使用命令CONTINUE。

例4.12 顺序索引查找，在学生表中查询汉族男生的姓名、入学成绩和年龄。

操作命令如下：

```
USE  学生
LOCAT  FOR  !少数民族否 AND 性别 = "男"
? FOUND()
.T.
DISP 姓名,入学成绩, YEAR(DATE()) - YEAR(出生日期)
CONTINUE
DISPLAY
```

6. 索引查询定位

索引查询定位是在当前表中，必须建立了索引文件或者打开了索引文件才能使用该命令。

命令格式如下：

```
FIND <字符常量>|<数值常量>
SEEK <表达式>
```

功能：在表和索引文件打开的情况下，使用这两个命令将记录指针定位到满足条件的记录上。如需要查找满足条件的下一条记录，则需使用命令SKIP。

说明：

(1) FIND命令查找字符型数据或常数，字符常量时不需要加定界符。

(2) SEEK命令可以查找任意类型的数据，但需要加相应的定界符。

(3) 两条命令都是将记录指针定位到满足条件的第一条记录上，如有满足条件的记录有多条记录，需要将记录指针定位到满足条件的下一条记录上，需要用命令SKIP。

(4) 对内存变量的查找，SEEK命令不加定界符&符号，FIND命令必须加定界符&符号。

例4.13 在索引文件中查找满足条件的记录。

```
USE 学生
INDEX  ON   出生日期  TAG  SY4         &&SY4 为索引标识名
D = {^1983 - 09 - 07}
SEEK  D                              && 查找内存变量
DISP                                 && 显示该记录
FIND &D                              && 查找内存变量
DISP
INDEX ON 姓名 TAG XM                  && 按照姓名字段建立复合索引文件
FIND 张大力
DISP
SEEK  "张大力"                        && 功能相同
DISP
```

4.5 数据库表的操作

前面章节介绍了表的建立与表的修改都是在自由表的基础上，一个自由表在数据库设计器中添加到数据库就成为一个数据库表。在数据库环境下也可以直接建立表，而且也可以对数据库中的表进行修改。

4.5.1 在数据库中建立表

在数据库中直接建立表最简单的方法是使用数据库设计器。打开数据库设计器后，在系统菜单栏的“数据库”菜单或数据库设计器快捷菜单中，选择“新建表”命令，再在随后出现的“新建表”对话框中选择“表向导”或“新建表”去建立新的表，也可以选择“取消”暂时中断新建表的操作。

这里不介绍利用向导建立表，而是直接建立新表。从“新建表”对话框中选择“新建表”，首先出现“创建”对话框，在其中可输入表名、选择保存表的位置，然后单击“保存”按钮，此时便出现数据库表的表设计器对话框。

数据库表的表设计器对话框与自由表的表设计器对话框有所不同，如图 4.17 所示为数据库表设计器。数据库表的表设计器对话框的下部，有“显示”、“字段有效性”、“匹配字段类型到类”、“字段注释”4 个输入区域，这是自由表的表设计器所没有的。这是因为数据库表具有一些自由表所没有的属性，包括以下几个。

(1) 数据库表可以使用长表名和长字段名。

(2) 可以为数据库表中的字段指定标题和添加注释。

(3) 可以为数据库表的字段指定默认值和输入掩码。

(4) 数据库表的字段有默认的控件类。

(5) 可以为数据库表规定字段级规则和记录级规则。

(6) 数据库表支持参照完整性的主关键字索引和表间关系。

(7) 支持 INSERT、UPDATE 和 DELETE 事件的触发器等。

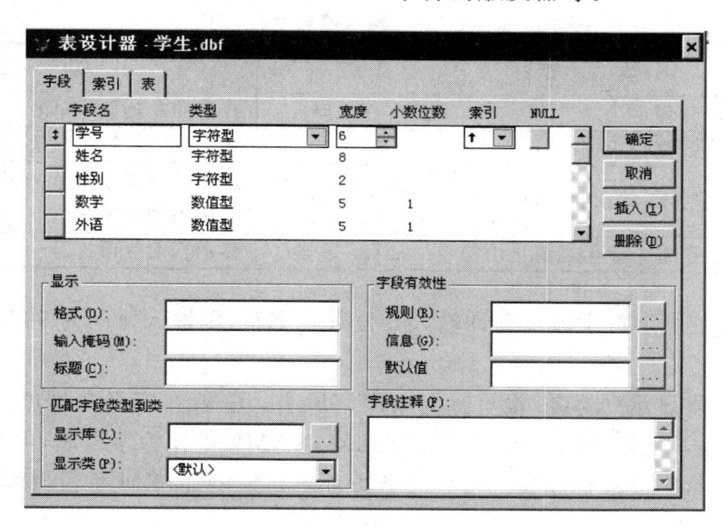

图 4.17 数据库表设计器

当建立数据库表时，不仅要确定字段名、类型、宽度等内容，还可以给字段和表定义属性。当自由表添加到数据库后，便可以立即获得许多自由表中得不到的高级属性。这些属性被作为数据库的一部分保存起来，并且一直为表所拥有，直到表从这个数据库中移去为止。

1. 字段的显示属性

字段的显示属性包括显示格式、输入掩码和标题。

1）格式

控制字段在浏览窗口、表单、报表中等显示时的大小写和样式。格式字符及功能如表 4.5 所示。

表 4.5　格式字符

格式码	功　　能	格式码	功　　能
A	只允许输出文字字符(禁止数字、空格和标点符号)	L	在数值前显示填充的前导 0，而不是用空格字符
D	使用当前系统设置的日期格式	T	禁止输入字段的前导空格字符和结尾空格字符
E	使用英国日期格式	^	用科学计数法表示数值数据
K	光标移至该字段选择所有内容	$	显示货币符号
R	显示文体框的格式掩码，但不保存在字段中	!	把输入的小写字母转换为大写字母

2）输入掩码

控制向字段输入数据的格式。使用输入掩码可减少人为的数据输入错误，提高输入准确性，保证输入的字段数据格式统一和有效。掩码字符及功能如表 4.6 所示。

表 4.6　输入掩码字符

掩　　码	功　　能	掩　　码	功　　能
X	可输入任何字符	*	在值的左侧显示星号
9	可输入数字和正负符号	.	用点分隔符指定数值的小数点位置
#	可输入数字，空格和正负符号	,	用逗号分割小数点左边的整数部分，一般用来分隔千分位
$	在固定位置上显示当前货币符号	$ $	显示当前货币符号

例如：对于一个字符字段仅允许输入 5 位数字字符，则输入掩码为 99999。

3）标题

浏览表时字段显示列标题，没有标题则用字段名。一般在定义数据库表的字段名时都比较简练，如代表学生姓名的字段可用姓名、XM、NAME 等作为字段名，但在输出时难以表现字段的含义。给字段加标题属性可弥补这方面不足。例如，XM 字段，标题用“姓名”。

2. 有效性规则

有效性规则是一个与字段或记录相关的表达式，通过对用户的值加以限制，提供数据有效性检查。建立有效性规则时，必须建立一个有效的规则表达式，以此来控制输入到数据库表字段和记录中的数据。有效性规则把所输入的值与所定义的规则表达式进行比较，如果输入的值不满足规则要求，则拒绝该值。

根据激活方式的不同，有效性规则分为两种：字段有效性规则和记录有效性规则。字段有效性规则是对一个字段的约束，检查单个字段中输入的数据是否有效。记录有效性规则是对一个记录的约束，当插入或修改记录时被激活，常用来检查数据输入的正确性。记录有效性规则只有在整条记录输入完毕后才开始检查数据的有效性。

有效性规则只在数据库表中存在。如果从数据库中移去或删除一个表，则所有属于该表的字段有效性规则和记录有效性规则都会从数据库中删除。因为规则存储在数据库文件中，而从数据库文件中移去表会破坏表文件和数据库文件之间的链接。

1）字段有效性

字段有效性规则主要包括“规则”、“信息”和“默认值”的设置。

(1)“规则”文本框主要用于设置对该字段输入数据的有效性进行检查的规则，实际上是设置一个条件。规则栏输入一个逻辑表达式，例如，先选中性别字段，然后在性别字段的规则文本框中输入：性别＝"男" OR 性别＝"女"，表示性别字段输入的值为字符型数据，而且仅可以输入“男”或者“女”；对入学成绩字段进行有效性规则设置的方法为：选中该字段，然后在字段有效性规则的文本框中输入：入学成绩＞＝0.00 AND 入学成绩＜＝1000.0，表示入学成绩字段所输入的内容为数字型数据，而且在0.0～1000.0之间。

(2)“信息”文本框用于设置该字段输入数据出错时将显示的提示错误信息。例如，在设置性别字段的有效性规则的信息内容时，选中性别字段，在信息文本框中输入：“性别只能为男或者女”。

(3)“默认值”文本框用于设置该字段的默认值。例如，设置性别字段的默认值的方法为：选中性别字段，在默认值文本框中输入“女”。

2）记录有效性

所谓记录有效性检查是指对记录中各个字段进行某种运算的结果进行检查，判断其是否在合理的范围内。这种检查通过事先设置好的记录有效性规则来进行。在数据库表的表设计器中，“表”选项卡“记录有效性”中的“规则”和“信息”框(如图4.18所示)，可以为数据库表设置记录有效性规则和违反该规则时显示的错误提示信息。

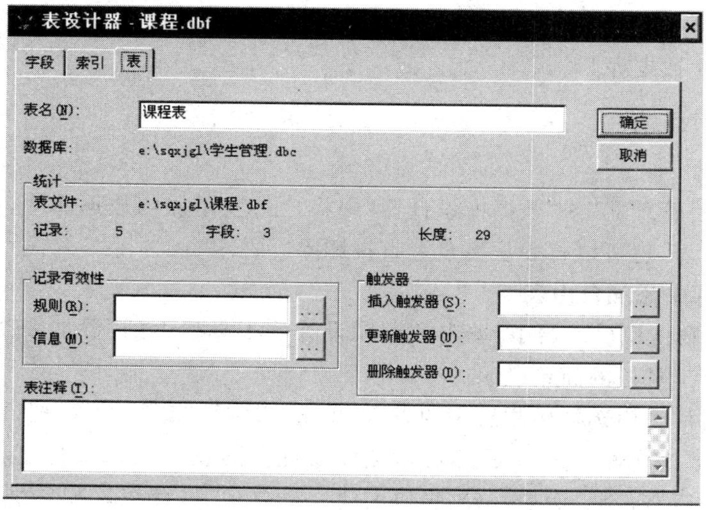

图4.18 显示“表”选项卡的表设计器

(1)“规则”文本框用于设置数据记录的有效条件。

(2)“信息”文本框用于设置当有不符合记录有效性规则时，显示给用户的提示内容。

3) 触发器

触发器实际上是一个对数据库表中记录进行插入、删除、更新操作时而引发的检验规则。该规则可以是逻辑表达式也可以是用户自定义函数。

(1)“插入触发器”文本框用于指定记录的插入规则，当用户向表中插入记录或追加记录时，就将触发此规则并进行相应的检验。当表达式或用户自定义函数为“假”时，插入的记录不被接受。

(2)“更新触发器”文本框用于指定记录的修改规则，每当用户对表中记录进行修改时就将触发此规则并进行相应的检验。同样，当表达式或用户所定义的自定义函数为“假”则不被接受。

(3)“删除触发器”文本框用于指定记录的删除规则，每当用户对表中记录进行删除时就将触发此规则并进行相应的检验。同样，当表达式或用户所定义的自定义函数为“假”则不被接受。

字段有效性和记录有效性规则的作用主要是限制非法数据的输入，而数据输入后还要进行修改、删除等操作。若要控制对已经存在的记录所做的非法操作，则应使用数据库表的记录级触发器。

4.5.2 向数据库中添加数据表

数据库表和自由表可以相互转换，当将一自由表加入到某一数据库时，自由表便成了数据库表；反之，如将数据库表从数据库中移出，数据库表便成了自由表。数据库表只能属于一个数据库，如果想把一个数据库当中的表添加到其他数据库中，必须要把该表从当前数据库中移出，使之变成自由表，另外，访问数据库表时必须先打开数据库。

说明：数据库文件并不在物理上包含任何附属对象(例如表或字段)，而仅在 .dbc 文件中存储指向表文件的路径指针，.dbc 文件实际上是一张表，可以用以下命令查看.dbc 文件中的内容(以学生数据库为例)：

```
USE 学生管理.dbc                          && .dbc 不能缺省
BROWSE
```

可以在“项目管理器”或“数据库设计器”中将自由表添加到数据库中，或将表从数据库中移去变为自由表，也可以将表从磁盘上直接删除。

1. 向数据库中添加自由表

方法一：在数据库设计器中，单击数据库设计器工具栏中的“添加表”按钮，图 4.19 是对数据库设计器工具栏的简单说明。

在“打开”对话框中选择要添加表的表名，单击“确定”按钮，就可以把自由表添加进数据库中，使它成为数据库表。另外，可以在数据库设计器的空白处单击右键，在弹出的快捷菜单中，选择“添加表”命令。例如，分别把以前建立的学生表、课程表和学生选课表添加到学生数据库中，如图 4.20 所示。

方法二：可以在项目管理器中，选择“数据”选项卡，然后单击“数据库”选项左边的“十”

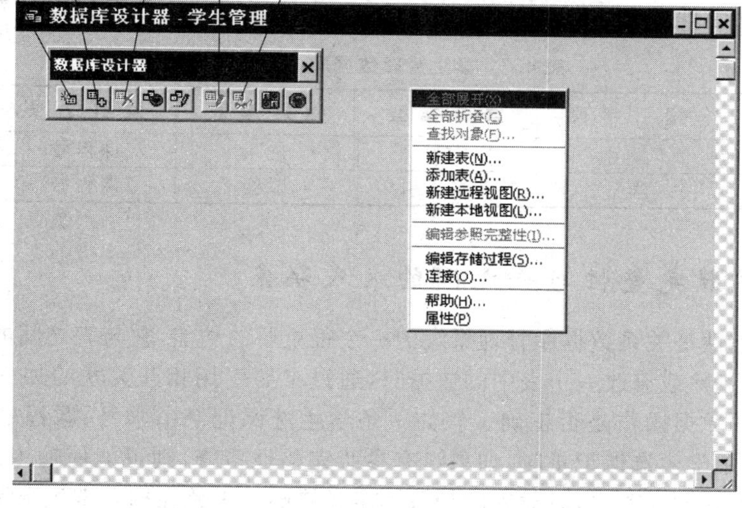

图 4.19　数据库设计器窗口说明

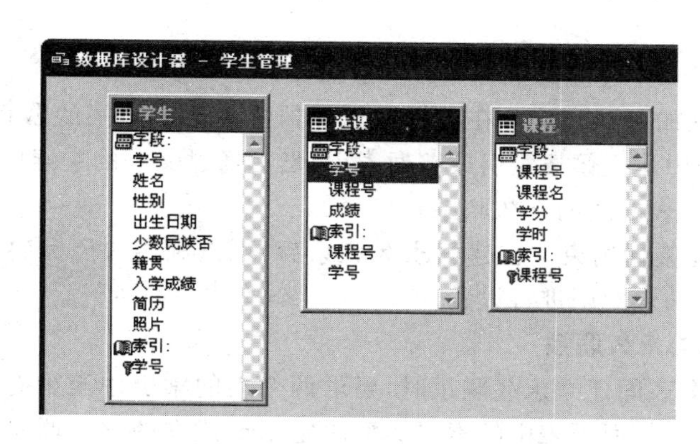

图 4.20　添加数据表后的数据库设计器

号后，选择“表”选项后，单击“添加”按钮，同样会出现“打开”对话框，以后的操作同方法一。

2. 从数据库中移除数据库表

方法一：在数据库设计器中先选中一个数据表，然后单击数据库设计器工具栏中的“移除表”按钮，或者在一个数据表上单击右键，在弹出的快捷菜单中，选择“删除”命令，此时会弹出一个对话框，询问是把该表移去变为自由表还是将表从磁盘上直接删除。根据需要单击其中的按钮即可。

方法二：可以在项目管理器中，选择“数据”选项卡，然后单击“数据库”选项左边的“＋”号后，再单击“表”左边的“＋”号，从列表中选择要删除的表后，单击“移去”按钮，以后的操作同方法一。

4.5.3 为数据库表建立索引

为了建立表之间的永久关联，需要为数据库表建立索引。为数据库表建立索引的方法是：选定数据库表，单击数据库设计器工具栏中的“修改表”按钮，弹出表设计器窗口，在表设计器窗口中选择"索引"选项卡,在"索引名"、"类型"、"表达式"各栏中依次输入有关内容。

根据学生管理数据库中三个表之间的关系,各表需要建立索引如表 4.7 所示。

表 4.7　学生管理数据库中三个表的索引

数据库表	索引字段	索引类型	数据库表	索引字段	索引类型
学生	学号	主索引	选课	课程号	普通索引
选课	学号	普通索引	课程	课程号	主索引

4.5.4　参照完整性与表之间的永久联系

参照完整性是关系数据库管理系统的一个很重要的功能,它与表之间的联系有关,其含义是当插入、删除或修改一个表中的数据时,通过参照引用相互关联的另一个表中的数据,来检查对表的数据操作是否正确。假如一条学生选课记录由学号、课程号、成绩等字段构成,当插入一条学生选课记录时,如果没有参照完整性检查,则可能使输入的选修课的课程号是一门不存在的课程,这时插入的记录肯定是错的。因此在插入学生选课记录之前,如能够进行参照完整性检查,检查指定的课程号在课程表中是否存在,则可以保证插入学生选课记录的合法性。

在 Visual FoxPro 中建立参照完整性一般需要以下两步。

(1) 建立表之间的永久联系。在数据库设计器中建立表之间的联系时,首先在父表中建立主索引,在子表中建立候选索引或普通索引,然后通过父表的主索引和子表的候选索引或普通索引建立两个表之间的永久联系。

(2) 设置参照完整性约束。在建立永久联系后,可以利用参照完整性生成器分别对更新规则、删除规则和插入规则进行设置。

1. 建立表之间的永久联系

在数据库的两个表间建立永久联系时,要求两个表的索引中至少有一个是主索引。必须先选择父表的主索引,而子表中的索引类型决定了要建立的永久联系类型。如果子表中的索引类型是主索引或候选索引,则建立起来的就是一对一关系;如果子表中的索引类型是普通索引,则建立起来的就是一对多关系。

下面以建立"学生管理"数据库中的学生表、选课表、课程表之间的永久联系为例,说明怎样建立表间的永久联系。

首先,应该思考三个表之间能建立的联系类型。一般情况下,建立表间联系的前提是需要建立联系的两个表有公共的字段,并且分别在公共字段上建立索引。因此,根据第 1 章中介绍的有关实体集间联系的类型分析,可以建立学生表和选课表之间的一对多联系,以及选课表和课程表之间的一对多联系。

其次,根据能够建立的表间联系类型,建立各表的索引。在学生表中,建立以学号字段为表达式的主索引;在选课表中,建立以课程号字段为表达式的普通索引、以学号为表达式的普通表达式;在课程表中,建立以课程号字段为表达式的主索引。

最后,利用建立好索引创建表间的永久联系。操作方法是:在数据库设计器对话框中,用鼠标左键选中父表中的主索引字段,保持按住鼠标左键,并拖至与其建立联系的子表中的对应字段处,再松开鼠标左键,数据库中的两个表间就有了一个连线,其永久关系就建立完成。如图 4.21 所示是学生管理三个表间的关系。

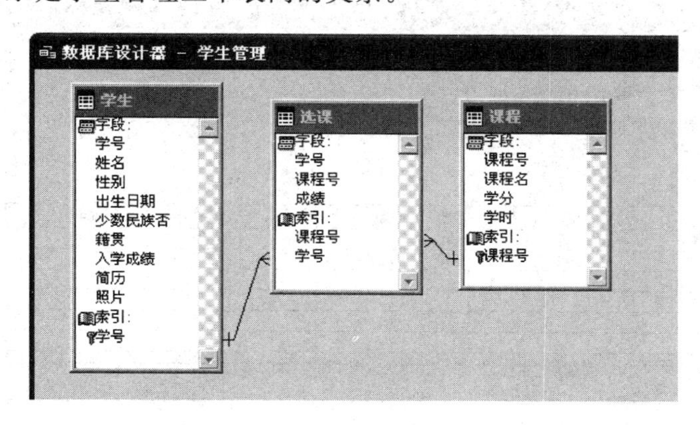

图 4.21　建立永久关系后的数据库设计器

如果需要编辑修改已建立的联系,可首先单击关系连线,此时连线变粗,然后从“数据库”→“编辑关系”命令,或者右击连线,从弹出的快捷菜单中选择“编辑关系”或“删除关系”命令,或者双击连线,打开如图 4.22 所示的“编辑关系”对话框,在该对话框中,通过在下拉列表框中重新选择表或相关表的索引名可以修改指定的关系。

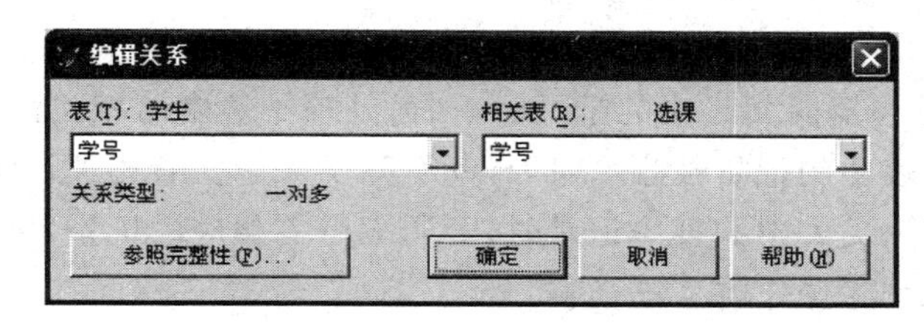

图 4.22　“编辑关系”对话框

如果要删除表间的永久联系,可以单击选中两表间的连线,然后按 Delete 键,或右击连线,从弹出的快捷菜单中选择“删除关系”命令,删除永久联系。

2. 设置参照完整性

建立了表之间的永久联系后,Visual FoxPro 默认没有建立任何参照完整性约束。在建立参照完整性之前必须先清理数据库,所谓清理数据库是物理删除数据库各个表中所有带有删除标志的记录。具体方法是选择“数据库”→“清理数据库”命令。

在清理完数据库后,可以利用以下方法打开参照完整性生成器,如图 4.23 所示。

(1) 在数据表之间的连线上单击右键,在弹出的快捷菜单中,选择“编辑参照完整性”命令。

(2) 在数据库设计器的空白处单击右键,在弹出的快捷菜单中,选择“编辑参照完整性”命令。

(3) 选择“数据库”→“编辑参照完整性”命令。

“参照完整性生成器”对话框中有“更新规则”、“删除规则”和“插入规则”三个选项卡。

1) 更新规则

更新规则规定了当更新父表中的联接字段(主关键字)值时,如何处理相关的子表的

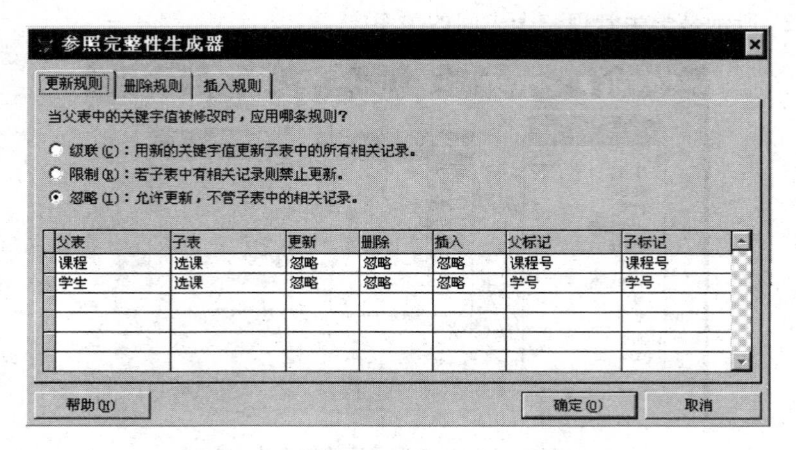

图 4.23 “参照完整性生成器”对话框

记录。

(1) 级联：当父表中的联接字段值修改时，自动更新子表中所有的相录。

(2) 限制：当更改父表中的某一记录时，若子表中有相应的记录，则禁止该操作。

(3) 忽略：两表更新操作将互不影响。

2) 删除规则

删除规则规定了当删除父表中的记录时，如何处理子表中的相关记录。

(1) 级联：当父表中的记录被删除时，自动删除子表中所有相关记录。

(2) 限制：当删除父表中的某一记录时，若子表中有相应的记录，则禁止该操作。

(3) 忽略：两表删除操作将互不影响。

3) 插入规则

插入规则规定了当插入子表中的记录时，是否进行参照完整性检查。

(1) 限制：当在子表中插入某一记录时，若父表中没有相应的记录，则禁止该操作。

(2) 忽略：两表插入操作将互不影响。

例如：当在学生表中删除某一学生记录时，要求选课表中对应的记录也同时删除，在图 4.23 中，首先在表格的第二行左部的小按钮上单击，即选定了学生表与选课表这一永久关系，然后选择“删除规则”选项卡，再选定“级联”单选按钮，最后单击“确定”按钮完成参照完整性的建立。要验证参照完整性设置，首先浏览学生表，删除其中某一个学生，然后浏览选课表就会发现与该学生学号相同的记录均被删除。

4.6 表记录的统计及其基本计算

4.6.1 统计记录个数

命令格式如下：

```
COUNT [<范围>] [FOR <条件>] [WHILE <条件>] [TO <内存变量>]
```

命令功能：统计满足条件的记录个数。

例 4.14　对学生表,分别统计男女生的人数。

操作命令如下:

```
USE 学生
COUNT FOR 性别 = "女"   TO x1
COUNT FOR 性别 = "男"   TO x2
? x1,x2
```

4.6.2　求数值表达式之和与平均值

命令格式如下:

```
SUM|AVERAGE [<表达式表>] [<范围>] [FOR <条件>] [WHILE <条件>][TO <内存变量表>|ARRAY <数组>]
```

命令功能:求指定表达式之和或平均值。

说明:

(1) SUM 命令求指定表达式之和,而 AVERAGE 命令求指定表达式的平均值。

(2) <范围>选择项的缺省值为 ALL。

(3) <表达式表>中的表达式可以包括字段名,也可以不包括字段名,若省略<表达式表>,则对全部数值型字段求和。计算结果存放在由<内存变量表>指定的内存变量中或<数组>指定的数组元素中。

例 4.15　在学生表中求平均年龄和计算女生的入学成绩的总分。

```
USE 学生
AVER YEAR(DATE( )) - YEAR(出生日期) TO  y        && 对学生表求全部学生的平均年龄
? y
SUM  入学成绩 TO  A    FOR  性别 = "女"          && 统计女生的入学成绩的总分
? A
```

4.6.3　计算命令

命令格式如下:

```
CALCULATE <表达式表> [<范围>] [FOR <条件>] [WHILE <条件>]
          [TO <内存变量表>|ARRAY <数组>]
```

命令功能:计算表达式表的值,结果显示在 Visual FoxPro 主窗口中,也可以存放在对应的内存变量中。

说明:

表达式表:指定要求计算的表达式表,计算的表达式包含表 4.8 中的函数。

表 4.8　用于计算的函数

函　数　名	含　义	函　数　名	含　义
COUNT()或 CUN()	统计记录数目	MAX()	求最大值
SUM()	求和	MIN()	求最小值
AVG()	求平均		

例 4.16 利用计算命令计算学生表中入学成绩的平均分、最高分、最低分。

```
USE 学生
CALC  AVG(入学成绩),MAX(入学成绩),MIN(入学成绩) TO  X1,X2,X3
?X1,X2,X3
```

4.6.4 分类汇总

命令格式如下：

```
TOTAL ON <关键字表达式> TO <文件名> [FIELDS <数值型字段名表>] [<范围>]
      [FOR <条件>] [WHILE <条件>]
```

命令功能：对当前表的某些数值型字段，按<关键字表达式>进行分类统计，并把统计结果存放在<文件名>指定的表中。

说明：

(1) FIELDS <数值型字段名表>指出要汇总的字段，如果缺省则对表中所有数值型字段汇总。

(2) <范围>缺省值是 ALL。

(3) 分类汇总是把所有具有相同关键字表达式值的记录合并成一条记录，对数值字段进行求和，对其他字段则取每一类中第一条记录的值。因此，为了进行分类汇总，必须对当前表按<关键字表达式>进行排序或建立索引文件。

(4) 如果分类汇总的值超过字段所能容纳的宽度时，则 Visual FoxPro 系统在这个字段上放入若干个"*"号。为了避免这种情况，可以利用 MODIFY STRUCTURE 命令增加当前表中该字段的宽度，使其能容纳分类汇总之和。

例 4.17 对学生表，按性别汇总入学成绩的和。

```
USE 学生
INDEX ON 性别 TAG XBZH
TOTAL ON 性别 TO  HZ  FIELDS 入学成绩
USE HZ
LIST
```

4.7 多表的应用

4.7.1 工作区

1. 工作区的概念

工作区是用来保存表及其相关信息的一片内存空间。在选择工作区前，实际我们也在使用工作区，但仅在一个工作区操作，故也仅打开一个表文件。在一个工作区只能打开一个表文件，且一个表文件也仅在一个工作区中打开。

有了工作区的概念，就可以同时打开多个表，但在任何一个时刻用户只能选中一个工作区进行操作。当前正在操作的工作区称为当前工作区。

2. 工作区号与别名

表打开后才能进行操作，Visual FoxPro 提供了 32 767 个工作区，系统以 1～32 767 作为各工作区的编号。

工作区的别名有两种，一种是系统定义的别名：1～10 号工作区的别名分别为字母 A～J；另一种是用户定义的别名，用命令“USE <表文件名> ALIAS <别名>”指定。由于一个工作区只能打开一个表，因此可以把表的别名作为工作区的别名。若未用 ALIAS 子句对表指定别名，则以表的主名作为别名。例如 USE 学生 ALIAS XS 即指定 XS 为表学生的别名。

3. 选择工作区

命令格式如下：

```
SELECT <工作区号>|<别名>|0
```

命令功能：选择某个工作区，用于打开一个表。

说明：

(1) 工作区的切换不影响各工作区记录指针的位置。每个工作区上打开的表有各自独立的记录指针。通常，当前表记录指针的变化不会影响别的工作区中表记录指针的变化。

(2) SELECT 0 表示选择当前没有被使用的最小号工作区为当前工作区。用本命令开辟新的工作区，不用考虑工作区号已用到了多少，使用最为方便。

(3) 可在 USE 命令中增加 IN 子句来选择工作区并打开表。例如，在 1 号工作区打开学生表，并给它取一个别名，可用命令：

```
USE 学生 ALIAS  zg  IN 1 或 USE 学生  ALIAS  zg  IN  A
```

(4) 用 SELECT 命令选定的工作区为当前工作区，操作与原来一个表文件的操作一样，但如需访问其他工作区的字段需要使用别名。引用格式为：别名.字段名。

4. 多工作区操作规则

在多工作区进行操作时，需要遵循的规则如下。

(1) 每个工作区只能打开一个表文件。

(2) 一个表文件也只能在一个工作区中打开。

(3) 各个工作区打开的表都有相应的记录指针，若各表之间没有建立联系，则各个工作区的操作是相对独立的。如果建立了联系，则记录指针按照联系规则移动。

4.7.2 数据工作期

数据工作期是一个用于设置工作环境的交互操作窗口，所设置的环境可以包括打开的表及其索引、多个表之间的关联等状态。数据工作期窗口可以用下列两种方式打开。

(1) 菜单方式。选择“窗口”→“数据工作期”命令，即打开“数据工作期”窗口，如图 4.24 所示。

(2) 命令方式。在命令窗口中直接执行 SET VIEW ON 命令，都可以打开“数据工作期”窗口。

“数据工作期”窗口包括三个部分。左边的“别名”列表框用于显示目前已打开的表，并可从中选定一个表作为当前表；右边“关系”列表框用于显示表之间的关联状况；中间是 6

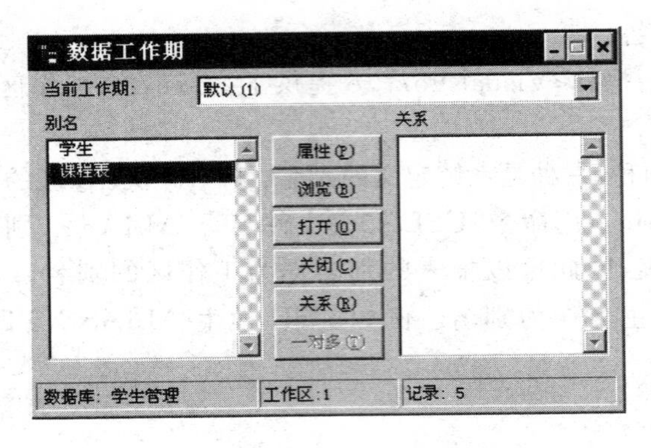

图 4.24 “数据工作期”窗口

个按钮,其功能简介如下。

① “属性”按钮：用于打开“工作区属性”对话框。在该对话框中可以对表进行各种设置。

② “浏览”按钮：为当前表打开浏览窗口,用户可以浏览或编辑数据。

③ “打开”按钮：显示“打开”对话框来打开表。如果数据库已打开数据库表。

④ “关闭”按钮：关闭当前表。

⑤ “关系”按钮：以当前表为父表建立关联。

⑥ “一对多”按钮：如果在建立一对多关系,可单击该按钮。系统默认表之间以多对一关系关联。

4.7.3 表的逻辑关联

在 4.5.4 节中介绍了表之间的关联,它是基于索引建立的一种“永久联系”,这种联系存储在数据库中,每次使用表时不需要重新建立,但永久联系不能控制不同工作区中记录指针的关系。在开发应用程序时,不仅需要使用永久联系,有时也需要使用能够控制表间记录指针关系的临时联系,也称表的逻辑关联。建立逻辑关联的命令格式如下：

```
SET RELATION TO [<关联表达式 1>] INTO <工作区号 1>|<别名 1>
   [,<关联表达式 2> INTO <工作区号 2>|<别名 2>] … ] [ADDITIVE]
```

说明：

(1) INTO 子句指定子文件所在的工作区,<关联表达式>用于指定关联条件。

(2) 若选择 ADDITIVE,则在建立新的关联的同时保持原先的关联,即可建立一对多的关联,否则会去掉原先的关联,即建立一对一的关联。

(3) 省略所有选项时,SET RELATION TO 命令将取消与当前表的所有关联。

例如,如下命令通过“学号”索引建立了当前表(学生)和选课表之间的逻辑联系：

```
SELECT 1
USE 学生
INDEX ON  学号 TAG XH1
SELECT 2
USE 选课
INDEX ON 学号 TAG XH2
SELECT 1
```

```
SET RELATION TO 学号  INTO 选课
```

这样，当学生记录的指针变动时，选课记录的指针也随之变动。

4.7.4 表的物理联接

表的物理联接是指两个表或者多个表联接生成一个新表的联接，与逻辑联接的不同是：逻辑联接当使用完成后，可以取消两个表的关联，仍然是两个表，而物理联接是两个表联接产生一个实际的新表。命令格式如下：

```
JOIN WITH <工作区号>|<别名> TO <文件名> [FOR <条件>] [FIELDS <字段名表>]
```

说明：

(1) ＜工作区号＞|＜别名＞指明被联接的表。＜文件名＞指定联接后的新库文件名。

(2) FOR＜条件＞给出了联接的依据。联接时，首先两个工作区的记录指针分别指向联接和被联接表中的第一条记录，然后顺序检索被联接表中的每条记录，看是否满足条件。如果条件满足则在新表中生成一条新记录，当被联接表所有记录扫描完以后，则联接表的记录指针即下移一条记录。重复上述过程依次处理，直至联接表中所有记录均处理完毕。物理联接必须具有条件 FOR 子句。

(3) FIELDS ＜字段名表＞指明生成新库文件中包含哪些字段，省略该选项时新数据库文件中将包含两个表中的所有字段。

习　　题

一、选择题

1. 某表有姓名(字符型，宽度为 6)、总分(数值型，宽度为 6，小数位为 2)和特长爱好(备注型)共三个字段，则该表的记录长度为(　　)。

   A. 16　　B. 17　　C. 18　　D. 19

2. 要想对一个打开的表增加新字段，应当使用命令(　　)。

   A. APPEND　　B. MODIFY　STRUCTURE
   C. INSERT　　D. CHANGE

3. 在 Visual FoxPro 中要建立一个与现有的数据库表具有相同结构和数据的新数据库表，应该使用(　　)命令。

   A. CREATE　　B. INSERT　　C. COPY　　D. APPEND

4. 利用(　　)命令，可以在浏览窗口中浏览表中的数据。

   A. USE　　B. BROWSE
   C. MODIFY STRU　　D. LIST

5. 下列操作中，不能用 MODIFY STRUCTURE 命令实现的操作是(　　)。

   A. 为表增加字段　　B. 对表中的字段名进行修改
   C. 修改表中的字段的宽度　　D. 对表中的记录进行修改

6. 职工表中有 D 型字段“出生日期”，若计算职工年龄(为整数)，可以使用命令(　　)。

   A. ?DATE( )－出生日期/365

B. ?(DATE( )－出生日期)/365

C. ?INT((DATE( )－出生日期)/365)

D. ?ROUND((DATE( )－出生日期)/365)

7. 职工表中有D型字段“出生日期”,若显示职工生日的月份和日期,应当使用命令(　　)。

A. ?姓名＋MONTH(出生日期)＋"月"＋DAY(出生日期)＋"日"

B. ?姓名＋STR(MONTH(出生日期)＋"月"＋DAY(出生日期))＋"日"

C. ?姓名＋SUBSTR(MONTH(出生日期))＋"月"＋SUBSTR(DAY(出生日期))＋"日"

D. ?姓名＋STR(MONTH(出生日期),2)＋"月"＋STR(DAY(出生日期),2)＋"日"}

8. 要删除当前表文件中的“性别”字段,应当使用命令(　　)。

A. MODIFY STRUCTURE　　B. DELETE 性别

C. REPLACE 性别 WITH""　　D. ZAP

9. 不论索引是否生效,定位到相同记录上的命令是(　　)。

A. GO 6　　B. SKIP　　C. GO TOP　　D. GO BOTTOM

10. 执行下面的命令后,函数 EOF()的值一定为真的是(　　)。

A. REPLACE 基本工资 WITH 基本工资＋200

B. LIST NEXT 10

C. SUM 基本工资 TO SS WHILE 性别＝"女"

D. DISPLAY FOR 基本工资＞800

11. 执行 LIST NEXT 1 命令之后,记录指针的位置指向(　　)。

A. 下一条记录　　B. 原来记录　　C. 尾记录　　D. 首记录

12. 表文件中共有 20 条记录,当前记录号是 10,执行命令 LIST NEXT 5 以后,当前记录号是(　　)。

A. 10　　B. 15　　C. 14　　D. 20

13. 学生表文件 STUDENT.DBF 中各记录的“姓名”字段值均为学生全名,执行如下命令序列后,最后 EOF()函数的显示值是(　　)。

```
USE STUDENT
INDEX ON 姓名 TO NAME
SET EXACT OFF
FIND 吴
DISPLAY 姓名,年龄
屏幕显示内容:
Record#    姓名    年龄
  1        吴友    25
SET EXACT ON
FIND 吴
?  EOF( )
```

A. 1　　B. 0　　C. .T.　　D. .F.

14. 要想在一个打开的表中删除某些记录,应先后选用的两个命令是(　　)。

A. DELETE、RECALL　　B. DELETE、PACK

C. DELETE、ZAP　　　　　　　　D. PACK、DELETE

15. 下面命令执行后都将生成 TEMP.DBF 文件,其中肯定生成空表文件的命令是(　　)。

A. SORT TO TEMP　　　　　　　　B. COPY TO TEMP

C. COPY STRUCTURE TO TEMP　　D. COPY FILE TO TEMP

16. 设 MYFILE 表中共有 100 条记录,则执行以下命令序列后,屏幕的显示结果是(　　)。

```
SET DELETED ON
USE MYFILE
GO 3
DELETE
COUNT  TO  A
? A,   RECCOUNT()
```

A. 100　100　　B. 100　99　　C. 99　100　　D. 99　99

17. 表文件中有数学、英语、计算机和总分 4 个数值型字段,要将当前记录的三科成绩汇总后存入总分字段中,应使用命令(　　)。

A. TOTAL 数学+英语+计算机 TO 总分

B. REPLACE 总分 WITH 数学+英语+计算机

C. SUM 数学,英语,计算机 TO 总分

D. REPLACE ALL 数学+英语+计算机 WITH 总分

18. 参照完整性规则的更新规则中"级联"的含义是(　　)。

A. 更新父表中的联接字段值时,用新的联接字段值自动修改子表中的所有相关记录

B. 若子表中有与父表相关的记录,则禁止修改父表中的联接字段值

C. 父表中的联接字段值可以随意更新,不会影响子表中的记录

D. 父表中的联接字段值在任何情况下都不会允许更新

19. Visual FoxPro 数据库文件是(　　)。

A. 存放用户数据文件　　　　　　B. 管理数据库对象的系统文件

C. 存放用户数据和系统数据文件　D. 前三种说法都对

20. 以下关于自由表的叙述,正确的是(　　)。

A. 全部是用以前版本 Visual FoxPro 建立,但是不能把它添加到数据库中

B. 可以用 Visual FoxPro 建立,但是不能把它添加到数据库中

C. 自由表可以添加到数据库中,数据库表也可以从数据库中移出成为自由表

D. 自由表可以添加到数据库中,但数据库表不可以从数据库中移出成为自由表

21. Visual FoxPro 参照完整性规则不包括(　　)。

A. 更新规则　　　　　　　　　　B. 删除规则

C. 查询规则　　　　　　　　　　D. 插入规则

22. 在 Visual FoxPro 中不允许出现重复字段值的索引是(　　)。

A. 候选索引和主索引　　　　　　B. 普通索引和唯一索引

C. 唯一索引和主索引　　　　　　D. 唯一索引

23. 在 Visual FoxPro 中,使用 LOCAT FOR＜条件＞命令按条件查找记录,当查找到

满足条件的第一条记录后，如果还需要查找下一条满足条件的记录，应使用命令（　　）。

A. LOCATE FOR <条件>　　B. SKIP 命令

C. CONTINUE 命令　　D. GO 命令

24. 在创建数据库表结构时，为该表中一些字段建立普通索引，其目的是（　　）。

A. 改变表中记录的物理顺序　　B. 为了对表进行实体完整性约束

C. 加快数据库表的更新速度　　D. 加快数据库表的查询速度

25. 在 Visual FoxPro 中，使用 LOCAT ALL FOR<条件>命令按条件查找记录，可以通过下面哪一个函数来判断命令查找到满足条件的记录？（　　）

A. 通过 FOUND( )函数返回.F.值　　B. 通过 BOF( )函数返回.T.值

C. 通过 EOF( )函数返回.T.值　　D. 通过 EOF( )函数返回.F.值

26. 可以存储多个索引并且索引随表文件打开而自动打开的文件为（　　）。

A. 单索引文件　　B. 非结构复合索引文件

C. 结构复合索引文件　　D. 排序文件

27. 在创建数据库表结构时，给该表指定了主索引，这属于数据完整性中的（　　）。

A. 参照完整性　　B. 实体完整性　　C. 域完整性　　D. 用户定义完整性

28. 在 Visual FoxPro 中，如果在表之间的联系中设置了参照完整性规则，并在删除规则中选择了“限制”，当删除父表中的记录时，系统反应是（　　）。

A. 不做参照完整性检查

B. 自动删除子表中所有相关记录

C. 若子表中有相关记录，则禁止删除父表中记录

D. 不准删除父表中的记录

二、填空题

1. 表是由（　　）和（　　）两部分组成。

2. 设当前打开的表中共有 10 条记录，当前记录号是 5，此时若要显示 5～8 号记录的内容，应使用的命令是（　　）。

3. 删除表中的记录通常要分为两个步骤：第一步是（　　），第二步是（　　）。

4. 索引能够确定表中记录的（　　）顺序，而不改变表中记录的（　　）顺序。

5. 设职工表文件的内容是：

编号	姓名	部门	工资	奖金
1001	常胜	车间	850	200
1002	汪洋	车间	700	200
1003	陆地	车间	680	200
2001	林木	设计科	900	150
2002	陈路	设计科	1200	150
3004	孙海	财务科	900	100
3006	李扬	财务科	1300	100
3010	张虎	财务科	1100	100

请对以下有关命令的执行结果依次填空：

```
USE 职工
AVERAGE 工资 TO  a  FOR 部门 = "财务科"                 && 变量 a 的值是(    )
```

```
INDEX ON 工资 TO IDX1
GO  1
? 编号,姓名                                              && 显示结果是(    )
SEEK 900
SKIP  3
? 工资 + 奖金                                            && 显示结果是(    )
LOCATE FOR 工资 = 900
CONTINUE
? 姓名
                                                         && 显示结果是(    )
SUM 奖金 TO b FOR SUBSTR(编号,1,1) = "1"                 && 变量 b 的值是(    )
```

6. 设计算机等级考试成绩已录入完毕,缺考者的记录上均已打上删除标记"*"。为计算实际参加考试者的平均分,请在以下操作命令序列中填空:

```
USE STUDENT
SET  (    )
AVERAGE  ALL 成绩 TO  AVG
```

7. Visual FoxPro 的主索引和候选索引可以保证数据的(   )完整性。

8. 数据库表之间的关联通过主表的(   )索引和子表的(   )索引实现。

9. 实现表之间临时关联的命令是(   )。

10. 在 Visual FoxPro 中,索引文件分为独立索引文件、复合索引文件和结构复合索引文件三种。在表设计器中建立的索引都存放在扩展名为(   )的索引文件中。

三、操作题

如表 4.9 所示(表名:student.dbf),请写出能够实现操作的命令。

表 4.9　学生表

学　号	姓　名	性　别	出生日期	少数民族否	籍　贯	数　学	外　语
610221	王浩	男	1984.2.5	否	江苏	88	94
610204	彭水	男	1983.12.31	是	北京	74	85
240111	李明	女	1985.11.12	否	重庆	85	94
240105	冯程程	女	1987.2.4	否	重庆	78	98
250205	张学友	男	1986.2.4	否	四川	66	77
810213	陈忆莲	女	1986.5.5	否	广州	88	65
820106	汤灿	女	1970.6.21	否	重庆	98	89
510204	邓亚平	女	1971.4.7	是	重庆	88	77
860307	杨得胜	男	1978.4.5	是	湖南	78	89
520204	钱多多	女	1980.2.7	是	湖北	85	86

1. 显示表的第 4 条记录
2. 显示表的第 4～8 条记录
3. 显示年龄在 20 岁以上的全部学生
4. 显示年龄在 20 岁以上且性别为女的学生
5. 修改表的第 5 条记录
6. 将年龄在 20 岁以下的少数民族的学生数学成绩增加 10 分

7. 将年龄在 20 岁以下的少数民族的学生数学成绩增加 10 分并且将他们的外语成绩都改为 75 分

8. 请首先按照性别降序排序，在相同的情况下按照数学成绩降序排序，排序文件为 xs. dbf

9. 请按照数学成绩和外语成绩的总分建立索引文件，索引文件名为 zf. idx

10. 请显示数学成绩的前 5 条记录

11. 请显示数学成绩最高和最低的学生(多条记录完成操作)

12. 用顺序操作性别为女的第一条记录

13. 请用索引操作性别为女的第一条记录

14. 请按照性别对数学成绩和外语成绩进行汇总

15. 请分别按照性别统计男、女生的平均年龄

16. 请显示性别为女的数学成绩的总分、平均分、最高分和最低分

四、上机题

订货管理数据库中有 4 个表：

仓库(仓库号 C(3)，城市 C(6)，面积 N(3))

职工(仓库号 C(3)，职工号 C(2)，工资 N(4))

订购单(职工号 C(2)，供应商号 C(2)，订购单号 C(4)，订购日期 D(8))

供应商(供应商号 C(2)，供应商名 C(12)，地址 C(4))

各个表的记录如表 4.10～表 4.13 所示。

表 4.10　仓库表

库　　号	城　　市	面　　积
WH1	北京	370
WH2	上海	500
WH3	广州	200
WH4	武汉	400

表 4.11　职工表

仓　库　号	职　工　号	工　　资
WH2	E1	1220
WH1	E3	1210
WH2	E4	1250
WH3	E6	1230
WH1	E7	1250

表 4.12　订购单表

职　工　号	供 应 商 号	订 购 单 号	订 购 日 期
E3	S7	OR67	2004/06/23
E1	S4	OR73	2004/07/28
E7	S4	OR76	2004/05/25
E6	NULL	OR77	NULL
E3	S4	OR79	2004/06/13
E1	NULL	OR80	NULL
E3	NULL	OR90	NULL
E3	S3	OR91	2004/07/13

表 4.13 供应商表

供应商号	供应商名	地址
S3	振华电子厂	西安
S4	华通电子公司	北京
S6	607 厂	郑州
S7	爱华电子厂	北京

试根据上面 4 个表完成如下操作。

(1) 建立订货管理数据库。

(2) 在数据库中建立上面的 4 个表,并输入记录。

(3) 为各个表建立索引。

(4) 建立表之间的永久关系。

(5) 建立表的参照完整性。

第5章　结构化程序设计

Visual FoxPro 程序设计是将反复操作或者常用的操作命令预先编好，存储在一个文件中，以供随时调用完成一些复杂任务。程序结构是指程序中命令或语句执行的流程结构。Visual FoxPro 有三种基本的结构：顺序结构、选择结构和循环结构。Visual FoxPro 有两种程序设计方法：一种是过程化程序设计(Procedural Programming)方法，另一种是支持面向对象的程序设计(Object_Oriented Programming)方法。本章主要介绍结构化程序设计。面向对象程序设计在第 6 章学习。

5.1　程序设计基础

5.1.1　结构化程序的控制结构

程序是命令的有序集合，命令执行的顺序即程序的结构。一个程序的功能不仅取决于所选用的命令，还决定于命令执行的顺序。在结构化程序设计中，把所有程序的逻辑结构归纳为三种：顺序结构、选择结构(也叫分支结构)和循环结构。Visual FoxPro 的程序结构体现了结构化程序设计的基本特征，按照这种设计方法能产生条理清晰、结构良好、易于阅读和维护的程序。

1. 顺序结构

这是最简单的一种基本结构，依次顺序执行不同的程序块，如图 5.1(a)所示。

2. 选择结构

根据条件满足或不满足而去执行不同的程序块，如图 5.1(b)所示。如满足条件 P 则执行 A 程序块，否则执行 B 程序块。

3. 循环结构

循环结构是指重复执行某些操作，重复执行的部分称为循环体。循环结构分为当型循环和直到型循环两种，如图 5.1(c)和图 5.1(d)所示。

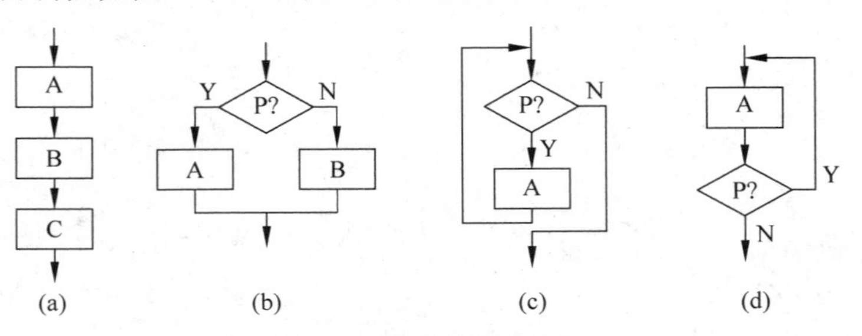

图 5.1　程序的控制结构

当型循环先判断条件是否满足，如满足条件 P 则反复执行 A 程序块，每执行一次判断一次，直到不满足条件 P 为止，跳出循环体执行它后面的基本结构。Visual FoxPro 的循环全部属于当型循环结构。

直到型循环先执行一次，再判断条件是否满足，如满足条件 P 则反复执行 A 程序块，每执行一次判断一次，直到不满足条件 P 为止，跳出循环体执行它后面的基本结构。

5.1.2 程序文件的建立与执行

Visual FoxPro 程序文件又称命令文件，其扩展名为. prg。建立或编辑一个 Visual FoxPro 程序，实际上就是建立或编辑一个命令文件。命令文件是一个文本文件，可以使用任何一种文本编辑器来完成。人们通常使用 Visual FoxPro 内嵌的文本编辑器，直接在集成环境中建立或修改程序。

1. 建立或修改程序文件

1）命令方式

格式如下：

```
MODIFY COMMAND [<命令文件名>|?]
```

功能：调用内嵌文本编辑器，建立或修改一个指定的命令文件。

说明：

(1) 工作方式。输入本命令后，系统打开一个文本编辑窗口，在该窗口中可逐行输入程序内容。输入程序清单时，一般一条命令占用一行位置，一个命令行的长度不能超过 254 个字符。若一行命令过长，可以在该行末端加上分行符“;”，继续在下一行输入，以回车作为命令行的结束符。

结束文件编辑有两种方法：①存盘退出，按组合键 Ctrl＋W 或在系统菜单“文件”中选择“保存”。②不存盘退出，按 Esc 键。

(2) 命令文件中扩展名缺省值为. PRG。

(3) 修改命令文件时，只需在“MODIFY COMMAND”命令中给出该命令文件名，系统即将指定文件调入编辑窗口。修改结束时保存方法同上。

(4) 文件名中可含有通配符“ * ”和“?”，此时，与文件名相匹配的文件都会被打开，并且各自拥有自己的编辑窗口。

例 5.1 建立程序文件 JJ. prg，显示所有男生的信息。

在命令窗口中输入命令“MODIFY COMMAND JJ”即可打开程序编辑窗口，如图 5.2 所示。在程序编辑窗口中输入命令序列。

在程序编辑窗口中输入程序后，在菜单栏上选择“文件”中的“保存”选项，即可保存该程序。

2）菜单方式

操作步骤如下。

(1) 从“文件”菜单中选择“新建”菜单选项。

(2) 在“新建”对话框中选择“程序”单选按钮。

(3) 单击“新建文件”按钮。

此时系统打开文本编辑窗口，并在“命令”窗口中自动生成 MODIFY COMMAND 命令。

图 5.2　程序编辑窗口和“命令”窗口

说明：

(1) 程序清单的输入及保存方法同上。

(2) 修改命令文件时，首先从“文件”菜单中选择“打开”菜单选项，然后在“文件名”文本框中输入待修改的命令文件名，再单击“打开”按钮即可在编辑窗口中打开该文件。

2. Visual FoxPro 程序的执行

在 Visual FoxPro 系统中，执行程序文件有很多方法，现介绍其中两种。

1) 命令方式

格式：

```
DO <命令文件名>
```

功能：执行指定的命令文件。

说明：当命令文件名的扩展名缺省时，系统按如下顺序搜索并执行这些程序：可执行文件(.EXE)、应用程序(.APP)、编译后的目标程序文件(.FXP)和程序文件(.PRG)。

例如，执行例 5.1 的程序文件，只需在“命令”窗口中输入：

```
DO JJ
```

2) 菜单方式

操作步骤如下。

(1) 在“程序”菜单中选择“运行”菜单选项，出现对话框。

(2) 在“执行文件”的文件名输入框中直接输入命令文件名，或在文件列表中单击所需命令文件名。

(3) 单击“运行”按钮。

执行程序文件时，将依次执行文件中的命令，直到所有命令执行完毕，或者执行到以下命令。

(1) CANCEL：终止程序的运行，清除所有的私有变量，返回“命令”窗口。

(2) RETURN：结束本程序的运行，返回调用它的上级程序，若无上级程序则返回“命令”窗口。

(3) QUIT：结束程序运行并退出 Visual FoxPro 系统，返回操作系统。

(4) RETURN MASTER：从子程序返回到主控程序继续执行。

5.2 顺序结构程序

顺序执行方式是程序中最基本、最常用的结构形式，反映了程序执行的基本过程。顺序结构按命令书写的先后顺序依次执行。

例 5.2 在学生.dbf 表中显示第一条记录的姓名、性别、出生日期、数学、外语成绩。

```
* FILENAME E5_2.PRG
SET TALK OFF
CLEAR
USE 学生
DISPLAY 姓名,性别,出生日期,数学,外语
USE
SET TALK ON
RETURN
```

这就是一个最基本的顺序程序设计。

5.2.1 程序文件中的辅助命令

1. 程序注释命令

为增强程序的可读性，往往需要在程序中使用注释来对程序进行说明，为阅读程序提供方便。Visual FoxPro 中有两种程序注释命令。

命令格式如下：

格式一：

```
NOTE| * [注释]
```

格式二：

```
&& [注释]
```

格式一命令：放在程序行首，起注释行信息作用，该行程序在文件执行时，不执行以 NOTE 或 * 开头的行。

格式二命令：放在命令语句的尾部，起注释信息作用，该行程序要执行。

注释的作用主要是增加程序的可读性。

2. 清屏命令

命令格式如下：

```
CLEAR
```

功能：清除屏幕上所有显示内容，将光标置于屏幕左上角。

通常把 CLEAR 命令放在程序的开始处。

3. 常用状态设置命令

1）置会话状态命令

命令格式如下：

```
SET TALK ON|OFF
```

在会话状态开通时，Visual FoxPro 在执行命令时会向用户提供大量的反馈信息。工作于程序方式时，这不仅会减慢程序的运行速度，而且还会与程序本身的输出相互夹杂，引起混淆。所以程序调试时，一般置“会话”于开通状态，而在执行程序时则通常要求置“会话”于断开状态。

2）置打印状态命令

命令格式如下：

```
SET PRINT ON|OFF
```

系统默认打印机置于断开状态，就是说命令的执行结果只送到屏幕，不送往打印机。若用命令 SET PRINT ON 置打印机为接通状态，则在屏幕上显示的执行结果被同时打印。

3）置缺省驱动器和目录命令

命令格式如下：

```
SET DEFAULT TO [盘符:][路径]
```

用于设置进行输入输出操作时的缺省驱动器和缺省目录。

5.2.2 交互式输入命令

1. 字符串接收命令

命令格式如下：

```
ACCEPT [<提示信息>] TO <内存变量>
```

功能：暂停程序执行，将键盘输入的字符串送入指定内存变量后再继续运行。

说明：

(1) 若给出提示信息选项，将输出提示信息，否则不输出任何信息。其中<提示信息>可以是字符型内存变量、字符串常量或合法的字符表达式。

(2) 本命令只接收字符串，输入时该字符串不需要使用定界符，其长度不能超过 254 个字符。本命令以回车作为结束符。

例 5.3 在学生表中，从键盘上输入任意一个学生的学号查询学生的姓名、性别、出生日期、数学、外语成绩。

```
* FILENAME E5_3.PRG
CLEAR
SET TALK OFF
USE 学生
ACCEPT "请输入待查学生的学号:" TO xh
LOCATE FOR 学号 = xh
DISP 学号,姓名,性别, 出生日期,数学,外语
USE
SET TALK ON
RETURN
```

若输入的学号在学生表中不存在，程序并未反应，因此程序需进一步完善。

2. 任意数据输入命令

命令格式如下：

```
INPUT  [<提示信息>] TO <内存变量>
```

功能：暂停程序执行，将键盘输入的数据送入指定内存变量后再继续运行。

说明：

(1) 提示信息选项同 ACCEPT 命令。

(2) INPUT 命令可以接收字符型、数值型、日期型及逻辑型数据。其中，对于字符串的输入必须用定界符括起来，输入数值或表达式，不加任何定界符；输入日期型数据，除使用日期型的格式外，还要用大括号{}将其括起来。本命令以回车作为结束符。

(3) INPUT 命令不允许在没有输入任何内容的情况下直接按回车，如果这样，INPUT 命令会一直显示提示信息，等待输入一个有效的表达式。例如：

```
INPUT "请输入一个数值表达式:" TO num
INPUT "请输入一个日期:" TO dat
```

执行情况如下：

```
请输入一个数值表达式:98/10/10
请输入一个日期:{^1998-10-10}
```

例 5.4 输入圆半径计算圆面积。

```
* FILENAME E5_4.PRG
NOTE  已知半径求圆面积
SET TALK OFF
CLEAR
STORE 3.14 TO P
INPUT "请输入圆的半径: " TO R
S = P * R^2
?"半径是" + LTRIM(STR(R)) + "的圆面积是: "
??S
SET TALK ON
```

这是一个计算圆面积的通用程序，每次运行该程序时，都由用户从键盘输入半径值，程序给出此半径的圆的面积。

这里需要指出的是，当输出的表达式具备不同的数据类型时，可能产生前导空格或尾部空格，为了求得清晰、美观的输出效果，应当使用数据类型转换函数及压缩前导空格和尾部空格函数对输出数据进行适当的处理。

3. 单个字符接收命令

命令格式如下：

```
WAIT [<提示信息>] [TO <内存变量>] [WINDOW [NOWAIT]] [TIMEOUT <数值表达式>]
```

功能：暂停程序执行，等待用户输入任何一个字符后继续。

使用说明：

(1) 当命令中包括 TO <内存变量>可选项时，则定义一个字符型内存变量，并将输入的一个字符存入该变量中。

(2) 若只按回车键，则在内存变量中存入的内容将是一个空字符。

(3) 若包含提示信息，则在屏幕上显示提示信息的内容；若没有该选择项，则显示系统默认的提示信息：

```
Press any key to continue
```

(4) 如果选择 WINDOW，则命令执行时，在 Visual FoxPro 主窗口的左上角会出现一个提示信息窗口，有关提示信息便在此窗口中显示。

(5) 如果选择 NOWAIT，则 WAIT 命令并不会暂停程序的执行，而是仅在 Visual FoxPro 主窗口的左上角提示窗口中显示提示信息，并且用户只要一移动鼠标或按下任意键，提示窗口便会自动被清除。NOWAIT 必须与 WINDOW 合用才有效果。

(6) TIMEOUT 子句用于指定 WAIT 命令等待的时间。如果在由<数值表达式>所限定的秒数之内用户仍未移动鼠标或按下任一键，则程序便继续执行。

WAIT 只需用户按一个键，而不像 INPUT 或 ACCEPT 命令需要用回车键确认输入结束。因此，WAIT 命令的执行速度快，常用于等待用户对某个问题的确认。

例 5.5　学生.DBF 中含 20 条记录，分两屏输出。

```
* Filename E5_5.prg
* Wait 命令应用示例
SET TALK OFF
USE 学生
CLEAR
LIST NEXT 10
SKIP                                    && 指针下移，否则第 10 号记录显示两次
WAIT WINDOW                             && 在屏幕右上角的窗口内显示提示信息
LIST NEXT 10
USE
SET TALK ON
```

WAIT 命令用于接收单个字符，且不必以回车键结束输入，适用于快速响应的场合。

4. 三种键盘输入命令的比较

WAIT、ACCEPT 和 INPUT 三种键盘输入命令的异同点如表 5.1 所示。

表 5.1　键盘输入对照表

命　令	提示信息	内存变量	数据类型	是否回车
WAIT	原有	可选	单个字符	否
ACCEPT	可选	必须有	多个字符	是
INPUT	可选	必须有	C、N、D、L	是

以上三条命令功能相似，都为用户提供了一种人机对话的机会，程序在执行到这三个命令时，系统都将等待用户从键盘输入必要的信息。但它们又各具特色，故适用于不同的场合。

WAIT 命令常用于两种情况：①当只需用户从键盘上输入单个字符时，用这个命令可以简化手续。因为用 ACCEPT 命令至少要击两个键，一个是需要输入的字符健，另一个是回车键，而使用该命令只需击一键。②当程序执行的结果在屏幕上显示出来，为了让用户能看清所显示的内容(由于程序在不断执行，屏幕上显示的结果会一闪而过)，在程序的适当位置可以用 WAIT 命令使屏幕显示的结果停留下来，当用户看清屏幕上的内容之后，再按任意键让程序继续执行。在这种情况下，WAIT 命令具有独特的优越性。

ACCEPT 命令多用于需要随机输入的字符型数据多于一个字符的场合,因为使用 ACCEPT 不需定界,更符合人们的使用习惯。

而 INPUT 命令常用于需要输入数值型数据、逻辑型数据或日期型数据的场合。

5. 基本输出命令

命令格式如下:

```
?|??<表达式 1 >[,<表达式>… ]
```

功能:在屏幕上输出表达式的信息,? 与?? 的区别在于:? 在当前光标的下行首列输出信息,?? 在当前光标当前位置输出。

例 5.6 从键盘上输入任意两个数据,求它们的和。

```
* FILENAME E5_6.PRG
SET TALK OFF
CLEAR
INPUT "请输入第一个数据: " TO  A
INPUT "请输入第二个数据: " TO  B
C = A + B
?A,B,C
SET TALK ON
RETURN
```

5.2.3 格式输入/输出命令

1. 格式输出命令

命令格式如下:

```
@<行,列> SAY <表达式>
```

功能:在屏幕指定的行列处显示表达式的值。

(1) <行,列>指定了输出的位置。屏幕左上角为 0,0,右下角为屏幕最大行数-1,屏幕最大列行数-1,

(2) 行、列都可为表达式,还可为小数。

2. 格式输入命令

命令格式如下:

```
@<行, 列>  SAY  [<表达式>]  GET <变量>
READ
```

功能:SAY 命令与 READ 命令结合,在屏幕上指定行列处显示并允许修改一个内存变量或字段变量的值。

说明:

(1) SAY 子句用于显示提示信息,GET 子句用于为变量输入新值。

(2) GET 子句中的变量必须有确定的初值。初值决定了该变量的类型和宽度。

(3) 激活 GET 变量是指使该变量进入编辑状态,让光标自动跳到该变量值所在位置上等待编辑修改。若有多个 GET 变量,则它们将依次被激活(其中无须修改的变量可按回车键越过)，直至最后一个 GET 变量处理结束后，READ 命令的作用才终止。

例 5.7 从键盘上任意输入两个数据，要求用格式化语句完成。

```
* FILENAME E5_7.PRG
SET TALK OFF
CLEAR
A = 0                                   && 表示变量 A 仅可以输入整数
B = 0.00                                && 表示变量 B 仅可以输入实数，小数位为两位
@4,10 SAY "请输入第一个整数: "  GET A
@6,10 SAY "请输入第二个实数: "  GET B
READ
C = A + B
@8,10 SAY STR(A) + " + " + ALLT(STR(B,10,2)) + " = " + ALLT(STR(C,10,2))
SET TALK ON
RETURN
```

5.3 分支结构程序

分支结构用于控制程序中命令组是否执行与否，它根据条件执行相应的命令组，Visual FoxPro 提供了单分支、双分支和多分支三种命令格式构成分支结构，这些命令语句只能用在 Visual FoxPro 程序中，而不能作为命令用于交互运行方式。

5.3.1 单分支语句

单分支语句主要用于满足一个条件的判断结构中，即满足条件执行相应的语句，否则就不执行相应的语句的简单条件语句中，其命令语句格式为：

```
IF <条件>
  <命令序列>
ENDIF
```

功能：若条件为真，执行命令序列；否则执行 ENDIF 的后继命令。

例 5.8 从键盘上输入任意两个数据，请按照从大到小的顺序输出。

```
* FILENAME E5_8.PRG
SET TALK OFF
CLEAR
INPUT "请输入第一个数据: "  TO  A
INPUT "请输入第二个数据: "  TO  B
IF A < B                                && 满足条件两个数据发生交换，否则不执行条件语句
  C = A
  A = B
  B = C
ENDIF
?A,B
SET  TALK  ON
RETURN
```

5.3.2 双分支语句

双分支语句主要用于满足有两个条件的判断结构中，满足其中一个条件执行相应的语句，满足其中另一个条件执行另外的语句，其命令语句格式为：

```
IF <条件>
<命令序列 1 >
[ ELSE
<命令序列 2 >
ENDIF
```

功能：若＜条件＞为真，执行＜命令序列 1＞后，执行 ENDIF 的后继命令；否则执行＜命令序列 2＞后，执行 ENDIF 的后继命令；两个命令序列的语句仅执行其中满足条件的一个命令序列语句，其工作方式如图 5.3 所示。

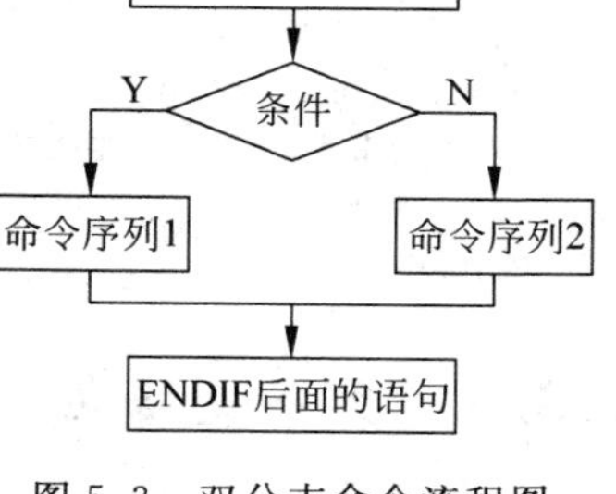

图 5.3 双分支命令流程图

说明：

(1) 选择语句只能在程序中使用，正因为只能在程序中使用，人们称之为语句，而不称为命令。以后其他语句也是这样。

(2) IF、ELSE、ENDIF 必须各占一行。

(3) IF 和 ENDIF 必须配对使用，而 ELSE 可选。

(4) ＜条件＞可以为关系表达式、逻辑表达式或其他逻辑量。

(5) 在＜语句序列 1＞和＜语句序列 2＞中可以包含 IF 语句，即 IF 语句可以嵌套。

例 5.9 从键盘接收一个字符，如果是小写字母，将其转换为大写字母后输出，其他字符直接输出。

```
* FILENAME E5_9.PRG
SET TALK OFF
CLEAR
WAIT "请输入一个字符: " TO L
IF L>='a' AND L<='z'
?UPPER(L)                          &&UPPER()函数的功能是将字母转换为大写
ELSE
?L
ENDIF
SET TALK ON
```

例 5.10 请用分支结构语句编程计算电费：不超过 50 度，每度 0.5 元；超过 50 度时，超出部分每度 0.8 元。

```
* FILENAME E5_10.PRG
SET  TALK  OFF
INPUT  "请输入所用电量: "  TO  DL
IF  DL<=50
  DF=DL*0.5
ELSE
  DF=50*0.5+(DL-50)*0.8
```

```
ENDIF
? "应缴电费为:" + LTRIM(STR(DF,10,2)) + "元"                    &&STR( )函数是将数字转换为字符
SET  TALK  ON                                                 &&LTRIM( )函数是删除字符串的左边空格
RETURN
```

例 5.11 用立即 IF 函数 IFF()改写例 5.10。

立即 IF 函数同样具有逻辑判断功能,其格式为:

IFF(<条件>,<表达式 1>,<表达式 2>)

当条件为真时,取表达式 1 的值作为函数返回值;否则取表达式 2 的值作为函数返回值。

```
* FILENAME  E5_11.PRG
SET  TALK  OFF
INPUT  "请输入所用电量:"  TO  DL
DF = IIF(DL <= 50,0.5 * DL,0.5 * 50 + 0.8 * (DL - 50))
? "应缴电费为:" + LTRIM(STR(DF,10,2)) + "元"
SET  TALK  ON
RETURN
```

5.3.3 多分支结构

用 IF 语句能方便地描述双分支和单分支的选择结构,但在实际应用中也会遇到更多分支的情况,这时有多个条件和多个操作可供选择,按条件表达式的值选取其中之一执行。如果使用多层嵌套的 IF 语句来实现多分支选择结构,不仅增加了编写程序的困难,也影响程序的可读性,这种情况下最好使用 CASE 语句来实现多分支结构。

语句格式如下:

```
DO CASE
CASE <条件 1>
  <命令序列 1>
CASE <条件 2>
  <命令序列 2>
  …
CASE <条件 n>
  <命令序列 n>
[OTHERWISE
  <命令序列 n+1>]
ENDCASE
```

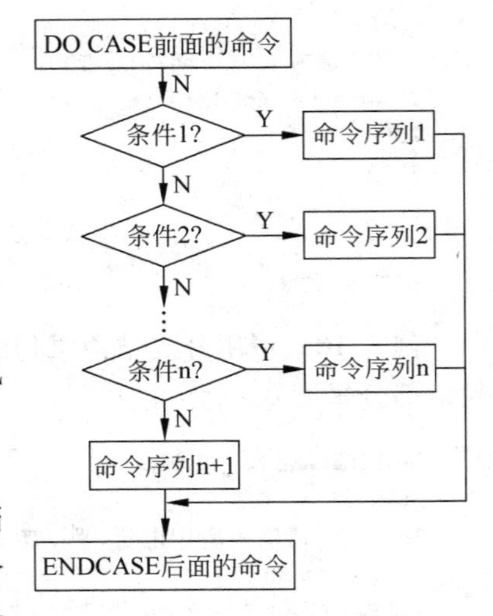

图 5.4　多分支命令流程图

功能:在可供选择的多条路径中选择一条执行,其执行方式如图 5.4 所示。

说明:

(1) 工作方式:CASE 语句对所列条件依次判断,当找到第一个取值为真的条件时,就执行与之相关的命令序列,然后转向 ENDCASE 的后继命令。若没有一个条件为真,则要看是否给出 OTHERWISE 选项,若有,执行

命令序列 n+1,否则什么也不做。所以在一个 DO CASE 结构中,最多只能执行一个 CASE 语句。

(2) DO CASE 和第一个 CASE 子句之间不能插入任何语句。

(3) DO CASE 和 ENDCASE 必须配对使用,且 DO CASE、CASE、OTHERWISE 和 ENDCASE 各子句必须各占一行。

(4) 在<语句序列>中可嵌套其他语句。

(5) 多分支结构中最多只有一个命令序列有机会执行,当多个条件同时为真时,仅排在最前面的那个满足条件的命令序列得以执行。

例 5.12 输入任意一个百分制成绩,输出对应的 5 分制成绩,其对应关系如下:优(100≥百分成绩≥90)、良(90>百分成绩≥80)、中(80>百分成绩≥70)、及格(70>百分成绩≥60)或不及格(百分成绩<60)。

```
* FILENAME  E5_12.PRG
CLEAR
SET TALK OFF
INPUT "请输入百分制成绩: " TO  CJ
DO CASE
  CASE  CJ> = 90
     dj = "优"
  CASE  CJ> = 80
    dj = "良"
  CASE  CJ> = 70
    dj = "中"
  CASE  CJ> = 60
    dj = "及格"
  OTHERWISE
     dj = "不及格"
ENDCASE
?[成绩等级为: ] + dj
SET TALK ON
RETURN
```

例 5.13 在学生表中,从键盘上输入任意一个学生的学号,查找该学生,如有则显示他的数学成绩所属的等级,否则显示没有该学生。

```
* FILENAME  E5_13.PRG
SET TALK OFF
CLEAR
USE 学生
ACCEPT "请输入需要查询学生的学号: " TO A
LOCATE  FOR  学号 = A
IF  FOUND()
  DO CASE
    CASE 数学> = 90
    ?学号,姓名,数学,"优秀"
    CASE 数学> = 80
    ?学号,姓名,数学,"良好"
    CASE 数学> = 70
```

```
      ?学号,姓名,数学,"中等"
      CASE 数学>=60
      ?学号,姓名,数学,"及格"
   OTHER
      ?学号,姓名,数学,"不及格"
   ENDCASE
   ELSE
     ?"无该学号的学生!"
   ENDIF
   USE
   SET TALK ON
   RETURN
```

例 5.14 从键盘上任意输入一个字符,判断所输入的字符类型(数字字符、大写英文字符、小写英文字符、空格字符或其他字符)。

```
* FILENAME  E5_14.PRG
SET TALK OFF
CLEAR
WAIT  "请输入任意一个字符: " TO  A
DO  CASE
   CASE  A>="0"  AND  A<="9"
     WAIT "数字字符" + A
   CASE  A>="A"  AND A<="Z"
     WAIT "大写英文字符" + A
   CASE  A>="a"  AND A<="z"
     WAIT "小写英文字符" + A
   CASE  A=" "
     WAIT "空格字符" + A
   OTHERWISE
     WAIT "其他字符" + A
ENDCASE
SET TALK ON
RETURN
```

5.4 循环结构程序

循环结构用于控制部分命令的反复执行,有 DO WHILE …ENDDO、FOR …ENDFOR、SCAN…ENDSCAN 这三种形式。这三种循环都可以用 DO WHILE …ENDDO 来代替,它是基本的循环结构。

5.4.1 DO WHILE 循环

语句格式如下:

```
DO WHILE <条件>
 <命令组>
 [EXIT]
 [LOOP]
```

```
ENDDO
```

功能：当条件满足时，反复执行 DO WHILE 和 ENDDO 之间的语句，其执行过程如图 5.5 所示。

执行过程说明：

(1) 系统执行该语句时，先判断循环开始 DO WHILE 的条件是否成立，如果条件为真，则执行循环体中的语句序列。当执行到 ENDDO 时，返回到 DO WHILE，再次判断条件是否为真，以确定是否再次执行循环体。若条件为假，则结束循环，执行 ENDDO 后面的语句。如果第一次判断条件时，条件即为假，则循环体一次都不执行，这就是称为“先判断后执行”的语句。

(2) 循环体中的 EXIT 是可选项。遇到它时便无条件地退出循环，转到 ENDDO 后面的语句。因此 EXIT 被称为无条件结束循环命令，只能在循环结构中使用。

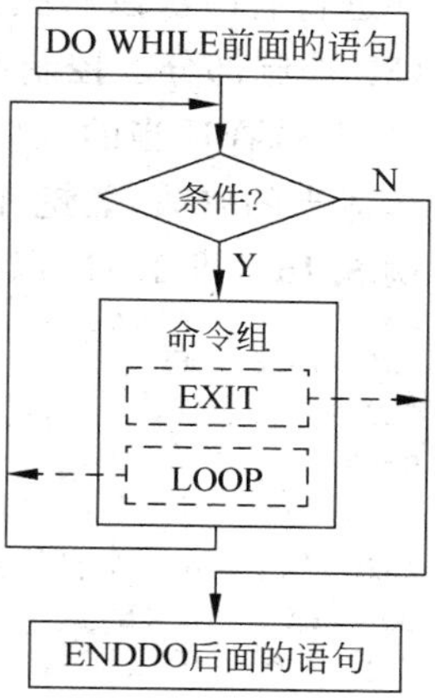

图 5.5　DO WHILE 循环执行流程

(3) 循环体中的 LOOP 也是可选项。遇到 LOOP 时，不再执行后面的语句，转回 DO WHILE 处重新判断。因此 LOOP 称为无条件循环命令，只能在循环结构中使用。

语句使用说明：

(1) DO WHLE 与 ENDDO 必须配套使用，缺一不可。

(2) 在循环体内应包含使循环趋于结束的命令以避免死循环的发生。

(3) 循环结构不仅本身可以嵌套，还可以与选择结构互相嵌套。

例 5.15　编程计算 S=1+2+3+…+100。

这是一个非常简单的问题。自然数有规则的递增可以让循环控制变量每次增加 1，所以使用循环结构很容易解决。

```
* FILENAME   E5_15.PRG
CLEAR
SET TALK OFF
L = 1                                  && 设置循环控制变量初值，也叫计数器
S = 0                                  && 设置累加变量初值，简称累加器
DO WHILE L <= 100
  S = S + L                            && 将 L 加到 S 中
  L = L + 1                            && 修改循环控制变量
ENDDO
?"S = " + LTRIM(STR(S))                && 输出结果
SET TALK ON
```

这是求规则数据累加和的问题。程序首先给循环变量 L 赋初值 1、累加单元 S 清 0，然后进入循环。循环变量 L 逐次生成 1～100 的自然数，在循环体内对这些自然数逐一累加，每累加一次，就修改一次累加单元 S 的值，经过 100 次累加，循环变量的当前值已经是 101，条件不满足，故跳出循环体。执行 ENDDO 的后继命令。

从本例中可以看出，DO WHILW 循环一般由如下部分组成。

(1) 初始部分。通常位于程序开头，用来保证循环程序能够开始执行。

(2) 循环体。这部分除了需要重复执行的命令外,还应包括对于循环控制变量的修改,使循环进行有限次以后能够自动终止。

(3) 控制部分。控制部分应保证循环程序按预定条件恰到好处地执行完毕。做到这一点,不仅要选择适当的入口条件,还要给有关的量设定适当的初值,并在循环体中对有关的量进行适当的修改,关键在于这三者恰到好处地配合。

例 5.16 求 1～N 以内所有奇数的和,N 从键盘随机输入。

```
SET  TALK  OFF
CLEAR
S = 0
I = 0
INPUT "请输入一个自然数 N: "  TO  N
DO  WHILE  I < N
  I = I + 1
  IF  I % 2 = 0                    && 如果是偶数,则不累加,继续进行下一次的循环
   LOOP
  ENDIF
  S = S + I
ENDDO
?"1 到 N 的奇数和 S = ",S
SET TALK ON
RETURN
```

注意: LOOP 子句的使用方法。

例 5.17 求数学常量 $e=1+\frac{1}{1!}+\frac{1}{2!}+\frac{1}{3!}+\frac{1}{4!}+\frac{1}{5!}+\cdots$ 的近似值,精确到 10^{-6}。

```
SET TALK OFF
CLEAR
T = 1                              && T 表示每一项的分母
S = 1                              && S 表示累加和,初始值为 1
I = 1                              && I 相当于计数器
DO WHILE  .T.
  S = S + 1/T                      && 将当前项累加进 S
  I = I + 1
  T = T * I                        && 计算下一项的分母
  IF  1/T < 1E - 6                 && 当某一项的值小于 10⁻⁶时,退出循环
    EXIT
  ENDIF
ENDDO
?"E = ",STR(S,8,6)
SET TALK ON
RETURN
```

注意: EXIT 子句的使用方法,比较与 LOOP 子句的区别。

例 5.18 在学生表中,输出所有学生的数学成绩所属的等级。

```
* FILENAME  E5_18.PRG
SET TALK OFF
CLEAR
```

```
USE 学生
DO WHILE NOT EOF(   )
DO CASE
   CASE 数学>=90
    ?学号,姓名,数学,"优秀"
   CASE 数学>=80
    ?学号,姓名,数学,"良好"
   CASE 数学>=70
    ?学号,姓名,数学,"中等"
   CASE 数学>=60
    ?学号,姓名,数学,"及格"
OTHER
    ?学号,姓名,数学,"不及格"
ENDCASE
SKIP
ENDDO
USE
SET TALK ON
RETURN
```

例 5.19 求自然数 N 的阶乘小于或等于 10 000 的最大自然数。

```
SET TALK OFF
CLEAR
N=1
S=1
DO WHILE  .T.
  N=N+1
     S=S*N
     IF S>10000
        EXIT
     ENDIF
ENDDO
?"n 的值为",N-1
SET TALK ON
RETURN
```

5.4.2 FOR 循环

语句格式如下：

```
FOR  <循环变量>=<初值>  TO  <终值>  [STEP  <步长值>]
  <命令组>
  [EXIT]
  [LOOP]
ENDFOR|NEXT
```

功能：重复执行若干次循环体。主要用于知道循环初值、终值和每次循环相隔的步长的循环中。

执行过程：

(1) 计算初值、终值和步长值，并将初值赋给循环变量

(2) 将循环变量的值与终值比较，如果循环变量的值不在初值与终值范围内，则跳出循环体，转到 ENDFOR(或 NEXT)后面的语句；否则执行 FOR 与 ENDFOR 之间的命令。

(3) 遇到 ENDFOR(或 NEXT)时，循环变量按步长值增加或减小，再转到第(2)步。图 5.6 给出了 FOR 循环的执行流程。

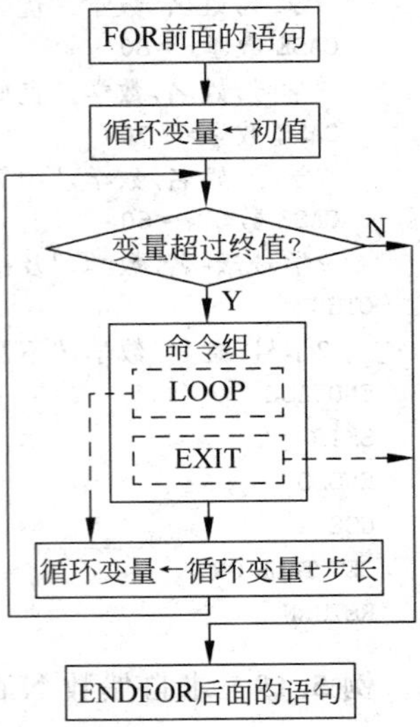

说明：

(1) FOR、ENDFOR|NEXT 必须各占一行，且它们必须成对出现。

(2) 循环变量可以是一个内存变量或数组元素。如果在 FOR…ENDFOR 之间改变循环变量的值，将影响循环执行的次数。

(3) ＜初值＞、＜终值＞和＜步长值＞均为数值型表达式。如果省略 STEP 子句，则默认步长值是 1。

(4) 给循环变量赋初值后，若初值已经超过终值(越界)，则一次也不执行循环体，FOR 循环结束，转 ENDFOR 后面的语句。

(5) 退出循环后，循环变量的值等于最后一次循环时的值为加上步长值。

图 5.6　FOR 循环执行流程

(6) LOOP 语句和 EXIT 语句的功能与前面的当型循环语句相同。

例 5.20　利用 FOR 循环编程计算 S＝1＋2＋3＋…＋100。

下面的程序与例 5.15 功能相同。在本例中，自然数有规则的递增可以看成循环变量的步长为 1。

```
* FILENAME  E5_20.PRG
CLEAR
SET TALK OFF
S = 0                          && 初始化累加单元,也叫累加器
FOR  I = 1 TO 100              && 初始化循环控制变量,默认步长值为 1
  S = S + I                    && 将 I 加到 S 中
ENDDO
?"S = " + LTRIM(STR(S))        && 输出结果
SET TALK ON
RETURN
```

FOR 循环又称为固定次数循环，在循环次数已知的情况下使用它最为方便。若循环次数未知，则最好使用 DO WHILE 循环，因而 DO WHILE 循环也称为条件式循环。

5.4.3　SCAN 循环

语句格式如下：

```
SCAN [<范围>] [FOR <条件>] [WHILE <条件>]
  <命令组>
```

```
    [EXIT]
    [LOOP]
  ENDSCAN
```

功能：在表中指定范围内，依次对满足条件的记录执行相应的操作。主要用于表记录的扫描。

执行过程：遇到SCAN语句时，系统在范围内顺序查找第一条满足条件的记录，找到后，即执行循环体，然后自动将指针移到下一条满足条件的记录，再执行循环体，……搜索完范围内最后一条记录后，SCAN语句执行完毕。图5.7给出了SCAN循环的执行流程。

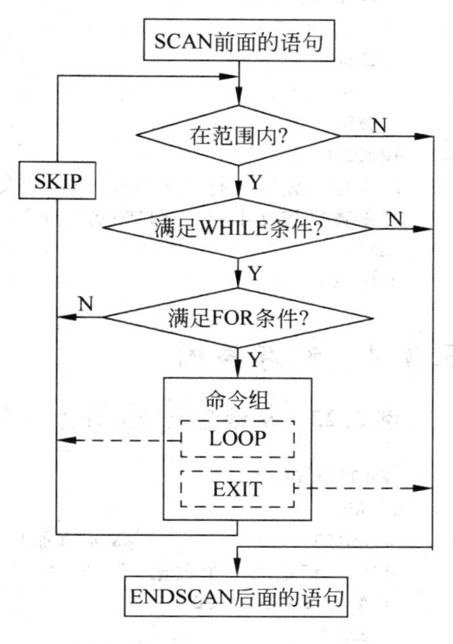

图5.7　SCAN循环执行流程

使用说明：

(1) 对指定范围内满足条件的记录执行命令组。若省略范围，则默认为ALL。

(2) SCAN语句自动把记录指针移向下一个符合指定条件的记录，并执行同样的命令组。

(3) LOOP语句和EXIT语句的功能与前面的当型循环语句相同。

例5.21　在学生表中，输出所有学生的数学成绩所属的等级。用SCAN…ENDSCAN循环

```
* FILENAME  E5_23.PRG
SET TALK OFF
CLEAR
USE 学生
SCAN
  DO CASE
   CASE 数学> = 90
     ?学号,姓名,数学,"优秀"
   CASE 数学> = 80
     ?学号,姓名,数学,"良好"
   CASE 数学> = 70
     ?学号,姓名,数学,"中等"
   CASE 数学> = 60
     ?学号,姓名,数学,"及格"
   OTHER
     ?学号,姓名,数学,"不及格"
  ENDCASE
ENDSCAN
USE
SET TALK ON
RETURN
```

例5.22　对学生表，分别统计少数民族男、女学生的人数。

```
CLEAR
```

```
STORE 0 TO x,y                        && 循环变量累加器赋值为 0
USE 学生
SCAN FOR 少数民族否                    && 条件或者为：少数民族否 = .t.
  IF 性别 = "男"
    x = x + 1
  ELSE
    y = y + 1
  ENDIF
ENDSCAN
?"少数民族男生有：" + STR(x,2) + "人"    &&STR()将数值型数据转换为字符型数据
?"少数民族女生有：" + STR(y,2) + "人"
USE
RETURN
```

5.4.4 程序举例

例 5.23 从键盘上输入任意一个大于 0 而小于等于 20 的整数，求该数的阶乘。

```
SET TALK OFF
CLEAR
DO WHILE .T.            && 永真循环，本循环作用是控制输入的数据是小于等于 20 且大于 0 的数据
INPUT "请输入一个数据： "  TO A
IF A <= 0 AND A > 20
   EXIT
ENDIF
ENDDO
S = 1                   && 累乘器，赋初值为 1，用于保存阶乘的结果
FOR J = 1 TO A          && 计算阶乘
  S = S * J
ENDFOR
?A,"的阶乘为",S
SET TALK ON
RETURN
```

例 5.24 求 2～1000 中所有的素数。

数学算法：如果 N 不能被 2～$\sqrt{N}$之间的任何整数整除，则 N 是素数。

```
SET TALK OFF
CLEAR
FOR N = 2 TO 1000
FLAG = .T.              && 假设该数为素数，则 FLAG 标志为 .T.，否则为 FLAG 标志为 .F.
K = INT(SQRT(N))        && 判断 N 是否为素数，仅判断从 2 到 INT(SQRT(N))是否能被 2 整除
J = 2
DO WHILE J <= K AND FLAG
IF N % J = 0
  FLAG = .F.            && 2～K 之间的任何整数整除 N，则 N 不是素数，FLAG = .F.
   ENDIF
  J = J + 1
ENDDO
IF FLAG
  ?N
```

```
ENDIF
ENDFOR
SET TALK ON
RETURN
```

本程序包含一个二重循环结构，外循环控制被处理整数的个数和值；内循环检查当前的整数是否含有因子，当发现 J 整除 N 时(即找到 N 的一个因子)，由 FLAG=.F.，不再满足 DO WHILE 中的条件，立即退出内循环。根据 FLAG 的值决定是否显示 N。

5.5 程序的模块化

结构化程序设计方法要求将一个大的系统分解为若干个子系统，每个子系统就构成一个程序模块。采用模块化的程序结构使得程序的编写与调试、系统的维护都很方便，也容易扩充。程序的模块化在具体实现上就是采用子程序技术，Visual FoxPro 的具体形式有子程序、过程和函数。

5.5.1 子程序、过程和自定义函数

1. 子程序

在程序设计中，常常会遇到相同的处理，如果将这些处理过程重复地写入程序，势必造成时间和空间上的浪费。在这种情况下，通常把这样的程序段分离出来，使之成为独立的程序段，这个程序段就是子程序。

在 Visual FoxPro 程序文件中，可以通过 DO 命令调用另一个程序文件，此时，被调用的程序文件就称为子程序。子程序的结构与一般的程序文件一样，而且也可以用 MODIFY COMMAND 命令来建立、修改和存盘，扩展名也默认为.PRG。

子程序和其他程序文件的唯一区别是其末尾或返回处必须有返回语句。

1) 子程序的调用

子程序调用命令与主程序执行命令相同。格式如下：

```
DO <程序文件名>|<过程名> [WITH <参数表>]
```

功能：在命令文件中调用执行指定的子程序。其中，WITH <参数表>子句指定传递到程序或过程的参数，在<参数表>中列出的参数可以是表达式、内存变量、常量、字段名或用户定义函数。可把参数放在圆括号中，各参数用逗号分隔。传递给一个程序的参数最多为 24 个。

2) 返回主程序语句

格式如下：

```
RETURN [TO MASTER|TO <程序名>]
```

功能：中止该子程序的执行，返回到调用它的程序，从调用该子程序的下一条语句继续执行。

说明：

(1) 若程序是被另一个程序调用的，遇到 RETURN 时，则自动返回到上级调用程序。如果是在最高一级主程序中，遇到 RETURN 时，则返回到命令窗口。

(2) 选用 TO MASTER 子句时，则返回到最高一级调用程序，即在“命令”窗口下，调用

的第一个主程序。

(3) 在程序最后,如果没有 RETURN 命令,则程序运行完后,将自动默认执行一个 RETURN 命令,但过程文件除外。

(4) 执行 RETURN 命令时,释放本程序所建立的局部变量,恢复用 PRIVATE 隐藏起来的内存变量。

(5) TO ＜程序名＞表示将控制权交给指定的程序。

例 5.25 求 1!＋2!＋3!＋…＋10!＝?。

```
* 主程序,E5_27.PRG
SET TALK OFF
CLEAR
S = 0                      && 和初始化
FOR I = 1 TO 10
  T = 1                    && 累乘积 T 初始化
  DO SUB
  S = S + T
ENDFOR
?" 1! + 2! + 3! + … + 10! = ",S
SET TALK ON
*以下为子程序,文件名为 SUB.PRG
FOR J = 1 TO I
  T = T * J
ENDFOR
RETURN
```

注意:以上是两个程序文件,主程序文件名可以任意;子程序文件名必须与调用子程序时的文件名一致,这里的子程序是 SUB. PRG,因为主程序中的程序调用语句是"DO SUB"。

2. 自定义函数

1) 自定义函数的结构

一个自定义函数实际上就是一个子程序,唯一的差别是在 RETURN 语句后带有表达式,以指出函数的返回值。

自定义函数的格式如下:

```
[FUNCTION <函数名>]
[PARAMETERS <参数表>]
<命令组>
RETURN [<表达式>]
```

使用说明:

(1) 若不写 FUNCTION ＜函数名＞选项,则表明该自定义函数是一个独立的程序文件。若写上该选项,则表明该自定义函数不能作为一个独立的程序文件,而只能放在某程序中。

(2) 若自定义函数中包含自变量,程序的第一行必须是参数定义命令 PARAMETERS。

(3) 自定义函数的数据类型取决于 RETURN 语句中＜表达式＞的数据类型。如果省略＜表达式＞,则返回.T.。

2）自定义函数的调用。

自定义函数的调用形式如下：

<函数名>(<自变量表>)

其中，自变量可以是任何合法的表达式，自变量的个数必须与自定义函数中PARAMETERS语句里的变量个数相等，自变量的数据类型也应符合自定义函数的要求。

例5.26 定义一个判断n是否素数的函数，然后调用该函数求2～1000内的全部素数。

```
* MAIN.PRG 调用 PR 函数求 1～1000 内所有的素数
SET TALK OFF
CLEAR
FOR I = 1 TO 1000
IF PR(I)
  ?I
ENDIF
ENDFOR
RETURN
FUNCTION  PR                && 判断 n 是否素数的函数
PARAMETERS  n
flag = .T.
k = INT(SQRT(n))
j = 2
DO WHILE j <= k .AND. flag
  IF n % j = 0
    flag = .F.
  ENDIF
  j = j + 1
ENDDO
RETURN flag
```

例5.27 定义一个计算阶乘的函数，求1！+2！+3！+…+10！的和。

```
SET TALK OFF
CLEAR
S = 0
FOR J = 1 TO 10
  S = S + JC(J)
ENDFOR
?" 1!+ 2!+ 3!+ … + 10!= ",S
SET TALK ON
RETURN
FUNCTION  JC
PARAMETER  X
Y = 1
FOR K = 1 TO X
  Y = Y * K
ENDFOR
RETURN Y
```

3. 过程及过程文件

1) 过程

过程是以 PROCEDURE 语句开头,以 RETURN 语句结束的一段程序。其结构一般如下:

```
PROCEDURE  <过程名>
[PARAMETER <参数表>]
<命令序列>
RETURN [TO MASTER| TO <过程名>]
```

说明:

(1) 每一个过程均以 PROCEDURE 开始,以 RETURN 结束。每个过程实际上是一个独立的子程序或一个用户定义函数。

(2) PROCEDURE <过程名>用于过程的第一条语句,它标识了每个过程的开始,同时定义了过程名。

(3) 过程如果以 RETURN <表达式>作为结束语句,那么该过程既可用 DO <过程名>的形式执行,又可当作一个合法的自定义函数,可供随时调用。

含有 PARAMETER 选项的过程称为"有参过程",该项缺省的过程称为"无参过程"。

2) 过程文件

将多个过程放在一个文件中,这个文件就叫过程文件。格式如下:

```
PROCEDURE <过程名 1 >
<命令序列 1 >
RETURN
PROCEDUBE <过程名 2 >
  <命令序列 2 >
RETURN
   … ]
```

说明:

(1) 过程文件的扩展名为.PRG,它的建立方法与命令文件的建立方法相同。

(2) 一个过程文件可包含的过程数不限,且过程的排列顺序任意。

(3) 过程文件中的每个过程必须以 PROCEDURE 开头,其后是过程名,过程的命名遵循文件命名规则。

(4) 过程可以放在过程文件中,也可以放在调用它的程序末尾。

例 5.28 假设有三个过程:p1,p2,p3,把它们组织到过程文件 proc.prg 中。

```
 * proc.prg 过程文件
PROCEDURE p1
? "过程 p1"
RETURN
PROCENURE p2
? "过程 p2"
RETURN
PROCEDURE p3
? "过程 p3"
```

```
RETURN
```

3）过程文件的打开与关闭

一般而言，调用过程之前应当先打开该过程所在的过程文件，使用完毕则关闭过程文件。格式如下：

SET PROCEDURE TO <过程文件名>

功能：打开指定的过程文件。

说明：

（1）Visual FoxPro 规定，一次只能打开一个过程文件。当用户使用本命令打开一个过程文件时，系统将自动关闭在此之前已经打开的过程文件。

（2）过程文件使用完后，要及时关闭，以释放它们占用的内存空间。关闭过程文件可以使用下列两条命令：

SET PROCEDURE TO
CLOSE PROCEDURE

4）过程的调用

格式如下：

DO <过程名> [WITH <参数表>]

功能：调用指定的过程。

例 5.29 使用带传递参数的过程调用方式计算三角形面积。

```
SET TALK OFF
AREA = 0
REP = .T.
DO WHILE REP                    && 功能是限制所输入的三边一定能够组成一个三角形
CLEAR
INPUT "请输入第一边大小:" TO X
INPUT "请输入第二边大小:" TO Y
INPUT "请输入第三边大小:" TO Z
  IF X = 0.OR.Y = 0.OR.Z = 0.OR.X + Y <= Z.OR.Y + Z <= X.OR.X + Z <= Y
    ? "不能构成一个三角形,请重新输入!"
    LOOP
  ENDIF
  REP = .F.
ENDDO
DO SUB WITH  X,Y,Z,AREA
?"AREA = ",AREA
RETURN
PROCEDURE SUB
PARAMETER A,B,C,S
P = (A + B + C)/2
S = SQRT(P * (P - A) * (P - B) * (P - C))
RETURN
```

5.5.2 内存变量的作用域

在程序方式下，每一个内存变量都有自己的有效范围，称之为作用域。了解内存变量的作用域，有助于在过程调用中利用它们准确地传递数据。

1. 全局内存变量

全局内存变量是指在上、下各级程序中都有效的内存变量。全局变量就像在一个程序中定义的变量一样，可以任意改变和引用，当程序执行完后，其值仍然保存。若欲清除这种变量，必须用 RELEASE 命令。定义全局变量需用下面的命令。

命令格式 1：

```
PUBLIC <内存变量表>|ALL|ALL LINK <通配符>|ALL EXCEPT <通配符>
```

命令格式 2：

```
PUBLIC [ARRAY] <数组名>(<下标上界 1>[,<下标上界 2>])[,<数组名>(<下标上界 1>[,<下标上界 2>]),…]
```

功能：定义全局内存变量或数组。

说明：

(1) 定义后尚未赋值的全局变量其值为逻辑值.F.。

(2) 全局变量在程序结束时不释放，即使主程序也是这样。

(3) 在命令窗口中建立的所有内存变量或者数组自动定义为全局型。

2. 局部变量

局部内存变量只能在定义它的程序及其下级程序中使用，一旦定义它的程序运行结束，它便自动被清除。也就是说，在某一级程序中定义的局部变量，不能进入其上级程序使用，但可以到其下级程序中使用，而且当在下级程序中改变了该变量的值时，在返回本级程序时被改变的值仍然保存，本级程序可以继续使用改变后的变量值。局部变量用 LOCAL 命令建立：

```
LOCAL <内存变量表>
```

该命令建立指定的局部变量，并为它赋值为逻辑假.F.。

程序中未作声明的变量均是局部变量。

例 5.30 分析下列程序的执行情况。

```
* 主程序 main.prg
r = 100
DO sub
? p
RETURN
proce sub                 && 过程 SUB
p = 2 * 3.14 * r
RETURN
```

此程序运行出错。但如果在 DO SUB 语句前加上一条命令：

```
P = 0 或者 PUBLIC
```

这时，程序就会得到正确结果。结果为 628.00，请读者思考一下原因。

3. 隐藏内存变量

隐藏说明只是对上级程序的变量进行隐藏说明，而不是创建变量。隐藏的目的是为了当前程序使用同名变量时不至于冲突。命令格式为：

```
PRIVATE <内存变量表>|ALL|ALL LIKE <通配符>|ALL EXCEPT <通配符>
```

命令功能：隐藏当前程序中指定的内存变量或数组。

使用说明：

(1) 对 PRIVATE 中内存变量的修改并不影响上级程序中与之同名的内存变量的值。此命令只对本级程序及以下各级子程序有效，当返回到上级程序时，被 PRIVATE 隐藏的当前程序中的内存变量自动被删除

(2) 在它们被隐藏期间，程序就不能再调用这些被隐藏的上级内存变量，但实际上它们仍然存在，一旦含有 PRIVATE 内存变量的程序结束后，被 PRIVATE 隐藏起来的那些以前建立的同名的上级内存变量自动恢复以前的内容和状态。

例 5.31 写出下列程序的输出结果。

```
r = 100
p = 10
DO sub
  ? p
RETURN
PROCEDURE sub
PRIVATE p
p = 2 * 3.14 * r
RETURN
```

输出结果为 10.00，如果将 PRIVATE P 改为 PUBLIC P，请问结果为多少？

5.5.3 调用子程序时的数据传递

1. 利用变量的作用域实现数据传递

合理地利用前面介绍的内存变量作用域特性，可以实现调用子程序时的数据传递。

例 5.32 计算矩形面积的程序。

```
* main.prg 主程序
gao = 8
kuan = 6
c = 0
DO sub
? c
RETURN
* sub.prg 子程序
c = gao * kuan
RETURN
```

2. 利用参数实现数据传递

命令格式如下：

```
PARAMETERS <内存变量表>
```

命令功能：指定子程序中的局部变量名，并由这些局部变量接收上级程序中用 DO

WITH <参数表>传递来的参数，将其依次赋给<内存变量表>中的各局部变量，也可以回送子程序运行的结果。

使用说明：

(1) 该命令必须放在本级程序的首行。

(2) 必须和 DO WITH 配合使用。<内存变量表>中变量的个数要与上级程序中的 WITH <参数表>中的参数个数相同。各变量用逗号分隔，最多能传递 24 个参数。

(3) 参数传递有两种方式：值传递和地址传递。如果使用值传递方式，则子程序中参数变化后的值不回传给上级调用程序。如果使用地址传递方式，则子程序中参数变化后的值要回传给上级调用程序。常量和表达式只能使用值传递方式，内存变量既可以使用值传递方式，又可以使用地址传递方式。使用值传递方式的变量要用括号括起来，使用地址传递方式的变量不加括号。如果不允许子程序改变传递参数变量的值，应该使用值传递方式。如果允许子程序改变传递参数变量的值，则要使用地址传递方式。

(4) 在自定义函数中，仍然使用 PARAMETER 语句接收上级调用程序传递来的参数。不过，在自定义函数中，默认的参数传递方式是值传递方式。要改变参数的传递方式，需要使用命令：

```
SET UDFPARMS TO VALUE|REFERENCE
```

该命令用于设置参数传递方式。选择 VALUE，按值传递方式传递参数，选择 REFERENCE，按地址传递方式传递参数。

例 5.33 写出下列程序的输出结果。

```
SET TALK OFF
x = 1
y = 3
DO sub WITH x,(y),5
? x,y
RETURN
PROCEDURE sub
PARAMETER a,b,c
a = a + b + c
b = a + b - c
RETURN
```

主程序将三个参数传递给过程 SUB，第一个参数 x 是地址传递方式，变量 a 的值的改变引起 x 值的改变；第二个参数 y 是值传递方式，变量 b 的值的改变不会影响 y 的值；第三个参数是常量。因此输出结果是 9　3。

习　　题

1. 写出下列程序的执行结果。

(1)

```
SET  TALK  OFF
CLEAR
```

```
FOR I = 4 TO 1 STEP - 1
?SPACE(20 - I)
??REPLICATE(" % ",2 * I - 1)
ENDFOR
SET  TALK  ON
RETURN
```

(2)

```
SET TALK OFF
DIMENSION A(6)
FOR K = 1 TO 6
A(K) = 30 - 3 * K
ENDFOR
K = 5
DO WHILE K >= 1
A(K) = A(K) - A(K + 1)
K = K - 1
ENDDO
?A(2),A(4),A(6)
SET TALK ON
RETURN
```

(3)

```
* 主程序: MAIN.PRG
SET TALK OFF
STORE 1 TO X,Y,A,B
SET PROC TO PROC1
DO P1 WITH (X),Y
?X,Y,A,B
SET TALK ON
RETURN
* 过程文件: PROC1.PRG
PROC P2
A = 2
B = 2
RETURN
PROC P1
PARAMETER X,Y
PRIVATE A
A = 3
B = 3
X = 4
Y = 4
RETURN
```

(4)

```
CLEAR
SET  TALK  OFF
X = 8
```

```
Y = 7
Z = FU(X,Y)
?Z
SET TALK ON
RETURN
FUNCTION FU
PARAMETER A,B
A = A * B
RETURN A
```

2. 编写程序，完成以下功能。

(1) 判断从键盘输入的年份是否是闰年。判断闰年的方法是：能被 4 整除但不能被 100 整除，或能被 400 整除。

(2) 用公式$\frac{\pi}{4}\approx 1-\frac{1}{3}+\frac{1}{5}-\frac{1}{7}+\cdots$求 π 的近似值，直到某一项的绝对值小于 10^{-6} 为止。

(3) 试编写一个程序，可以任意输入一个数据，判断是奇数或者是偶数。

(4) 试编写一个程序，输入任意月份，判断并显示是哪个季节，要判断月份输入的数据必须为 1～12，否则重新输入月份数据。如输入的数据为 1、2、3 则显示为春季，当输入的数据为－2 或者为 14，则显示“所输入的月份数据有误，请重新输入”。

(5) 试编写一个程序，计算 Y＝1＋3＋5＋…＋N，其中 N 为从键盘输入的任意一个正奇数。

3. 程序填空。

(1) 学生表中含有字段：学号 C(11)，姓名 C(8)，入学成绩 N(5,1)，籍贯 C(10)，下面一段程序是通过输入学号或姓名显示学生信息，请填空。

```
SET TALK OFF
CLEAR
ACCEPT "请输入学号或姓名" TO XX
USE 学生
LOCATE FOR (      )
  IF (      )
    DISP
  ELSE
    ?"没有该学生!"
  ENDIF
SET TALK ON
RETURN
```

(2) 以下程序是判断一个≥2 的自然数是否是素数，请完善程序。

```
SET  TALK  OFF
CLEAR
INPUT  "请输入一个>=2 的自然数: "  TO  N
FLAG = .T.
K = INT(SQRT(N))
FOR  I = 2  TO  (      )
  IF  N % I = 0
```

```
      FLAG = .F.
      EXIT
    ENDIF
 ENDFFOR
 IF  (      )
   ?STR(N) - "是一个素数!"
 ELSE
 ?STR(N) - "不是一个素数!"
 ENDIF
 SET  TALK  ON
 RETURN
```

（3）对学生表，按入学成绩降序显示前10名和按升序显示后10名学生的入学成绩。

```
SET TALK OFF
USE 学生
INDEX ON 入学成绩 TAG cjsy DESC
n = 1
CLEAR
@1,20 SAY "前十名成绩:"
DO WHILE n <= 10
DISP
n = n + 1
(      )
ENDDO
WAIT ""
CLEAR
@1,20 SAY "后十名成绩:"
n = 1
(      )
DO WHILE n <= 10
DISP
n = n + 1
SKIP - 1
ENDDO
USE
SET TALK ON
RETURN
```

第6章　面向对象程序设计及其表单设计

掌握VFP的面向对象程序设计技术及事件驱动模型，可以最大限度地提高程序设计效率。面向对象程序设计方法是考虑如何创建类和对象，利用对象来简化程序设计，并提供代码的可重用性。表单（Form）是Visual FoxPro提供的用于应用程序界面的主要工具之一。在前几章中讲过的对话框、向导、设计器等各类窗口，在VFP中统称表单。表单在基于图形用户界面的应用软件中获得广泛应用。

本章将介绍面向对象程序设计中的相关概念、术语、表单中的控件及表单设计的方法。

6.1　表单的建立与运行

6.1.1　用表单设计器建立表单

1. 表单设计器窗口

可以用多种方法打开表单设计器窗口。

方法1：选择“文件”菜单中“新建”选项，指定文件类型为“表单”，然后单击“新建文件”按钮。

方法2：在“项目管理器”中选择“文档”选项卡中的“表单”，然后单击“新建”按钮，并在打开的“新建表单”对话框中选择“新建表单”。

方法3：在“命令”窗口中输入CREATE RORM命令。

不管采用上面哪种方法，系统都将打开表单设计器窗口。在表单设计器中主要使用“表单控件”工具栏，如图6.1所示。如果没有该工具栏，可以单击菜单“显示”→“工具栏”→“表单控件”复选框调出表单控件工具栏。

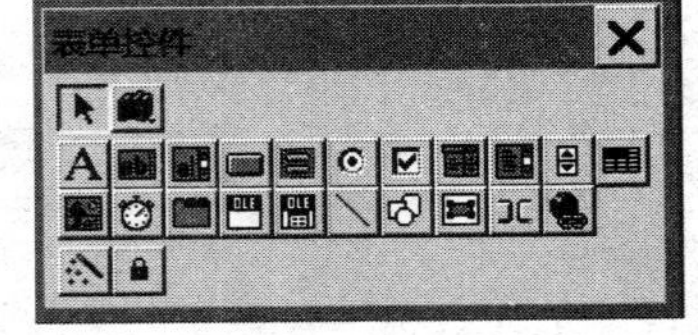

图6.1　“表单控件”工具栏

2. 对象的操作

打开表单设计器窗口后，Visual FoxPro主窗口上还将出现属性设置窗口、“表单控件”工具栏、“表单设计器”工具栏以及“表单”菜单项等，如图6.2所示。

(1) 表单设计器打开后出现的Form1窗口即表单对象，称为表单窗口。多数设计工作将在表单窗口中进行，包括往窗口内添加对象，并对各种对象进行操作与编码。

(2) 用于修改对象属性的属性窗口。

(3) 可为对象写入各种事件代码和方法程序代码的代码编辑器窗口。

(4) 包含表单设计工具的各种工具栏：例如“表单控件”工具栏，“表单设计器”工具栏，“布局”工具栏与“调色板”工具栏。

(5) 用于提供表的数据环境的数据环境设计器窗口。

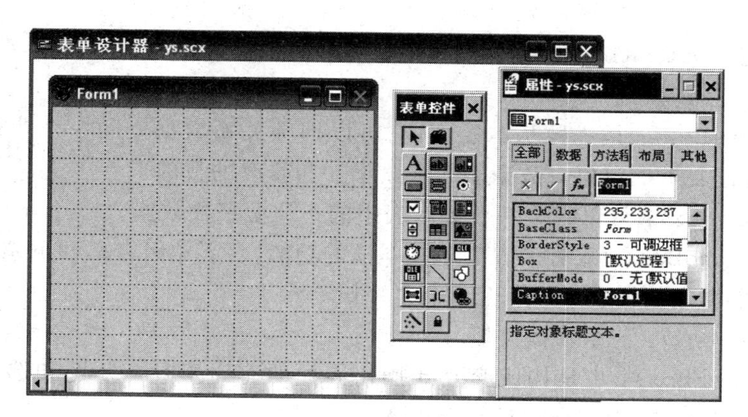

图 6.2　表单设计器窗口

(6) 敏感菜单：表单设计器打开后，系统菜单将自动增加一个表单菜单；“显示”菜单中将增加若干选项；“窗口”菜单中将增加表示被打开表单的命令；“格式”菜单中的命令也被改为与表单有关。

3. 工具栏的作用

工具栏是面向对象程序设计器经常用到的工具，在菜单显示下，它们的主要作用如下。

(1)“表单控件”工具栏：用于在表单上创建控件。

(2)“布局”工具栏：用于对齐、放置控件以及调整控件大小。

(3)“调色板”工具栏：用于指定一个控件的前景色和背景色。

(4)“表单设计器”工具栏：该工具栏包括设置 Tab 键次序、数据环境、属性窗口、代码窗口、表单控件工具栏、调色板工具栏、布局工具栏、表单生成器和自动格式等按钮。

4. 表单控件工具栏的初步认识

1) 怎样在表单中加入一个对象

在表单中加入对象的方法非常简单，只要首先将鼠标在“表单控件”工具栏中(如图 6.1 所示)移动到所需要的控件，按住鼠标左键，然后到表单的相应位置拖放出一个图形，就在表单中加入了一个继承了所选控件的全部属性和方法程序的对象。

2) 怎样选择自己所需要的控件集

如果所需要的控件不在当前“表单控件”工具栏中，就要重新指定工具栏对应“类库”文件，可以按下列步骤选定所需要的类库文件。

(1) 用鼠标指向“表单控件”工具栏中“查看类”的命令按钮，单击，选择“添加”，在“打开”对话框中选择所需要的类文件。

(2) 在上述第(1)步中选择“常用”可以恢复标准控件(基类)。

3) 常用控件的初步认识

常用控件就是 Visual FoxPro 为开发者提供的基类(如图 6.1 所示)，下面对这些控件进行一些介绍，在 6.4 节中还会对此进行进一步讨论：

标签控件(Label)：不能绑定数据，只能起提示作用。

命令按钮(Command Button)：在应用系统中，命令按钮是交互的主要工具，人们通过按钮向应用系统发布操作命令，按钮通过执行其方法程序响应人们的命令。

命令组(CommandGroup)：包含一组命令按钮的容器控件。

选项按钮组(OptionGroup):选项按钮即一般所称的单选按钮,是构成交互式界面的有力工具。

文本框(TextBox):是一种基本控件,它可以捆绑关系数据表的一个非备注型字段数据,从而实现通过文本框对象对数据表的字段增加和修改的目的。

编辑框(EditBox):可以绑定一个关系表中的备注型字段数据。

组合框(ComboBox):兼有列表框和文本框的功能,有下拉组合框和下拉列表框两种形式。组合框可以绑定数据表中的一个或多个字段。

列表框(ListBox):与组合框类似。

复选框(CheckBox):也是构成交互式操作界面的有力工具。复选和选项按钮的差别是:复选按钮可以兼选,而选项按钮只能单选。

微调按钮(Spinner):用户可以使用微调按钮对其所绑定的整数型字段数据进行维护。

表格(Grid):表单中一种功能强大的控件。可以绑定指定的数据表,从而实现通过表格对象对数据表进行维护的目的。

计时器(Timer):可以定时执行某种操作。

页框(Page Frame):是一个容器控件,可以构建含有"选项卡"的界面。

6.1.2 用表单向导建立表单

Visual FoxPro 中有两个表单向导,利用向导可以建立各种各样的表单原型。

1. 表单向导

整个表单针对一个数据表进行诸如查询、修改、插入、删除等操作。在 Visual FoxPro 菜单栏中,选择"文件"菜单中的"新建"选项,指定文件类型为"表单",单击"向导"按钮,在随后出现的"向导选取"对话框中选择"表单向导",然后依次按提示操作即可。

2. 一对多表单向导

整个表单针对两个数据表,而且这两个数据表间存在一对多的关系,一方所对应的表称为父表,多方所对应的表称为子表。

在学生管理系统中,有学生表和选课表,两者的关系是一对多的关系,学生表作为父表,选课表作为子表。

操作步骤如下。

(1) 在 Visual FoxPro 菜单栏中,选择"文件"菜单中的"新建"选项,指定文件类型为"表单",单击"向导"按钮,在随后出现的"向导选取"对话框中选择"一对多表单向导",进入如图 6.3 所示的"步骤 1-从父表中选定字段"对话框。

(2) 在图 6.3 中,选定自由表学生表为父表,并选择相应字段到"选定字段"框中,单击"下一步"按钮,出现如图 6.4 所示的"步骤 2-从子表中选定字段"对话框。

(3) 在图 6.4 中,指定选定自由表选课表为子表,并选择相应字段到"选定字段"框中,单击"下一步"按钮,出现如图 6.5 所示的"步骤 3-建立表之间的关系"对话框。

(4) 在图 6.5 中,建立两表间的关联关系。一般系统以默认值显示该关联关系。单击"下一步"按钮出现如图 6.6 所示的"步骤 4-选择表单样式"对话框。

(5) 在图 6.6 中选择相应的样式和按钮类型,单击"下一步"按钮出现如图 6.7 所示的"步骤 5-排序次序"对话框。

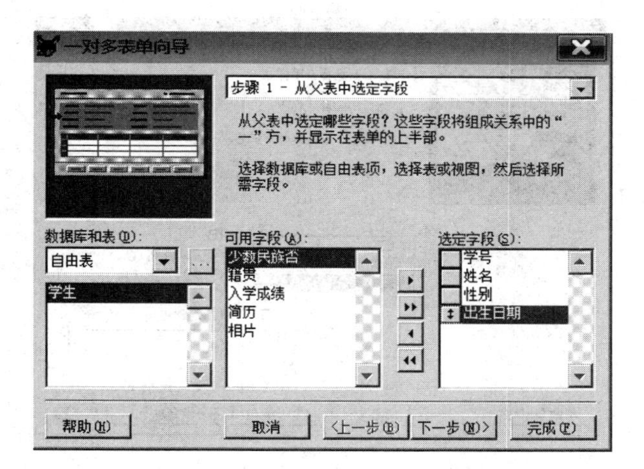

图 6.3　一对多表单向导第 1 步

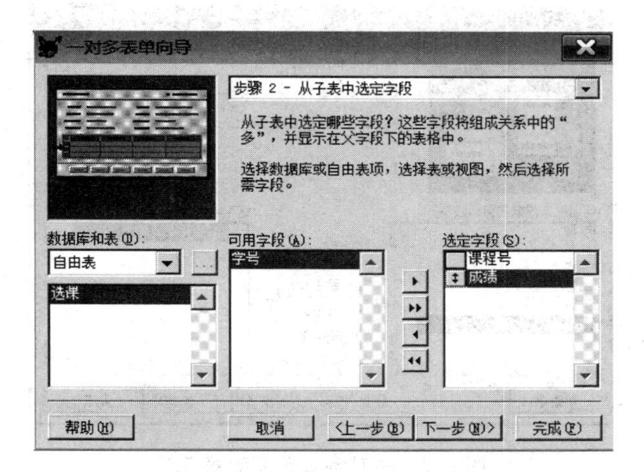

图 6.4　一对多表单向导第 2 步

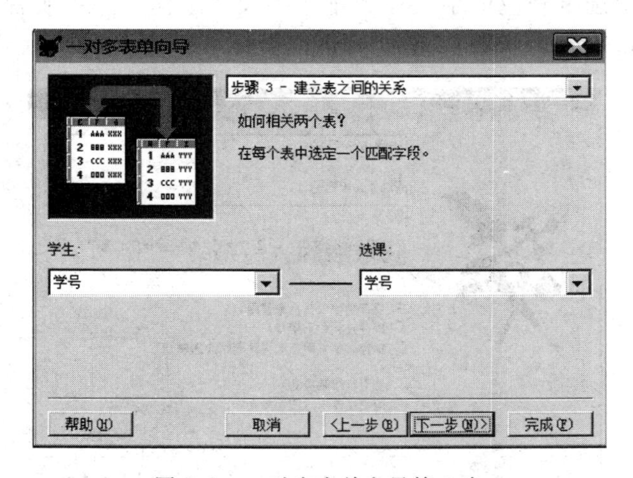

图 6.5　一对多表单向导第 3 步

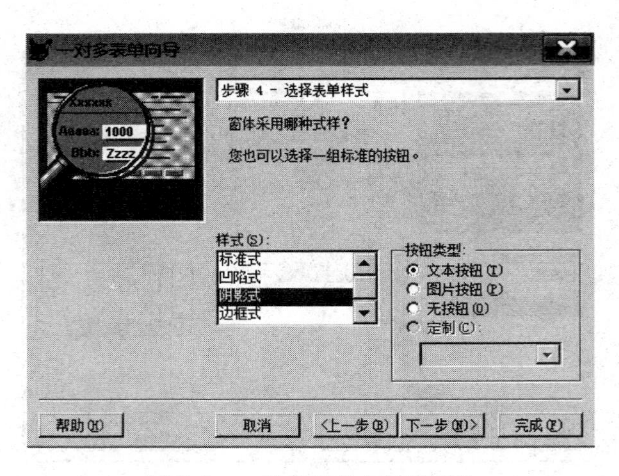

图 6.6　一对多表单向导第 4 步

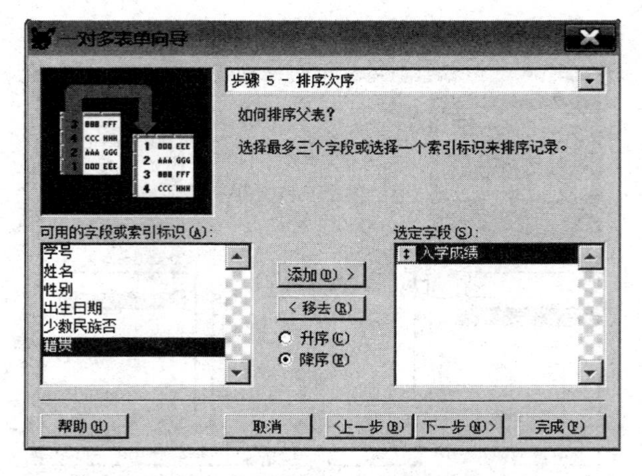

图 6.7　一对多表单向导第 5 步

(6) 在图 6.7 中选定相应的字段作为排序字段并选择“升序”或者“降序”，单击“下一步”按钮出现如图 6.8 所示“步骤 6-完成”对话框。

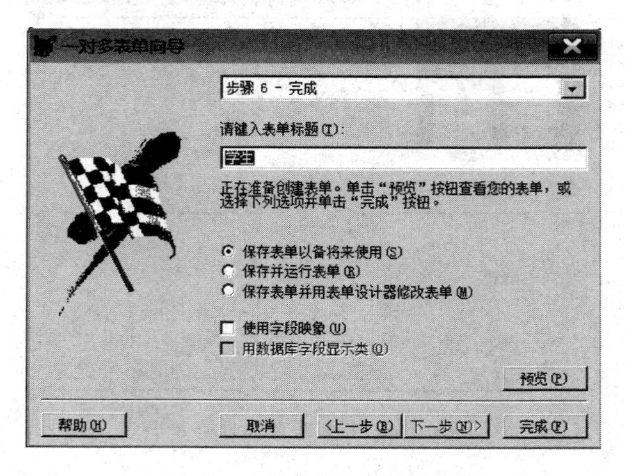

图 6.8　一对多表单向导第 5 步

(7) 在图 6.8 中输入表单标题，保存表单类型，并单击“预览”，可以看见表单运行界面如图 6.9 所示。

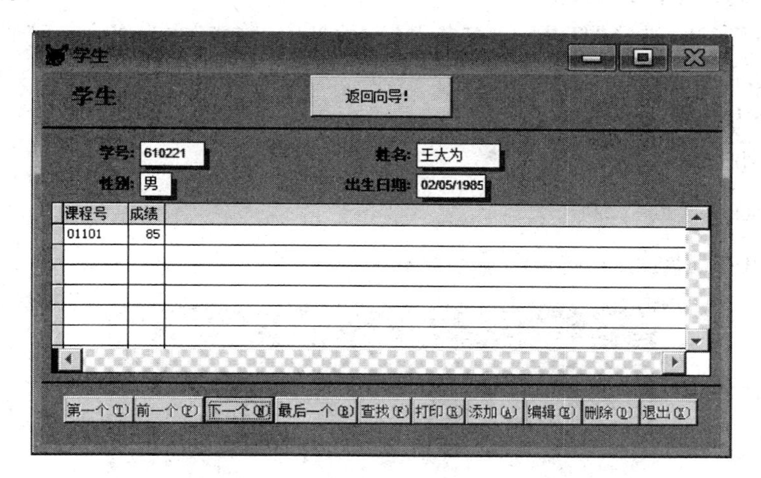

图 6.9　一对多表单向导浏览运行

6.1.3 保存表单

表单设计完毕后，可通过存盘保存在扩展名为.SCX 的表单文件和扩展名为.SCT 的表单备注文件中。存盘方法有以下几种。

(1) 选择系统菜单中“文件”菜单中的“保存”命令可保存当前的设计但表单设计器不关闭。

(2) 按组合键 Ctrl+W。

(3) 单击表单设计器窗口中的“关闭”按钮，或选定系统菜单中“文件”菜单中的“关闭”命令时，若表单为新建或被修改过，系统会询问是否保存表单。回答“是”即将表单存盘。

存盘后，在磁盘上就可以看到两个文件，即表单文件(.SCX)及其表单备注文件(.SCT)，只有当两个文件同时存在时，方能执行表单。

6.1.4 表单的运行

有以下三种方法可以运行表单。

(1) 直接使用命令。在命令窗口中直接输入命令：

```
DO  FORM  <表单名>
```

如果表单没有在当前目录中，并且没有用 SET DEFAULT TO 命令设定默认路径，则需要在表单名前冠上目录路径。

(2) 在表单设计器窗口中，选择“表单”菜单中的“运行”命令，或直接单击工具栏中的红色惊叹号 **!**。

(3) 在项目管理器中，选中“文档”选项卡并指定要运行的表单，单击“运行”按钮。

6.1.5 表单的修改

表单一旦建立完成，表单及表单中对象的属性、方法和事件已确定。如果用户对已有对象的属性、方法和事件不满意，可以进行修改。

1. 用表单设计器修改表单

打开“文件”菜单，选择“打开”；在“打开”对话框中，输入“表单名”；在“表单设计器”窗口中，单击鼠标右键，在“表单”快捷菜单中，选择“执行表单”。

2. 以命令方式修改表单

命令格式如下：

```
MODIFY  FORM  <表单>.SCX
```

例 6.1 设计如图 6.10 所示的加法器界面。

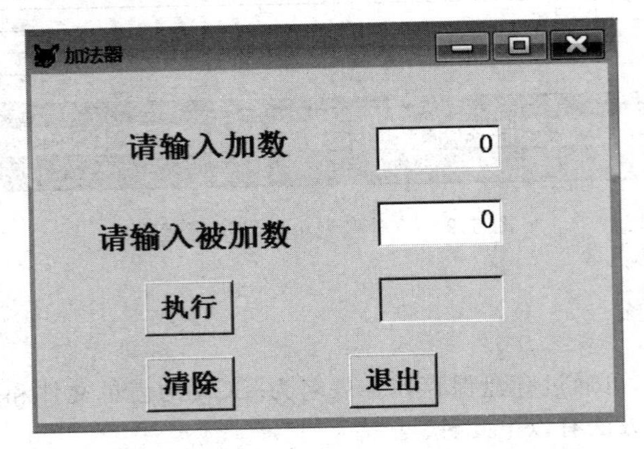

图 6.10 加法器界面

操作步骤如下。

(1) 进入表单设计器界面，在表单上添加两个 Label(标签)控件，分别用于显示提示信息，三个 TextBox(文本框)控件，分别用于输入被加数、加数和执行显示结果，三个 CommandBotton(命令)控件，分别用于执行求和、清除和退出。各控件的主要属性如表 6.1 所示(其他的属性，如字体、字号、自动改变大小等，可以自己设置)。

表 6.1 加法器的属性设置

控 件	属 性	属 性 值	控 件	属 性	属 性 值
Form1	Caption	加法器	Command3	Caption	退出
Label1	Caption	请输入被加数	Text1	Value	0
Label2	Caption	请输入加数	Text2	Value	0
Command1	Caption	执行	Text3	ReadOnly	.T.
Command2	Caption	清除			

(2) 为命令按钮写代码，方法是选中需要写代码的命令控件，单击右键，在快捷菜单中选择代码，就进入了代码编辑器窗口，注意选择的对象和过程，主要为这三个命令按钮写 CLICK 过程的代码。

“执行”按钮的 CLICK 代码为：

```
THISFORM.TEXT3.VALUE = THISFORM.TEXT1.VALUE +  THISFORM.TEXT2.VALUE
```

“清除”按钮的 CLICK 代码为：

```
THISFORM.TEXT1.VALUE = 0
THISFORM.TEXT2.VALUE = 0
THISFORM.TEXT3.VALUE = "  "
```

“退出”按钮的 CLICK 代码为：

```
THISFORM.RELEASE
```

(3) 运行表单。可以单击工具栏中的 ! 符号，或者在“命令”窗口中运行命令 DO FORM 表单名，运行结果如图 6.10 所示。

6.2 面向对象的程序设计方法

在面向对象程序设计(Object Oriented Programming，OOP)中，对象(Object)是组成程序的构件，就好像在面向过程的结构化程序设计方法(Structured Programming)中的子程序和函数的作用一样。在面向对象的程序设计方法中，程序设计人员按照面向对象的观点来描述问题、分解问题，最后选择一种支持面向对象方法的程序语言来解决问题。在这种方法中，设计人员直接用一种称为“对象”的程序构件来描述客观问题中的“实体”，用“类”来模拟这些实体间的共性。通过对象交互作用来实现程序的设计目标。

6.2.1 面向对象和过程程序设计的主要区别

面向对象技术是目前流行的软件系统设计开发技术，它包括面向对象分析和面向对象程序设计。面向对象程序设计技术的提出，主要是为解决窗体的程序设计方法——过程化程序设计所不能解决的代码重用问题。

面向过程的程序设计从系统的功能入手，按照工程的标准和严格规范将系统分解为若干功能模块，系统是实现模块功能的函数和过程的集合。由于用户的需求和软硬件技术的不断发展变化，按照功能划分设计的系统模块必然是易变的和不稳定的。这样开发的模块可重用性不高。

面向对象程序设计从所处理的数据入手，以数据为中心而不是以服务(功能)为中心来描述系统。它把编程问题视为一个数据集合，数据相对于功能而言，具有更强大的稳定性。

面向对象程序设计同结构化程序设计相比最大的区别是：面向对象程序设计首先关心的是所要处理的数据，而面向过程程序设计首先关心的是功能。

6.2.2 面向对象程序设计的特点

面向对象程序设计方法具有以下 4 个特点。

1. 抽象

抽象就是忽略一个主题中与当前目标无关的那些方面，以便更充分地注意与当前目标有关的方面。抽象并不打算了解全部问题，而只是选择其中的一部分，暂时不用部分细节。比如，要设计学生成绩管理系统，考查学生这个对象时，只关心班级、学号等有关信息，而不关心身高、体重等信息。抽象包括两个方面。一是过程抽象，二是数据抽象。过程抽象是指任何一个明确定义功能的操作都可以被使用者看作单个的实体，尽管这个操作实际上可能由一系列更低级的操作来完成。数据抽象定义了数据类型和施加于该类对象上的操作，并限定了对象的值只能通过使用这些操作修改和观察。

2. 继承

继承是一种连接类的层次类型，并且允许和鼓励类的重用。它提供了一种明确的表述共性的方法。对象的一个新类可以从现有的类中派生，这个过程称为类继承。新类继承了原始类的特征，新类称为原始类的派生类（子类），而原始类称为新类的基类（父类）。派生类可以从它的基类那里继承方法和实例变量，并且类可以修改或者增加新的方法使之更适合特殊的需要。这也体现了大自然的特殊与一般关系。继承性很好地解决了软件的可重用性问题。比如，所有 Windows 应用程序都有一个窗口，它们都可以看作是从一个窗口类派生出来的。但是有的应用程序用于文字处理，有的应用程序应用于绘图，这是由于派生出了不同的子类，各个子类添加了不同的特征。

3. 封装

封装是面向对象程序设计特征之一，是对象和类概念的主要特征。封装是把过程和数据包围起来，对数据的访问只能通过已定义的界面。面向对象的计算始于这个基本概念，即现实世界可以被描述成一系列完全自治、封装的对象，这些对象通过一个受保护的接口访问其他对象。一旦定义了一个对象的特性，则有必要解决这些特征的可见性，即哪些特性对外部世界是可见的，哪些特性用语表示内部状态。在这个阶段定义对象的接口。通常，应禁止直接访问一个对象的数据，而应通过操作接口访问对象，这称为信息隐藏。事实上，信息隐藏是用户对封装性的认识，封装则为信息隐藏提供支持。封装保证了模块具有较好的独立性，使得程序维护修改较为容易。对应用程序的修改仅限于类的内部，因而可以将应用程序修改带来的影响降低到最低限度。

4. 多态性

多态性允许不同类的对象对同一消息作出响应。比如同样的加法，把两个时间加在一起和把两个整数加在一起应该完全相同。又比如，同样地选择编辑-粘贴操作，在字处理和绘图程序中有不同的效果。多态性包括参数化多态性和包含多态性。多态性语言具有灵活、抽象、行为共享、代码共享的优势，很好地解决了应用程序函数的同名问题。

6.2.3 基本概念

在 OOP 中，对象是构成程序的基本单位和运行实体。下面将阐述对象以及它的属性、事件、方法程序等概念和基本操作。

1. 类与对象

在面向对象程序设计中，现实世界的事物均可抽象为对象，对象仅是类（Class）的运行实例，它可以是任何具体事务。例如现实生活中的计算机、电话机、电视机等。任何对象都有自己的属性特征和行为规则；而类是具有相同属性特征和行为规则的多个对象的一种统一描述；是一种对象的归纳和抽象。例如在创建表单时，控件工具栏中的每个控件是基类，而具体创建的一个表单，表单上的命令按钮都是对象。

可以这么说：

(1) 类是对象的定义。类规定并提供了对象具有的属性特征和行为规则。

(2) 对象通过类来产生。

(3) 对象是类的实例,类是普遍,对象是特殊。

Visual FoxPro 提供了很多基类,基类又可区分为控件类和容器类两种。控件类有复选框、组合框、命令按钮、编辑框、图像、标签、线条、列表框、文本框、形状、微调以及计时器;容器类有表单集、表单、表格、页框、选项按钮组以及命令按钮组。相应地,这些类可以生成容器类对象和控件类对象。

1) 控件类对象

控件是指容器对象内的一个图形化的并能与用户进行交互的对象。窗口或对话框中常见的文本框、列表框和命令按钮就是典型的控件对象,它是由其相应的控件基类创建的。控件类对象不能容纳其他对象。

2) 容器类对象

容器类对象可以包含其他对象,用户可以单独访问和处理容器类对象中所包含的任何一个对象。例如在"表单控件"工具栏上的按钮中,命令按钮组、表格、页框、表单等基类可创建容器类对象。

不同的容器所能包含的对象类型是不同的,例如表格容器中不能包含页面对象,而页面容器中只能包含页面对象等。

2. 属性

1) 对象的属性

对象的属性 (Attribute)是用来描述对象特征的参数。属性是属于某一个类的,不能独立于类而存在。派生出的新类将继承基类和父类的全部属性。在 Visual FoxPro 系统中,由基类创建的各种对象具有原有基类的所有属性,并可修改自己的属性,一般对象拥有 70 多个属性。对象的属性可以在设计对象时通过修改其原有属性定义,也可以在对象运行时进行设置。

对象的属性特征标识了对象的物理性质;对象的行为特征描述了对象可执行的行为动作。对象的每一种属性,都是与其他对象加以区别的特性,都具有一定的含义,并赋予一定的值。

表单属性大约有 100 个,但大多数很少用,表 6.2 中列出了 Visual FoxPro 常用表单的属性。

表 6.2 常用对象属性

属 性	描 述	默 认 值
AlwaysOnTop	指定表单是否总是位于其他打开的窗口之上	.F.
AutoCenter	指定表单初始化时是否自动在 Visual FoxPro 主窗口内居中显示	.F.
AutoSize	指定是否自动调整控件大小以容纳其内容	.F.
BackColor	指明表单窗口的颜色	255,255,255
BorderStyle	指定表单边框的风格	3
Caption	指定显示于表单标题上的文本	Form1
MaxButton	确定表单是否有"最大化"按钮	.T.
MinButton	确定表单是否有"最小化"按钮	.T.
Movable	确定表单是否能够移动	.T.
Scrollbars	指定表单的滚动条类型,可以取 0(无)、1(水平)、2(垂直)、3(既水平又垂直)	0
WindowState	指定表单的状态:0(正常),1(最小化),2(最大化)	0
WindowType	指定表单是模式表单(1)还是非模式表单(0)	0

一个对象在创建之后，它的各个属性就具有默认值。在面向对象程序设计中，可以通过多种方法对某个对象的属性进行重新设置或赋值，并通过控制某个对象的属性值来操纵这个对象。除了可以通过打开对象的属性窗口为该对象设置属性值外，还可以用命令方式为对象设置属性值。命令格式为：

<对象引用>.<属性> = <属性值>

例 6.2 将表单 Form1 中的 Command1 命令按钮标题设置为“退出”，Text1 文本框设置为“只读”。相应的命令为：

```
ThisForm.Command1.Caption = "退出"
ThisForm.Text1.readonly = .t.
```

可以将该命令设置在表单的 INIT 事件中。

当然也可以直接在对象的属性窗口中修改。

2) 对象的属性窗口

表单设计器打开后，只要选定显示菜单或表单的快捷菜单中的属性命令，就会显示一个属性窗口。该窗口能显示当前对象的属性、事件和方法程序，并允许用户更改属性，定义事件代码和修改方法程序。如图 6.11 所示，属性窗口自上而下依次包括对象组合框、选项卡、属性设置框、属性列表框和属性说明信息 5 个部分。

图 6.11 属性窗口的组成

(1) 对象组合框。

对象组合框包含当前表单及全部控件的列表，用户可在列表中选择表单或控件，这和在表单窗口中选定对象的效果是一致的。

(2) 选项卡。

属性窗口中包含 5 个选项卡，分别用来显示对象的属性、事件、方法程序等选项，选项按字母顺序排列。

(3) 属性设置框。

属性设置框可能是文本框或组合框，用于修改属性值。在属性列表中选定某属性后，若属性设置框显示为文本框，即可向框中输入属性值。若属性设置框显示为组合框，表示该属性可由系统来提供可选值，用户只需在组合框中选定一个值，或在属性列表中双击属性名，即可切换到所要的值。

(4) 属性列表。

属性列表的每一行包含两列，分别显示属性的名字和它的当前值。选定某属性值后即可更改属性值。注意，以斜体字显示的选项表示只读，用户不能修改；用户修改过的选项将以黑体显示。

(5) 属性说明信息。

在属性列表中选定某属性、事件或方法程序后，属性窗口的底部即简要地显示它的意义；若要了解进一步的信息，可在此时按 F1 键显示帮助信息。

3. 在程序中引用对象

在面向对象的程序设计中常常要引用对象，或引用对象的属性、事件与调用方法程序。在 Visual FoxPro 程序中，对象的引用方式有绝对调用和相对调用两种方式。

1）绝对引用

所谓绝对引用就是通过提供对象的完整层次来引用对象。换句话说，如果对一个对象的引用是从最外层的容器直至该对象的，被称为对象的绝对引用。

例如：要将表单 Form1 中的命令按钮组 CommandGroup1 中的 Command1 的标题设为"确定"的命令格式为：

```
Form1.CommandGroup1.Command1.Caption = "确定"
```

绝对引用一个对象时与当前所处的对象位置无关，也就是说无论当前处于哪个对象层次之中，此种引用的效果都是相同的。

2）相对引用

在对象的某个容器层次中引用某个对象时，还可以使用引用关键字快速指明所要处理的对象。如果对一个对象的引用是从引用关键字开始再至该对象的，被称为对象的相对引用。通常用以下引用关键字开头：

- Parent：本对象的父对象。
- ThisFormSet：包含本对象的表单集。
- ThisForm：包含本对象的表单。
- This：本对象。

注意：*只能在方法程序或事件过程中使用引用关键字。*

例如，要将上例中的绝对引用改为相对引用，若是在表单的事件中，命令格式就为：

```
ThisForm.CommandGroup1.Command11.Caption = "确定"
```

若是在 Command1 命令按钮的事件中，命令格式就为：

```
This.Caption = "确定"
```

6.2.4 对象的方法和事件

任何对象都具有自己的特征和行为。对象的特征由它的各种属性来描绘，对象的行为则由它的方法程序来表达，而事件可看作是对象能识别和响应的动作。

1. 方法

方法也叫方法程序，是对象本身具有内涵的运行特定操作的函数或过程，方法可在需要的时候调用，使对象执行一个操作。方法所包含的程序代码由 Visual FoxPro 系统定义，对用户是不可见的，用户不必过问，只是调用它就可以了。方法的操作范围只能是对象内部函数或对象可以访问的数据。对象的行为或动作被称为方法，而方法程序则是与对象相关联的程序过程，是对象能够执行并完成相应任务的操作命令代码的集合。

方法程序是与对象紧密关联的一个程序过程。如果一个对象已经建立，就可以在应用程序的任意位置调用该对象所具有的方法，即执行该方法对应的一个过程，调用方法的命令格式与引用对象属性的命令格式相类似。其格式为：

<对象引用>.<方法>

在 Visual FoxPro 中,每个对象都具有该类对象所固有的若干种方法,每个固有的方法对应于一个内在的方法程序。

下面介绍一些常用的方法程序

1）表单的显示、隐藏与关闭方法

(1) Show：显示表单。该方法将表单的 Visible 属性设置为.T.,并使表单成为活动对象。

(2) Hide：隐藏表单。该方法将表单的 Visible 属性设置为.F.。Show 使表单可见,而 Hide 则是隐藏表单。注意,Hide 方法只是在屏幕上隐藏表单,并没有从内存中释放表单,隐藏后的表单依然可以通过调用 Show 方法恢复显示。

(3) Release：将表单从内存中释放(清除)。如表单中有一个命令按钮,希望单击该按钮时关闭表单,可以将该命令按钮的 Click 事件代码设置为 ThisForm.Release。

2）表单或控件的刷新方法

Refresh：刷新表单数据。当表单中各种对象所对应的数据发生改变时,有时并不自动地反映在表单界面上,需要使用 Refresh 刷新,才能显示最新数据。如用一个文本框关联一个数据表字段,当数据表记录指针移动后,新记录对应的数据需要刷新后才能更新。

3）控件的焦点设置方法

SetFocus：让控件获得焦点,使其成为活动对象。如果一个控件的 Enabled 属性值或 Visible 属性值为.F.,将不能获得焦点。

2. 事件

事件就是发生在对象上的事情,即用户或系统触发对象所做的一个特定操作。在 Windows 环境下的软件系统中,用户通常使用下面的动作来运行应用程序：单击、双击、拖动、右击等操作,这些可以为系统所接受的操作称为事件。事件是一个对象可识别的操作,在 Visual FoxPro 系统中,可以编写相应代码添加到相应的事件代码中,在事件被激发时,软件执行这些代码,即对此代码进行响应。除了用户或软件交互操作可以激发事件外,程序代码或系统,如计时器,也可以激活事件。对于没有添加代码的事件,即使发生也不会有任何命令被运行。

对象所能响应的事件种类是固定的,不能由用户建立新的事件。下面介绍一些常用事件。

1）运行时事件

(1) Init 事件：创建表单时触发该事件,从而执行为该事件编写的代码。Init 代码通常用来完成一些关于表单的初始化工作。

(2) Load 事件：在表单对象建立之前引发,即运行表单时,先引发表单的 Load 事件,再引发表单的 Init 事件。由于该事件发生时还没有创建任何控件对象,因此在此事件中不能有对控件进行处理的代码。

2）关闭时事件

(1) Destroy 事件：释放表单时触发该事件,该方法代码通常用来进行文件关闭、释放内存变量等工作。表单对象的 Destroy 事件在它所包含的控件对象的 Destroy 事件之前引发,所以,在表单对象的 Destroy 事件代码中能够访问它所包含的所有控件对象。

(2) Unload 事件：释放表单时发生,是释放表单的最后一个事件。比如在关闭包含一个命令按钮的表单时,先引发表单的 Destroy 事件,然后引发命令按钮的 Destroy 事件,最后引发表单的 Unload 事件。

注意 Release 方法与 Destroy 事件的区别，Destroy 事件是由表单释放事件而触发的，而 Release 方法则是主动释放表单，可以说 Release 是 Destroy 的触发器，由于 Release 方法的实行而导致表单的释放，从而引发表单释放事件，并因此触发 Destroy 事件的发生。

例 6.3 建立表单 myform，在该表单中添加一个命令按钮，按照表 6.3 为表单和按钮设置相应的时间代码，最后运行表单并观察 Load、Init、Destroy、Unload 时间的执行顺序。

表 6.3 设置的事件代码

对　　象	事　　件	代　　码
表单	Load	Wait"引发表单 Load 事件"window
	Init	Wait"引发表单 Init 事件"window
	Destroy	Wait"引发表单 Destroy 事件"window
	Unload	Wait"引发表单 Unload 事件"window
命令按钮	Init	Wait"引发按钮 Init 事件"window
	Destroy	Wait"引发按钮 Destroy 事件"window

操作步骤如下。

(1) 在“命令”窗口中输入命令 MODIFY FORM myform，打开表单设计器窗口，然后通过“表单控件”工具栏向表单中添加一个命令按钮。

(2) 从“显示”菜单中选择“代码”命令，打开代码编辑窗口。或者在表单的空白处右击，在快捷菜单中选择“代码”

(3) 按照表 6.3，为表单和命令按钮写相应事件的代码，注意对象和事件。

(4) 运行表单。单击工具栏中的“!”按钮。或者在“命令”窗口中输入命令：

```
do form myform
```

(5) 保存表单文件。从“文件”菜单中选择“保存”，或者按 Ctrl＋W 组合键。

表单在运行时，首先显示提示信息“引发表单 Load 事件!”，然后依次按任意键，分别显示提示信息“引发按钮 Init 事件!”与“引发表单 Init 事件!”，再次按任意键后，Visual FoxPro 主窗口上显示出表单。

之后，单击“关闭”按钮释放表单时，首先显示提示信息“引发表单 Destroy 事件!”，然后依次按任意键，分别显示提示信息“引发按钮 Destroy 事件!”与“引发表单 Unload 事件!”。再次按任意键，返回“命令”窗口。

3) 交互时事件

(1) Click 事件：单击对象时触发该事件，从而执行为该事件编写的代码。引发该事件的常见情况有以下几种。

① 鼠标单击复选框、命令按钮、组合框、列表框和选项按钮。

② 在命令按钮、选项按钮、复选框获得焦点时，按空格键。

③ 当表单中包含一个默认按钮(Default 属性值为. T.)时，按 Enter 键，引发默认按钮的 Click 事件。

④ 单击表单的空白处，引发表单的 Click 事件。但单击表单的标题栏或窗口边界不会引发 Click 事件。

(2) DblClick 事件：双击对象时触发该事件，从而执行为该事件编写的代码。

(3) RightClick 事件：单击鼠标右键时触发该事件。

(4) GotFocus：对象获得焦点时发生。由用户动作引起，如按 Tab 键或单击鼠标或在代码中使用 SetFocus 方法程序。

(5) LostFocus：对象失去焦点时发生。由用户动作引起，如按 Tab 键或用鼠标移动后单击或在代码中使用 SetFocus 方法使焦点移动到新的对象上。

(6) Timer：到达 Interval 属性规定的毫秒数时发生。适用于计时器。

(7) Error：对象运行发生错误时激活。

(8) Activate：当表单或表单集被激活或者工具栏显示时。

(9) Valid：当一个控件失去焦点时。

3. 事件驱动方式

事件一旦被触发，系统马上就去执行与该事件对应的过程。待事件过程执行完毕后，系统又处于等待某事件发生的状态，这种程序执行方式明显地不同于面向过程的程序设计，称为应用程序的事件驱动方式。

事件驱动方式细分为三种：由用户触发，例如单击命令按钮事件；由系统触发，例如计时器事件，将自动按照设定的时间间隔发生；由代码触发，例如用代码来调用事件过程。

4. 为事件(或方法程序)编写代码

编写代码先要打开代码编辑窗口，打开某对象代码编辑窗口的方法有很多种。

(1) 双击该对象。

(2) 选定该对象的快捷菜单中的代码命令。

代码编辑窗口中包含两个组合框和一个列表框(如图 6.12 所示)。“对象”组合框用来重新确定对象，“过程”组合框用来确定所要的事件(或方法程序)，代码则在列表框中输入。

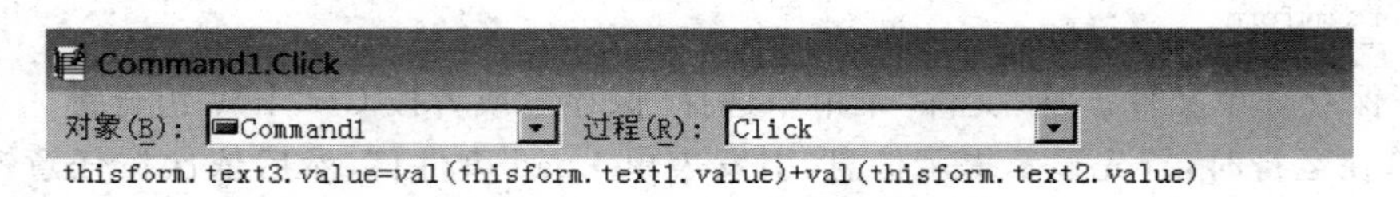

图 6.12　代码编辑窗口

例 6.4　调用表单对象的有关方法。通过单击 Form1 表单上的 Command1 命令按钮刷新、隐藏表单。相应地，Command1 命令按钮的 Click 事件代码为：

```
ThisForm.refresh
Messagebox("现在开始演示方法 HIDE")
Thisform.Hide
Wait "按任意键可以显示表单!"  WINDOW
Thisform.show
```

注意：*方法程序可以直接被对象所调用执行，而事件中的代码只有在相应的事件被引发时才会被执行。*

例 6.5　在表单上创建一个文本框和一个命令按钮。要求对 Form1 表单上的 Command1 命令按钮按住鼠标左键时，文本框内能显示当前日期，而释放该鼠标键则能显示当前时间。

相应地，Command1 命令按钮的 MouseDown 事件代码为：

```
Thisform.text1.value = date( )
```

Command1 命令按钮的 MouseUp 事件代码为：

```
Thisform.text1.value = time( )
```

5. 类

类(Class)是对具有公共的方法和一些相同特征的一组对象的描述，是创建对象的模块和框架。一个类实质上定义的是一个对象的类型，由数据和方法构成，它描述了属于该类型是所有对象的公共属性和方法。对象在运行过程中由其所属的类动态生成，相同的类实例化后，由于各自可能具有不同的属性或方法等，可以创建不同的对象。每个对象都属于某一个类，对象也可以称为类的一个实例，是具体的。对象和类的关系相当于一般的程序设计语言中变量和变量类型的关系。

例如，表单控件工具栏中的命令按钮是一个控件类，而在设计表单时，程序员使用表单工具栏在表单中创建一个命令按钮，按钮名称为“你好”，则表单中的这个“你好”按钮就是命令按钮类实例化的对象。

类具有以下特征。

1）封装特性

封装指包含隐藏对象信息，如内部数据结构、对象属性、方法等。封装规避了一些不必要的复杂工作，并有利于创新安全，例如对一个命令按钮设置其 Caption 属性时，程序员不必了解 Visual FoxPro 是如何存储该属性的值的，只需要知道如何修改和应用该属性的值即可。

2）子类特征

一个子类可以拥有其父类的全部功能，但也可以增加自己的属性和方法，使它具有与父类不同的特点，以实现新的功能。

3）继承性的特征

继承性的特征包括以下内容。

(1) 对象能自动继承创建它的类的功能。

(2) 子类能自动继承其父类的功能。

(3) 对一个类的改动能反映到它的所有子类中。

类的继承特点节省了程序员维护代码的强度和难度，创建子类时，包含于父类的代码不必重写，同样，创建对象时，也不必重写类中包含的实现类功能的代码。

6. 消息

消息是向某对象请求服务的一种表达方式。对象内有方法和数据，外部的用户或对象对该对象提出的服务请求，可以称为向该对象发送消息。

6.3 表单的设计

6.3.1 数据环境

1. 数据环境的概念

为表单建立数据环境，可以方便设置与数据之间的绑定关系。数据环境泛指定义表单时使用的数据源，包括表、视图和关系。数据环境及其中的表与视图都是对象。数据环境一旦建立，当打开或运行表单时，其中的视图即自动打开，与数据环境是否显示出来无关；而在关闭或释放表单时，表或视图也能随之关闭。一般地，表单中如果涉及表，则需在数据环境中添加该表或视图。

2. 数据环境设计器的作用

数据环境设计器可用来可视化地创建或修改数据环境，方法是：先打开表单设计器，然后选定表单的快捷菜单中的“数据环境”命令，或选定“显示”菜单中的“数据环境”命令。

3. 数据环境的常用属性

数据环境是一个对象，有自己的属性、方法和事件。常用的两个数据环境属性是 AutoOpenTables 和 AutoCloseTables，它们的设置情况如表 6.4 所示。

表 6.4　常用数据环境属性

属　性　名	含　　义	默认值
AutoOpenTables	当运行或打开表单时，是否打开数据环境中的表或视图	.T.
AutoCloseTables	当释放或关闭表单时，是否关闭数据环境中的表或视图	.T.

4. 打开数据环境设计器

在表单设计器环境下，单击表单设计器工具栏上的“数据环境”按钮或选择 Visual FoxPro“显示”菜单中的“数据环境”命令，即可打开数据环境设计器，如图 6.13 所示。此时，系统菜单上将出现“数据环境”菜单。

5. 向数据环境中添加表或视图

在数据环境设计器下，按下列方法向数据环境添加表或视图。

(1) 选择“数据环境”菜单中的“添加”命令，或右击数据环境设计器窗口，然后在快捷菜单中选择“添加”命令，打开“添加表或视图”对话框，如图 6.14 所示。

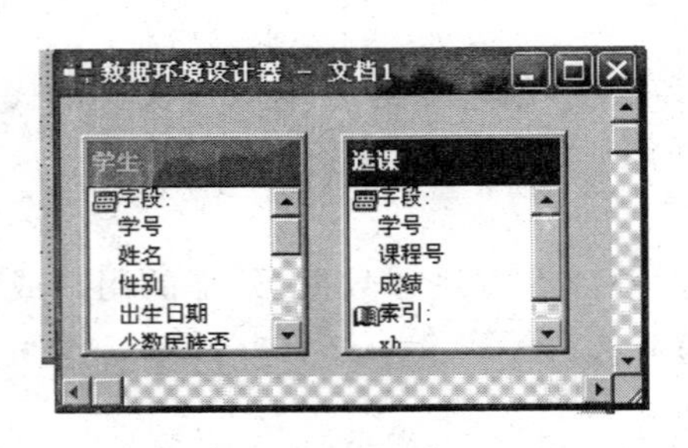

图 6.13　数据环境设计器

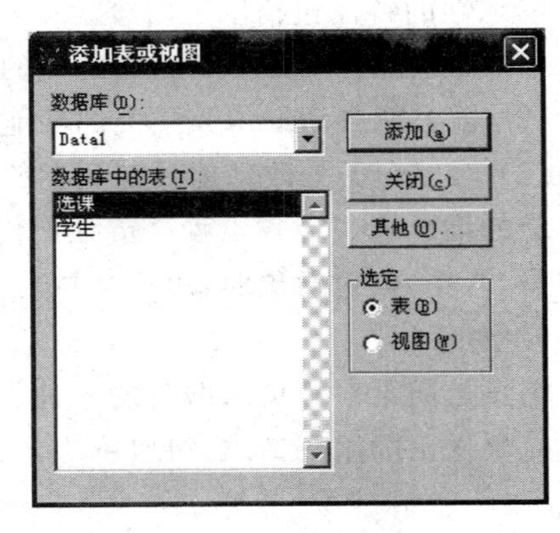

图 6.14　“添加表或视图”对话框

(2) 选择要添加的表或视图并单击“添加”按钮。如果单击“其他”按钮，将弹出“打开”对话框，用户可以从中选择需要的表。

(3) 从数据环境中移去表或视图。

在数据环境设计器窗口中，单击要移去的表或视图，选择“数据环境”菜单中的“移去”命令。但移去的表或视图并不在磁盘中删除。

(4) 向表单添加字段。

在很多情况下,可以通过控件来显示和修改表中的数据,例如,用一个文本框来显示或编辑一个字段数据,这时就要为文本框设置 ControlSource 属性。

Visual FoxPro 提供了更好的方法,允许用户从数据环境设计器窗口、项目管理器窗口或数据库设计器窗口中直接将字段、表或视图拖入表单,系统将产生相应的控件并与字段相联系,不需用户再设置 ControlSource 属性。

例 6.6 建立一个学生选课表单。表单中有三个对象,标签对象显示这个表单的标题"学生选课情况查询",左侧的列表框对象中从"学生"表中选择学生的名字,右侧的表格对象显示被选中的学生的选课情况,当重新选择一个学生时,表格中的数据会自动变化。

操作步骤如下。

(1) 首先在数据库设计器中,创建一数据库,添加学生表和选课表,并按学号建立关系,如图 6.15 所示

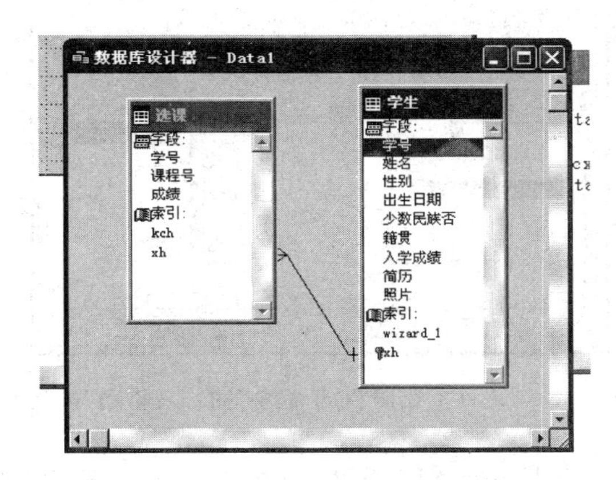

图 6.15 建立表之间的数据库设计器

(2) 打开表单设计器窗口。

(3) 为空白表单加入第一个对象:数据环境。

① 在表单空白处,单击鼠标右键,选择"数据环境",出现一个数据环境设计器。

② 在数据环境设计器中,单击鼠标右键,选择"添加"(如图 6.14 所示),首先选择父表"学生",单击"添加",然后选择子表"选课",单击"添加",单击"关闭",退出数据表添加过程。

(4) 退出数据环境设置后,为表单加入一个标签对象、一个列表框对象、一个表格对象,并用鼠标对三个对象进行大致布局。

(5) 使用生成器设置列表框和表格对象的属性,下面简要说明一下列表框生成器的用法。

① 把鼠标移到列表框对象上,单击右键,选择"生成器",在生成器中选择对象所需要显示的字段,再选择"3. 布局"选项卡,适当调整一下布局,然后单击"确定",如图 6.16 所示。

② 鼠标移到表格对象上,单击右键,选择"生成器",在生成器中选择选课表的字段,如图 6.17 所示;再选择"4. 关系"选项卡,确认一下父表和子表的关系,如图 6.18 所示,然后单击"确定"。(关于表格生成器的使用,可参看 6.4.6 节。)

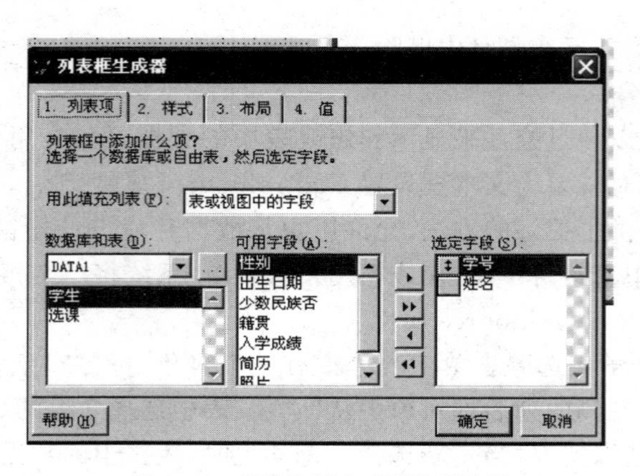

图 6.16 “列表框生成器”对话框

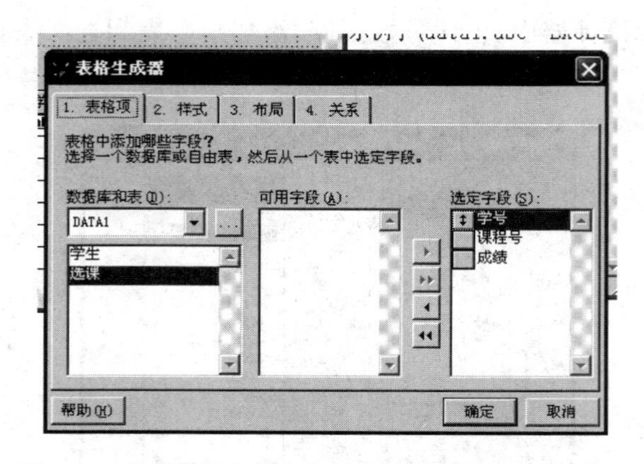

图 6.17 “表格生成器”对话框中的“1. 表格项”选项卡

这时，可以查看一下表格的第一列学号的 ControlSource 属性，已自动设置为“选课.学号”，如图 6.19 所示。

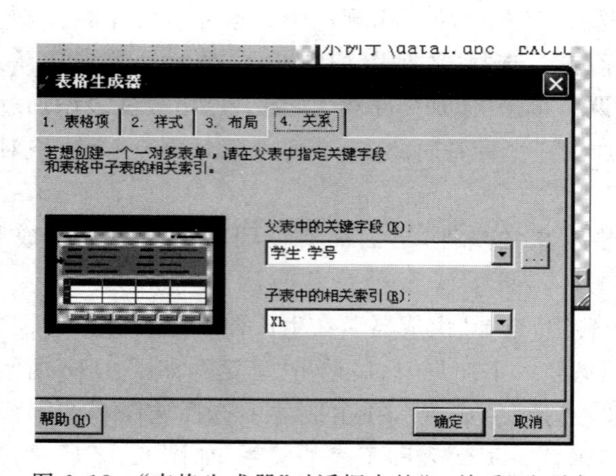

图 6.18 “表格生成器”对话框中的“4. 关系”选项卡

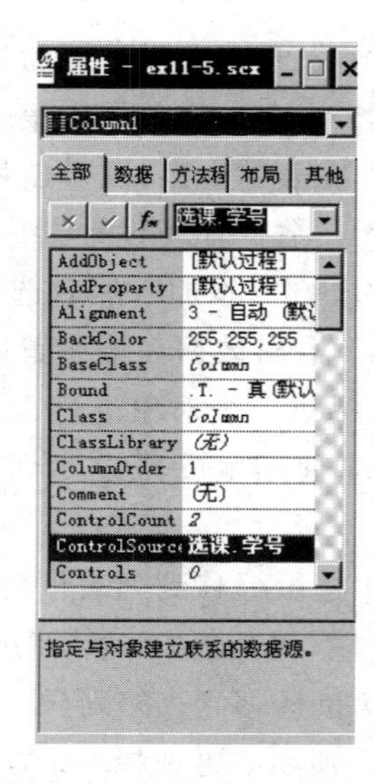

图 6.19 学号列的属性窗口

(6) 直接修改标签对象的 Caption 属性为“学生选课情况查询”，FontSize 为“22”，ForeColor 为“0,0,255”，保存表单。

(7) 运行表单，如图 6.20 所示。

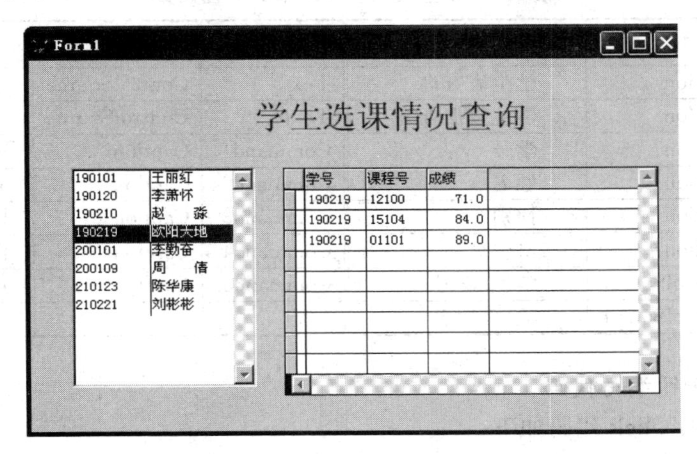

图 6.20　学生选课表单运行界面

本例中数据环境对象、列表框对象及表格对象的属性都是借助于生成器这种辅助工具完成的，在实际开发过程中，设计人员也往往是尽量采用生成器，只有生成器不能实现的功能才手工设置，这样能有效地减少错误，提高工作效率。

例 6.7　设计一个如图 6.21 所示的学生数据查询的表单。

图 6.21　“学生表查询”的运行界面

操作步骤如下。

(1) 打开表单设计器窗口。

(2) 为表单加入“数据环境”。把鼠标移到表单中，单击右键，从弹出的快捷菜单中，选择“数据环境”，出现数据环境设计器。在数据环境设计器中单击鼠标右键，选择“添加”，从出现的对话框中选择学生表，单击“添加”，最后单击“关闭”按钮退出数据环境的设置。

(3) 在表单中放置 5 个标签对象，分别用于显示提示信息；4 个文本框，用于显示学生的学号、姓名、性别、出生日期等信息；5 个命令按钮，用于对学生表进行操作。设置各控件的主要属性如表 6.5 所示。

表 6.5　学生数据查询表单的属性设置

控　件	属　性	属 性 值	控　件	属　性	属 性 值
Form1	Caption	学生表查询	Text3	ControlSource	学生.性别
Label1	Caption	学生数据查询	Text4	ControlSource	学生.出生日期
Label2	Caption	学号	Command1	Caption	表首
Label3	Caption	姓名	Command2	Caption	表尾
Label4	Caption	性别	Command3	Caption	向前
Label5	Caption	出生日期	Command4	Caption	向后
Text1	ControlSource	学生.学号	Command5	Caption	退出
Text2	ControlSource	学生.姓名			

(4) 为命令按钮编写代码。

命令按钮 1 的 Click 代码如下：

```
Go Top
ThisForm.Refresh
```

命令按钮 2 的 Click 代码如下

```
Go Bottom
ThisForm.Refresh
```

命令按钮 3 的 Click 代码如下

```
IF NOT BOF(   )
  SKIP  - 1
ENDIF
ThisForm.Refresh
```

命令按钮 4 的 Click 代码如下

```
IF NOT EOF(   )
SKIP
ENDIF
ThisForm.Refresh
```

命令按钮 5 的 Click 代码如下

```
ThisForm.Release
```

(5) 运行表单。

6.3.2　表单设计的基本步骤

表单设计可按以下步骤进行。

(1) 进行规划，最好画一张草图，在上面标出各对象的位置、标题、所属父类、对象的大致作用、表单中要使用的表、表间的对应关系以及对象间的相互协调与支持。

(2) 打开表单设计器窗口。

(3) 如果表单要使用到表，需要首先为表单建立“数据环境”。数据环境也是 Visual FoxPro 中的一种对象(不可视)。

(4) 在表单中加入其他对象并进行布局排列，一般表单的标题要放在整个表单的上方，命令按钮放在下面后右侧，文本框对象要与其对应的标签对象放在一起。布局的目的是为了美观、清晰。表单中的对象是可以用鼠标直接拖动的。

(5) 建立对象与表的对应关系。可以与表字段进行联系的对象有：表格(Grid)、文本框(TextBox)、编辑框(EditBox)、列表框(ListBox)等。

建立这类对象与数据表字段关联的方法如下。

① 文本框、编辑框、列表框。

对于这些非容器类的对象，设定其与数据表对应字段的关联时，只需要将其 ControlSource 属性设置为数据表的对应字段名即可。在表单中加入了数据环境对象后，这些字段的 ControlSource 属性对应一个下拉列表框，可从列表项中选择一个字段与对象关联。

② 表格。

表格是一种容器对象，其成员对象是列，默认的对象名是 Column1、Column2 等，而列也是一个容器对象，其成员对象是 Header 和 Text。

6.3.3 表单对象的布局

前面已经讨论了为表单加入对象、在表单中删除对象、为对象加入事件与方法代码以及对象属性的设置等表单对象的操作问题。表单设计中还有一个问题就是表单对象的布局：包括对象的大小、对象的位置设计。Visual FoxPro 还提供了一个“表单布局”工具栏(可以在 Visual FoxPro 菜单栏中，选择“显示”中的“工具栏”再选择“布局”调出)。选定表单中的某个对象后(即用鼠标单击某个对象，被选中的对象边框和其他对象不同)，可以使用布局工具栏中的相应按钮让其“水平居中”、“垂直居中”等；当同时选择一个以上的对象时(选中一个对象后，把鼠标移到其他对象，并按住 Shift 键并单击某个对象)也可进行同样的操作。还可以使用“表单布局”工具栏使所有被选中的对象执行“左对齐”、“右对齐”、“顶边对齐”、“底边对齐”、“相同高度”、“相同宽度”、“相同大小”等操作。当鼠标移到工具栏中的某个图标上时，会出现图标的名字，单击鼠标主键，就会对选定对象执行某个操作，读者可以自行逐个实验一次，以掌握该工具的用法。

例 6.8 对象引用举例。如图 6.22 所示，在表单 Form1 中包含一个命令按钮对象 Command1 和一个命令按钮组对象 CommandGroup1，该命令按钮组对象又有 Command1(注意，该对象和直接包含在 Form1 中的命令按钮对象重名)和 Command2 两个对象。

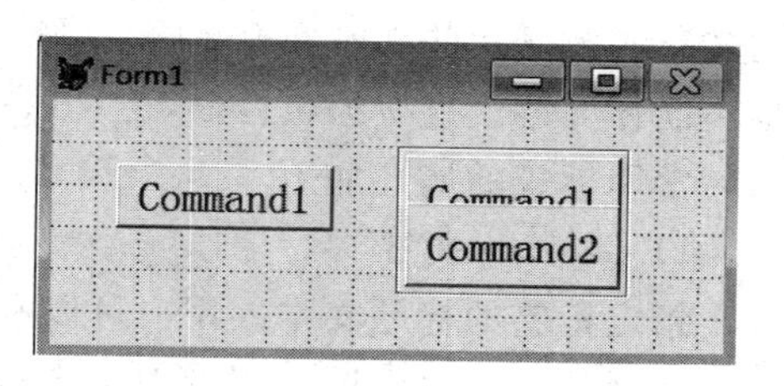

图 6.22 表单 Form1 界面

下面是命令按钮组中的按钮对象 Command2 中对应单击鼠标事件(Click)的方法程序：

```
This.Parent.Command1.Enabled = NOT This.Parent.Command1.Enabled
This.Parent.Parent.Command1.Enabled =  NOT This.Parent.Command1.Enabled
```

在第一个语句中，This 指代命令按钮组中的对象 Command2，This. Parent 指代该对象的父容器，即命令按钮组对象，This. Parent. Command1 就是指代命令按钮组中的另一个对象 Command1。在第二个语句中，This. Parent 和第一个语句中指代的对象相同，即指代命令按钮组，后面再后缀一个 Parent 是指命令按钮组的父容器，即表单 Form1。因而再后缀的对象 Command1 就不是命令按钮组中的对象而是表单 Form1 中的 Command1 了。实际上，也可以把第二个语句修改为：

```
ThisForm.Command1.Enabled = NOT This.Parent.Command1.Enabled
```

其功能完全一样并且更清楚。

单击命令按钮组中的 Command2 按钮，会发现处于同一个命令按钮组中的另一个按钮 Command1 变得不可用(呈浅灰色，把对象的 Enabled 属性设置为. F. 后，该对象就呈现灰色并对鼠标事件无反应)，如图 6.23 所示，再单击该按钮，表单 Form1 中的对象 Command1 呈现灰色，而命令按钮组中的对象 Command1 恢复正常状态，如图 6.24 所示，以后单击该对象就在图 6.23 和图 6.24 所示的两种状态间变换。

图 6.23　表单运行界面一

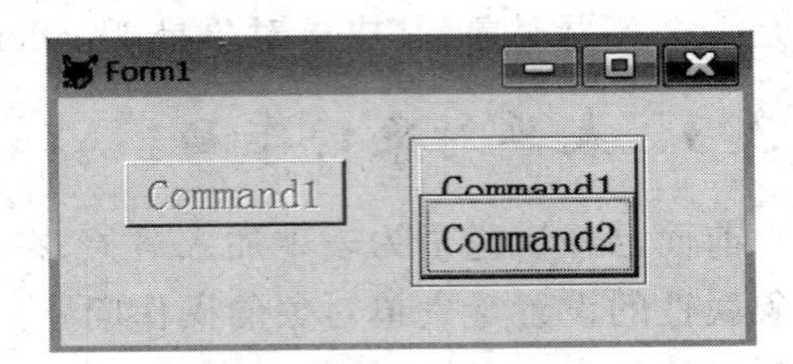

图 6.24　表单运行界面二

6.4　常用表单控件

6.4.1　标签、线条、形状与图像

1. 标签

标签(Label)是一种能在表单上显示文本的控件，常用来显示表单中的提示信息或说明文字。被显示的文本在 Caption 属性中指定，称为标题文本。标签没有数据源，显示的文本不能在屏幕上直接编辑修改，但可以在代码中通过重新设置 Caption 属性间接修改。

常用标签的属性如下。

1) Caption 属性

指定标签的标题文本。用户可以利用该属性为所创建的对象指定标题文本。标题文本显示在屏幕上可以帮助使用者识别各对象。

需要注意的是，在设计代码时应该用 Name 属性值(对象名)而不能用 Caption 属性值来引用对象。在同一个作用域内可以有两个对象(如一个表单内的两个目录按钮)可以有相同的 Caption 属性值，但不能有相同的 Name 属性值。

在为控件设置 Caption 属性时，可以将其中的某个字符定义为控件的访问键，方法是在该字符的前面插入一个反斜杠和一个小于号(\<)。例如，设置标签 myLabel 的 Caption 属

性的同时，指定了一个访问键“X”：

```
Thisform.myLabel.Caption = "选择项目(\<X)"
```

2）Alignment 属性

指定标题文本在控件中显示的对齐方式。对不同的控件，该属性的设置情况不同。对标签，该属性的设置值如表 6.6 所示。

标签的常用属性如表 6.6 所示。

表 6.6　Alignment 属性的设置值

设　置　值	说　　明
0	（默认值）左对齐，文本显示在区域的左边
1	右对齐，文本显示在区域的右边
2	中央对齐，将文本居中排放，使左右两边的空白相等

例 6.9　创建如图 6.25 所示的欢迎表单，并保存为 Form1。

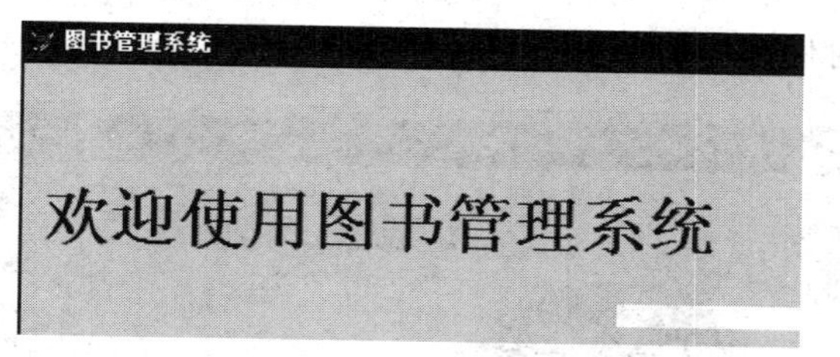

图 6.25　标签实例

操作步骤如下。

(1) 新建表单，打开表单设计器。

(2) 设置表单和添加一个标签控件，其主要属性如表 6.7 所示。

表 6.7　例 6.9 主要控件属性设置

对　　象	属　　性	属　性　值
Form1	Width	450
	Height	150
	Caption	图书管理系统
Label1	Caption	欢迎使用图书管理系统
	AutoSize	.t.
	BackStyle	0-透明
	FontBold	.t.
	FontSize	20
	ForeColor	0,0,160

(3) 调整标签至适当位置，保存并运行表单。

2. 线条

线条(Line)控件用于在表单上画各种直线与斜线。线条的主要属性是宽度 Width 和高度 Height，通过改变它们的值可改变线条的斜率。当 Width 的值设置为 0 时，为一条垂直线条；当 Height 的值设置为 0 时，为一条水平线条。其主要属性如下。

(1) BorderWidth：线宽。设置线条的宽度。

(2) LineSlant：线条的斜度。该属性的有效值为正斜(/)和反斜(\)。

(3) BorderStyle：线型。0 表示透明，1 表示实线，2 表示虚线，3 表示点线，4 表示点划线，5 表示双点划线，6 表示内实线。

3. 形状

形状(Spape)控件用于在表单上画矩形、正方形、圆或椭圆等。形状类型由 Curvature、Width 与 Height 属性来指定。形状的常用属性如下。

(1) Curvature：曲率。0 表示直角，99 表示圆，0～99 表示不同的形状。

(2) FillStyle：填充类型。确定是否透明的，还是使用一种背景颜色。

(3) SpeciaeEffect：特效效果。确定是平面或者是三维的，仅当 Curvature 为 0 时有效。

例 6.10 创建表单如图 6.26 所示，用户在微调按钮控件中设置形状的曲率，当用户单击“开始”按钮，形状控件的曲率每隔半秒按照用户所设置的值逐渐缩小，直到该形状控件的曲率变为 0 或接近 0 时停止。

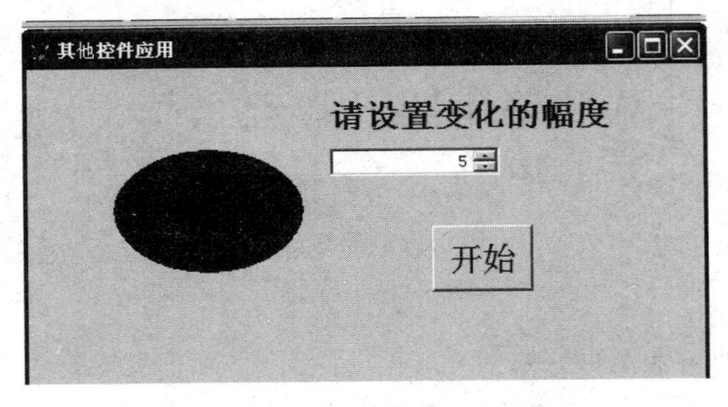

图 6.26 形状控件应用

操作步骤如下。

(1) 打开表单设计器

(2) 在表单中添加一个标签、一个微调按钮、一个命令按钮、一个计时器、一个形状按钮，其主要属性如表 6.8 所示。

表 6.8 例 6.10 控件主要属性

控 件	属 性	属 性 值	控 件	属 性	属 性 值
Form1	Caption	其他控件应用	Timer1	Enabled	.f.
Shape1	Curvature	99		Interval	500
	FillStyle	0-实线	Label1	Caption	请设置变化的幅度
Spinner1	Increment	1		AutoSize	.t.
	keyboardHightValue	99	Command1	Caption	开始
	keyboardLowerValue	0		AutoSize	.t.
	SpinnerHightValue	99		FontSize	18
	SpinnerLowerValue	0			

(3) 编写时间代码。

命令按钮 Command1 的 Click 事件代码：

```
Thisform.Timer1.Enabled = .t.
```

计时器控件 Timer1 的 Timer 事件代码：

```
Thisform.shape1.curvature = thisform.Shape1.Curvature - Thisform.Spinner1.value
if Thisform.shape1.curvature < Thisform.Spinner1.value
   Thisform.Timer1.Enabled = .f.
endif
```

Timer1 控件的曲率每隔 0.5s 变化一次，直到最小为止。

(4) 保存并运行。

4. 图像

使用图像(Image)控件的目的是将一幅图形放置在表单上，如图片。图像控件主要属性如下。

(1) Picture：图像文件名。可以是 bmp、jpg 等格式的图像文件。

(2) BorderStyle：边界风格。设置图像控件是否需要边框，默认为 0，表示无边框。

(3) Stretch：填充格式。0 为剪裁，1 为等比填充，2 为变化填充。

创建一个图像的步骤如下。

(1) 在表单上创建一个默认名为 Image1 的图像控件。

(2) 在属性窗口内为 Image1 控件的 Picture 属性指定一个图像文件。

例 6.11 设计如图 6.27 所示的应用程序封面。

图 6.27 学生管理系统封面

设计步骤如下。

(1) 创建表单 Cover.SCX。

(2) 在表单上添加一个标签 Label1 和形状控件 Shape1，放在表单的中间位置。在表单的中下部位置放置一个图像控件 Image1。

(3) 设置属性如表 6.9 所示。

表 6.9　Cover 表单控件主要属性

对　　象	属　　性	属　性　值	说　　明
Form1	WindowState	2	表单最大化
	DeskTop	.T.	表单设置在桌面上
	TitleBar	0	取消表单标题栏
	BorderStyle	0	取消表单边框
Label1	Caption	学生管理系统	封面文字
	AutoSize	.T.	Label1 区域自动适应标题大小
	FontSize	24	字体大小
Shape1	Curvature	99	椭圆
Image1	Picture	C:\Vfp98\Tools\Inetwiz\Server\VFP.JPG	表单上显示的图片

(4) 将封面的文字置于椭圆的前面：选定 Label1，然后在"格式"菜单中选定"置前"菜单项。

(5) Form1 的 RightClick 事件代码为：

```
ThisForm.Release        && 右击表单执行 Release 方法程序，释放该表单
```

(6) 表单运行后屏幕如图 6.27 所示，右击表单结束运行。

例 6.12　精确定位。设计如图 6.28 所示的应用程序封面。

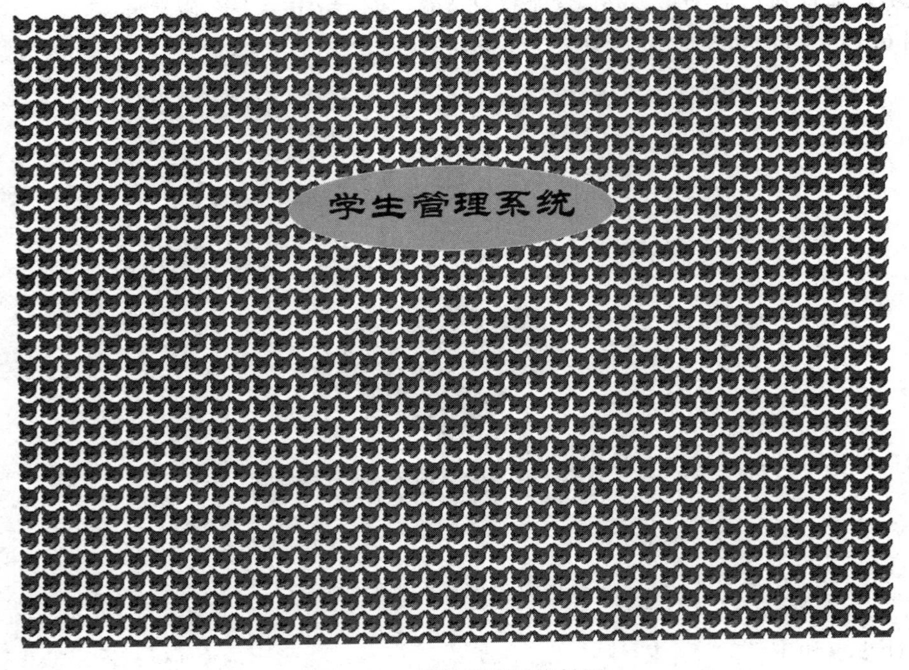

图 6.28　学生管理系统封面

设计步骤如下。

(1) 创建表单 Cover1.SCX。

(2) 在表单上添加一个标签 Label1 和形状控件 Shape1，放在表单的中间位置。位置可以任意放置。

(3) 设置属性如表 6.10 所示。

表 6.10 Cover1 表单属性设置

对　　象	属　　性	属　性　值	说　　明
Form1	WindowState	2	表单最大化
	DeskTop	.T.	表单设置在桌面上
	Picture	d:\fox.bmp	表单粘贴的图片
	TitleBar	0	取消表单标题栏
	BorderStyle	0	取消表单边框
Label1	Caption	学生管理系统	封面文字
	AutoSize	.T.	Label1 区域自动适应标题大小
	FontSize	36	字体大小
	FontName	隶书	
	FontBold	.t.	粗体
	ForeColor	0,0,255	标题颜色为蓝色
	BackStyle	0	背景颜色不显示
Shape1	Curvature	99	椭圆
	BorderColor	255,255,0	边框为黄色
	BackColor	0,255,255	背景颜色为青色

(4) 将封面的文字置于椭圆的前面：选定 Label1，然后在"格式"菜单中选定"置前"菜单项。

(5) Form1 的 RightClick 事件代码为：

```
ThisForm.Release          && 右击表单执行 Release 方法程序，释放该表单
```

Form1 的 Activate 事件代码编写如下：

```
thisform.shape1.width = thisform.label1.width * 1.3        && 形状的宽度为标题宽度的 1.3 倍
thisform.shape1.height = thisform.label1.height * 2        && 形状的高度为标题高度的 2 倍
x = thisform.width/2                                        &&x 在表单宽度的 1/2 处
y = thisform.height/4                                       &&y 在表单高度的 1/4 处
thisform.shape1.left = x - thisform.shape1.width/2         && 移动椭圆，使它横向居中
thisform.shape1.top = y                            && 移动椭圆，使它顶端在表单高度的 1/4 处
thisform.label1.left = x - thisform.label1.width/2        && 移动标题，使它在表单中横向居中
thisform.label1.top = y + thisform.shape1.height/2 - thisform.label1.height/2
                                                          && 移动标题，使它在表单中纵向居中
```

(6) 表单运行后屏幕如图 6.28 所示，右击表单结束运行。

6.4.2 命令按钮和命令按钮组控件

1. 命令按钮

命令按钮(Command Button)是最简单也是最常见的一种控件，由其派生的命令按钮对

象在表单中随处可见，用于完成某个特定的任务，其操作代码常常放在 Click 事件过程中，参见例 6.7 中的命令按钮。

命令按钮的常用属性如下。

(1) Visible：指定对象是可见还是隐藏的。在表单设计器中，默认值为.T.表示可见，当设置为.F.时则表示不可见。

(2) Caption：命令按钮标题，用于显示是什么命令按钮。在 Caption 属性值中某字符前插入"\<"，该字符就成为热键(访问键)，例如 Caption 属性设置为 Comm\<a，表示 a 为热键。热键显示时字符下方有一条下划线；在等待事件驱动的状态下，按一次热键就会触发命令按钮的 Click 事件。

(3) Enabled：指定表单或者命令按钮能否响应由用户引发的事件。

(4) Picture：设置命令按钮的标题图像，其值为标题图像的路径和文件名。

(5) Default：该属性默认值为.F.。如果该属性设置为.T.，在命令按钮所在的表单激活的情况下，按 Enter 键，可以激活该按钮，并执行 Click 事件代码。

(6) Cancel：该属性默认值为.F.，如果设置为.T.，按 Esc 键可以激活该命令按钮的 Click 事件代码。

若表单上有多于一个的命令按钮，可将其中一个命令按钮设置为缺省命令按钮。缺省命令按钮不同于带焦点的命令按钮，前者比通常的命令按钮增加了一个边框，后者则内部有一个虚线框。当所有命令按钮都未获得焦点时，用户按回车键时缺省命令按钮就做出响应(执行该命令按钮的 Click 事件)。

例 6.13 求 100～n 之间能够被 37 整除的数，n 由微调按钮输入，最大为 2000，最小值为 100，微调按钮单击一次增加或减少 1。设计如图 6.29 所示的表单。

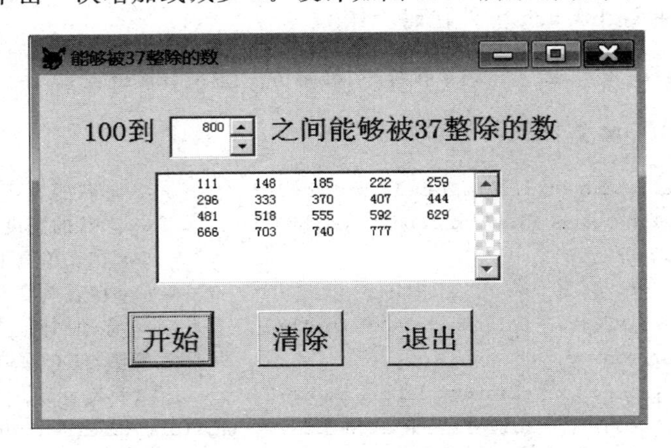

图 6.29 能够被 37 整除的数

操作步骤如下。

(1) 打开表单设计器。

(2) 在表单中添加两个标签、一个微调按钮、一个编辑按钮和三个命令按钮控件，并设置相应控件的属性，其属性如表 6.11 所示。

表 6.11　控件的主要属性

对象名	属　　性	属性值
Form1	Caption	能够被 37 整除
Spinner1	FontSize	18
	Increment	1.00
	KeyboardHighValue	2000
	KeyboardLowValue	100
	SpinnerHighValue	2000
	SpinnerLowValue	100
	Value	100
Command2	Caption	清除
	AutoSize	.T.
	FontSize	18
Edit1	调整适当大小	
Label1	Caption	100 到
	AutoSize	.T.
	FontSize	18
Label2	Caption	之间能够被 37 整除的数
	AutoSize	.T.
Command1	FontSize	18
	Caption	开始
	AutoSize	.T.
Command3	FontSize	18
	Caption	退出
	AutoSize	.T.
	FontSize	18

(3) 为控件写代码。

Command1 的 Click 事件代码为：

```
k = 0
for x = 100 to thisform.spinner1.value
  if  mod(x,37) = 0
    Thisform.edit1.value = Thisform.edit1.value + str(x,8)
    k = k + 1
    if k % 5 = 0
  Thisform.edit1.value = Thisform.edit1.value + CHR(13)
endif
endif
endfor
```

Command2 控件的 Click 事件代码为：

```
Thisform.edit1.value = ""
Thisform.spinner1.value = 100
```

Command3 控件的 click 事件的代码为：

```
thisform.release
```

(4) 保存并运行表单，可以看到如图 6.29 所示的表单。

2. 命令按钮组

命令按钮组(CommandGroup)控件是一种容器对象，它可以包含若干个命令按钮，并统一管理它们。命令按钮组的主要属性如下。

(1) ButtonCount：指定命令按钮组的命令按钮数目。

(2) Buttons：用于存取命令组中各按钮的数组。用户可以利用该数组为命令组中的命令按钮设置属性或者调用其方法。例如：

```
Thisform.Commandgroup1.buttons(3).Caption = "确定"
```

表示将命令组的第三个按钮的 Caption 属性设置为“确定”。

属性数组下标的取值范围应该在 1～ButtonCount 属性值之间。

(3) Value：指定命令组当前的状态。该属性的类型可以是数值型，也可以是字符型。若为数值型值 n，表示命令按钮组中第 n 个命令按钮被选中；若为字符型值 a，则表示命令组中 Caption 属性值为 a 的命令按钮被选中。

例如，一个命令按钮组中包含三个命令按钮，可以在命令组的 Click 事件中设置以下的代码程序实现对各个命令按钮的控制。

```
Do case
  Case This.value = 1
    Messagebox("第一个按钮")
  Case This.value = 2
    Messagebox("第二个按钮")
  Case This.value = 3
    Messagebox("第三个按钮")
ENDCASE
```

使用生成器可方便地对命令按钮组的各种属性进行设置。方法是：右击表单中的命令按钮组，在弹出的快捷菜单中执行“生成器”命令，弹出“命令组生成器”对话框，如图 6.30 所示。

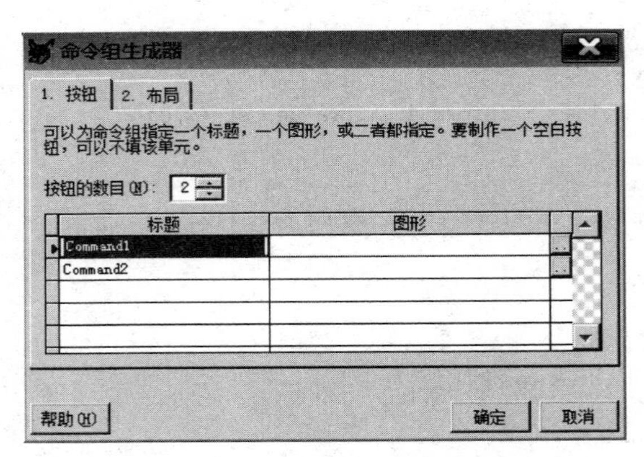

图 6.30 “命令组生成器”对话框

例 6.14 设计一个如例 6.7 所示的学生数据查询的表单，命令按钮使用命令按钮组。

(1) 操作步骤同例 6.7，只是将添加 5 个命令按钮改成增加一个命令按钮组。命令按钮组采用生成器来修改其属性。如图 6.31 所示，将“按钮的数目”设为 5，标题设计分别如图所示。将布局改为“水平”。

(2) 右击命令按钮组，选择代码，再选择 Click 事件，输入如下代码。

```
Do Case
  Case this.value = 1
        Go Top
   ThisForm.Refresh
  Case This.Value = 2
    Go Bottom
```

```
      ThisForm.Refresh
    Case This.Value = 3
      IF NOT BOF()
        SKIP - 1
      ENDIF
      ThisForm.Refresh
    Case This.Value = 4
    IF NOT EOF()
        SKIP
    ENDIF
    ThisForm.Refresh
    Case This.Value = 5
    ThisForm.Release
EndCase
```

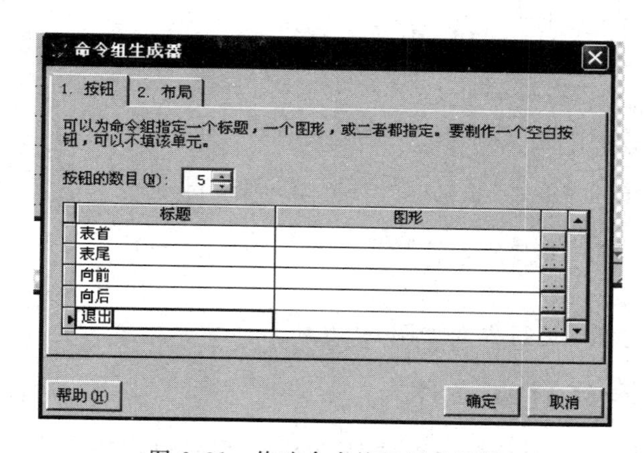

图 6.31　修改命令按钮组的属性

例 6.15　设计一个如图 6.32 所示的表单，当单击命令按钮组中的任意一个命令按钮时，则用信息框提示选中的是命令按钮组中的哪个命令按钮。

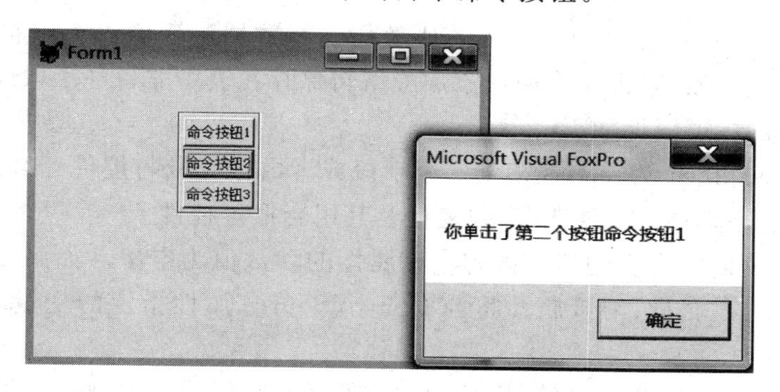

图 6.32　例 6.15 运行界面

操作步骤如下。

(1) 进入菜单设计器。单击"文件"→"新建"→"表单-新建文件"；或在"命令"窗口中输入命令：MODIFY FORM BTNGROUP。

(2) 在表单中添加一个命令按钮组，其主要属性如表 6.12 所示。

表 6.12 控件的主要属性

控　　件	属　　性	属性值	功能说明
Commandgroup1	ButtonCount	3	组中命令按钮的数目
	Value		返回当前选定按钮的序号
	Buttons		用于存取组中每一个按钮的数组

(3) 为控件编写代码。

表单的 init 事件代码为：

```
Thisform.commandgroup1.buttons(1).caption = "命令按钮 1"
Thisform.commandgroup1.buttons(2).caption = "命令按钮 2"
Thisform.commandgroup1.buttons(3).caption = "命令按钮 3"
```

命令按钮组的 Click 事件代码为：

```
Do case
  Case  this.value = 1
   Messagebox("你单击了第一个按钮" + this.command1.caption)
  Case  this.value = 2
   Messagebox("你单击了第二个按钮" + this.command1.caption)
  Case  this.value = 3
   Messagebox("你单击了第三个按钮" + this.command1.caption)
EndCase
```

(4) 保存并运行表单，运行界面如图 6.32 所示。

6.4.3 文本框和编辑框控件

表单中的文本框(TextBox)与编辑框(EditBox)都可以由用户直接输入数据与编辑数据。此外，文本框与编辑框都具有 Value 属性，通过对其 Value 属性的设置，也可以改变文本框或编辑框内显示的内容。

1. 文本框

文本框(TextBox)只能供用户输入一段数据。其数据类型可以为字符型(默认类型)、数值型、日期型、逻辑型，它也允许用户添加或编辑保存在表中非备注字段中的数据。

文本框常见的主要属性如下。

(1) ControlSource：为文本框指定一个字段或者内存变量与控件捆绑。该属性还适用于编辑框、命令组、选项按钮、复选框、列表框及其组合框等控件。

(2) Value：返回文本框的当前内容。该属性的默认值为空串。如果 ControlSource 属性指定了字段或内存变量，则该属性将与 ControlSource 属性指定的变量具有相同的数据和类型。

(3) PasswordChar：口令字符，用显示占位符号来显示文本框数据的输入位置，所输入的数据不显示，仅显示设置的占位符号，通常用"*"，如果文本框中输入了 5 个数值符号，但屏幕仅显示 5 个 * 号。主要用于用户输入密码等操作。

(4) InputMask：指定在一个文本框中如何输入和显示数据。InputMask 属性值为一个字符串。该字符串通常由一些所谓的模式符组成，每个模式符号规定了相应位置上数据的输入和显示行为。各种模式符号的功能如表 6.13 所示。

表 6.13 模式符号及其功能

模 式 符	功 能
X	允许输入任何字符
9	允许输入任何数字和正负号
#	允许输入数字、空格和正负号
$	在固定位置上显示当前货币符号
$ $	在数值前面相邻的位置上显示货币符号
*	在数值左边显示星号 *
.	指定小数点的位置
,	分隔小数点左边的数字串

(5) ReadOnly：指定文本框的数据仅显示，不能修改。

文本框的常用事件如下。

(1) Valid：在文本框失去焦点前发生。所谓焦点，就是指文本框处于选中状态；失去焦点，就是刚离开选中状态；获得焦点，就是刚进入选中状态。

(2) InteractiveChange：当文本框的值发生改变时发生。

(3) GotFocus：当文本框得到焦点时发生。

例如，在文本框的 Valid 事件中设计下面的代码，可以检查输入值，确保输入的日期在今后的某天。

```
IF CTOD(This.value)< = DATE( )
   = MessageBox("你应该输入今后的日期",1)
   RETURN
ENDIF
```

当用户输入了一个不符合要求的日期后并准备使用 Tab 键或鼠标离开(还没有离开)该文本框时触发 Valid 事件，显示“你应该输入今后的日期”。

例 6.16 设计如图 6.33 所示的表单，文本框 Text1 的 Value 初值为 0。表单运行后，输入一个整数回车后，即可判断出该数是不是素数，如图 6.34 所示。如果输入的数据为 0 则退出表单运行。(素数又称质数，是指除了 1 和该数本身以外不能被其他任何整数整除的数。)

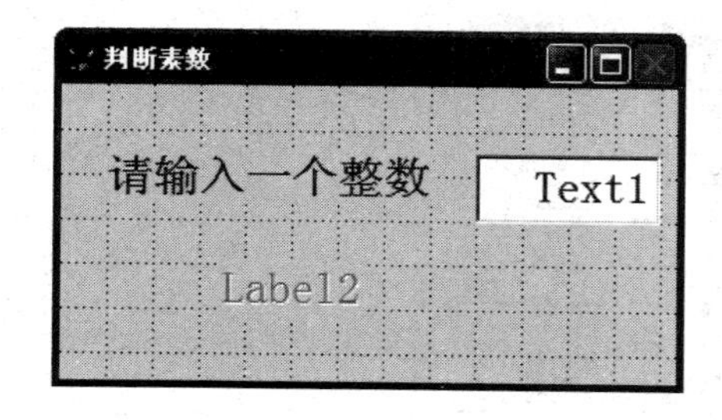

图 6.33 表单设计界面

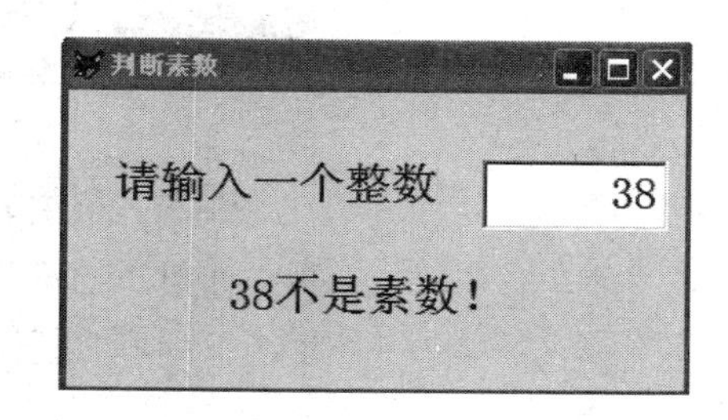

图 6.34 表单运行界面

操作步骤如下。

(1) 打开表单设计器，在表单中添加两个标签和一个文本框。

(2) 设置相应按钮的主要属性，如表 6.14 所示。

表 6.14　控件主要属性

对　象　名	属　性　名	属　性　值	对　象　名	属　性　名	属　性　值
Form1	Caption	判断素数	Label2	AutoSize	.T.
Label1	Caption	请输入一个整数		FontsSize	18
	FontSize	18		Enabled	.F.
Text1	Value	0			
	FontSize	18			

(3) 为 Text1 的 Valid 事件写代码。

```
if thisform.text1.value = 0
  thisform.release
endif
n = thisform.text1.value
flag = .t.
for j = 2 to n - 1
   if int(n/j) = n/j
      flag = .f.
      exit
    endif
endfor
thisform.label2.enabled = .t.
if  flag
  thisform.label2.caption = allt(str(n)) + "是素数!"
ELSE
  thisform.label2.caption =  allt(str(n))  + "不是素数!"
endif
```

(4) 运行表单，运行结果如图 6.34 所示，在文本框中输入任意一个数据，输入数据完后按回车键，就会显示该数是否为素数，直到在文本框中输入 0 则结束表单运行。

例 6.17　现有学生表，表的结构为：学号（C,6），姓名（C,8），性别（C,2），出生日期（D），少数民族否（L）等字段，请设计一个浏览学生数据的表单 wbbd，如图 6.35 所示。当表单中显示的是第一条记录时，命令按钮“上一条”应设置为无效；同理，当表单中显示的是最后一条记录时，命令按钮“下一条”应设置为无效。

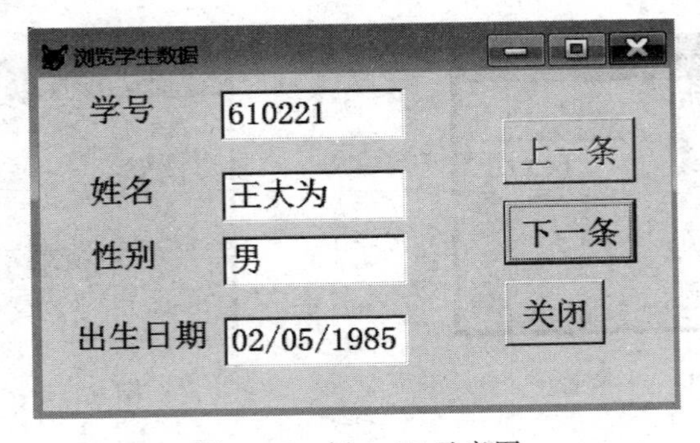

图 6.35　例 6.17 示意图

操作步骤如下。

(1) 打开表单设计器，在表单中添加 4 个标签、4 个文本框和三个命令按钮。

(2) 在表单的空白处，右击在快捷菜单中选择“数据环境”，添加学生表。

(3) 设置相应按钮的主要属性，如表 6.15 所示。

表 6.15 例 6.17 控件主要属性

对象名	属 性 名	属 性 值	对象名	属 性 名	属 性 值
Form1	Caption	浏览学生数据	Text2	ControlSource	学生.姓名
Label1	Caption	学号		FontSize	18
	FontSize	18	Text3	ControlSource	学生.性别
Label2	Caption	姓名		FontSize	18
	FontSize	18	Text4	ControlSource	学生.出生日期
Label3	Caption	性别		FontSize	18
	FontSize	18	Command1	Caption	上一条
Label4	Caption	出生日期		FontSize	18
	FontSize	18	Command2	Caption	下一条
Text1	ControlSource	学生.学号		FontSize	18
	FontSize	18	Command3	Caption	关闭
				FontSize	18

(4) 为命令按钮写 Click 事件代码。

“上一条”按钮的 Click 事件代码：

```
if bof()
  go top
  thisform.command1.enabled = .f.
  thisform.command2.enabled = .t.
else
  skip -1
endif
thisform.refresh
```

“下一条”按钮的 Click 事件代码：

```
if eof()
  go bott
  thisform.command2.enabled = .f.
  thisform.command1.enabled = .t.
else
  skip
endif
thisform.refresh
```

“关闭”按钮的 Click 事件代码：

```
thisform.release
```

(5) 保存表单，文件名为 wbbd.scx，并运行表单，如图 6.35 所示。

2. 编辑框

编辑框(EditBox)与文本框一样，也是用来输入、编辑数据。编辑框的主要特点如下。

(1) 编辑框实际上是一个完整的字处理器,其处理的数据可以包含回车符。编辑框有自己的垂直滚动条。

(2) 编辑框可以输入、编辑字符型数据,包括字符型内存变量、数值元素、字段以及备注字段里的内容。

编辑框的主要属性如下。

(1) ControlSource:设置编辑框的数据源,一般为数据表的备注字段。

(2) Value:保存编辑框中的内容,可以通过该属性来访问编辑框中的内容。

(3) SelText:返回用户在编辑区内选定的文本,如果没有选定任何文本,则返回空串。

(4) ReadOnly:返回用户是否能修改编辑框中的内容。

(5) Scrollbars:指定编辑框是否具有滚动条,当属性为 0 时,编辑框没有滚动条,当属性值为 2(默认值)时,编辑框包含垂直滚动条。

(6) HideSelection:指定当编辑框失去焦点时,编辑框中选定的文本是否显示为选定状态。默认值为.T.,表示失去焦点时,编辑框中选定的文本不显示为选定状态。当设置为.F.时,表示当失去焦点时,编辑框中选定的文本仍然显示为选定状态。

(7) SelLength:返回用户在编辑框中选定文本的字符数。

例 6.18 建一个如图 6.36 所示的表单,要求使用编辑框来显示简历这个备注字段,利用例 6.14 中的命令按钮组来显示学生表的内容。

操作步骤如下。

(1) 打开表单设计器,在表单设计器中添加三个标签控件、一个命令按钮组、两个文本框和一个编辑框。

(2) 各对象的属性设置如表 6.16 所示。

表 6.16 各对象的主要属性设置

对　象	属　性	属 性 值	对　象	属　性	属 性 值
Label1	Caption	学号	Text1	ControlSource	学生.性别
Label2	Caption	姓名	Text2	ControlSource	学生.姓名
Label3	Caption	简历	Text3	ControlSource	学生.简历

(3) 命令按钮组的设置同例 6.14。表单运行结果如图 6.36 所示。

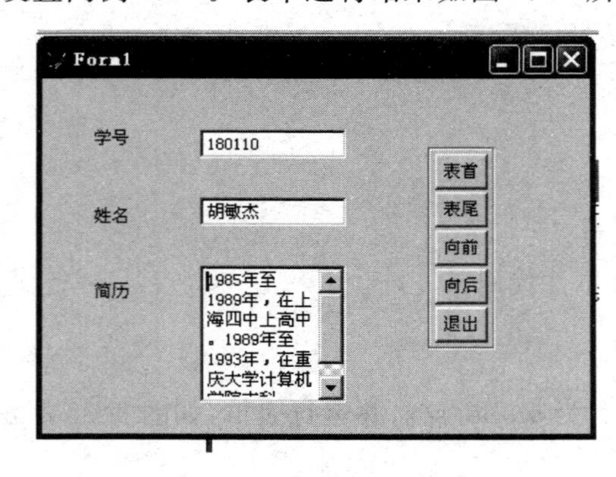

图 6.36 学生简历信息查询界面

例 6.19 创建一个表单如图 6.37 所示，在表单中能够将左边的编辑框中选定的内容复制到右边的文本框中。

操作步骤如下。

(1) 打开表单设计器。

(2) 在表单设计器中添加一个编辑框、一个文本框、两个命令按钮，放置在相应位置，设置控件相应属性，如表 6.17 所示。

表 6.17 控件主要属性

对象名	属性	属性值
Form1	Caption	编辑框复制到文本框
Edit1	Format	K
	Value	Visual FoxPro 是一个关系数据库管理系统
	FontSize	18
Command1	Caption	→
	FontSize	18
Command2	Caption	退出
	FontSize	18
Text1	FontSize	18

(1) 编写控件代码。

Command1 的 Click 事件代码为：

```
this.parent.text1.value = this.parent.edit1.seltext     && 将选定内容复制到 Text1 中
```

Command2 的 Click 事件代码为：

```
Thisform.release
```

(2) 保存并运行表单，运行结果如图 6.37 所示。

图 6.37 编辑框复制到文本框

6.4.4 复选框和单选按钮组控件

复选框(CheckBox)又称多选钮，选项按钮组(OptionGroup)又称单选按钮组。复选框只是一个简单的控件，而选项按钮组可包含多个选项按钮，与命令按钮组相似，既是一个控件又是一个容器。

1. 复选框

复选框只有被选定与未被选定两种状态，当复选框处于选中状态时其 Value 值为 1，复选框内显示一个勾(√)，否则为 0，复选框内为空白。

主要属性如下。

(1) Caption 属性：指定显示在复选框旁边的文字。Alignment 属性用于指定复选框是显示在该标题右边还是左边。默认情况下(Alignment 属性值为 0)，复选框显示在标题左边。

(2) Value 属性：用来指明复选框的状态。0 或者.f.(默认值)，未被选中；1 或者.t 表示被选中；2 或者 Null 表示不确定。

(3) ControlSource 属性：指明复选框要绑定的数据源。例如可以和表中的一个逻辑型字段建立联系，那么该字段的当前记录值为真(.T.)时，复选框显示为选中；当前记录值为假(.F.)时，复选框显示为未选中。

例 6.20 设计如图 6.38 所示的表单，根据选择的复选框状态，出现相应的提示信息。

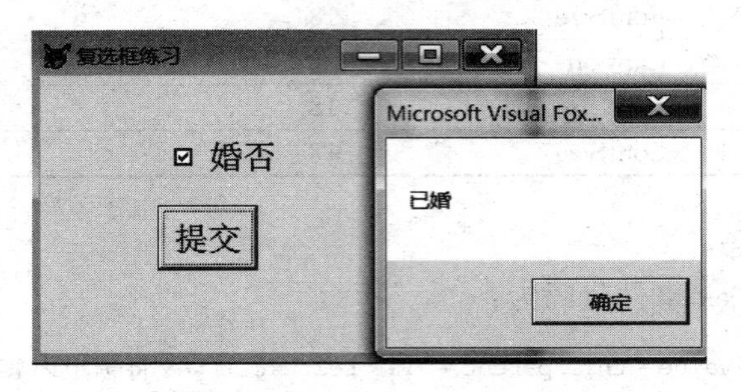

图 6.38 例 6.20 运行界面

操作步骤如下。

(1) 打开表单设计器。

(2) 在表单设计器中，添加一个复选框和一个命令按钮，其主要属性如表 6.18 所示。

表 6.18 控件的主要属性

控 件	属 性	属 性 值	控 件	属 性	属 性 值
Check1	Caption	婚否	Command1	Caption	提交
				FontSize	18
	FontSize	18		AutoSize	.t.

(3) 为命令按钮编写 Click 事件代码：

```
If thisform.check1.value = 1
  Messagebox("已婚")
else
  Messagebox("未婚")
Endif
```

(4) 保存并运行表单，运行界面如图 6.38 所示。

2. 单选按钮组

单选按钮组是包含单选按钮的容器，当其中的一个按钮被选定时，其他按钮则会变成未选定状态。

可以调用“选项组生成器”对选项按钮组的各种属性进行设置，在“选项组生成器”的“按钮”选项卡中可指定按钮的个数及各按钮的标题，在“布局”选项卡中指定各按钮的排列方式，在“值”选项卡中设置选项按钮组与数据环境中指定字段的绑定等。

选项按钮组的主要属性如下。

(1) ButtonCount 属性：选项按钮组的选项按钮数目。默认值为 2，即包含两个选项按钮。

(2) Value 属性：指定选项按钮组中哪个选项按钮被选中。

(3) ControlSource：指明与选项组建立联系的数据源。捆绑控件。

(4) Buttons 属性：存取选项组中每个按钮的数组。例如，为选项按钮组 myOptionG 处于同一表单的某个对象的方法或事件代码中，为选项组的第三个按钮设置 Caption 属性：

```
Thisform.MyOptionG.buttons(3).Caption = "大家好"
```

例 6.21 一个如图 6.39 所示的表单，要求：可以任意修改或者查看“订货管理”数据库中的 4 个表，当选中复选框时，则可修改表，否则只能查看表，当单击“取消”按钮时则结束表单运行。

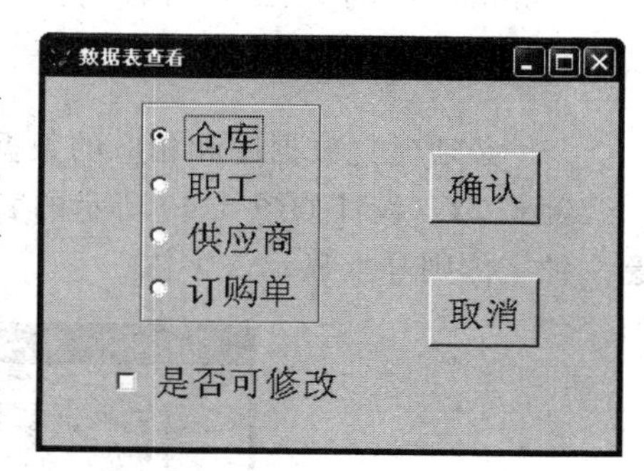

图 6.39 “数据表查看”界面

操作步骤如下。

(1) 打开表单设计器，在表单中放置一个标签控件，一个选项按钮组，两个命令框和一个复选按钮。

(2) 各对象的属性设置如表 6.19 所示。

表 6.19 各对象的属性设置

对象名	属性	属性值	对象名	属性	属性值
Form1	Caption	数据表查看	Option4	Caption	订购单
Optiongroup1	ButtonCount	4		FontSize	18
	AutoSize	.T.	Check1	Caption	是否可修改
Option1	Caption	仓库		FontSize	18
	FontSize	18	Command1	Caption	确认
Option2	Caption	职工		FontSize	18
	FontSize	18	Command2	Caption	取消
Option3	Caption	供应商		FontSize	18
	FontSize	18			

(3) 在表单空白处右击，进入快捷菜单，选择“数据环境”，将表单中用到的 4 个表添加到表单中。

(4) 为控件编写代码。

Optiongroup1 的 Click 事件代码为：

```
DO CASE
  CASE THIS.VALUE = 1
    SELECT 仓库
  CASE THIS.VALUE = 2
    SELECT 职工
```

```
    CASE THIS.VALUE = 3
        SELECT 供应商
    CASE THIS.VALUE = 4
        SELECT 订购单
ENDCASE
```

Command1 的 Click 事件代码：

```
IF THISFORM.CHECK1.VALUE = 1
    BROW
ELSE
   BROW NOMODY NOAPPEND NODELETE
ENDIF
```

Command2 的 Click 事件代码：

```
THISFORM.RELEASE
```

(5) 必须建立数据库和相应的数据表，运行表单，效果如图 6.39 所示。

例 6.22 设计如图 6.40 所示的表单，要求在文本框中输入需要显示的内容后，单击任意一种字体则马上显示该字体。

图 6.40 字体显示

操作步骤如下。

(1) 打开表单设计器

(2) 在表单设计器中添加两个标签控件、一个文本框、一个单选按钮组、一个命令按钮。

(3) 为各个控件改变必要的属性，如表 6.20 所示。

表 6.20 控件主要属性

对象名	属性	属性值	对象名	属性	属性值
Label1	Caption	请输入需要显示的内容：	Option2	AutoSize	.T.
	AutoSize	.T.		Caption	楷体
	FontSize	18		FontSize	14
Label2	Caption	请选择字体	Option3	AutoSize	.T.
	AutoSize	.T.		Caption	幼圆
	FontSize	18		FontSize	14
Text1	FontSize	18	Command1	Caption	退出
Optiongroup1	AutoSize	.T.		FontSize	18
Option1	AutoSize	.T.		AutoSize	.T.
	Caption	宋体			
	FontSize	14			

(4) 为控件写代码。

Optiongroup1 的 Click 代码：

```
do case
  case  this.value=1
  thisform.text1.fontname="宋体"
case  this.value=2
  thisform.text1.fontname="楷体"
case  this.value=3
  thisform.text1.fontname="幼圆"
endcase
```

Command1 控件的 Click 代码：

```
Thisform.release
```

(5) 保存并运行表单，如图 6.40 所示。

6.4.5 组合框和列表框控件

1. 组合框

组合框(ComboBox)兼有列表框和文本框的功能。有两种形式的组合框，即下拉组合框和下拉列表框，通过更改控件的 Style 属性可选择想要的形式。组合框和列表框的主要区别如下。

(1) 组合框通常有一个条目是可见的。可在打开的条目列表中选择自己需要的信息。

(2) 组合框没有多重选择功能，即没有 MulitiSelected 属性。

(3) 组合框有下拉列表框和下拉组合框，通过 Style 属性设置，0—下拉组合框(用户可从列表中选择，也可以从编辑区输入，输入的数据从 Text 属性中获得)；2—下拉列表框(用户只能从列表中选择)。

组合框常用属性如下。

(1) ControlSource：指定用于保存用户选择或输入值的表字段。

(2) RowSource：指定组合框中数据的来源。

(3) RowSourceType：指定组合框中数据源类型。组合框的 RowSourceType 属性和列表框一样。

(4) ColumnCount：指定组合框包含的列数。

(5) DisplayCount：指定在列表中允许显示的最大数目。

2. 列表框控件

列表框(ListBox)和下拉列表框(即 Style 属性为 2 的组合框控件 — 下拉列表)为用户提供了包含一些选项和信息的可滚动列表。列表框中，任何时候都能看到多个项；而在下拉列表中，只能看到一个项，用户可单击向下按钮来显示可滚动的下拉列表框。

列表框主要是提供一组条目(或者数据)，用户可以从中选择一个或者多个条目。

列表框常用属性如下。

(1) RowSourceType：指明列表框数据源的类型

(2) RowSource：指定列表框的数据源。其属性的设置值如表 6.21 所示，RowSource 属性指定列表框中数据的来源。

表 6.21 RowSource 属性的设置值

属性值	说明
0	默认值，通过 AddItem 添加列表框条目，通过 RemoveItem 方法移去列表框条目
1	通过 RowSource 属性手工指定具体的列表框条目
2	别名，将表中的字段值作为列表框的条目 ColumnCount 指定要取的字段数
3	SQL 语句。将 SQL 语句的结果作为数据源，如 RowSource="sele * from zg into cursor mylist"
4	查询。将.qpr 文件执行产生的结果作为列表框条目的数据源如 RowSource="zq.qpr"
5	数组。将数组中的内容作为列表框条目的数据源
6	字段。将表中的一个或者几个字段作为列表框条目的数据源如 Rowsource="zg.xm"
7	文件。将某个文件名作为列表框的条目
8	结构。将表中的字段名作为列表框的条目
9	弹出式菜单

(3) List：用于存取列表框中数据条目的字符串数组。如将列表框中第三个条目第二列上的数据项设置为"OK"的代码为：

```
Thisform.mylist.list(3,2) = "OK"
```

(4) ListCount：指明列表框中数据条目的数目。

(5) ColumCount：指明列表框的列数。

(6) Value：返回列表框中被选中的条目。该属性可以是数值型，也可以是字符型。如果希望 Value 属性反映列表框中选定的字符串，应将 Value 属性设置为空字符串。

(7) ControlSource：捆绑控件，用户可以通过该属性指定一个字段或变量以保存用户从列表框中选择的结果。

(8) Selected：为逻辑型值。指定列表框内的某个选项是否处于选定状态。

例 6.23 设计一个表单(如图 6.41 所示)，将学生表中所有记录的名字显示在一个列表框中，而在此列表框中选中的姓名，则在相应的文本框中自动显示该姓名的其他字段的值。

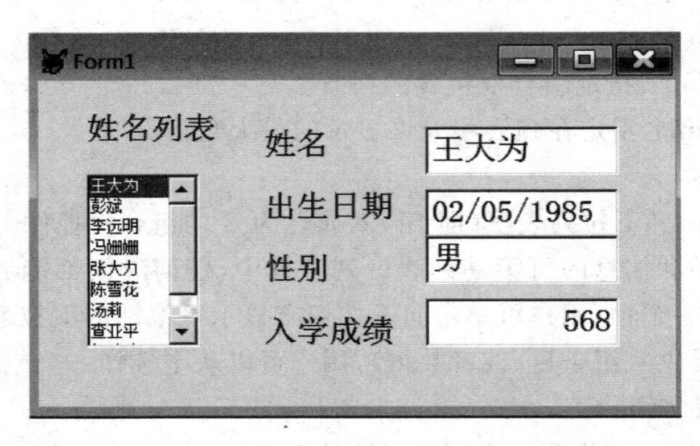

图 6.41 例 6.23 表单

操作步骤如下。

(1) 打开表单设计器。

(2) 在“显示”菜单中选择“数据环境”命令,将学生表加入表单。

(3) 添加 5 个标签、4 个文本框和一个列表框,并调整大小和位置。

(4) 设置各控件的属性,如表 6.22 所示。

表 6.22 例 6.23 表单控件的主要属性设置

对　象	属　性	属性值	对　象	属　性	属性值
Label1	Caption	姓名列表	Text1	ControlSource	学生.姓名
Label2	Caption	姓名	Text2	ControlSource	学生.出生日期
Label3	Caption	出生日期	Text3	ControlSource	学生.性别
Label4	Caption	性别	Text4	ControlSource	学生.入学成绩
Label5	Caption	入学成绩	List1	RowSource	学生.姓名
				RowSourceType	6-字段

(5) 编写 List1 的 InteractiveChange 事件代码如下:

```
Locate  For 姓名 = This.Value
ThisForm.Refresh
```

(6) 保存并运行表单。

例 6.24 设计一个如图 6.42 的表单,其中“性别”用单选按钮,“少数民族”否用复选框,“学号”用下拉列表框,当选择任意一个学生的学号时,则在表单中显示该学生的信息(“学号”下拉列表框中显示学号和姓名两个字段的值)。

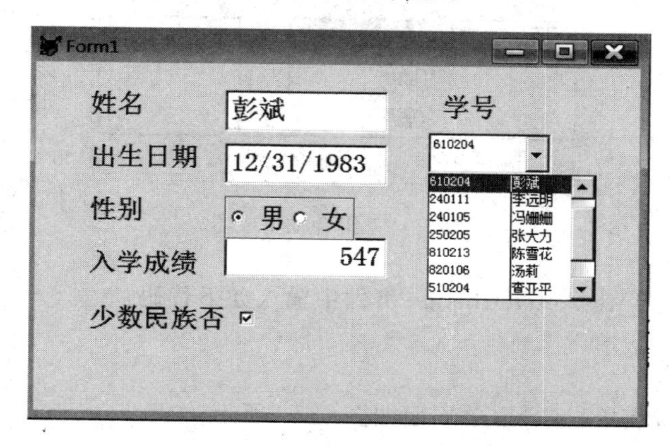

图 6.42 例 6.24 表单界面

操作步骤如下。

(1) 进入表单设计器,添加 5 个标签,三个文本框,一个选项按钮,一个复选框,一个下拉列表框。

(2) 在表单的空白处右击,出现快捷菜单,选择“数据环境”,将学生表添加到表单中。

(3) 设置相应控件的主要属性,如表 6.23 所示。

表 6.23　例 6.22 控件的主要属性

对　　象	属　　性	属　性　值	对　　象	属　　性	属性值
Label1	Caption	姓名	Option1	Caption	男
Label2	Caption	性别		AutoSize	.T.
Label3	Caption	入学成绩		Left	5
Label4	Caption	少数民族否	Option2	Caption	女
Label5	Caption	学号		AutoSize	.T.
Text1	ControlSource	学生.姓名		Left	60
Text2	ControlSource	学生.出生日期		Top	5
Text3	ControlSourece	学生.入学成绩	Check1	Alignment	1-右
Optiongroup1	AutoSize	.T.		Caption	少数民族否
				AutoSize	.T.
	BottonCount	2		ControlSource	学生.少数民族否

(4) 右击组合框,在弹出的快捷菜单中选择"生成器",进入"组合框生成器"界面,在"1.列表项"选项卡中选定字段学号和姓名;在"4.值"选项卡的字段名中选定学生.学号,单击"确定"。再右击组合框,选择"属性",查看其 RowSource 和 RowSourceType,分别变为:学生.学号,姓名;6-字段(如图 6.43 所示)。

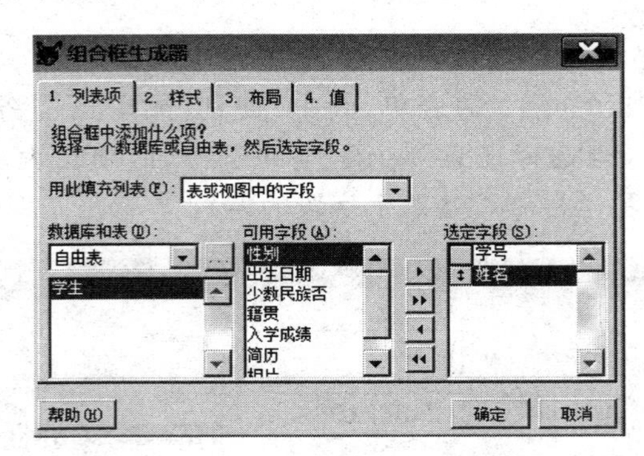

图 6.43　组合框生成器

(5) 在组合框的 InterActiveChange 事件中输入如下代码:

```
ThisForm.Refresh
```

(6) 保存并运行表单,运行表单界面如图 6.42 所示。

6.4.6　表格控件

表格(Grid)是一种容器对象,其外形与 Browse 窗口类似,按行和列的形式显示数据。表格对象由若干列对象(Column)组成,每个列对象包含一个标题对象(Header)和若干控件。表格对象能在表单或页面中显示并操作(编辑修改)表格中行和列中的数据。主要用于显示和操作多行数据。表格控件的常用属性如下。

(1) RecordSourceType 和 RecordSourec:RecordSourecType 属性指明表格数据源类型。RecordSource 属性指定表格数据源,RecordSourecType 属性的取值范围及其含义如

表 6.24 所示。

表 6.24　RecordSourceType 属性的设置值

属　性　值	含　　义
0	表。数据来源于 RecordSource 属性指定的表，该表能够被自动打开
1	别名(默认值)。由 RecordSource 属性指定的表的别名
2	提示。运行时由用户根据提示选择表格数据源
3	查询。由 RecordSource 属性指定查询文件(.qpr)
4	SQL 语句

(2) ColumnCount：指定表格的列数，即表格对象所包含的列的数目。默认值为-1。

(3) ControlSource：指定要在列中显示的数据源，常见的是表中的一个字段。如果不设置该属性，列中将显示表格数据源中下一个还没有显示的字段。

(4) Alignment：指定标题文本在对象中显示的对齐方式，设置值如表 6.25 所示。

表 6.25　Alignment 属性的设置

属　性　值	含　　义	属　性　值	含　　义	属　性值	含　　义
0	居中靠左	1	居中靠右	2	居中
3	自动(默认值)	4	左上对齐	5	右上对齐
6	中上对齐	7	左下对齐	8	右下对齐
9	中下对齐				

表格控件容器的创建方法如下。

1. 由数据环境创建表格

例如要在表单中创建学生档案表表格，先打开表单设计器窗口后，右击表单，在弹出的快捷菜单中选“数据环境”，在数据环境中添加学生.DBF 数据表，然后用鼠标将该表由数据环境窗口拖放到表单窗口，在表单窗口中即刻产生一个与学生.DBF 数据表自动绑定的表格控件，并在其中自动填入了学生.DBF 数据表中的字段与记录内容。该表单运行后的结果如图 6.44 所示。

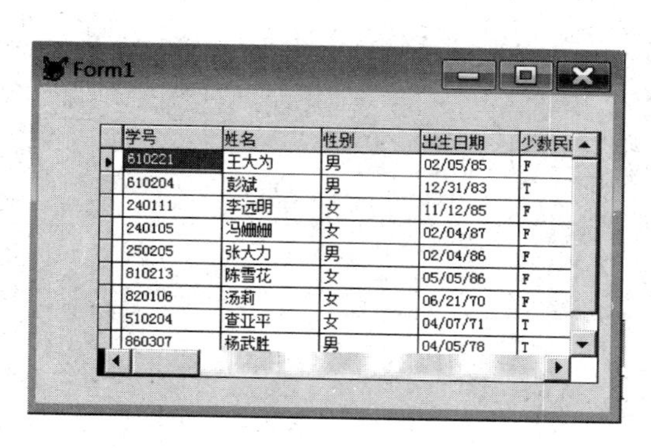

图 6.44　由数据环境创建的表格

2. 用表格生成器创建表格

创建一新表单，放置一表格对象，然后右击此表格对象，在弹出的快捷菜单中执行“生成器”命令，将出现如图 6.45 所示的“表格生成器”对话框。在表格生成器中可方便地设置表格属性，并对表格进行修改和设计。

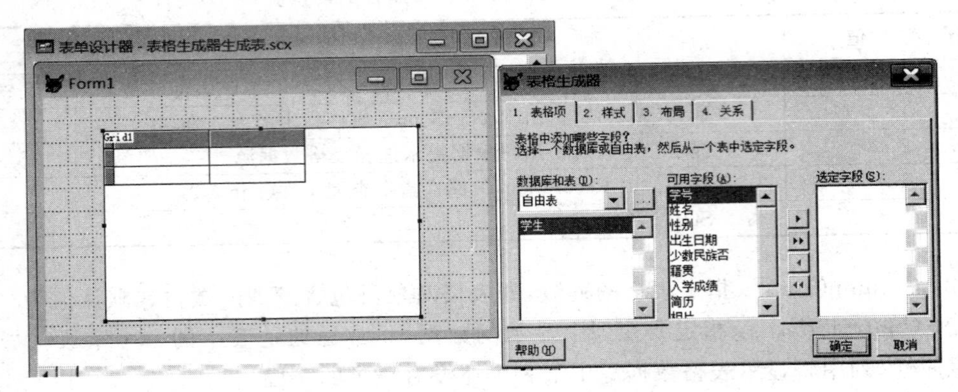

图 6.45 “表格生成器”对话框

在“表格生成器”的“1. 表格项”选项卡中，可选取一个数据库表或自由表，也可以是一个视图，然后指定要在表格中显示的字段。

在“表格生成器”的“2. 样式”选项卡中选取一种表格的显示样式，包括：专业型、标准型、浮雕型或财务型。

在“3. 布局”选项卡中，可重新指定表格各列的标题和列控件的类型等。

在“4. 关系”选项卡中，可根据需要创建一个一对多表格并指定各个表格之间的关系。

例 6.25 设计一个能进行查询统计的表单，其界面如图 6.46 所示。当输入学生姓名按回车后，会在右边的表格内显示该同学所选各课程的成绩，并在左边相应的文本框内显示其中的最高分、最低分以及平均分。单击“退出”按钮将关闭表单。

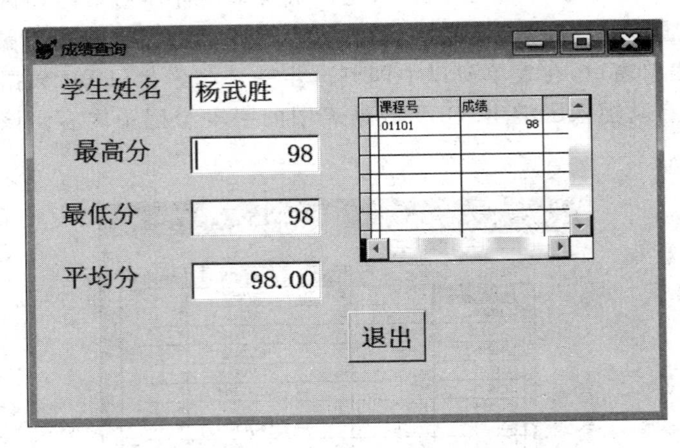

图 6.46 成绩查询表单

操作步骤如下。

(1) 打开表单设计器，建立新表单。

(2) 在表单上添加各文本框、命令按钮、表格及相关的标签，并进行适当的布局和大小调整。

(3) 设置对象属性。设置各标签、命令按钮的 Caption 属性值。将表格的 ColumnCount 属性值设置为 2，RecordSourceType 属性值设置为“4-SQL 说明”。将表格内两列标头的 Caption 属性分别设置为“课程号”和“成绩”，并适当调整两列的宽度。

(4) 设置事件代码。

表单的 Load 事件代码(数据库是原来建好的，要有相应的表)：

```
open database 学生管理
use 学生 in  1                              && 在第一工作区打开学生表
use 选课 in  2                              && 在第二工作区打开选课表
```

文本框 1 的 Valid 事件代码：

```
thisform.grid1.recordsource = "select 选课.课程号,选课.成绩;
  from 学生,选课 where 学生.学号 = 选课.学号;
  and 学生.姓名 = allt(thisform.text1.value) into cursor lsb"
  select max(成绩) as maxcj,min(成绩) as mincj,avg(成绩) as avgcj;
from lsb into cursor lsb1
select lsb1
thisform.text2.value = maxcj
thisform.text3.value = mincj
thisform.text4.value = avgcj
thisform.refresh
```

“退出”按钮的 Click 事件：

```
ThisForm.Release
```

表单的 Unload 事件代码：

```
Close all
```

(5) 保存并运行表单。

6.4.7 微调按钮

使用微调(Spinner)控件可以让用户通过“微调”箭头来选择所需要的数据，直接在微调框中输入所需要的数据。主要的属性如下。

(1) Increment：用户每次单击向上或向下箭头时增加或减少的值。

(2) SpinnerHighValue：用户单击向上箭头时，微调控件能显示的最高值。

(3) SpinnerLowValue：用户单击向下箭头时，微调控件能显示的最低值。

(4) KeyboardHighValue：用户能够输入到微调文本框中的最大值。

(5) KeyboardLowValue：用户能够输入到微调文本框中的最小值。

(6) ControlSource：数据控制源。可以是字段，也可以是内存变量。

(7) Value：微调控件所显示的值。

例如在表单中添加微调按钮，在微调按钮前添加标签“VFP 成绩”，设置微调按钮的 ControlSource 属性为 XSCJ.VFP(必须首先在表单中的数据环境中添加 xscj.dbf 表)，并设置微调按钮的 KeyboardHighValue 属性为 100，KeyboardLowValue 属性值为 0，SpinnerHighValue 属性值为 100，SpinnerLowValue 属性值为 0，运行表单如图 6.47 和

图 6.48 所示。

例 6.26 设计如图 6.49 所示的表单，用微调按钮的上下箭头选择相应的数值(1～7)，则显示相应的星期几(在微调按钮中输入的数值在 1～7 之间)。

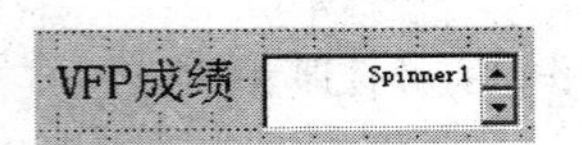

图 6.47 添加微调控件

图 6.48 运行结果

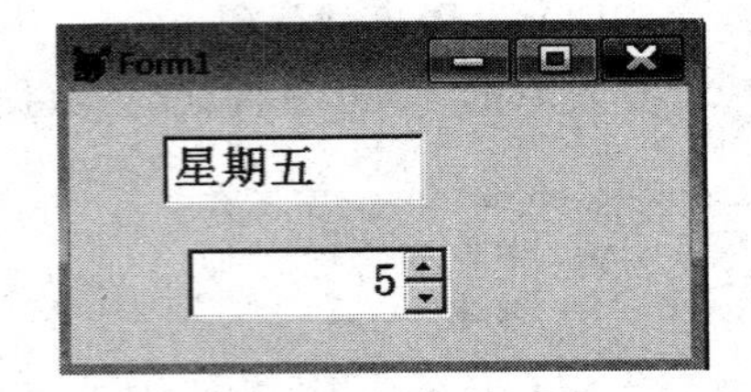

图 6.49 例 6.26 运行界面

操作步骤如下。

(1) 打开表单设计器，建立新表单。

(2) 在表单上添加一个文本框、一个微调按钮，其控件的主要属性如表 6.26 所示。

表 6.26 控件的主要属性

控 件	属 性	属 性 值	控 件	属 性	属 性 值
Text1	FontSize	18	Spinner1	SpinnerHighValue	7
Spinner1	FontSize	18		SpinnerLowValue	1
	KeyboardHighValue	7		Value	1
	KeyboardLowValue	1			

(3) 在 Spinner1 的 interactiveChange 事件中写入代码：

```
thisform.text1.value = subs("星期一星期二星期三星期四星期五星期六星期天",this.value * 6 -
5,6)
thisform.refresh
```

(4) 保存并运行表单，界面如图 6.49 所示。

6.4.8 页框控件

页框(PageFrame)是页面(Page)的一种容器，而页面也是一种容器，可以放置任何控件，容器和自定义对象，一个页面在运行时对应一个屏幕窗口。利用页框、页面和相应的控件可以构建选项卡对话框。

页框的主要属性如下。

(1) PageCount：指定页框中所含页面的数目。

(2) ActivePage：指定页框中活动页的页码。

(3) Pages：该属性是一个数组，用于存取页框中的某个页对象。例如将页框 PageFrame1 中的第二页的 Caption 属性设置为“列表项”，代码为：

```
Thisform.PageFrame1.pages(2).caption = "列表项"
```

(4) Tabs：设定是否指定页面标题。

页对象常用属性如下。

(1) Caption：页标题，即页标签。

(2) PageOrder：页顺序号。

下面举例说明页框控件的多页面表单的设计。

例 6.27 建立一个包含三个页面的页框，第一页显示学生表中一个学生的基本信息，第二页显示该学生的相片，第三页显示该学生的简历。在第一页的命令按钮组中单击“上页”则显示上一条记录，单击“下页”则显示下一条记录，单击“退出”则退出表单。

操作步骤如下。

(1) 新建一表单 Form1，然后打开数据环境设计器，添加学生表。

(2) 为表单加入一个页框对象。在第一页中，添加三个标签、两个文本框、一个选项按钮组、一个命令按钮组，在第二页添加一个图像按钮，在第三页中，添加一个编辑框。调整相应的字体、字号，按照表 6.27 设置相应的属性。

表 6.27　例 6.27 控件的主要属性

对　　象		属　　性	属　性　值
pageFrame1		ActivePage	1
		PageCount	3
Page1	Label1	Caption	基本情况显示
		Caption	学号
	Label2	Caption	姓名
	Label3	Caption	性别
	Text1	ControlSource	学生.学号
	Text2	ControlSource	学生.姓名
	Opengroup1	ControlSource	学生.性别
		ButtonCount	2
	Option1	Caption	男
	Option2	Caption	女
	Commandgroup1	ButtonCount	3
	Command1	Caption	上页
	Command2	Caption	下页
	Command3	Caption	退出
Page2	OleBoundcontrol1	Caption	相片
		ControlSource	学生.相片
Page3	Edit1	Caption	简历
		ControlSource	学生.简历

(3) 为页框的第一页的 Commandgroup1(命令按钮组)编写 Click 代码。

```
do case
  case this.value = 1
    if recno()> 1
      skip -1
    else
      go bott
    endif
    thisform.refresh
```

```
        case this.value = 2
        if recno()< reccount()
          skip
        else
         go top
        endif
        thisform.refresh
        case this.value = 3
          thisform.release
endcase
```

(4) 保存并运行表单,结果如图 6.50～图 6.52 所示。

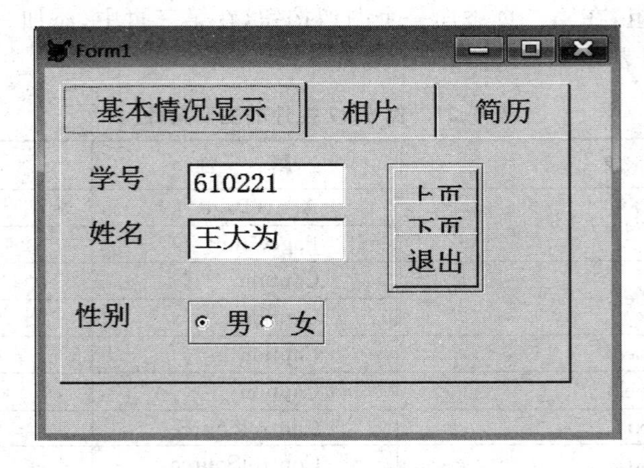

图 6.50　页框运行第一页

图 6.51　页框运行第二页

例 6.28　建立一个包含两个页面的页框,第一个页面显示学生表的信息,第二个页面显示选课表的信息,并在两个页面之间建立相应的联系,即在学生表中选中某个学生时,在第二个页面中自动显示其担任的课程情况。

操作步骤如下。

(1) 新建一表单 Form1,然后打开数据环境设计器,添加学生表和选课表,并按照学号

图 6.52　页框运行第三页

建立两表之间的联系。

(2) 为表单加入一个页框对象。

(3) 在属性窗口的对象栏中选择第一个页面，加入一个表格对象，并使用表格生成器工具将表格与学生表建立关联。

(4) 在属性窗口的对象栏中选择第二个页面，加入一个表格对象，并使用表格生成器工具将表格与选课表建立关联。

(5) 保存并运行。运行结果如图 6.53 和图 6.54 所示。

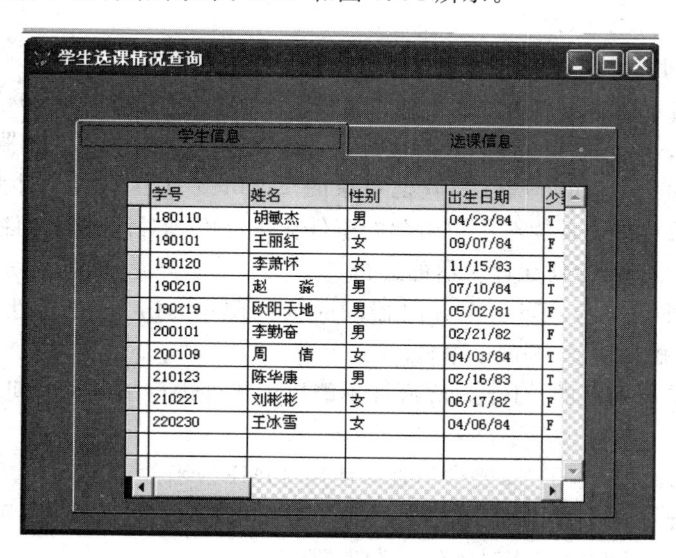

图 6.53　页框表单运行示例(第一页)

图 6.53 显示的是第一个页面的运行情况，用户在第一个页面中选择了学号为“190219”的欧阳天地同学，图 6.54 显示第二个页面的运行情况，这是页面中列出的欧阳天地的选课情况。

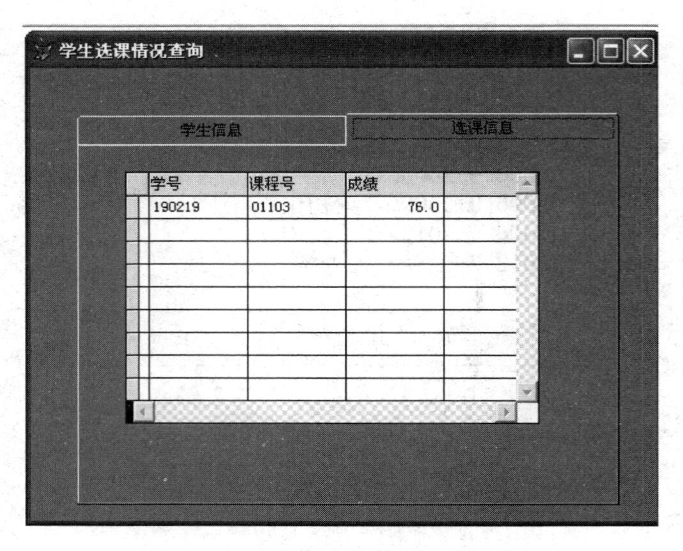

图 6.54　页框表单运行示例(第二页)

6.4.9　计时器控件

计时器(Timer)控件允许在指定时间内执行操作或检查数据。计时器控件与用户的操作独立,它是后台执行的一种控件,它只对时间作出反应,以一定的间隔重复地执行某种操作。

计时器控件的主要属性如下。

(1) Interval:为事件间隔属性(单位为毫秒),范围在 0～2 147 483 647(596.5 小时)。

(2) Enabled:为真(.T.)表示启动计时器,为假(.F.)表示终止计时器。

注意,计时器的 Enabled 属性和其他对象的 Enabled 属性不同。对大多数对象来说,Enabled 属性决定对象是否能对用户引起的事件作出反应。对计时器控件来说,将 Enabled 属性设置为"假"(.F.),会挂起计时器的运行。

计时器的事件与响应:当一个计时器的时间间隔(由 Interval 属性值规定)过去后,Visual FoxPro 将触发一个 Timer 事件。

Timer 事件是周期性的。Interval 属性不能决定事件进行了多长时间,而是决定事件发生的频率。

例 6.29　设计一个电子钟,要求不直接使用 TIME()函数。

一个电子钟至少需要两个对象,一个时钟信号发生器和一个显示器,可以使用一个文本框作为显示器,而用计时器作为时钟信号发生器。

设计步骤如下。

(1) 建立一个新表单,并在表单中加入一个文本框对象和一个计时器对象。

(2) 在表单的 Load 事件代码中加入一个语句:

```
PUBLIC rh,rm,rs                          && 分别存放时间的时、分、秒值
```

(3) 将文本框的 FontSize 属性设置为 18,并在其 Init 事件代码中加入一个语句:

```
This.Value = time()                        && 文本框建立时初始化为系统时间
```

（4）将计时器的 Interval 属性设置为 1000，并为其设计 Timer 事件代码。

代码如下：

```
rt = ThisForm.Text1.Value                  && 从文本框中获取当前时间
rh = VAL(SUBSTR(rt,1,2))                   && 将时间进行时分秒分解并转化为数值型数据
rm = VAL(SUBSTR(rt,4,2))
rs = VAL(SUBSTR(rt,7,2))
DO CASE
CASE rs < 60                               && 秒数小于 60,时分数值不变,直接对秒加 1
   rs = rs + 1
CASE rm < 60                               && 分指示要改变
   rm = rm + 1
   rs = 0
CASE rh < 24                               && 时指示要改变
   rh = rh + 1
   rm = 0
   rs = 0
EndCase
rh1 = STR(rh,2)
if substr(rh1,1,1) = ""
  rh1 = "0" + substr(rh1,2,1)
endif
rm1 = str(rm,2)
if substr(rm1,1,1) = ""
  rm1 = "0" + substr(rm1,2,1)
endif
rs1 = str(rs,2)
if substr(rs1,1,1) = ""
  rs1 = "0" + substr(rs1,2,1)
endif
Thisform.Text1.Value = rh1 + ":" + rm1 + ":" + rs1
Thisform.Refresh
```

（5）保存并运行，运行界面如图 6.55 所示。

例 6.30　设计一个如图 6.56 所示的数字时钟，直接使用 TIME()函数。

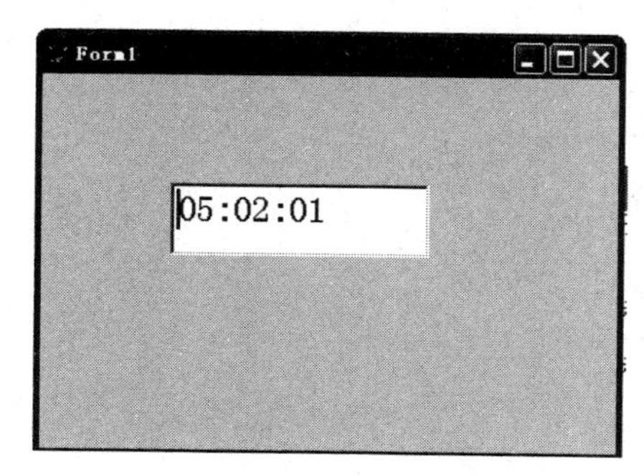

图 6.55　电子钟界面

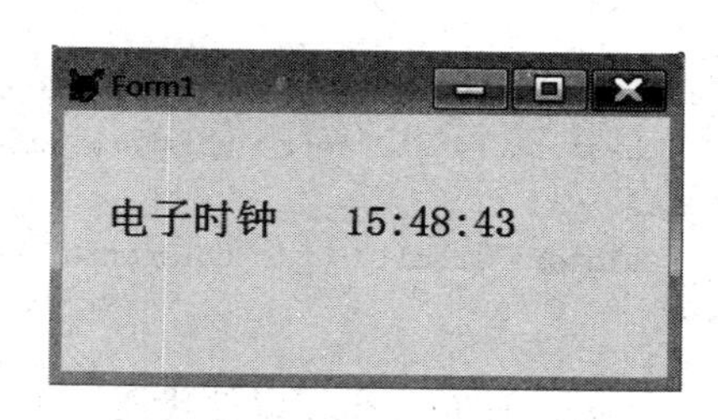

图 6.56　电子钟界面

操作步骤如下。

(1) 新建一个表单,打开表单设计器。

(2) 在表单上建立一个标签,设置 Caption 属性的值为“电子时钟”,并设置相应的字号为 18,AutoSize 属性设置为.T.。

(3) 在“电子时钟”后面建立一个标签,设置 Name 属性为 lblTime,并设置它的相应字号为 18,AutoSize 属性设置为.T.。

(4) 在表单中建立计数器控件,位置和大小不管。

(5) 双击计数器控件,为 Timer 事件写代码为:thisform.lbltime.caption=time()。

(6) 设置计数器控件的主要属性:Interval 属性值为 300,Enabled 属性值为.T.。

(7) 运行表单,结果如图 6.56 所示。

例 6.31 设计一个如图 6.57 所示的标题显示表单,当表单运行时标题内容一直从右向左移动,当单击“退出”命令按钮则结束显示,否则一直显示。

图 6.57 标题显示

操作步骤如下。

(1) 新建一个表单,打开表单设计器。

(2) 在表单中添加一个标签、一个计时器、一个命令按钮控件。

(3) 设置控件的主要属性,如表 6.28 所示。

表 6.28 控件的主要属性

控件名	属性	属性值
Form1	Caption	学生成绩管理系统
Label1	Caption	欢迎使用学生成绩查询系统
	AutoSize	.T.
	FontSize	18
Timer1	Interval	200
Command1	Caption	退出
	AutoSize	.T.
	FontSize	18

(4) 为主要控件写代码。

Timer1 的 Timer 事件代码:

```
if thisform.label1.left + thisform.label1.width < 0
  thisform.label1.left = thisform.label1.width
else
  thisform.label1.left = thisform.label1.left-10
endif
```

Command1 的 Cilck 事件代码:

```
Thisform.release
```

(5) 保存并运行表单,运行结果如图 6.57 所示。

例 6.32 设计如图 6.58 所示的表单,要求在表单的上部显示当前日历,可以随意调整,下部显示系统时钟。

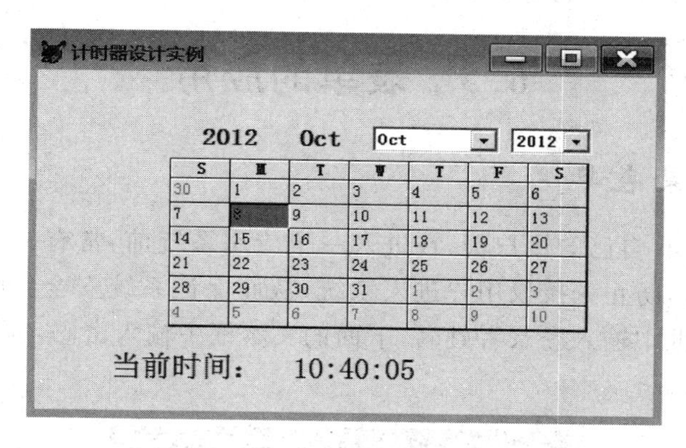

图 6.58 例 6.32 运行界面

操作步骤如下。

(1) 新建一个表单,打开表单设计器。

(2) 在表单中添加一个计时器、一个标签显示“当前时间”、一个 OLE 控件,在弹出的“插入对象”对话框中,选择“创建控件”选项,选中 Calendar Control 8.0,如图 6.59 所示,单击“确定”,就将日历控件插入到表单中。

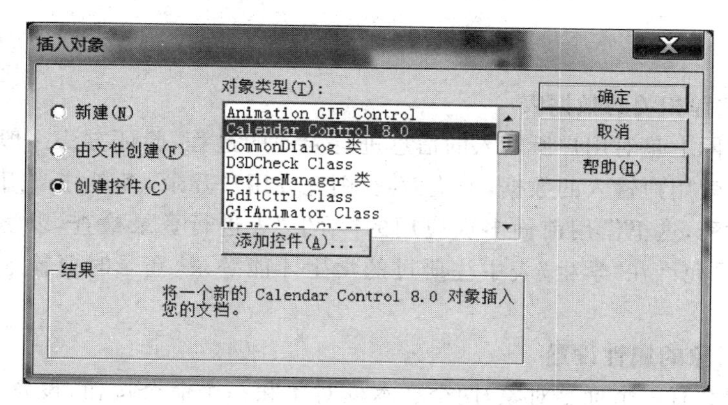

图 6.59 插入对象

(3) 设置控件的主要属性,如表 6.29 所示。

表 6.29 控件的主要属性

控 件	属 性	属 性 值	控 件	属 性	属 性 值
Form1	Caption	计时器设计实例	Timer1	Enabled	.t.
Label1	Caption	当前时间:		Interval	500

(4) 为计时器控件 Timer 编写代码:

```
if thisform.label2.caption<>time()
```

```
  thisform.label2.caption = time()
endif
```

(5) 保存并运行表单,运行界面如图 6.58 所示。

6.5 表单的应用

6.5.1 系统登录表单

每个应用系统都有自己的用户群,在进入一个应用系统前,常有一个登录过程,目的就是验明使用者的身份,防止未授权用户进入系统,从而保证系统安全。图 6.60 是一个登录界面,在上面的文本框中输入登录者姓名,下面的文本框中输入密码,为保密,这里输入的字符均显示为星号(*)。

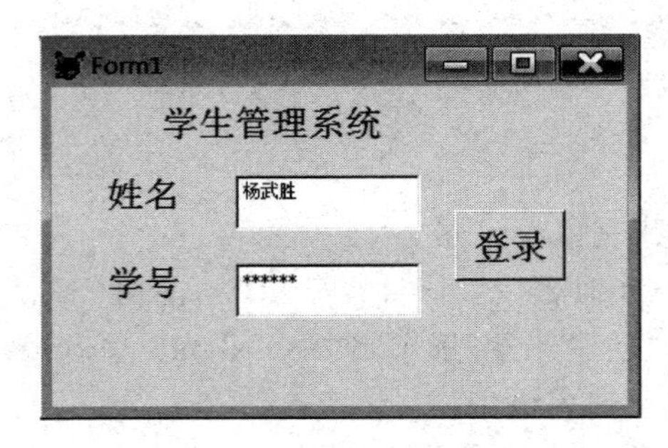

图 6.60 登录界面

1. 与登录过程相关的数据表

登录过程实际上是对用户所输入的信息进行验证的过程,验证方法一般是在一个用户信息数据表中检索用户输入的数据,若检索到,则允许用户登录,否则,拒绝用户登录。为减少数据的描述过程,这里借用前面多次应用的"学生"表进行登录检查,以学生编号作为密码,即假设系统只允许在"学生"表中注册过的学生才能登录,登录时要输入自己的姓名与学号。

2. 表单各对象的属性设置

登录表单中共有三个标签对象,两个文本框对象和一个命令按钮,设置各对象的属性。各对象属性设置如表 6.30 所示。

表 6.30 登录表单中对象的属性设置

对象名	属性名	属性值	对象名	属性名	属性值
Label1	Caption	学生管理系统	Label3	Caption	学号
	FontSize	12	Text2	PasswordChar	*
	AutoSize	.T.	Command1	Caption	登录
Label2	Caption	姓名		FontSize	12

3. 数据环境设计

在表单中加入一个数据环境,并在该环境中加入学生表,数据环境其他属性保持默认属性。

4. 命令按钮代码

命令按钮中的 Click 事件代码如下：

```
SELECT (ThisForm.DataEnvironment.Cursor1.Alias)
LOCATE FOR 姓名 = ThisForm.Text1.Value AND 学号 = ThisForm.Text2.Value
IF FOUND() THEN
 = MessageBox('欢迎你登录成功!')
ELSE
 = MessageBox('姓名或学号不正确,你可能还没有注册')
ENDIF
RETURN
```

6.5.2 数据编辑表单

编辑(修改、插入、删除)数据表中的数据是表单的一个重要应用方面。在学生数据表的编辑表单中,可以加入和修改学生数据,也可以对应每个学生修改其选课的情况。对于这样两个有一对多关系的表的操作问题,表单向导中的"建立一对多表单"就能给出较好的解决结果,下面就用向导来实现这个表单。6.1 节已经详细地讲述了一对多表单向导的用法,下面简单描述表单的实现过程,就是在建立好表单以后,适当调整各对象的位置、颜色即可。另将照片字段的 Stretch 属性设置为变比填充。

操作步骤如下。

(1) 新建表单 Form1,选一对多向导,选定学生表为父表,选定全部字段;选课表为子表,选定全部字段,建立好的表单如图 6.61 所示。

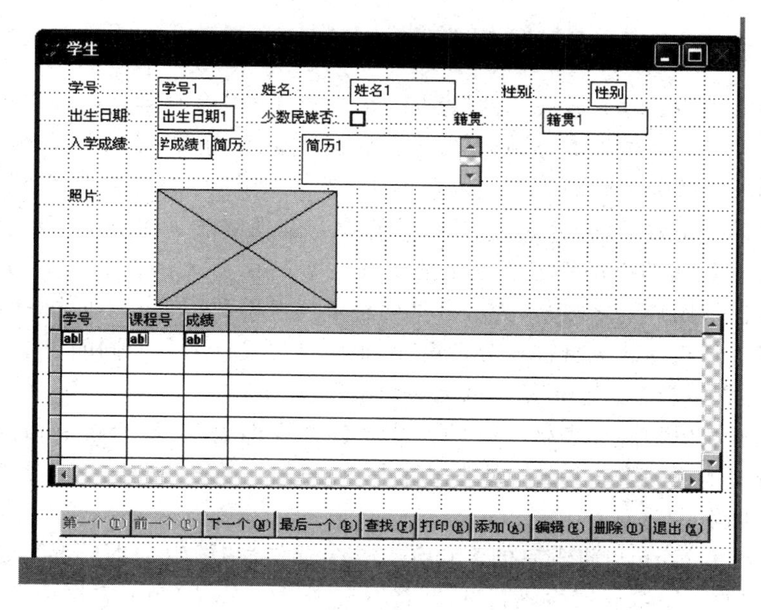

图 6.61　表单 Form1 的原型

(2) 去掉“少数民族否”标签,修改其字段的 Caption 属性为“少数民族否”;去掉“性别”标签和字段。添加一单选按钮,并右击,选“生成器”,将“按钮”选项卡中的标题分别修改为“男”、“女”,修改“布局”选项卡按钮布局为“水平”,修改“值”选项卡为“学生.性别”。

(3) 调整布局如图 6.61 所示。并将表单的 BackColor 属性设为 128,128,128(灰色)。

(4) 修改照片字段的 Stretch 属性为“2-变比填充”。

(5) 保存表单。表单运行界面如图 6.62 所示。

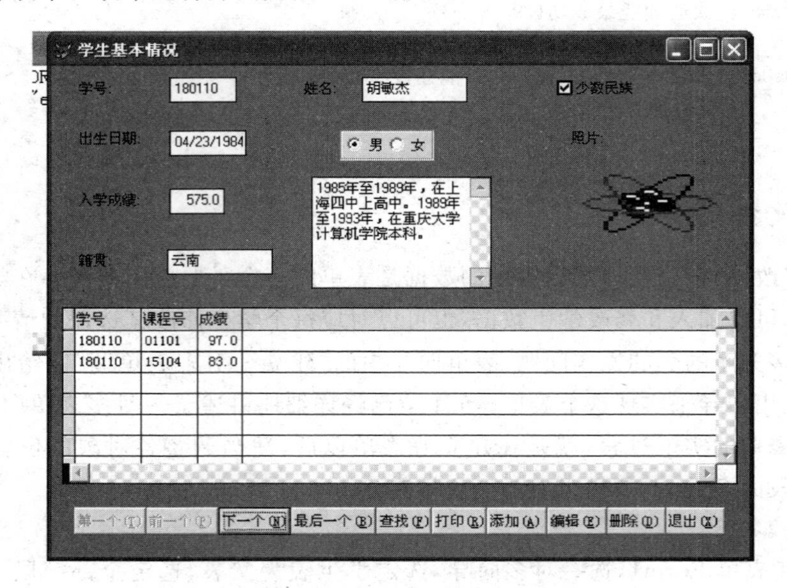

图 6.62　数据编辑表单

6.5.3　数据查询表单

数据查询表单与数据修改表单的差别不大,实际上,很多时候把两种表单合并起来,在同一个表单中即可实现数据的查询,也可进行数据的插入、删除、修改等编辑工作。但是,把两种实现不同功能的表单合而为一有两点不便:第一,用户可能只是希望查询数据,但由于不小心而可能误改了数据,并且无法还原(可能没有发现修改了数据,也可能没注意数据的原来值),这将对数据的准确性造成很大的潜在危险;第二,对一个系统的数据有查询权的用户比有修改权的用户要多得多,为区分这两种不同身份的用户的不同权限要求,一般需要把数据的查询工具与修改工具进行分别设计,也就是要设计两种不同的表单,在专门的数据查询表单中,不管用户有意还是无意都无法修改数据。

可采用快速表单和添加表格控件的方法来创建查询表单,最后将表格的 ReadOnly 属性以及各字段文本框的 ReadOnly 属性设置为.T.即可。

操作步骤如下。

(1) 新建表单 Form1,将表单的 Caption 属性设置为“学生基本情况”,选快速表单,选定学生表,添加所有字段确定生成表单,并将所有字段的 ReadOnly 属性值设置为.T.。

(2) 在表单的空白处右击,选择“数据环境”,将“学生”表拖动到表单中,并选中表单,将表单的 ReadOnly 属性值设置为.T,调整表格布局,如图 6.63 所示。

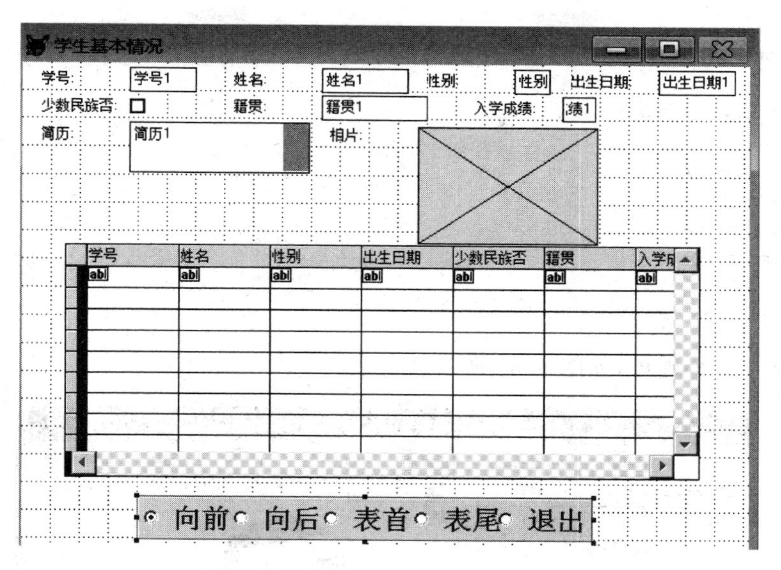

图 6.63　数据查询表单界面

（3）在表单的下面添加一选项按钮组，设置选项按钮的主要属性，如表 6.31 所示。

表 6.31　选项按钮的主要属性

对　象　名	属　　性	属　性　值
Optiongroup1	CountBotton	5
	AutoSize	.t.
Option1	AutoSize	.t.
	Caption	向前
	FontSize	18
	Top	5
	Left	5
Option2	AutoSize	.t.
	Caption	向后
	FontSize	18
	Top	5
	Left	80
Option3	AutoSize	.t.
	Caption	表首
Option3	FontSize	18
	Top	5
	Left	150
Option4	AutoSize	.t.
	Caption	表尾
	FontSize	18
	Top	5
	Left	230
Option5	AutoSize	.t.
	Caption	退出
	FontSize	18
	Top	5
	Left	300

（4）为选项按钮组编写 Click 代码。

```
do case
  case this.value = 1
   skip  - 1
   if bof()
     go top
   endif
  case this.value = 2
   skip
```

```
    if eof()
      go bott
    endif
    case this.value = 3
      go top
    case this.value = 4
      go bottom
  case this.value = 5
  thisform.release
endcase
thisform.refresh
```

(5) 保存并运行表单,如图 6.64 所示。

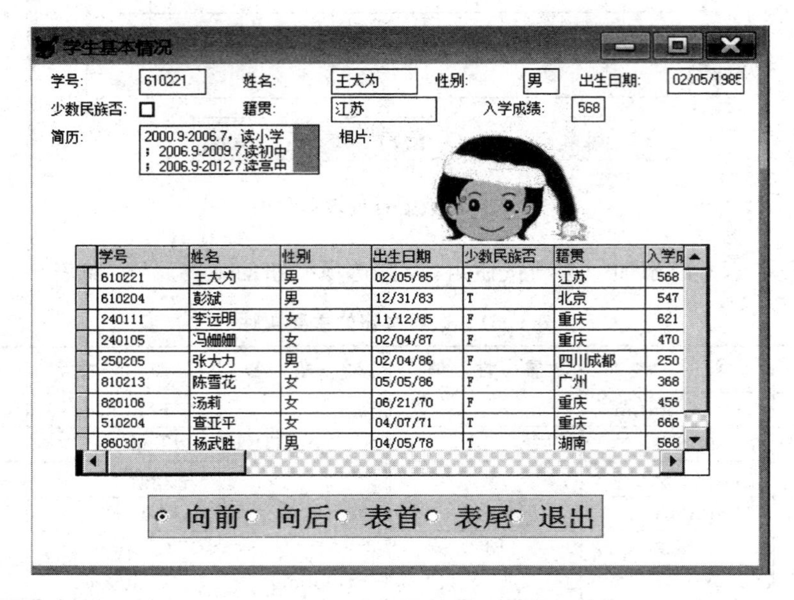

图 6.64 数据查询表单界面

6.5.4 综合应用

例 6.33 设计一个时钟表单 SC.SCX,用于计时,秒数计满 60 为 1 分,分数计满 60 为 1 个小时,满 24 小时,小时数归零,单击"暂停"按钮,时钟停止,变成"继续"按钮,单击"继续"按钮,计时继续,如图 6.65 所示。

图 6.65 秒表表单

操作步骤如下。

(1) 打开表单设计器，在表单中添加一个标签、一个计时器、三个命令按钮，并设置控件的主要属性，如表 6.32 所示。

表 6.32　秒表控件主要属性

控　件	属　性	属　性　值
Form1	Caption	时钟演示
Label1	FontName	华文彩云
	FontSize	48
	AutoSize	.T.
	BackStyle	0-透明
Timer1	Interval	1000
	Enabled	.F.
Command1	Caption	开始计时
Command1	AutoSize	.T.
	FontSize	18
Command2	Caption	暂停
	AutoSize	.T.
	FontSize	18
Command3	Caption	退出
	AutoSize	.T.
	FontSize	18

(2) 编写事件代码。

Form1 的 Load 事件代码为：

```
PUBLIC rh,rm,rs
rh = 0                                    && 时、分、秒初始化成 0
rm = 0
rs = 0
```

Form1 的 Activate 事件代码为：

```
thisform.label1.caption = "00:00:00"
```

Timer1 的 Timer 事件代码为：

```
IF rs = 59                                && 以下为时、分、秒的进位
   rm = rm + 1
   rs = 0
ELSE
   rs = rs + 1
ENDIF
IF rm = 59
   rh = rh + 1
   rm = 0
ENDIF
IF rh = 24
   rh = 0
ENDIF
IF rs < 10                                && 时、分、秒的显示都为两位字符串，不足两位前面添 0
   rs1 = "0" + str(rs,1)
ELSE
   rs1 = str(rs,2)
ENDIF
IF rm < 10
   rm1 = "0" + str(rm,1)
```

```
ELSE
  rm1 = str(rm,2)
ENDIF
IF rh < 10
  rh1 = "0" + str(rh,1)
ELSE
  rh1 = str(rh,2)
ENDIF
ThisForm.label1.caption = rh1 + ":" + rm1 + ":" + rs1
ThisForm.Refresh
```

Command1 的 Click 事件代码为：

```
Thisform.timer1.enabled = .t.
Thisform.command2.enabled = .t.            && 按钮有效
Thisform.command2.caption = "暂停"
rh = 0
rs = 0
rm = 0
```

Command2 的 Click 事件代码为：

```
IF  Thisform.command2.caption = "暂停"     && 同一按钮,两个功能
   Thisform.timer1.enabled = .f.           && 计时停止
   Thisform.command2.caption = "继续"
ELSE
   Thisform.timer1.enabled = .t.           && 计时启动
   Thisform.command2.caption = "暂停"
ENDIF
```

Command3 的 Click 事件代码为：

```
Thisform.release
```

(3) 运行调试，保存表单文件为 SC.SCX，运行表单，注意时间显示的效果，可以根据自己的爱好调整字体名、大小、位置和颜色。

例 6.34 设计如图 6.66 所示的学生表数据维护的表单，具体要求如下。

(1) 在“姓名”文本框之下添加一组合框，以便既可在文本框中修改姓名，也可在组合框中选用姓名。

(2) 将“籍贯”文本框设置为只读，然后在其右侧添加一个列表框，并使在列表框中选取的籍贯显示在该文本框中。

(3) 删除“成绩”文本框，然后添加一个微调控件来替代它，使成绩可直接输入或微调。

(4) 在窗口右上角添加两个标签，分别显示“第”和“页”字样；在这两个标签中间添加一个文本框用来显示记录号。

(5) 添加命令按钮组，其中包括三个命令按钮，分别用于使记录指针下移一个记录，上移一个记录和关闭表单。

(6) 在表单中添加两条下缘发亮的线条。

操作步骤如下。

(1) 新建表单 Form1，选快速表单，选定学生表，添加所有字段确定生成表单如图 6.66

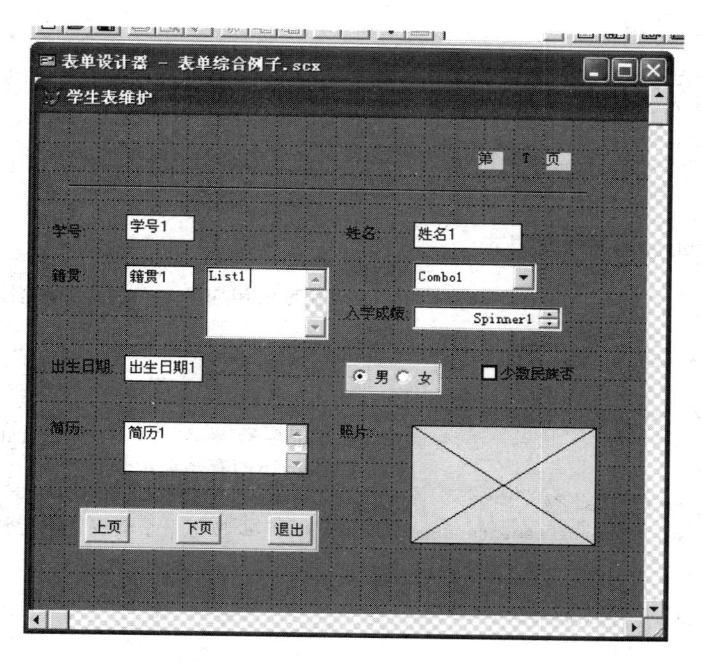

图 6.66　学生表数据维护

所示。

(2) 将表单的 BackColor 属性设置为：128,128,128(灰色)。

(3) 按题目要求将所有控件设置好。

① 添加线条：其实这是由两条直线靠在一起组成的，即在一条黑色线条下紧接着设置一条白色线条，用线条按钮来设置，颜色通过 BorderColor 来设置。

② 在表单底部创建一个包含“上页”、“下页”和“退出”的三个命令按钮的命令按钮组，其对象名为 Commandgroup1。

③ 窗口右上角的页号显示由 Label1 与 Label2 两个标签和 Text1 文本框组成。

④ 将“籍贯”文本框设置为只读：选定“籍贯”文本框快捷菜单中的“生成器”命令，在对话框中选定“格式”选项卡，选定使其“只读”复选框，确定。

(4) 数据环境设置：在数据环境中添加籍贯表(地区编码和地区名称)。

(5) 控件的主要属性设置，如表 6.33 所示。

表 6.33　控件的主要属性

对象名	属性名	属性值	对象名	属性名	属性值
Form1	Caption	学生表维护	Label1	Caption	第
Combo1	Style	2—下拉列表框	Text1	ControlSource	yh
	RowSourceType	5—数组		BorderStyle	0—无
	RowSource	xm		BackStyle	0—透明
Spinner1	ControlSource	学生.入学成绩	Label2	Caption	页
List1	RowSourceType	2—别名	List1	ColumnCount	2
	RowSource	籍贯表		BoundColumn	2(第 2 列有效)

(6) 编写控件代码。

Form1 的 Init 事件代码编写如下：

```
PUBLIC  array  xm(15,1)                 && 建立公共数组 xm
Copy  to  array  mc  Field 学生.姓名      && 学生.姓名字段复制到数组 xm
Go  1
```

Form1 的 Refresh 事件代码：

```
yh = recno()                            && 表单刷新时用变量 yh(页号)存储当前记录号
```

Combo1 的 Click 事件代码：

```
Thisform.姓名 1.Value = This.Value
                                        && 组合框值赋给"姓名"文本框(该文本框已与学生.姓名绑定)
Jlh = recno()                           && 用变量 jlh 暂存当前记录号
Copy to array xm fields 学生.姓名        && 学生.姓名字段复制到数组 xm(记录指针的指向被改变)
ThisForm.Combo1.NumberOfElements = Reccount()   && 按记录个数将数组元素填充入组合框列表
   Go jlh                               && 恢复记录指针
```

List1 的 Click 事件代码：

```
ThisForm.籍贯 1.Value = This.Value
                                     && 列表框值赋给"籍贯"文本框(该文本框已与学生.籍贯绑定)
```

CommandGroup1 的 Click 事件代码：

```
Do Case
  Case This.Value = 1
     IF recno()> 1
       Skip  - 1
     ENDIF
       ThisForm.Refresh
  Case This.Value = 2
     IF recno()< reccount()
       Skip
     ENDIF
     ThisForm.Refresh
  Case This.Value = 3
    ThisForm.Release
EndCase
```

例 6.35 设计如图 6.67 所示的表单，要求在文本框中输入任意一串字符，输入结束按回车键则马上自动统计所输入的字符串中数字、大写、小写和其他字符的个数。

操作步骤如下。

(1) 打开表单设计器，在表单中添加 5 个标签、5 个文本框、两个命令按钮。

(2) 设置控件的主要属性，如表 6.34 所示。

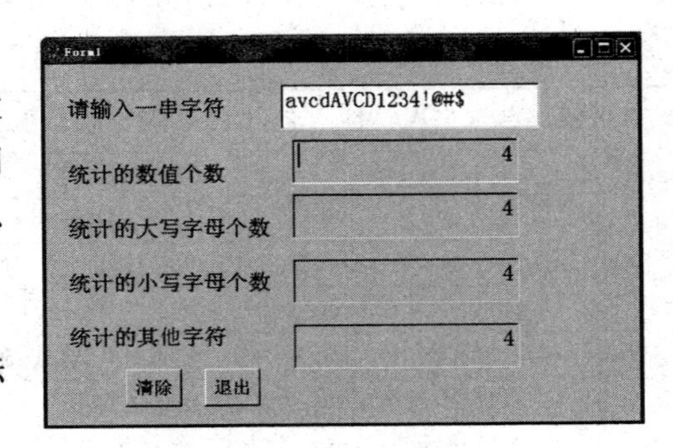

图 6.67　字符个数统计

表 6.34　控件的主要属性

对象名	属性	属性值
Label1	Caption	请输入一串字符
	FontSize	18
	AutoSize	.T.
Label2	Caption	统计的数值个数
	FontSize	18
	AutoSize	.T.
Label3	Caption	统计的大写字母个数
	FontSize	18
	AutoSize	.T.
Label4	Caption	统计的小写字母个数
	FontSize	18
	AutoSize	.T.
Label5	Caption	统计的其他字母
	FontSize	18
	AutoSize	.T.
Form1	Autocenter	.T.
Text1	FontSize	18
Text2	FontSize	18
	ReadOnly	.T.
Text3	FontSize	18
	ReadOnly	.T.
Text4	FontSize	18
	ReadOnly	.T.
Text5	FontSize	18
	ReadOnly	.T.
Command1	Caption	清除
	FontSize	18
Command2	Caption	退出
	FontSize	18

（3）为控件写代码。

Text1 的 Valid 事件代码：

```
n = allt(thisform.text1.value)           &&allt()函数是删除字符串的前导和尾部空格
store 0 to sz,xx,dx,qt                   && 为 4 个变量赋初值为零
for j = 1 to len(n)                      &&len()函数是测试字符串的长度
  y = subs(n,j,1)
           &&subs()函数为取子字符串函数,表示从字符串 N 中,从第 J 个字符开始取出一个字符
  do case
  case asc(y)> = 48 and asc(y)< = 57
                 &&ASC()函数是将字符转换为对应的 ASCII 码,ASCII 码在 48～57 表示数值字符
    sz = sz + 1
  case asc(y)> = 65 and asc(y)< = 92     &&ASCII 码在 65～92 表示大写字符
    dx = dx + 1
  case asc(y)> = 97 and asc(y)< = 132    &&ASCII 码在 97～132 表示小写字符
    xx = xx + 1
  other
    qt = qt + 1                          && 统计其他字符的个数
endcase
endfor
thisform.text2.value = sz                && 用文本框显示统计的字符个数
thisform.text3.value = dx
thisform.text4.value = xx
thisform.text5.value = qt
```

Command1 的 Click 事件代码：

```
thisform.text1.value = ""                && 为文本框清除显示
thisform.text2.value = ""
thisform.text3.value = ""
```

```
thisform.text4.value = ""
thisform.text5.value = ""
```

Command2 的 Click 事件代码：

```
thisform.release
```

(4) 保存并运行表单，结果如图 6.67 所示。

例 6.36 计一个选择查询表单，如图 6.68 所示。要求表单运行时，可以先在右侧下拉列表框中选择要打开并查询的表的文件（此时，表的字段要自动显示在左侧的列表框内）；然后在列表框中选择要输出的字段；最后单击"查询"按钮，显示指定表中的记录在指定字段上的内容。

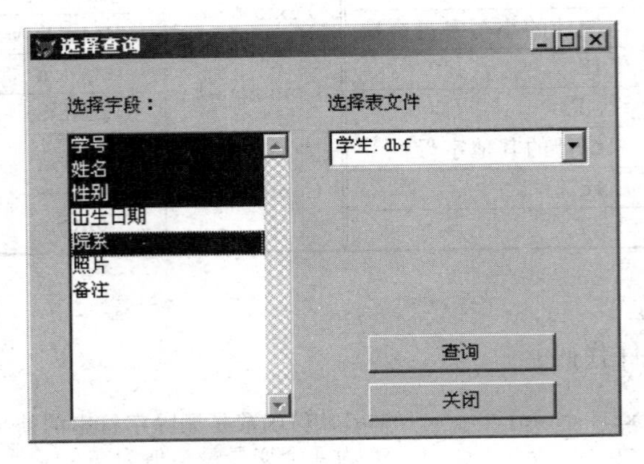

图 6.68 选择查询

操作步骤如下。

(1) 创建表单，打开表单设计器，在表单中添加两个标签 Label1 和 Label2、一个列表框 List1、一个组合框 Combo1 以及两个按钮 Command1 和 Command2。并设置控件的主要属性，如表 6.35 所示。

表 6.35 主要控件的主要属性

控件	属性	属性值	控件	属性	属性值
Form1	Caption	选择查询	Combo1	Style	2—下拉列表框
Label1	Caption	选择字段		RowSourceType	7—文件
	AutoSize	.T.		RowSource	*.DBF
	FontSize	18	List1	RowSourceType	8—结构
Label2	Caption	选择表文件		MultiSelect	.T.
	AutoSize	.T.	Command1	Caption	查询
	FontSize	18	Command2	Caption	关闭

(2) 编写控件的事件代码。

Combo1 的 InteractiveChange 事件代码为：

```
table = This.Value
USE &table                    && 打开所学者的表
```

```
ThisForm.List1.RowSource = This.Value
```

Command1 的 Click 事件代码为：

```
zd = ""
For i = 1 To ThisForm.List1.ListCount
   IF ThisForm. List1.Selected(i)
     zd = zd + "," + ThisForm.List1.List(i)
   ENDIF
ENDFOR                                      && 循环产生查询要显示的字段信息
zd = SUBSTR(zd,2)                           && 去掉多余的第一个逗号","
table = ThisForm.Combo1.Value
SELECT  &zd  FROM  &table                   && 利用宏代换技术生成 SELECT 语句
```

Command2 的 Click 事件代码为：

```
ThisForm.Release
```

(3) 保存并运行表单，结果如图 6.68 所示。

例 6.37 设计一个如图 6.69 所示的数据录入表单，要求在组合框中选择学生的学号，单击“验证姓名”，则显示姓名和录入时间，输入成绩后，单击“确认当前录入”后方可进行下一次录入，否则不能进行，单击“退出”则结束数据录入。Xscj.dbf 表已有，且基本数据已经录入，仅录入成绩。

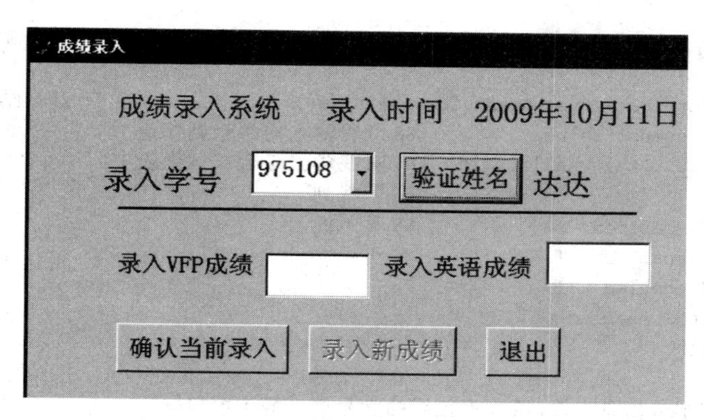

图 6.69 成绩录入表单

操作步骤如下。

(1) 打开表单设计器，在表单中添加 7 个标签、4 个命令、一个组合框、两个文本框，并按照如表 6.36 所示设置控件的主要属性。所有标签的属性 FontSize 为 18，AutoSize 为.T.，Caption 分别为 Label1(成绩录入系统)、Label2(显示年月日)、Label3(录入时间)、Label4(录入学号)、Label5(录入 VFP 成绩)、Label6(录入英语成绩)，Label7(无姓名，注意，一旦学号输入正确，就显示对应学号的姓名)，4 个命令按钮 Command1、Command2、Command3 的属性 AutoSize 为.T.，FontSize 为 18；两个文本框按钮 Text1、Text2 的属性 FontSize 为 18。控件的其他主要属性如表 6.36 所示。

表 6.36　控件的主要属性

控件名	属性	属性值	控件	属性	属性值
Form1	Caption	学生成绩录入	Text2	Enabled	.F.
Label1	FontName	幼圆	Command1	Caption	验证姓名
	FontSize	16	Command2	Caption	确认当前录入
Line1	BorderWidth	2		Enabled	.F.
ComBo1	RowSourceType	6—字段	Command3	Caption	录入新成绩
	FontSize	18		Enabled	.F.
Text1	RowSource	xscj.xh	Command4	Caption	退出
	Enabled	.F.			

(2) 添加数据环境。右击表单空白处,在出现的快捷菜单中选择“数据环境”命令,在对话框中选择 xscj.dbf 表。

(3) 编写控件事件代码。

Form1 的 Activate 事件代码为:

```
y = allt(str(year(date())))                 && 用于得到年月日的三个变量 y,m,d
m = allt(str(mont(date())))
d = allt(str(day(date())))
Thisform.label2.caption = y + "年" + m + "月" + d + "日"          && 在 Label3 中显示日期信息
Thisform.label7.caption = "无姓名"        && 没有查询或者查询不成功的姓名显示信息
```

Command1 的 Click 事件代码为:

```
SELECT  (Thisform.DataEnvironment.Cursor1.Alias)          && 选择学生表
myid = thisform.combo1.value               && 获得输入的学号到变量
LOCATE all for allt(xh) == allt(myid)     && 查找学号是否在学生表中
IF found()                                 && 若找到
Thisform.label7.caption = xm               && 显示姓名
Thisform.text2.enabled = .T.
Thisform.text3.enabled = .T.
Thisform.command2.enabled = .T.
Thisform.refresh
ELSE
  Messagebox("学号信息有误,请输入正确的学号!","警告窗口")
  Thisform.text1.setfocus
  Thisform.text1.value = ""
  Thisform.label7.caption = "无姓名"
  Thisform.refresh
ENDIF
```

Command2 的 Click 事件代码为:

```
Thisform.command3.enabled = .T.
mycj1 = val(thisform.text2.value)         && 获得 VFP 成绩
mycj2 = val(thisform.text3.value)         && 获得英语成绩
IF (mycj1 < 0 OR mycj1 > 100) OR (mycj2 < 0 OR mycj2 > 100)
Messagebox("课程为空或成绩错误,请重新输入相关数据!","警告窗口")
ELSE
repl foxpro with mycj1,english  with mycj2
ENDIF
```

Command3 的 Click 事件代码为：

```
Thisform.text2.value = ""
Thisform.text3.value = ""
Thisform.combo1.setfocus
Thisform.label7.caption = "无姓名"
Thisform.text2.enabled = .F.
Thisform.text3.enabled = .F.
Thisform.command2.enabled = .F.
Thisform.command3.enabled = .F.
```

Command4 的 Click 事件代码为：

```
Thisform.release
```

(4) 保存并运行表单，运行结果如图 6.69 所示。

例 6.38 计一个如图 6.70 所示的图形浏览器，功能：可以在浏览器中显示 BMP、CUR、ICO、JPG 格式的图形文件。

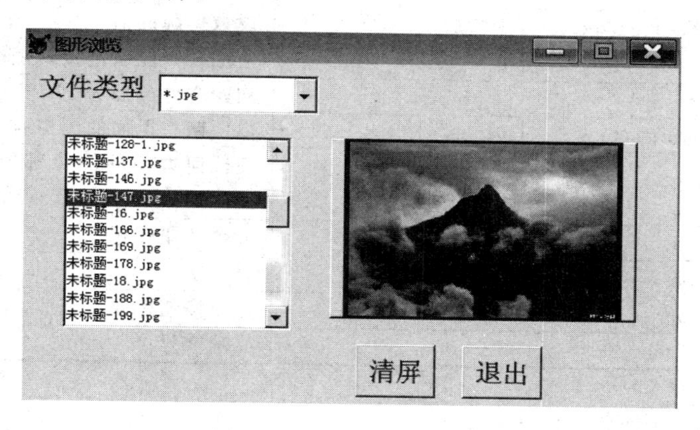

图 6.70 浏览器运行界面

操作步骤如下：

(1) 进入表单设计器，在表单中添加一个标签、一个列表框、一个组合框、一个容器(Container)、一个图片框、两个命令按钮，如图 6.71 所示，控件的主要属性如表 6.37 所示。

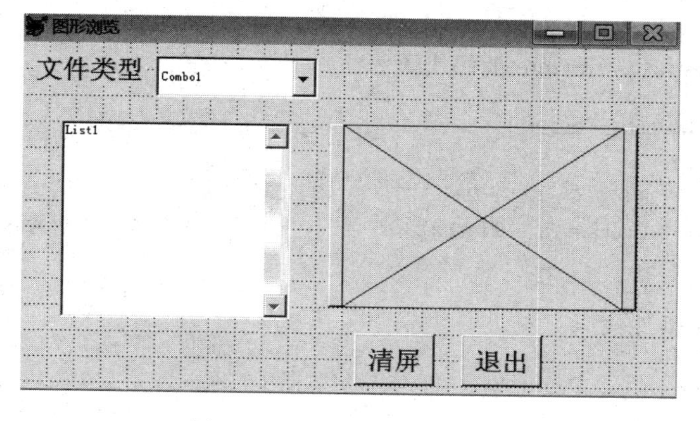

图 6.71 例 6.38 表单界面图

表 6.37　控件的主要属性

控　件　名	属　　性	属　性　值	说　　明
Lablel1	Caption	文件类型	标题
	FontSize	18	字号大小
Form1	BorderStyle	2	禁止调整表单
	Caption	图片浏览	表单标题
	MaxButton	.F.	表单不能最大化
List1	IntegralHight	.T.	使 List 能自动重新调整，以显示所有文本部分
	MultiSelect	.T.	使用户对文件进行多重选择
	RowSource	*.bmp	指定列表框中数据初始值的源文件类型为 BMP
	RowSourceType	7	指定 List 的数据源为文件
Combo1	RowSource	.bmp，*.jpg，*.ico，*.cur	表示它所支持的图像文件类型
	RowSourceType	1	设数据源的值
	Style	2	使用户只能从下拉列表框中选择文件类型
	Value	*.bmp	初始文件类型为 BMP 文件
Container	SpecialEffect	0	以便镶在里面的图像有立体感
Image1	Stretch	1	使任何大小的图片都能够以相同的比例显示
Command1	Caption	清除	命令按钮标题
	FontSize	18	显示字号
Command2	Caption	退出	命令按钮标题
	FontSize	18	显示字号

（2）为控件编写代码。

表单的 Init 事件代码为：

```
c = Home()                          && 把当前 VFP 目录的默认目录给变量 c
If File(c + "\NUL")                 && 以当前 VFP 目录为起始
  CD (c)                            && 进入此目录
Endif
```

列表框的 InteractiveChange 事件代码为：

```
S = Upper(This.List(ListIndex))     && 记录改变后的目录中的文件
CD  This.List(2)
If  ".BMP" $ S  OR ".JPG" $ S  OR".ICO" $  S  OR".CUR" $ S
ThisForm.Image1.Picture = This.list(2) + s          && 如果文件包含这 4 个扩展名，则显示
Endif
```

组合框的 Init 事件代码：

```
This.ListIndex = 1                  && 指定数据项的索引
```

组合框的 InteractiveChange 事件代码：

```
ThisForm.List1.RowSource = This.value
                                  && 指定 List 所显示的文件类型为当前 Combo1 的 Value 中的类型
ThisForm.List1.Requery                  && 使 List 的内容不断更新
```

命令按钮“清除”的 Click 事件代码为：

```
ThisForm.Image.Picture = ""             && 取消图片路径,实现清屏
```

命令按钮“退出”的 Click 事件代码：

```
ThisForm.Release
```

(3) 保存并运行表单，运行表单界面如图 6.70 所示。

习　　题

一、思考题

1. 面向对象程序设计与面向过程程序设计方法有什么区别？
2. 简述类的基本构成及对象与类的异同。
3. 方法与事件过程有什么区别？
4. When 和 Valid 事件有何区别？
5. 简述复选框与单选按钮的异同，复选框的 Value 属性的数据类型由什么决定？
6. 简述组合框与列表框、编辑框与文本框的异同。
7. 在列表框控件中，数据源有几种数据类型？通过什么属性进行设置？
8. 复制对象时不能复制什么属性？

二、选择题

1. 面向对象程序设计中，程序运行的最基本实体是(　　)。

A. 对象　　B. 类　　C. 方法　　D. 函数

2. 现实世界中的每一个事物都是一个对象，任何对象都有自己的属性和方法。对属性的正确描述是(　　)。

A. 属性只是对象所具有的内部特征
B. 属性就是对象所具有的固有特征，一般用各种类型的数据来表示
C. 属性就是对象所具有的外部特征
D. 属性就是对象所具有的固有方法

3. 下面关于类的描述，错误的是(　　)。

A. 一个类包含相似的有关对象的特征和行为方法
B. 类只是实例对象的抽象
C. 类并不实行任何行为操作，它仅表明该怎样做
D. 类可以按所定义的属性、事件和方法进行实际的行为操作

4. 线条控件中，控制线条倾斜方法的属性是(　　)。

A. BorderWidth　　B. LineSlant　　C. BorderStyle　　D. DrawMode

5. 列表框控件中，控制将选择的选项存储在何处的属性是(　　)。

A. ControlSource　　B. RowSource　　C. RowSourceType　D. ColumnCount

6. 在 Visual FoxPro 中，为了将表单从内存中释放(清除)，可将表单中退出命令按钮的 Click 事件代码设置为(　　)。

A. ThisForm. Refresh　　B. ThisForm. Delete

C. ThisForm. Hide　　D. ThisForm. Release

7. 假定一个表单里有一个文本框 Text1 和一个命令按钮组 CommandGroup1，命令按钮组是一个容器对象，其中包含 Command1 和 Command2 两个命令按钮。如果要在 Command1 命令按钮的某个方法中访问文本框的 Value 属性值，下面哪个式子是正确的？(　　)

A. ThisForm. Text1. Value　　B. This. Parent. Value

C. Parent. Text1. Value　　D. This. Parent. Text1. Value

8. 以下叙述与表单数据环境有关，其中正确的是(　　)。

A. 当表单运行时，数据环境中的表处于只读状态，只能显示不能修改

B. 当表单关闭时，不能自动关闭数据环境中的表

C. 当表单运行时，自动打开数据环境中的表

D. 当表单运行时，与数据环境中的表无关

9. 能够将表单的 Visible 属性设置为. T.，并使表单成为活动对象的方法是(　　)。

A. Hide　　B. Show　　C. Release　　D. SetFocus

10. 下面关于属性、方法和事件的叙述中，错误的是(　　)。

A. 属性用于描述对象的状态，方法用于表示对象的行为

B. 基于同一个类产生的两个对象可以分别设置自己的属性值

C. 事件代码也可以像方法一样被显式调用

D. 在新建一个表单时，可以添加新的属性、方法和事件

11. 在 Visual FoxPro 中，表单(Form)是指(　　)。

A. 数据库中各个表的清单　　B. 一个表中各个记录的清单

C. 数据库查询的列表　　D. 窗口界面

12. 按钮的 Name 属性用于(　　)。

A. 作为按钮上的文字　　B. 按钮对象的引用名

C. 按钮的属性名　　D. 以上都不是

13. 下列不属于面向对象的概念范畴的是(　　)。

A. 类　　B. 属性　　C. 过程　　D. 事件

14. 新创建的表单默认标题为 Form1，为了修改表单的标题，应设置表单的(　　)。

A. Name 属性　　B. Caption 属性

C. Closable 属性　　D. AlwaysOnTop 属性

15. 下列基类中不属于容器类的是(　　)。

A. 表单　　B. 组合框　　C. 表格　　D. 命令按钮组

三、填空题

1. 现实世界中的每一个事物都是一个对象，对象所具有的固有特征称为(　　)。

2. 对象的(　　)就是对象可以执行的动作或它的行为。

3. 类是对象的集合，它包含相似的有关对象的特征和方法，而(　　)是类的实例。

4. 对于对象的操作，实质上就是对其属性的操作，体现在(　　)上。

5. 利用(　　)可以接收、查看和编辑数据，方便、直观地完成数据管理工作。

6. 在"命令"窗口中执行(　　)命令，即可以打开表单设计器窗口。

7. 编辑框控件与文本框控件的最大区别是，在编辑框中可以输入或编辑(　　)行文本，而在文本框中只能输入或编辑(　　)行文本。

8. 向表单添加控件的方法是，选定表单工具栏中某一控件，然后再(　　)，便可添加一个选定的控件。

9. 利用(　　)工具栏中的按钮可以对控件进行居中、对齐等多种操作。

10. 数据环境是一个对象，泛指定义表单或表单集时使用的(　　)，包括表、视图和关系。

11. 若要为控件设置焦点，则控件的 Enabled 属性和(　　)属性必须设置为.T.。

12. 控件的数据绑定是指将控件与某个(　　)联系起来。

四、设计题

1. 使用表单向导选择学生表生成一个名为 Form_Student 的表单。要求选择学生表中的学号、姓名、性别、出生日期字段，表单样式为"阴影式"；按钮类型为"图片按钮"；排序字段选择"学号"(升序)；表单标题为"学生基本数据输入维护"。

2. 在表单上创建一个文本框和一个命令按钮。要求对命令按钮按住鼠标左键时，文本框内能显示当前日期，而释放该鼠标键则能显示当前时间。请写出设计步骤。

3. 建立表单，表单文件名和表单名均为 myform_a，表单标题为"商品浏览"，表单样例如图 6.72 所示。功能要求如下。

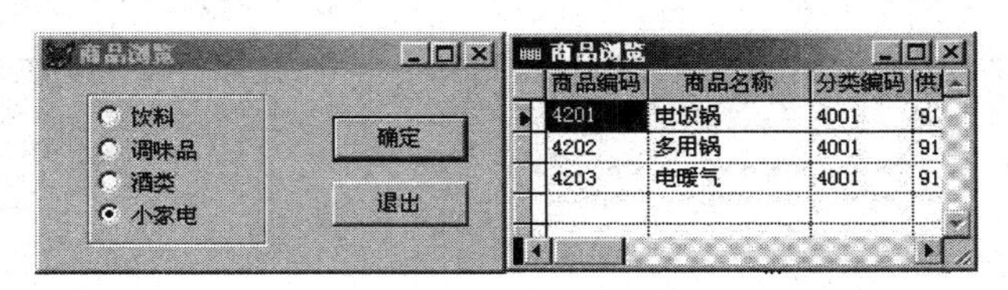

图 6.72　商品浏览表单

(1) 用选项按钮组(OptionGroup1)控件选择商品分类：饮料(Option1)、调味品(Option2)、酒类(Option3)、小家电(Option4)。

(2) 单击"确定"命令按钮，显示选中分类的商品，要求使用 DO CASE 语句判断选择的商品分类。

(3) 单击"退出"命令按钮，关闭并释放表单。

注：选项按钮组控件的 Value 属性必须为数值型。其中 4 个表的表名分别为 YL.DBF、TWP.DBF、JL.DBF、JD.DBF，结构一样(商品编码、商品名称、分类编码、数量)，表内容不同。

4. 设计一个名为 form_it 的表单，所有控件的属性必须在表单设计器的属性窗口中设置。表单的标题设为"使用零件情况统计"。表单中有一个组合框，一个文本框和两个命令按钮"统计"和"退出"。运行表单后，组合框中有三个条目"s1"，"s2"和"s3"(只有三个，不能输入新的，RowSourceType 的属性为“数组”，Style 的属性为下拉列表框）可供选择，单击“统计”命令按钮以后，则文本框显示出该项目所用零件的数量，单击“退出”按钮关闭表单。所用的表（SYLJ. DBF）如图 6.73 所示。

5. 设计一个名为 Form_rate 的表单，表单的标题为“外汇汇率查询”，表单中有两个下拉组合框，这两个下拉组合框的数据源类型（RowSourceType）均为字段，且数据源 RowSource 属性分别是外汇汇率表的“币种 1”和“币种 2”字段；另外有“币种 1”和“币种 2”两个标签以及两个命令按钮“查询”和“退出”。运行表单时，首先从两个下拉组合框中选择币种，然后单击“查询”按钮用 SQL 语句从外汇汇率表中查询相应币种（匹配币种 1 和币种 2）的信息，并将结果存储到表 temp_rate 中，单击“退出”按钮关闭表单。外汇汇率表（whhl. dbf）如图 6.74 所示。

项目号	零件号	数量
s1	p1	100
s1	p2	200
s2	p1	300
s2	p3	400
s3	p2	28
s3	p3	350
s4	p4	154
s4	p5	200
s5	p6	600
s5	p3	120
s6	p2	430
s6	p4	270

图 6.73　使用零件情况统计

币种1	币种2	买入价	卖出价
澳元	美元	0.6583	0.6617
澳元	加元	0.9000	0.9036
澳元	瑞郎	0.9052	0.9074
欧元	澳元	1.7095	1.7103
英镑	澳元	2.4228	2.4239
澳元	港币	5.1198	5.1318
澳元	日元	76.9138	77.3070
美元	加元	1.3692	1.3708
瑞郎	加元	0.9929	0.9941
欧元	加元	1.5368	1.5387
英镑	加元	2.1780	2.1803
加元	港币	5.6963	5.7089
加元	日元	85.5354	85.8269
美元	瑞郎	1.3775	1.3805
欧元	瑞郎	1.5459	1.5495
英镑	瑞郎	2.1909	2.1959
瑞郎	港币	5.6499	5.6619
瑞郎	日元	84.8353	84.9582
欧元	美元	1.1238	1.1255

图 6.74　外汇汇率表

第7章 视图设计器及其表单应用

7.1 视图设计

视图不是“图”，而是观察表中信息的一个窗口，相当于人们定制的浏览窗口。在数据库应用中，经常遇到下列问题，比如：只需要感兴趣的数据，如所有专业是信息管理专业的所有学生情况、今年毕业的所有学生情况等，用查询的确可以轻松实现，但是进一步讲，想对这些记录的数据进行更新该怎么办？为数据库建立视图可以解决这一问题。视图不但可以查阅数据还可以将更新数据并返回给数据库，而查询则只能起到查询的作用。

使用视图，可以从表中的一组记录提取出来组成一个虚拟表，而不管数据源中的其他信息，并可以改变这些记录的值，并把更新结果送回到源表中。这样，就不必面对数据源中所有的(用到的或用不到的)信息，加快了操作效率；而且，由于视图不涉及数据源中的其他数据，加强了操作的安全性。

视图是基于数据库的，因此，创建视图前必须有数据库。视图一经定义，就成为数据库的组成部分，可以像数据库表一样接受用户的查询。

Visual FoxPro 的视图分为本地视图和远程视图两种。本地视图所能更新的源表是 Visual FoxPro 的数据库表或自由表，这些数据库表或自由表未被放在服务器上，称这些数据库表或自由表为本地表，远程视图所能更新的源表可以来自放在服务器上的 Visual FoxPro 的数据库表或自由表，也可以来自远程数据源。

7.1.1 视图设计器

Visual FoxPro 提供了三种创建视图的方法：利用视图设计器、利用视图向导、通过命令创建视图，下面介绍如何利用视图设计器创建视图。

1. 启动视图设计器

可以利用菜单启动视图设计器，方法如下。

(1) 在系统菜单中，选择“文件”中的“新建”选项，打开“新建”对话框。

(2) 选择“视图”单选按钮，再单击“新建文件”按钮，在打开视图设计器的同时，还将打开“添加表或视图”对话框。

(3) 将所需的表添加到视图设计器中，然后单击“关闭”按钮。

使用命令也可以启动视图设计器，此时可在命令窗口中输入如下命令：Create View。

需要注意的是，与查询是一个独立的程序文件不同，视图不能单独存在，它只能是数据库的一部分。在建立视图之前，首先要打开需要使用的数据库文件。

2. 视图设计器

视图设计器的窗口界面和查询设计器基本相同，不同之处为视图设计器的选项卡有 7 个，其中的 6 个功能和用法与查询设计器完全相同。这里介绍一下查询设计器中没有的“更新条件”选项卡的功能和使用方法。

选择“更新条件”选项卡，如图 7.1 所示，该选项卡用于设定更新数据的条件，其各选项的含义如下。

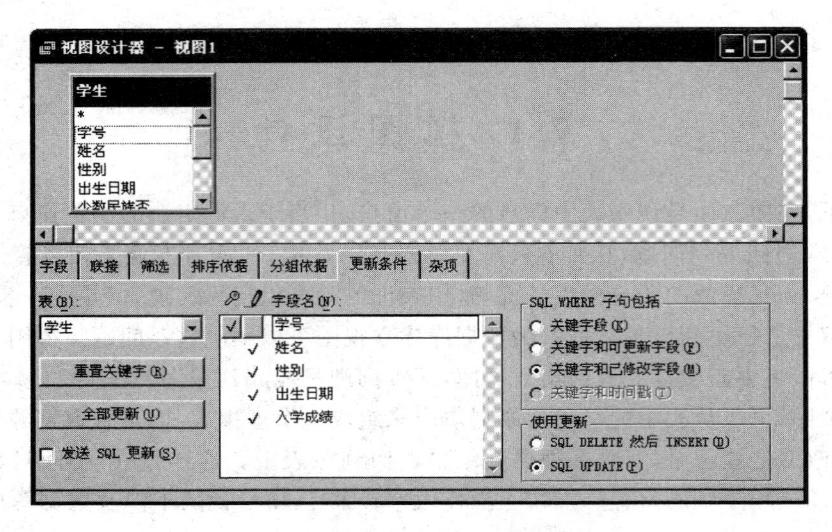

图 7.1　视图设计器——更新条件

(1) 表。列表框中列出了添加到当前视图设计器中所有的表，从其下拉列表中可以指定视图文件中允许更新的表。如选择“全部表”选项，那么在“字段名”列表框中将显示出在“字段”选项卡中选取的全部字段。如只选择其中的一个表，那么在“字段名”列表框中将只显示该表中被选择的字段。

(2) 字段名。该列表框中列出了可以更新的字段。其中有钥匙符号的一列为指定字段是否为关键字段，该列若打上对号(√)标志则该字段为关键字段；有铅笔符号的一列为指定的字段是否可以更新，该列若打上对号(√)标志则该字段内容可以更新。

默认情况下，非关键字段都可以更新，关键字段不可以更新，建议不要使用视图更新关键字段。

如果想使表中的所有字段可更新，那么可以单击“全部更新”按钮，以将表中的所有非关键字字段都设为可更新的。默认情况下，在字段名列表框中显示所有数据源表的字段；可以通过“表”下拉框中选择某一个表，使得在字段名列表框中只显示这个表的字段。

(3) 发送 SQL 更新。用于指定是否将视图中的更新结果传回源表中。

(4) SQL WHERE 子句。在多用户环境下，当通过视图更新源表中的数据时，其他用户可能也在通过某种方法修改源表(或远程数据源)中的数据。为了避免更新冲突，Visual FoxPro 采取的一种方法是：在对源表更新之前，Visual FoxPro 首先检查数据被提取到视图之后，源表中的某些种类的字段(受检测的字段)是否已被其他用户修改过，如果修改过，就不允许将视图中的更新反映到源表中。在用视图设计器建立视图时，可以在“更新条件”

选项卡的“SQL WHERE 子句包括”框中选定受检测的手段。

关键字段：视图中标记为“关键字字段”的字段在源表中已被其他用户修改时，更新失败。

关键字段和可更新字段：视图中任何标记为“关键字字段”或“可更新字段”的字段在源表中已被其他用户修改时，更新失败。

关键字段和已修改字段：视图中任何标记为“关键字字段”或在视图中被修改的字段在源表中已被其他用户修改时，更新失败。

关键字和时间戳：当视图从远程表中提取数据之后，在远程表中该记录的时间标记已做了修改，则更新失败。

Visual FoxPro 通过向源表或远程数据源发送 UPDATE 或 DELETE 语句，从而实现向源表传递更新信息；而上述对受检测字段的选择将作为 UPDATE 和 DELETE 语句的 WHERE 子句中的内容。所以，上述的操作列在了“SQL WHERE 子句包括”框中。

(5) 使用更新，指定后台服务器更新的方法。其中“SQL DELETE 然后 INSERT”选项的含义为在修改源数据表时，先将要修改的记录删除，然后再根据视图中的修改结果插入一新记录。SQL UPDATE 选项为根据视图中的修改结果直接修改源数据表中的记录。

7.1.2 创建本地视图

1. 单表视图

“学生”表是由多个字段组成的，如果只关心学号、姓名、性别、入学成绩和籍贯字段，就可以创建一个视图来进行操作。

例 7.1 对学生管理数据库中的学生表建立视图，要求包括学号、姓名、性别、入学成绩、籍贯等字段。

(1) 打开学生管理数据库，单击鼠标右键，在快捷菜单中选择“新建本地视图”，单击“新建视图”按钮，进入视图设计器。

(2) 在其中添加学生表，并在“字段”选项卡中选择“学生.学号”、“学生.姓名”、“学生.性别”、“学生.入学成绩”、“学生.籍贯”字段，如图 7.2 所示。

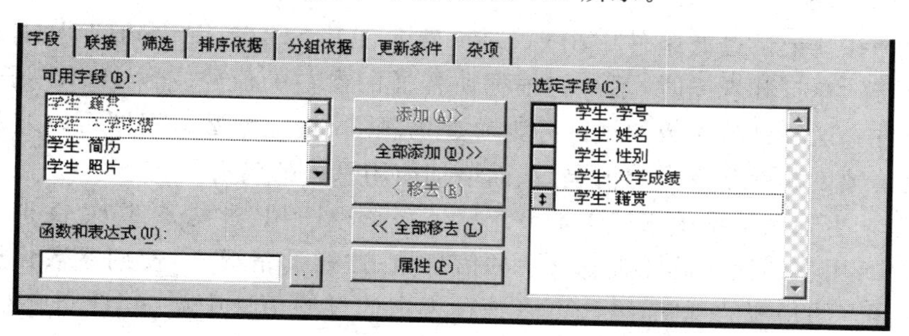

图 7.2 视图设计器——选定字段

(3) 视图设计器的“字段”选项卡中多了一个“属性”按钮，单击“属性”按钮，弹出如图 7.3 所示的“视图字段属性”对话框，用于设置数据输入的有效性规则、注释、显示主题等。其操作与数据库中表的有效性规则设置相似。

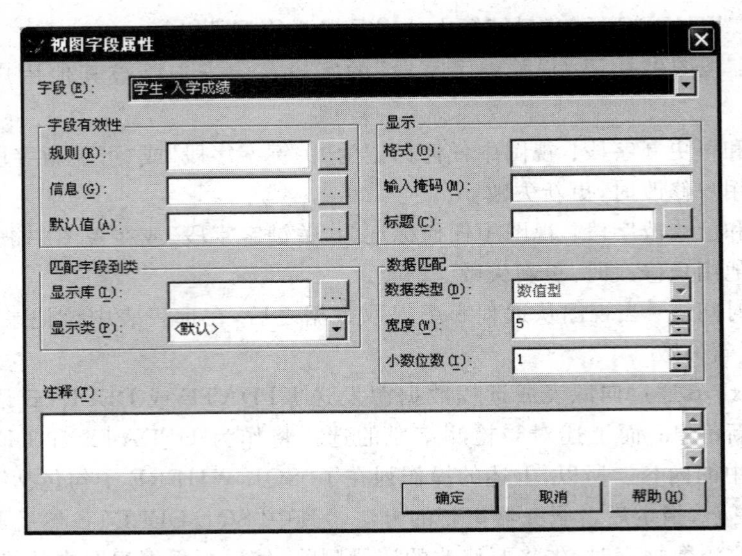

图 7.3 “视图字段属性”对话框

(4) 设置完成后，单击“文件”菜单中的“保存”命令或工具栏中的“保存”按钮，保存视图，视图文件的扩展名为.vue。

(5) 单击视图设计器工具栏中的 SQL 按钮可以看到该视图的 SQL 语句，如图 7.4 所示。

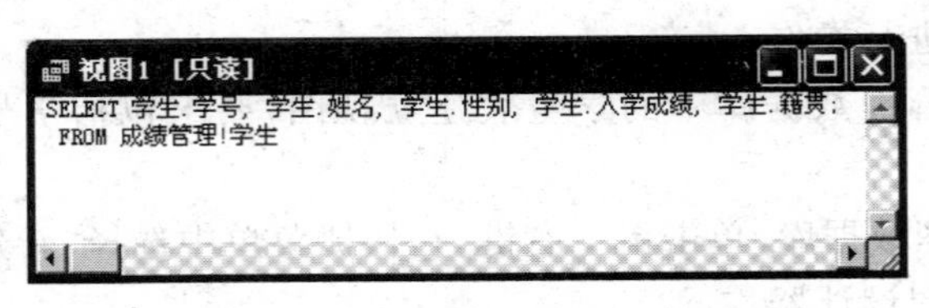

图 7.4 视图的 SQL 语句

2. 参数化视图

视图允许在其记录过滤条件中出现参数，即允许其 SELECT 语句的 WHERE 子句中出现参数，这样，在打开视图时，系统将根据所传递的参数的值建立 WHERE 子句，确定记录的过滤条件。这种带有参数的视图称为参数化视图；建立参数化视图可以避免每取出一部分记录就单独创建一个视图的情况，从而增加应用系统的灵活性。

例如，在学生管理系统中基于学生表建立了一个视图，其过滤条件为“性别为男生”，在实际的应用中，用户还往往需要查看女生的信息，在这样的情况下，使用参数化视图可以避免单独建立许多的相似的视图，方法可以是在视图的过滤条件中增加“性别=? sex”，其中 sex 是一个变量；在打开视图前为 sex 传递一个值，系统将根据 sex 的值建立过滤条件。这个视图的 SELECT SQL 语句为：

```
SELECT * ;
FROM 学生管理!学生;
WHERE 学生.性别 = ?sex
```

在这个例子中，视图参数是一个内存变量：事实上，视图参数可以是一个字段名或者由变量、字段和常量组成的表达式。在过滤条件中，参数前需要加“?”号。

上面例子的具体操作方法如下。

(1) 打开“视图设计器”，从“查询”菜单中选择“视图参数”选项，此时系统弹出如图 7.5 所示的“视图参数”对话框。

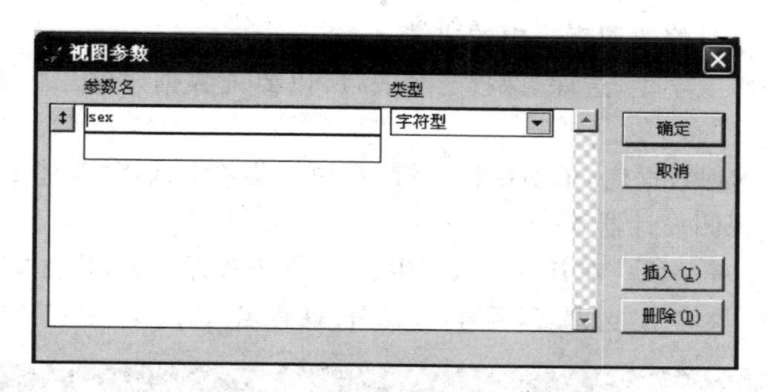

图 7.5 “视图参数”对话框

(2) 在“视图参数”对话框中输入参数名“sex”，单击“确定”按钮，就为此视图建立了一个视图参数。

(3) 在“视图设计器”的“筛选”选项卡的“实例”中输入要使用的参数，如图 7.6 所示。

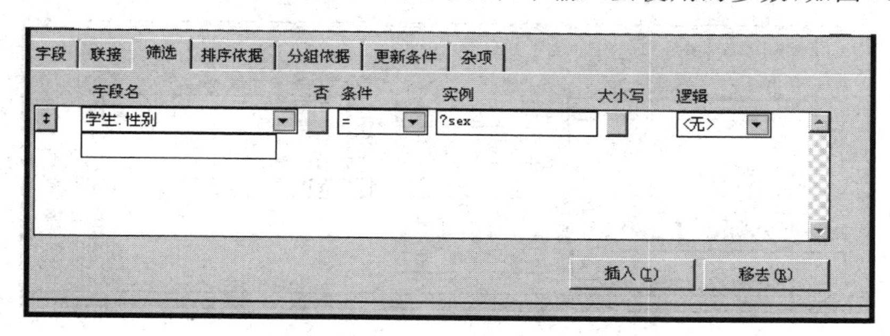

图 7.6 设置筛选条件

(4) 运行此视图，单击工具栏中的“!”符号，弹出如图 7.7 所示的对话框，输入“女”，单击“确定”按钮，视图运行结果如图 7.8 所示。

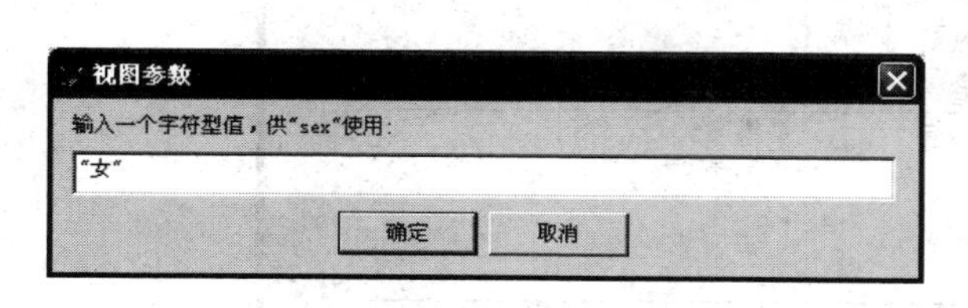

图 7.7 输入视图参数

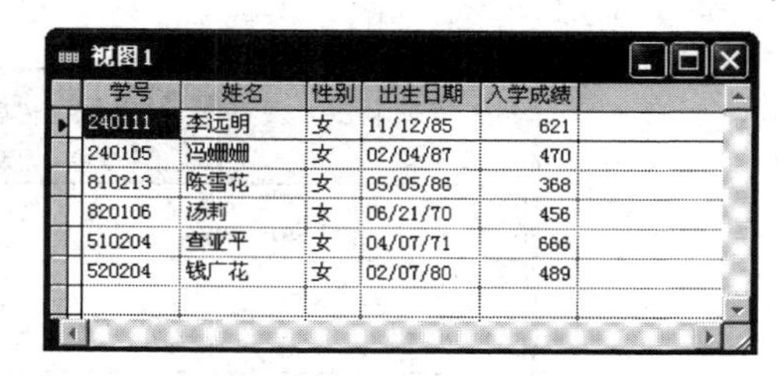

视图1

学号	姓名	性别	出生日期	入学成绩
240111	李远明	女	11/12/85	621
240105	冯姗姗	女	02/04/87	470
810213	陈雪花	女	05/05/86	368
820106	汤莉	女	06/21/70	456
510204	查亚平	女	04/07/71	666
520204	钱广花	女	02/07/80	489

图 7.8 运行结果

3. 多表视图及更新设计

学生管理数据库中的选课表，对于一般用户来讲，因为学号和课程号都是采用代码方式，是无法理解其中代码含义的，所以有必要使用视图方式进行透明性操作。希望在操作过程中看到学号时，知道其学生名字，看到课程号时，知道其课程名称。

更新数据是视图的重要特点，也是与查询最大的区别。使用“更新条件”选项卡可把用户对表中数据所做的修改，包括更新、删除及插入等结果返回到数据源中。

例 7.2 在学生管理数据库中建立视图，要求包含学号、姓名、课程号、课程名和成绩，并且可以用视图按学号修改源表当中的成绩。

因为所建视图涉及学生、选课、课程三个表，所以要把数据库这三个表作为源表添加到视图中。

(1) 打开学生管理数据库，单击鼠标右键，在快捷菜单中选择“新建本地视图”，单击“新建视图”按钮，进入视图设计器。

(2) 添加表与选择字段。在其中添加学生表、选课表和课程表，并在“字段”选项卡中选择“学生.学号”、“学生.姓名”、“选课.课程号”、“课程.课程名”、“选课.成绩”字段，如图 7.9 所示。

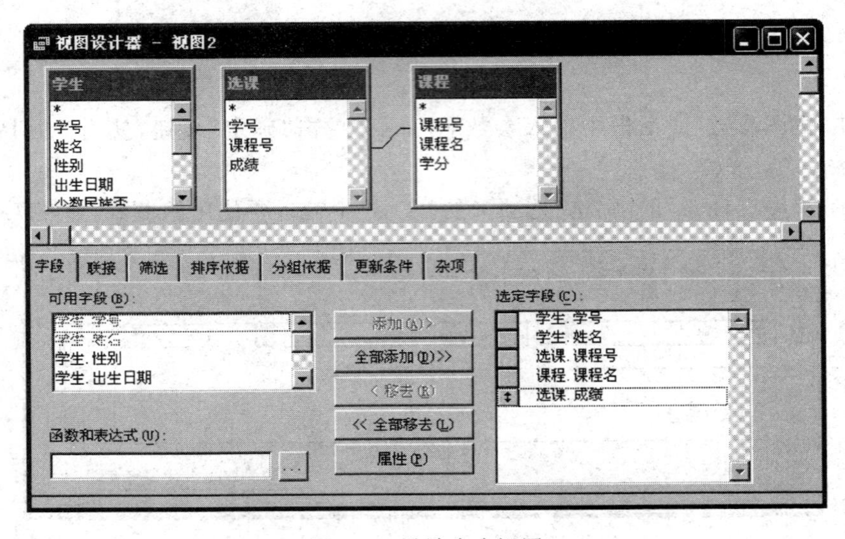

图 7.9 设计多表视图

(3) 设置联接条件。由于数据库中三个表已经建立好永久关系，这里的联接条件已经自动设置好，如图 7.10 所示。如果数据库中几个表没有设置永久关系，则这里的联接条件需要手工设置。

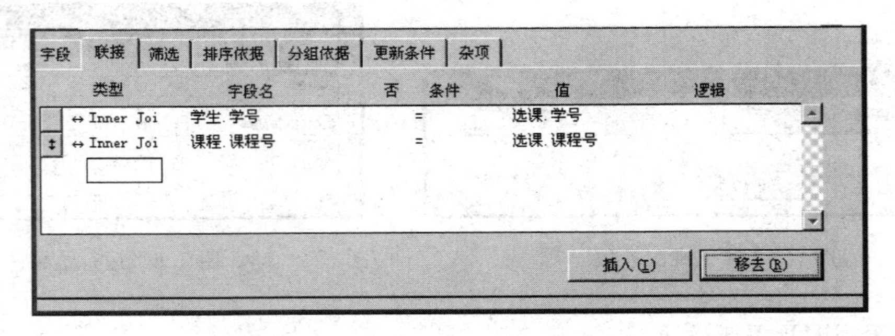

图 7.10 设置联接条件

(4) 设置筛选条件。

首先在“视图参数”对话框中输入参数名为“学号”，然后选择“筛选”选项卡，在“字段名”输入框单击，从下拉列表框中选择“学生.学号”字段，筛选条件为“＝”运算符，在“实例”输入框中输入“? 学号”，如图 7.11 所示。

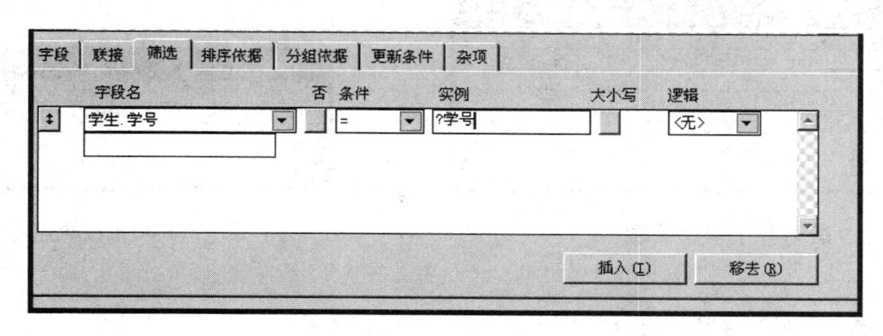

图 7.11　设置筛选条件

(5) 更新设计。根据要求，成绩字段包含在选课表中，所以这里只需要更新选课表。选择“更新条件”选项卡，在“表”下拉组合框中选择“选课”，设置“关键字”、“更新字段”以及“使用更新”选项，“SQL WHERE 子句包括”框中选择“关键字和可更新字段”；“使用更新”框中选择 SQL UPDATE，即直接修改源记录；选择“发送 SQL 更新”复选框，把视图的修改结果返回到源表中，如图 7.12 所示。

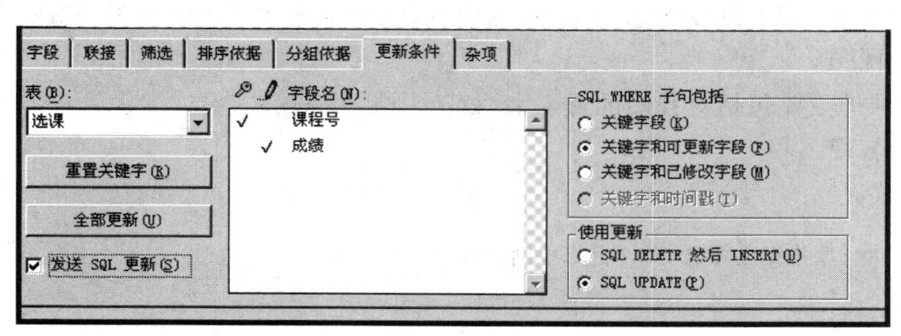

图 7.12　设置更新条件

(6) 保存视图。单击“文件”菜单中的“保存”命令或工具栏中的“保存”按钮，保存视图，然后关闭视图设计器。

(7) 运行视图。双击所建立的视图，在“视图参数”对话框(见图 7.13)中输入“汤莉”的学号，并在打开的浏览窗口(见图 7.14)中，将“vfp 程序设计”的成绩改为 99，单击“关闭”按钮关闭浏览窗口。

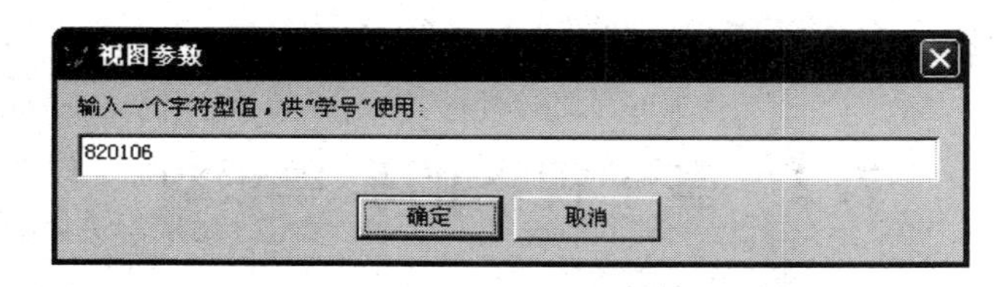

图 7.13　输入视图参数

(8) 查看源表。

建立查询,查询姓名为“汤莉”,课程名为“vfp程序设计”的成绩,查询结果如图7.15所示,可以看到,成绩已经改为了99。

图7.14 修改数据

查询

学号	姓名	课程名	成绩
820106	汤莉	vfp程序设计	99

图7.15 利用视图更新后的数据

7.1.3 视图的SQL语句

视图文件既可以通过“视图设计器”来创建和修改,也可以利用命令方式来操作。

1. 创建视图

命令格式是:

```
CREATE SQL VIEW \[<视图文件名>\]\[REMOTE\]\[CONNECTION <连接名>\[SHARE\] | CONNECTION <ODBC 数据源>\]\[AS SQL SELECT 命令\]
```

按照AS子句中的SELECT SQL命令查询信息,创建本地或远程的SQL视图。

2. 维护视图

视图的维护主要包括对视图的重命名、修改和删除等操作。

1) 重命名视图

命令格式是:

```
RENAME VIEW <原视图文件名> TO <目标视图文件名>
```

该命令重命名视图。

2) 修改视图

命令格式是:

```
MODIFY VIEW <视图文件名>\[REMOTE\]
```

该命令打开“视图设计器”修改视图。

3) 删除视图

命令格式是:

```
DELETE  VIEW <视图文件名>
```

7.2 基于视图的表单设计

一般情况下,利用表单可以对表中的数据进行查询,当要查询的数据来自多个表时,可以先建立视图,再利用表单对视图中的数据进行查询。

7.2.1 成绩表单

例 7.3 设计一个学生成绩查询的表单，要求包括学生学号、姓名，以及各科成绩。

操作步骤如下。

(1) 新建一个数据库学生成绩，添加 XSDA，XSCJ 两个表。

(2) 新建视图学生成绩，选取学生成绩数据库中的两个数据表作为数据源，然后进入视图设计器。在“字段”选项卡中选择 Xsda. xh、Xsda. xm、Xsda. xb、Xsda. csrq、Xscj. foxpro、Xscj. english、Xscj. kj，如图 7.16 所示。保存为学生成绩，学生数据库中的表和视图如图 7.17 所示。

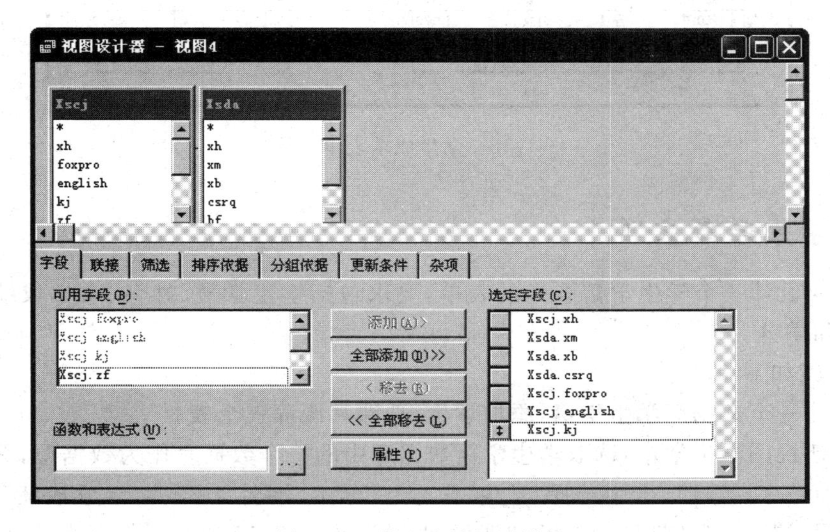

图 7.16 学生成绩视图设计

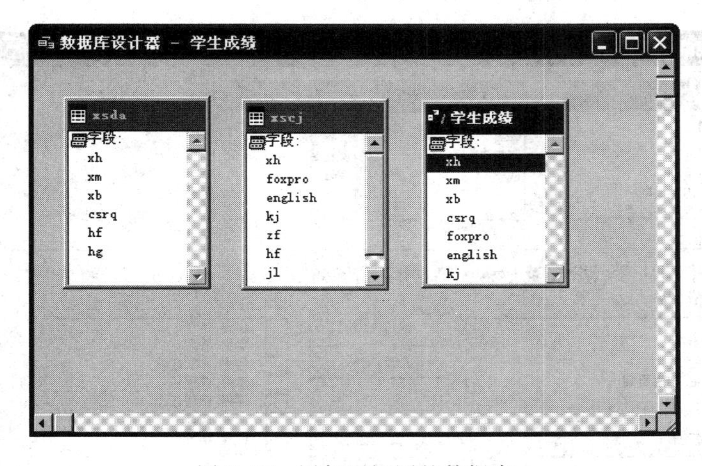

图 7.17 添加了视图的数据库

(3) 新建表单 XSCJGL. SCX，右击表单，在弹出的快捷菜单中选择“数据环境”命令，在数据环境中添加学生成绩视图。

(4) 在表单中放置一个表格控件，然后右击此表格对象，在弹出的快捷菜单中选择“生成器”命令，将出现“表格生成器”对话框。在“表格生成器”对话框的“表格项”选项卡中选取视图学生成绩，然后指定要在表格中显示的字段。

(5) 保存并运行表单，结果如图 7.18 所示。

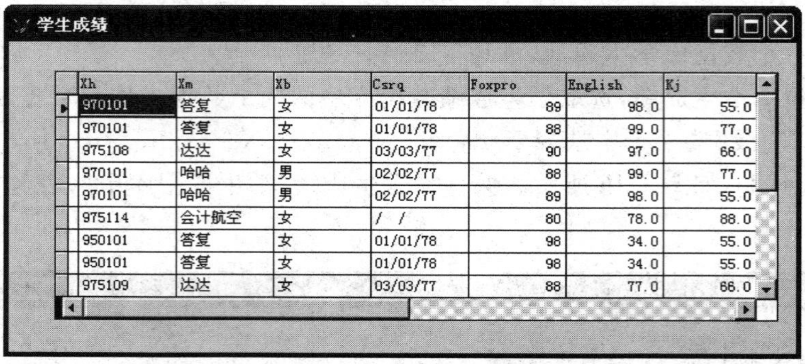

学生成绩
Xh Xm Xb Csrq Foxpro English Kj
970101 答复 女 01/01/78 89 98.0 55.0
970101 答复 女 01/01/78 88 99.0 77.0
975108 达达 女 03/03/77 90 97.0 66.0
970101 哈哈 男 02/02/77 88 99.0 77.0
970101 哈哈 男 02/02/77 89 98.0 55.0
975114 会计航空 女 / / 80 78.0 88.0
950101 答复 女 01/01/78 98 34.0 55.0
950101 答复 女 01/01/78 98 34.0 55.0
975109 达达 女 03/03/77 88 77.0 66.0

图 7.18　学生成绩表单结果

7.2.2　学生学籍表单

例 7.4　设计一个学生学籍查询的表单，要求包括学生学号、姓名、入学成绩以及课程名称、成绩和学分。

操作步骤如下。

(1) 新建一个数据库学生学籍，添加学生、选课和课程三个表。

(2) 新建视图学生学籍，选取学生学籍数据库中的三个数据表作为数据源，然后进入视图设计器。在“字段”选项卡中选择“学生.学号”、“学生.姓名”、“学生.入学成绩”、“选课.课程号”、“课程.课程名”、“选课.成绩”、“课程.学分”，如图 7.19 所示。保存为学生学籍，学生学籍数据库中的表和视图如图 7.20 所示。

视图设计器 - 视图1
学生
*
学号
姓名
性别
出生日期
选课
*
学号
课程号
成绩
课程
*
课程号
课程名
学分
字段
联接
筛选
排序依据
分组依据
更新条件
杂项
可用字段(B):
学生.性别
学生.出生日期
添加(A)>
全部添加(D)>>
< 移去(R)
<< 全部移去(L)
属性(P)
函数和表达式(U):
选定字段(C):
学生.学号
学生.姓名
学生.入学成绩
选课.课程号
课程.课程名
选课.成绩
课程.学分

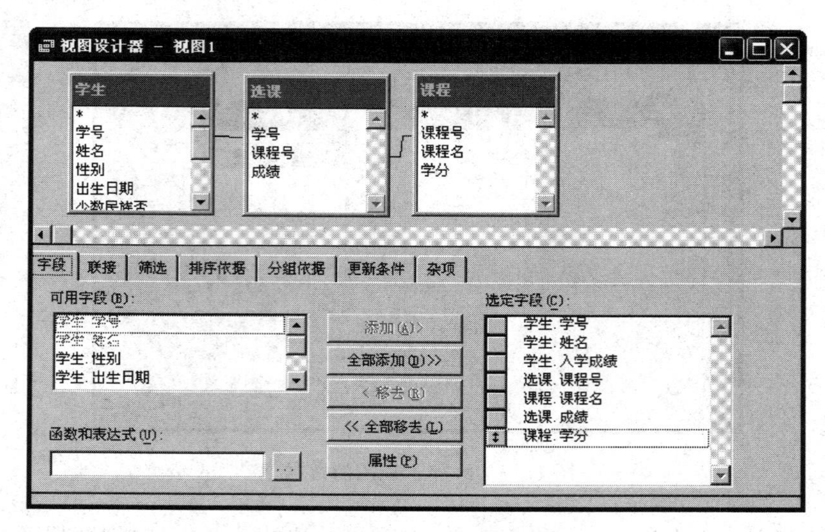

图 7.19　学生学籍视图设计

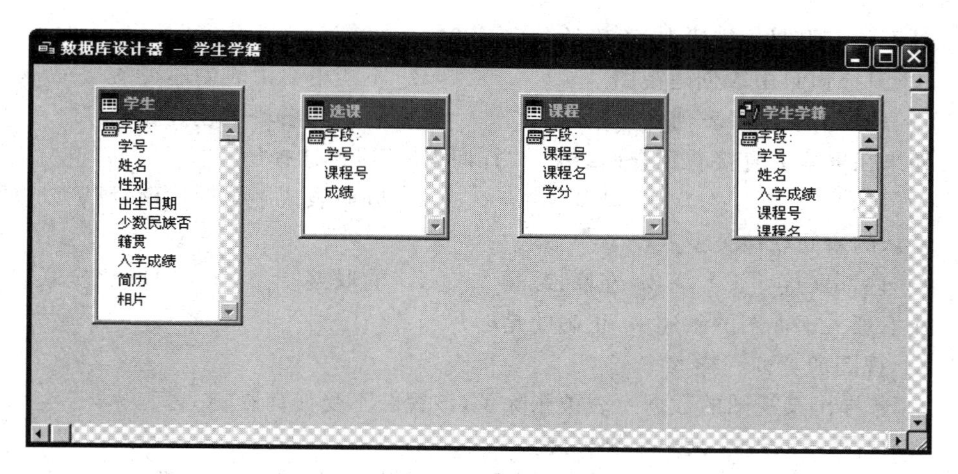

图 7.20　添加了视图的数据库

(3) 新建表单 XSXJGL.SCX，右击表单，在弹出的快捷菜单中选择“数据环境”命令，在数据环境中添加学生学籍视图。

(4) 在表单中放置一个表格控件，然后右击此表格对象，在弹出的快捷菜单中选择“生成器”命令，将出现“表格生成器”对话框。在“表格生成器”对话框的“表格项”选项卡中选取视图学生学籍，然后指定要在表格中显示的字段。

(5) 保存并运行表单，结果如图 7.21 所示。

学生学籍管理

学号	姓名	入学成绩	课程号	课程名	成绩	学分
610221	王大为	568	01101	数据库原理	85	3
610204	彭斌	547	01102	软件工程	95	2
240111	李远明	621	12100	计算机网络	95	2
820106	汤莉	456	01103	vfp程序设	68	4
510204	查亚平	666	01101	数据库原理	88	3
860307	杨武胜	568	01101	数据库原理	98	3
520204	钱广花	489	01102	软件工程	78	2

图 7.21　学生学籍表单结果

习　　题

一、选择题

1. 下面关于查询和视图的叙述中正确的是(　　)。

   A. 查询不是一个独立的文件，它只能存在于数据库中

   B. 视图是一个独立的文件，通过视图可以更改相关数据表中的数据

   C. 查询的结果是只读的，对它所进行的修改不会反映到相关的数据表中

   D. 利用查询和视图提取的信息都只能在屏幕上显示

2. 以下关于视图的描述中,正确的是(　　)。

A. 只能由自由表创建视图　　B. 不能由自由表创建视图

C. 只能由数据库表创建视图　　D. 可以由各种表创建视图

3. 如果在屏幕上直接看到查询结果:"查询去向"应该选择(　　)。

A. 屏幕　　B. 浏览　　C. 临时表或屏幕　　D. 浏览或屏幕

4. 默认的表间联接类型是(　　)。

A. 内部联接　　B. 左联接　　C. 右联接　　D. 完全联接

5. 在下列关于视图的叙述中,正确的是(　　)。

A. 视图和查询一样

B. 若导出某视图的数据库表被删除了,该视图不受任何影响

C. 视图一旦建立,就不能被删除

D. 当某一视图被删除后,由该视图导出的其他视图也将自动删除

6. 关于查询与视图,以下说法错误的是(　　)。

A. 查询和视图都可以从一个或多个表中提取数据

B. 视图是完全独立的,它不依赖于数据库的存在而存在

C. 可以通过视图更改数据源表的数据

D. 查询是作为文本文件,以扩展名.QPR存储的

7. 职工表结构见第3章,建立一个视图salary,该视图包括仓库号和该仓库的平均工资两个字段,正确的SQL语句是(　　)。

A. CREATE　VIEW salary AS 仓库号,AVG(工资) AS 平均工资 FROM 职工表 GROUP BY 仓库号

B. CREATE　VIEW salary AS SELECT 仓库号,AVG(工资) AS 平均工资 FROM 职工表 GROUP BY 仓库号

C. CREATE　VIEW salary SELECT 仓库号,AVG(工资) AS 平均工资 FROM 职工表 GROUP BY 仓库号

D. CREATE　VIEW salary AS SELECT 仓库号,AVG(工资) AS 平均工资 FROM 职工表

二、填空题

1. 视图是(　　)的一个特有功能。

2. 根据数据源的不同,视图可分为(　　)和(　　)两种。

三、操作题

订货管理数据库以及表参见第3章。

(1) 建立一个具有仓库.仓库号、仓库.城市、职工.职工号、职工.工资的视图文件,利用视图设计器完成。

(2) 建立"更新职工奖金"的视图,要求"奖金"字段可以更新,输出各仓库的工资,包括仓库号、职工号以及工资,并按工资由高到低排序。

第8章　菜单设计

应用程序通常是由若干个功能相对独立的程序组成，通过菜单系统，将这些功能模块程序组织成一个系统。而且在数据库应用程序中，首先接触和了解到的是菜单，菜单程序也是反映应用系统设计与用户友善的一个重要指标。常见的菜单有两种：下拉菜单与快捷菜单。一个应用程序通常以下拉菜单的形式列出其具有的所有功能，供用户调用。而快捷菜单一般从属于某个界面对象，列出了有关该对象的一些操作。

8.1　设计菜单

8.1.1　菜单的结构

Visual FoxPro 支持两种类型的菜单：条形菜单（一级菜单）和弹出式菜单（子菜单）。它们都有一组菜单选项显示于屏幕供用户选择。用户选择其中的某个选项时都会有一定的动作。这个动作可以是下面三种情况中的一种：执行一条命令、执行一个过程或激活另一个菜单。

每一个菜单选项都可以有选择地设置一个热键和快捷键。热键通常是一个字符，当菜单激活时，可以按菜单项的热键快速选择该菜单项。快捷键通常是 Ctrl 和另一个字符键组成的组合键。不管菜单激活与否，都可以通过快捷键选择相应的菜单选项。

在 Visual FoxPro 中，可以利用“菜单设计器”来设计并生成下拉式菜单与快捷菜单。若想使用“快速菜单”功能，则建立一个与 Visual FoxPro 菜单一模一样的菜单，再在此基础上修改即可。

8.1.2　菜单的组成元素

菜单由一些菜单元素组成，包括以下几个。

(1) 菜单栏(MENU)：横放在窗口的一栏，菜单栏中包含菜单项。

(2) 菜单项(PAD)：菜单栏中每一个菜单的名字，如系统菜单栏中的“文件”菜单项。

(3) 下拉菜单(POPUP)：在选择菜单项后，所显示的选择列表。

(4) 菜单选项(BAR)：下拉菜单的各个选择项，如系统菜单栏中的“文件”菜单项，弹出的下拉菜单中的“新建”、“打开”、“保存”等。

8.1.3　建立菜单系统的步骤

不管应用程序的规模多大，打算使用的菜单多么复杂，创建菜单系统都需以下步骤。

(1) 规划与设计菜单系统。确定需要哪些菜单项、菜单项出现在界面中的什么位置、哪些菜单要有子菜单、哪些菜单要执行相应的操作等。

(2) 建立菜单项和子菜单。使用“菜单设计器”可以定义菜单标题、菜单项和子菜单。

(3) 按实际要求为菜单系统指定任务。指定菜单所要执行的任务,例如显示表单或对话框等。菜单建立好之后将生成一个以.mnx为扩展名的菜单文件和以.mnt为扩展名的菜单备注文件。

(4) 利用已建立的菜单文件,生成扩展名为.mpr的菜单程序文件。

(5) 运行生成的菜单程序文件,以测试菜单系统。

8.1.4 系统菜单的控制

Visual FoxPro 系统菜单是一个典型的菜单系统,其主菜单是一个条形菜单。

通过 SET SYSMENU 命令可以允许或禁止在程序执行时访问系统菜单,也可以重新设置系统菜单。命令格式是:

```
SET SYSMENU ON|OFF|AUTOMATIC|TO [DEFAULT]|SAVE|NOSAVE
```

其中:

ON:允许程序执行时访问系统菜单。

OFF:禁止程序执行时访问系统菜单。

AUTOMATIC:可使系统菜单显示出来,可以访问系统菜单。

TO:子句用于重新设置系统菜单。

TO DEFAULT:将系统菜单恢复为缺省配置。

SAVE:将当前系统菜单配置指定为缺省配置。

NOSAVE:将缺省设置恢复成 Visual FoxPro 系统的标准配置。要将系统菜单恢复成标准设置,可先执行 SET SYSMENU NOSAVE 命令,然后执行 SET SYSMENU TO DEFAULT 命令。

SET SYSMENU TO:将屏蔽系统菜单,使系统菜单不可用。

例 8.1 利用菜单的快捷菜单方式,快速建立一个菜单,并生成菜单程序。

(1) 打开菜单设计器窗口。

在“命令”窗口中输入命令 MODIFY MENU CD,就会出现如图 8.1 所示的“新建菜单”对话框,在该对话框中单击“菜单”按钮,即出现菜单设计器窗口(如图 8.2 所示)。

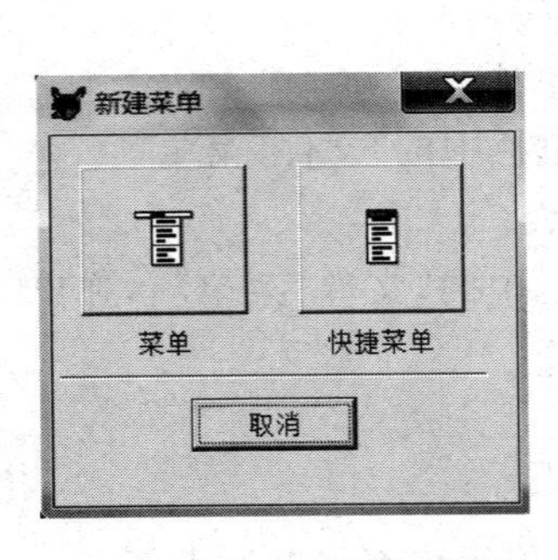

图 8.1 “新建菜单”对话框

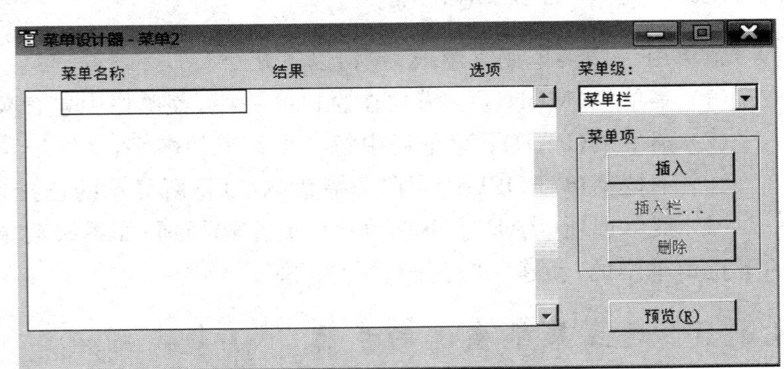

图 8.2 菜单设计器

（2）建立快速菜单。选定“菜单”中的“快速菜单”命令，一个与 VFP 系统菜单一样的菜单就自动填入如图 8.3 所示的菜单设计器窗口。

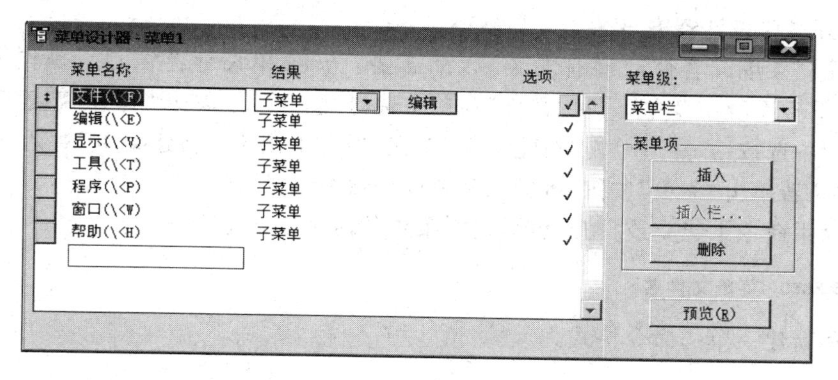

图 8.3　快速菜单

（3）生成菜单程序。选定“菜单”中的“生成”命令，在保存文件确认框中单击“是”按钮，保存菜单文件 CD. MNX 和菜单备注文件 CD. MNT，在如图 8.4 所示“生成菜单”对话框中单击“生成”按钮，就会生成菜单程序。

图 8.4　“生成菜单”对话框

（4）运行菜单程序。在“命令”窗口中输入命令 DO CD. MPR，就会显示所定义的菜单。返回系统默认菜单设置，可在“命令”窗口中输入 SET SYSMENU TO DEFAULT，此命令能恢复系统菜单的缺省配置。

建立快速菜单后，用户便可在此基础上对菜单项进行修改、增删、改变功能等。

8.2　下拉式菜单设计

下拉式菜单是一种最常见的菜单，用 Visual FoxPro 提供的菜单设计器可以方便地进行下拉式菜单设计。菜单设计器的功能有两个：一是通过 Visual FoxPro 系统菜单建立应用程序的下拉式菜单；二是为顶层表单设计独立于 Visual FoxPro 系统菜单的下拉式菜单。

8.2.1　菜单设计的基本过程

用菜单设计器设计下拉菜单的基本过程如图 8.5 所示。

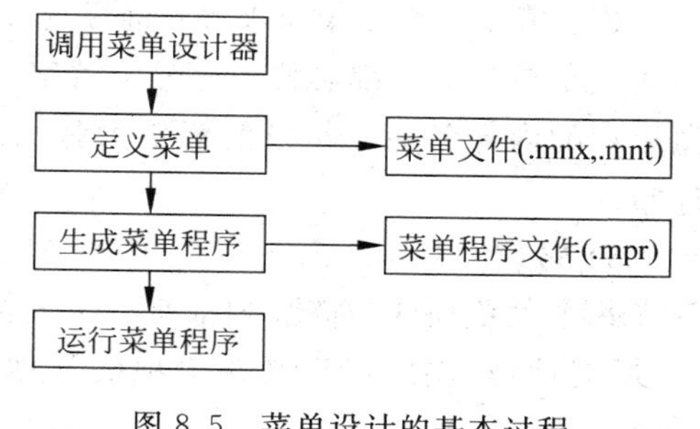

图 8.5　菜单设计的基本过程

8.2.2 菜单设计器窗口

1. 打开菜单设计器窗口

无论建立菜单或者修改已有的菜单，都需要打开菜单设计器窗口。操作方法是：在 Visual FoxPro 系统主菜单下，从“文件”菜单中选择“新建”菜单项。打开“新建”对话框后，选择“菜单”单选按钮，然后单击“新建文件”按钮，屏幕上出现 “新建菜单”对话框（如图 8.1 所示）。此时若单击“菜单”按钮，将进入菜单设计器窗口。

也可以用命令来建立或打开菜单，建立菜单的命令格式是：

```
CREATE MENU <菜单文件名>
```

打开和新建菜单的命令格式为：

```
MODIFY MENU <菜单文件名>
```

2. 菜单设计器窗口的组成

1）“菜单名称”列

菜单名称列用来输入菜单项的名称 ，该名字只用于显示，并非程序中的菜单名。

Visual FoxPro 允许用户在指定菜单项名称时，为该菜单项定义热键。方法是在要作为热键的字符之前加上“\<”两个字符。如图 8.2 所示，菜单项名称“文件(\<F)”表示字母 F 为该菜单项的热键。

可以在相应行的“菜单名称”列上输入“\-”两个字符，即在两菜单项之间插入一条水平线对弹出的菜单项进行分组。

2）“结果”列

结果列的组合框用于定义菜单项的性质，其中又分为命令、填充名称、子菜单、过程 4 个选项。

(1) 命令：选择此项，列表框右侧会出现一个文本框。可以在文本框内输入一条具体的命令。当选择该菜单项时，将执行这条命令。执行的命令仅一条。

(2) 过程：选择此项，列表框右侧出现“创建”命令按钮。单击“创建”按钮将打开一个文本框编辑窗口，可以在其中输入和编辑过程代码。过程表示建立一个过程文件，如果该菜单项是执行多条命令，就选择过程。

(3) 子菜单：选择此项，列表框右侧出现“创建”或“编辑”命令按钮（第一次定义时会出现“创建”按钮，以后为“编辑”按钮）。

(4) 填充名称或菜单项＃：选择此项，列表框右侧会出现一个文本框。可以在文本框内输入菜单项的内部名称或序号。若定义的菜单是条形菜单，该选项为“填充名称”，应指定菜单项的内部名字。若当前菜单为弹出式子菜单，该选项为“菜单项＃”应指定菜单项的序号。

3）“选项”列

每个菜单项的“选项”列都有一个无符号按钮，单击该按钮会出现如图 8.6 所示的“提示选项”对话框，供用户定义菜单项的其他属性。如对话框中定义了属性后，按钮会出现符号√。

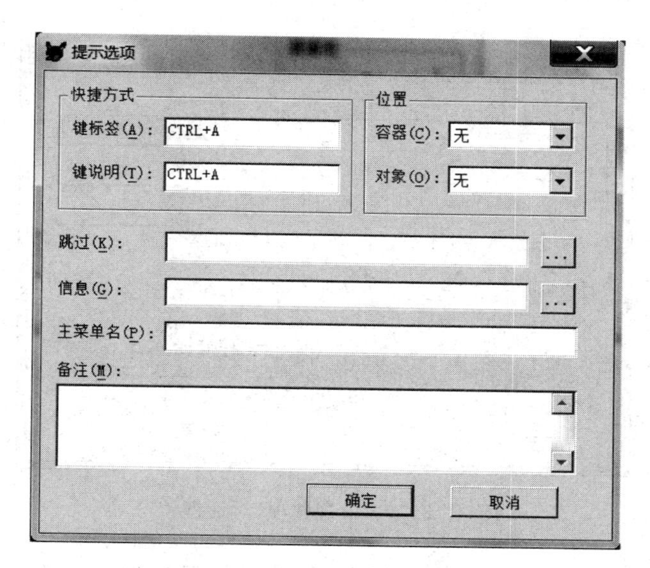

图 8.6 “提示选项”对话框

(1) 快捷方式：指定菜单项的快捷键。方法是：先单击“键标签”文本框，使光标定位于该文本框，然后在键盘上按快捷键。比如，按下 Ctrl＋A，则“键标签”文本框就会出现 Ctrl＋A。另外，“键说明”文本框中也会出现相同的内容，但该内容可以修改。当菜单激活时，“键说明”文本框内的内容将显示在菜单项标题的右侧，作为对快捷键的说明。快捷键通常是 Ctrl 或 Alt 键与另一个字符键的组合。要取消已经定义的快捷键，可先单击“键标签”文本框，然后按空格键。

(2) 跳过：定义菜单项的跳过条件。知道一个表达式，由表达式的值决定菜单项是否可选。当菜单激活时，如果表达式的值为.T.，则菜单项以灰色显示，表示不可选用。

(3) 信息：定义菜单项的说明信息。指定一个字符串或字符表达式。

(4) 主菜单名：指定主菜单名，如果不指定，则系统自带设定。

此外，菜单设计器窗口中还有“插入”、“删除”和“预览”按钮，功能分别是：“插入”是插入一个新的菜单项行，“删除”是删除当前菜单项行，“预览”是预览菜单效果。

3. “显示”菜单

在菜单设计器环境下，系统的“显示”菜单会出现两条命令：“常规选项”和“菜单选项”。

1) “常规选项”对话框

选择“显示”菜单中的“常规选项”命令，就会打开“常规选项”对话框，如图 8.7 所示。在这个对话框里，可以定义整个菜单系统的总体属性。

(1) 过程：为条形菜单中的各菜单项指定一个缺省过程代码。

(2) 位置：指明正在定义的下拉菜单与当前系统菜单的关系。

“替换”：用定义的菜单内容去替换当前菜单原有的内容。

“追加”：将定义的菜单内容添加到当前菜单原有内容的后面。

“在...之前”：将定义的菜单内容插在当前菜单某个弹出式菜单之前。

“在...之后”：将定义的菜单内容插在当前菜单某个弹出式菜单之后。

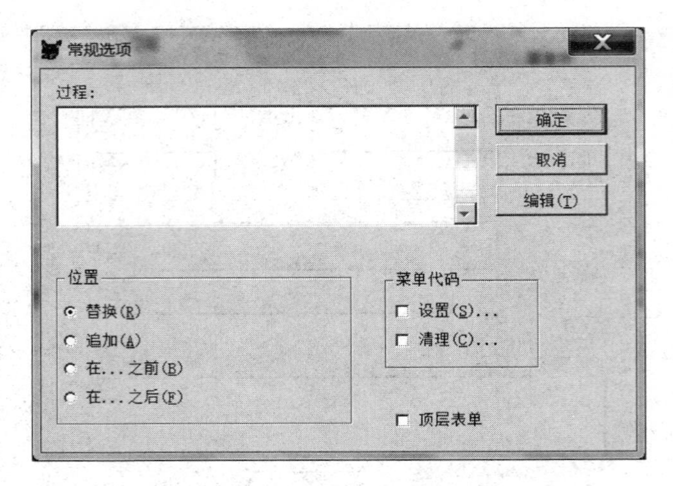

图 8.7 “常规选项”对话框

(3) 菜单代码：有“设置”和“清理”两个复选框。无论选择哪个，都可以设置相应的代码。

(4) 顶层表单：如果选择该复选框，则正在定义的下拉菜单添加到一个顶层表单里。

2) “菜单选项”对话框

选择“显示”菜单中的“菜单选项”命令，就会出现“菜单选项”对话框，如图 8.8 所示。主要是在这个对话框中为当前弹出的菜单项或所弹出式菜单的菜单选项定义一个缺省过程代码。如果弹出式菜单中的某个菜单项没有规定具体的动作，那么当选择此菜单项时，将执行该缺省过程代码。

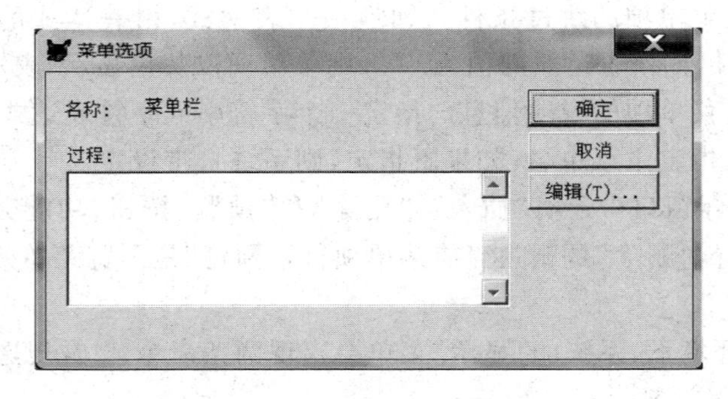

图 8.8 “菜单选项”对话框

例 8.2 利用菜单设计器建立一个下拉式菜单，具体要求如下。

(1) 条形菜单的菜单项如图 8.9 所示，其中“退出”菜单项的结果为将系统菜单恢复为标准设置。

(2) 弹出式菜单“数据录入”包括打开学生表，以及“加法器”操作(调用例 6.1 的表单程序 add1.scx)，并在两菜单项之间加入一水平线。

图 8.9 学生管理系统菜单

(3) 弹出式菜单“数据修改”包括增加记录，删除记录，浏览记录，其中删除记录中指定跳过条件为：记录数小于 9，使得当表中数据记录条数小于 9 时，“删除”菜单项显示为灰色，而当记录条数增加到大于或等于 9 时，“删除”菜单项又恢复原色，变为可操作。

(4) 弹出式菜单“数据输出”包括打印学生汇总表以及系统菜单栏“打印”，打印学生汇总表调用报表学生汇总表(参报表设计)。

(5) 弹出式菜单“菜单项显示”只作为显示。

操作步骤如下。

(1) 打开菜单设计器窗口。在“命令”窗口中输入 MODIFY MENU CD1(或者用菜单方式：“文件”→“新建”→“菜单”→“新建文件”)。

(2) 设置条形菜单的菜单项，如图 8.10 所示。

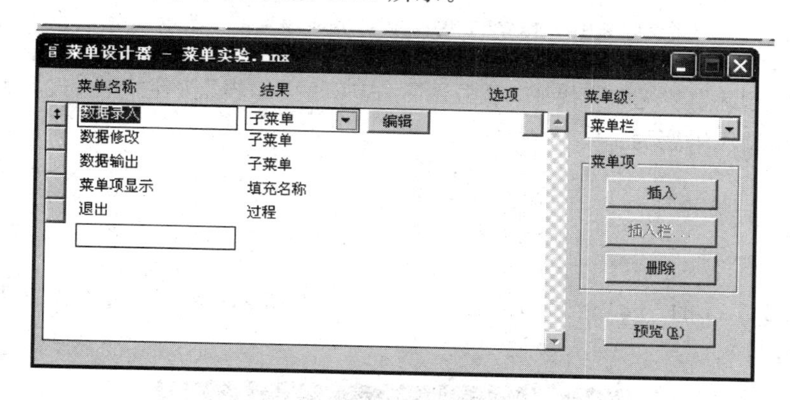

图 8.10 用菜单设计器设计菜单项

(3) 设置弹出式菜单“数据录入”菜单项的子菜单，单击图 8.10 中的“编辑”按钮，设计子菜单项，如图 8.11 所示。

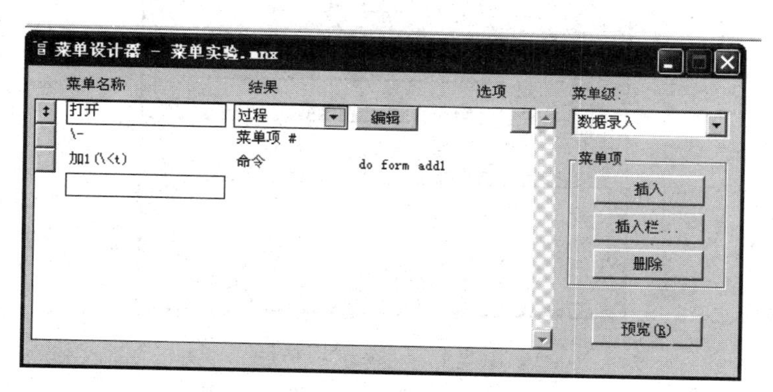

图 8.11 设置“数据录入”下级菜单项的子菜单

(4) 设置“打开”的“过程”代码，单击图 8.11 中的“编辑”按钮，进入过程代码窗口，如图 8.12 所示。

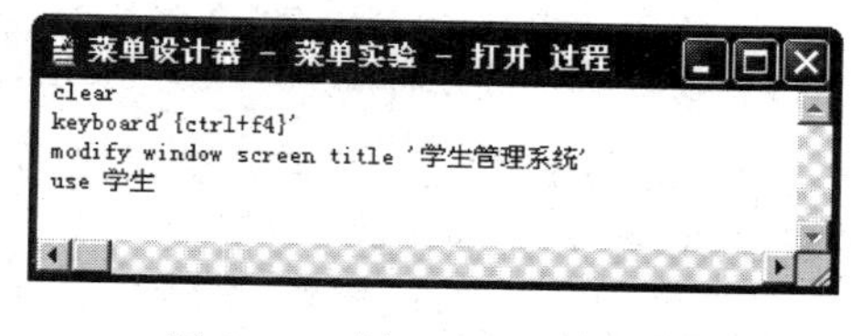

图 8.12 “打开”的过程代码

(5) 设置弹出式菜单“数据修改”菜单项的子菜单，选中图 8.10 中的“数据修改”菜单项，单击其右边的“编辑”按钮，设计其子菜单项，如图 8.13 所示。

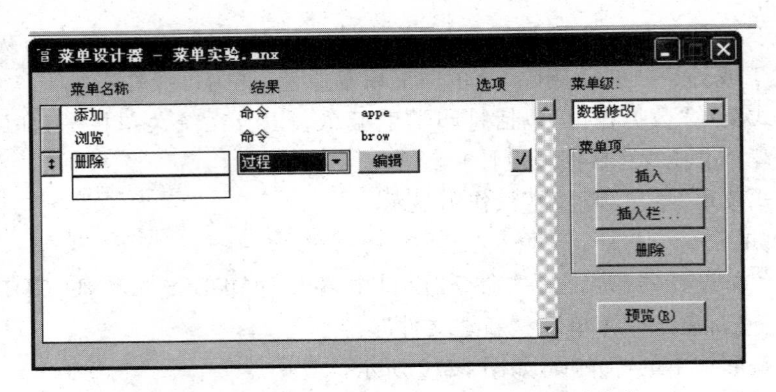

图 8.13　设置“数据修改”下级菜单项的子菜单

(6) 设置“删除”的“过程”代码，单击图 8.13 中的“编辑”按钮，进入过程代码窗口，同图 8.12。只不过代码变为：

```
brow
dele
pack
```

并且单击“删除”行的“选项”按钮，设计如图 8.14 所示，在“跳过”中输入跳过条件：reccount( )<9。

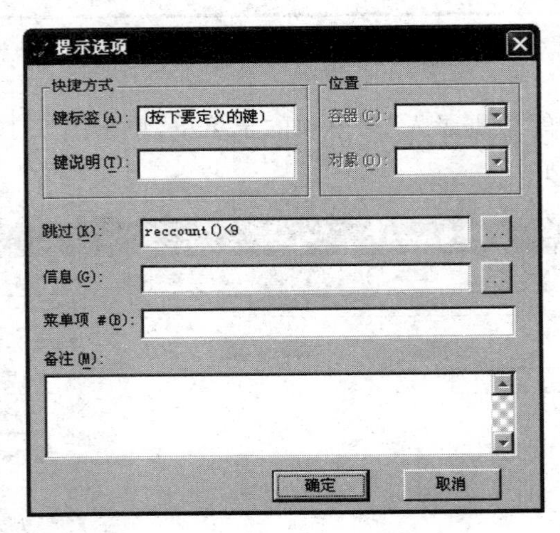

图 8.14　“选项”对话框

(7) 设置弹出式菜单“数据输出”菜单项的子菜单，选中图 8.10 中的“数据输出”菜单项，单击其右边的“编辑”按钮，设计其子菜单项，如图 8.15 所示，输出报表命令为：

```
report form  学生汇总  preview(参报表设计章节)
```

(8) 为菜单项“退出”定义过程代码：单击菜单项“结果”列上的“创建”按钮，打开文本编辑窗口，输入如下代码：

```
SET SYSMENU NOSAVE
SET SYSMENU TO DEFAULT
```

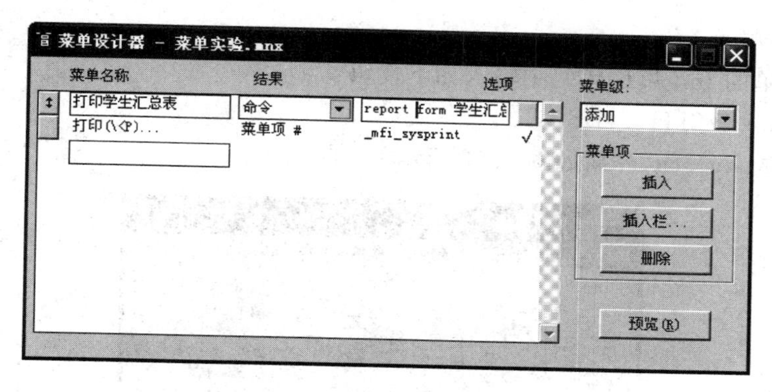

图 8.15　设置“数据输出”子菜单

保存为菜单定义文件 CD1.mnx 和菜单备注文件 CD1.mnt,并生成菜单程序 CD1.mpr,运行界面如图 8.9 所示。

8.3　创建表单菜单

一般情况下,使用表单设计器建立的表单,是在 Visual FoxPro 窗口中运行,即用户建立的菜单并不是运行在窗口的顶层,而是在第二层。要使菜单出现在顶层,可以通过表单菜单方式来实现。

要去掉“Microsoft Visual FoxPro”标题并换成用户指定的标题,可以通过顶层表单的设计来实现,要在表单中添加菜单,操作步骤如下。

(1) 首先建立一个下拉式菜单文件。设计菜单时,在“常规选项”中,选中“顶层表单”复选框,然后生成菜单程序文件。

(2) 创建一个表单,将表单的 ShowWindow 属性值设为 2,使该表单成为顶层表单。然后在表单的 Init 事件代码中添加如下代码:

```
DO <菜单程序名> WITH THIS,.T.
```

其中<菜单程序名>指定被调用的菜单程序文件,其扩展名.mpr 不能省略。This 表示当前表单对象的引用。通过<菜单名>可以为被添加的下拉菜单的条形菜单指定一个内部名字。

(3) 在表单的 destroy 事件代码中添加清除菜单的命令,使得在关闭表单时能够清除菜单,释放其所占用的内存空间。命令格式为:

```
RELEASE MENU <菜单名>[EXTENDED]
```

其中的 EXTENDED 表示在清除条形菜单时一起清除其下属的所有子菜单。

例 8.3　为例 8.2 设计顶层表单。

操作步骤如下。

(1) 将 CD1.mnx 菜单系统的“显示”菜单下的“常规选项”对话框打开,选中“顶层表单”,然后重新生成菜单。

(2) 创建标题表单 Main.scx,设置其 Caption 属性为“学生管理系统”,ShowWindow 属性为“2-作为顶层表单”。

(3) 在表单的 Init 事件代码中输入如下代码：

DOcd1. mpr WITH THIS,. T.

(4) 运行 Main. scx，界面如图 8.16 所示。

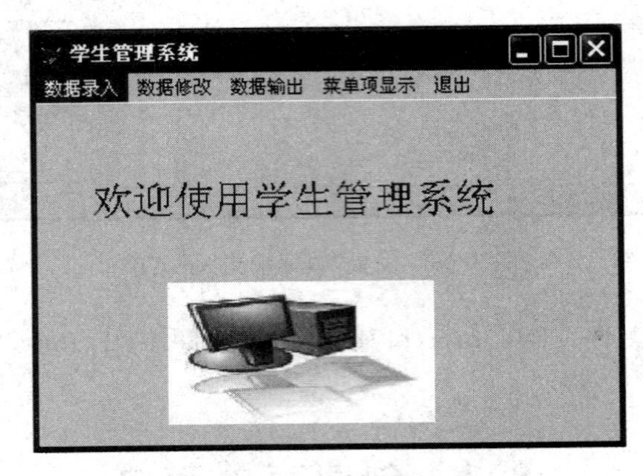

图 8.16　顶层表单示例

8.4　创建快捷菜单

快捷菜单是一种单击右键才出现的弹出式菜单，利用“快捷菜单设计器”仅能生成快捷菜单的菜单本身，实现单击右键来弹出一个菜单的动作还需要编程。

例 8.4　为某表单建立一个快捷菜单 kjcdlx，其选项有：日期、时间、变大和变小。“时间”与“变大”之间用分组线分隔，如图 8.17 所示。选中“日期”或“时间”时，表单标题将变成当前系统日期或时间。选中“变大”或“变小”选项时，表单大小将缩放 10%。要求如下。

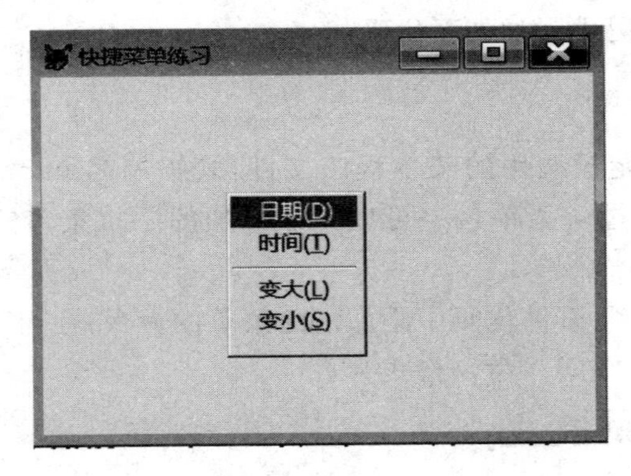

图 8.17　表单的快捷菜单

(1) 快捷菜单的“设置”代码是一条接受当前表单对象引用的参数语句：

```
PARAMETERS mfref
```

(2) 快捷菜单各选项的名称(标题)和结果如表 8.1 所示。

表 8.1　快捷菜单选项名称和结果

菜单名称	结　　果
日期(\<D)	过程：s=dtoc(date( ),1) ss=left(s,4)+"年"+subs(s,4,2)+"月"+right(s,2)+"日" mfref.caption=ss
时间(\<T)	过程：s=time( ) ss=left(s,2)+"时"+subs(s,4,2)+"分"+right(s,2)+"秒" mfref.caption=ss
\-	
变大(\<L)	过程：w=mfref.width h=mfref.height mfref.width=w+w*0.1 mfref.height=h+h*0.1
变小(\<S)	过程：w=mfref.width h=mfref.height mfref.width=w-w*0.1 mfref.height=h-h*0.1

(3) 快捷菜单的“清理”代码中包含清除快捷菜单的命令：

```
RELEASE POPUPS KJCD
```

(4) 在表单的 RightClick 事件代码中添加调用快捷菜单的命令：

```
DO kjcdlx.mpr WITH This
```

操作步骤主要如下。

(1) 打开快捷菜单设计器，然后按照表 8.1 所列内容定义快捷菜单各选项的内容。

(2) 从“显示”菜单中选择“常规选项”命令，打开“常规选项”对话框。

(3) 依次选择“设置”和“清理”复选框，打开“设置”和“清理”代码编辑窗口，然后在两个窗口中分别输入接受参数和清除快捷菜单的命令。

(4) 从“显示”菜单中选择“菜单选项”命令，打开“菜单选项”对话框，然后在“名称”框中输入快捷菜单的内部名字 kjcd。

(5) 单击“文件”菜单中的“保存”按钮，将结果保存在菜单定义文件 kjcdlx.mnx 和菜单备注文件 kjcdlx.mnt 中。

(6) 单击“菜单”菜单中的“生成”命令，产生快捷菜单程序文件 kjcdlx.mpr。

(7) 打开需要设置快捷菜单的表单，将表单的 Caption 属性设置为“快捷菜单练习”，将其 RightClick 事件代码设置成调用快捷菜单程序的命令。

(8) 运行表单，右击，效果如图 8.17 所示。

习　　题

一、选择题

1. 使用 Visual FoxPro 的菜单设计器时，选中菜单项之后，如果要设计它的子菜单，应在结果(Result)中选择(　　)。

A. 填充名称(Pad Name)　　B. 子菜单(Submenu)

C. 命令(Command)　　D. 过程(Procedure)

2. 假设已经生成了名为 mymenu 的菜单文件，执行该菜单文件的命令是(　　)。

A. Do mymenu　　B. Do mymenu. mpr

C. Do mymenu. pjx　　D. Do mymenu. mnx

3. 如果菜单项的名称为“统计”，热键是 T，在“菜单名称”一栏中应输入(　　)。

A. 统计(\<T)　　B. 统计(Ctrl＋T)

C. 统计(Alt＋T)　　D. 统计(T)

4. 为了从用户菜单返回到系统菜单应使用的命令是(　　)。

A. SET DEFAULT SYSTEM　　B. SET MENU TO DEFAULT

C. SET SYSTEM TO DEFAULT　　D. SET SYSMENU TO DEFAULT

5. 利用菜单设计器设计菜单时，不能指定内部名字或内部序号的元素是(　　)。

A. 条形菜单　　B. 条形菜单菜单项

C. 弹出式菜单　　D. 弹出式菜单菜单项

二、填空题

1. 典型的菜单系统一般是一个下拉菜单，下拉菜单通常由一个(　　)和一组(　　)组成。

2. 要将 Visual FoxPro 系统菜单恢复成标准配置，可先执行(　　)命令，然后再执行(　　)命令。

3. 要为表单设计下拉式菜单，首先需要在菜单设计时，在(　　)对话框中选择“顶层表单”复选框；其次要将表单的(　　)属性设置为 2，使其成为顶层表单；最后需要在表单的(　　)事件中设置调用菜单程序的命令。

4. 快捷菜单实质上是一个弹出式菜单。要将某个弹出菜单作为一个对象的快捷菜单，通常是在对象的(　　)事件中添加调用该弹出菜单程序的命令。

三、设计题

1. 建立一个名为 mymenu 的菜单，菜单中有两个菜单项“查询成绩”和“退出”。“查询成绩”项下还有一个子菜单，子菜单有“英语”、“数学”、“计算机”。

2. 利用菜单设计器为“学生管理系统”建立一个下拉菜单，具体要求如下。

(1) 条形菜单包括“数据维护”、“打印”和“退出”三个菜单项。

(2) 其中“数据维护”下拉菜单又包含“浏览记录”、“修改记录”和“查询记录”，设置“浏览记录”的快捷键为 Ctrl＋X，当学生档案表记录的记录数超过 10 则“打印”菜单以浅色显示。

(3) 其中“打印”下拉菜单又包括“学生档案表”和“学生成绩”两个菜单项。

(4) 单击“退出”菜单命令，可退出本“学生管理系统程序”，并自动恢复 Visual FoxPro 的系统菜单。

第9章 报表和标签

表可以保存数据，这些数据可以在浏览窗口中查看。视图和查询可以从表中搜索满足条件的数据，并可以在浏览窗口中搜索结果，但数据库应用系统的最终结果是将处理后的各种数据输出。数据的输出可以是屏幕显示，也可以是报表或文件。也可以利用表单来查看和管理数据。但在实际应用中常常需要以更加灵活的方式输出数据，以利于分析或报送。这就是报表和标签，它们在数据库应用系统中占据极其重要的地位。

报表由数据源和布局两个基本部分组成。数据源通常是数据库中的表，也可以是视图、查询或自由表。报表布局定义报表打印格式。

报表和标签包括两个基本部分：数据源和数据布局。数据源是报表和标签的数据来源，可以是数据库中的表或自由表，也可以是查询、视图或临时表；数据布局则用于指定报表和标签中各输出内容的位置和格式。报表与标签设计就是从数据源中提取数据，根据需要设计数据的布局。本章主要介绍报表与标签的设计方法。

9.1 报表设计

报表设计就是定义报表的数据源和报表布局。创建报表的方法有三种方式：利用报表向导创建简单的报表或一对多报表；利用报表设计器的快速报表功能从单表创建一个简单报表；利用报表设计器创建用户自己的报表。

报表保存后系统会产生一个报表文件，其扩展名为.frx，另外系统还将自动生成一个与报表文件同名的报表备注文件，其扩展名为.frt。如果将来要复制报表文件时，请务必将两个文件一并复制，否则将无法打开使用。

9.1.1 利用报表向导设计报表

报表向导是创建报表的最简单的途径，如果要创建报表但又对报表的设计不太熟悉时，可选择报表向导来设计报表。启动报表向导有以下4种常用方法。

方法一：在“项目管理器”的“文档”选项卡中，选定“报表”项，单击“新建”按钮，在出现的“新建报表”对话框中，再单击“报表向导”按钮，如图9.1所示。

方法二：选择“文件”菜单中的“新建”菜单项，出现“新建”对话框，在对话框的文件类型栏中选择“报表”，然后单击“向导”按钮。

方法三：打开“工具”菜单中的“向导”子菜单，选择“报表”。

方法四：直接单击工具栏上的“报表”图标，也可以启动报表向导。

无论用上述哪种方法启动报表向导，都会弹出“向导选取”对话框，如图9.2所示。其中,"报表向导"用于建立基于单个数据表的报表;"一对多报表"用来为一个父表及其相关子表创建报表。下面利用"报表向导",对单一的数据库表建立报表。

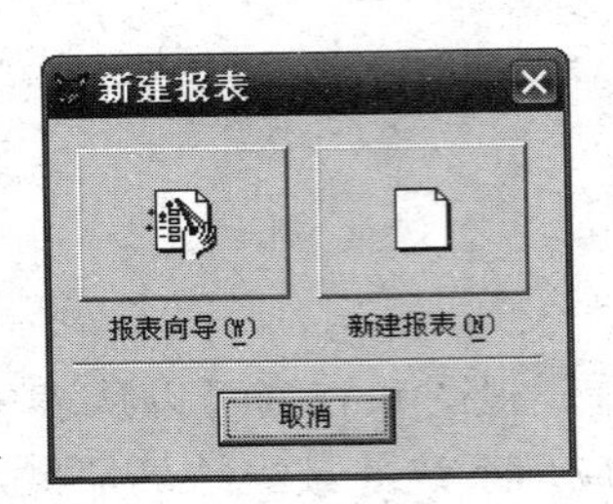

图 9.1 "新建报表"对话框

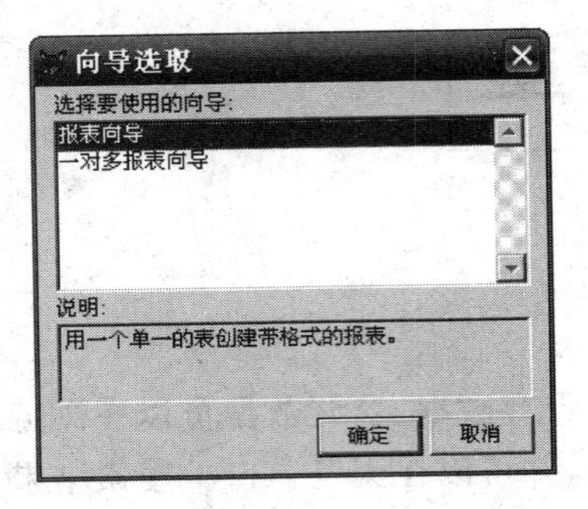

图 9.2 "向导选取"对话框

例 9.1 对学生表创建报表。

操作步骤如下。

(1) 利用以上介绍的 4 种方法之一启动"报表向导",弹出"向导选取"对话框,如图 9.2 所示。本例仅对一个自由表创建报表,因此选择"报表向导"。

(2) 进入报表向导后共有 6 个步骤,按顺序操作会出现 6 个对话框,下面逐一进行介绍。

① 字段选取。这一步主要是选择数据源和数据表中的"字段"。单击"数据库和表"下拉列表右侧的按钮,然后在"打开"对话框中选定表文件学生.dbf。在"可用字段"列表中选中要在报表中输出的字段名单击箭头按钮,或直接双击字段名,该字段就移动到"选定字段"列表中,如图 9.3 所示。单击双箭头按钮则选中全部字段。本例选择除了"简历"、"相片"外的所有字段。

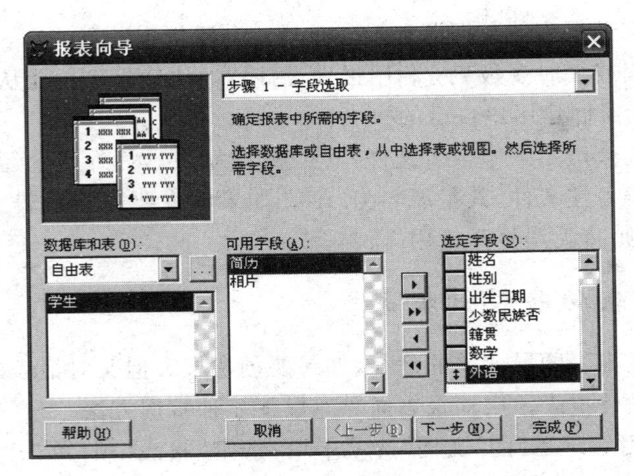

图 9.3 字段选取

注意:在这一步操作中,是通过单击"数据库和表"右侧的按钮来选择数据表,这是因为在创建报表之前没有打开任何数据库或数据表。如果在创建报表之前有数据库或数据表打开,则"数据库和表"框中有相应的数据库名字或"自由表",并在下方的列表框中显示数据库中的所有数据表名或自由表名。

② 分组记录。单击“下一步”按钮，将显示如图 9.4 所示的画面。如果选定字段建立了索引，可以通过此步骤进行分组处理，并进行一些汇总或计算，如分类、排序、总计各记录，以便使报表中的数据更加容易阅读，方便分析。在此最多可以进行三级分组，可以选定一个、两个或三个字段进行分组。经过分组，在报表中与这个分组字段数据相同的记录会放置在一起。分组将确定记录的排序方式。在选定一个分组字段后，可用“分组选项”按钮设置分组是根据整个字段还是字段中的前几个字符。“总结选项”按钮所对应的对话框如图 9.5 所示，其中可选择对哪些字段进行诸如求和(SUM)、求平均值、求最大值、求最小值等的运算，还可以指定报表中包含怎样的数据，它们可以是以下选项之一。

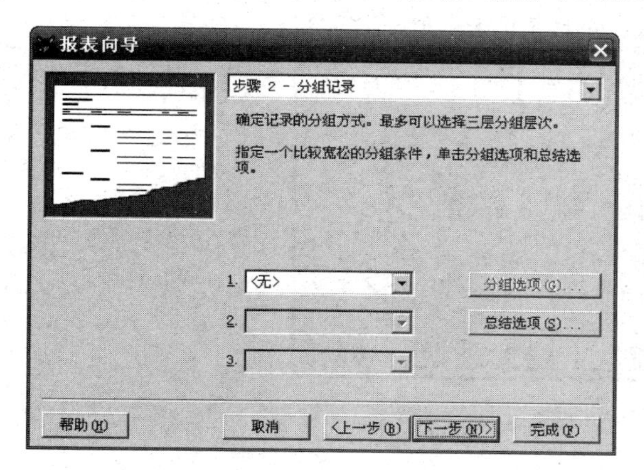

图 9.4　分组记录

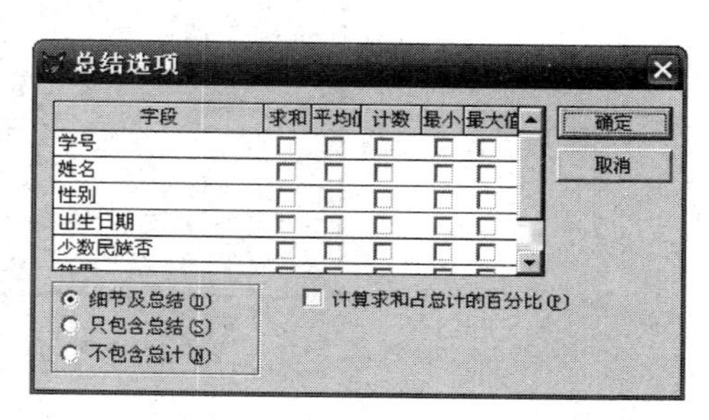

图 9.5　总结选项

细节及总结：包含明细、分组汇总数据和全部记录的汇总结果。

只包含总结：包含明细数据和全部记录的汇总结果，但不包含分组总结的数据。

不包含总计：包含明细数据，不包含分组汇总的数据和全部记录的汇总结果。

另外，还可以计算求和占总计的百分比；计算分组汇总的结果占总计结果的百分比。本例无分组选项。

③ 选择报表样式。单击“下一步”按钮，此时将出现如图 9.6 所示的画面。按模板选择报表样式，为报表选择一种输出外观。单击“样式”名称，在画面左上角的范例框中便会随着

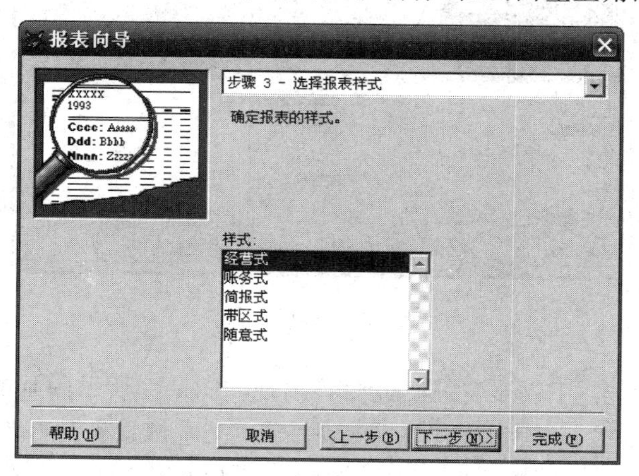

图 9.6　选择报表样式

演示该样式的大致形式。可供选择的样式有：经营式、账务式、简报式、带区式和随意式。本例直接采用了默认的经营式。

④ 定义报表布局。然后单击“下一步”按钮，此时将出现如图 9.7 所示的画面。现在就是设置报表的布局。“列数”定义报表的分栏数；“字段布局”定义报表是列报表还是行报表；“方向”定义报表在打印纸上的打印方向是纵向还是横向。设置以后会在左上角框内显示该样式的效果。本例采用默认的设置。

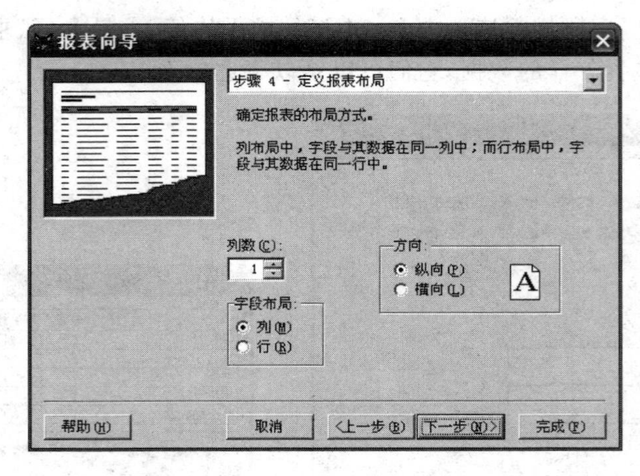

图 9.7　定义报表布局

⑤ 排序记录。再单击“下一步”按钮，此时将出现如图 9.8 所示的画面。用户可以指定输出记录的排序关键字段，该对话框中可以选择三个字段，进行三重排序，并可以设置升序还是降序；可以不选择排序字段。“选定字段”的第一行为主排序字段，以下依次为各个次排序字段。本例选择“学号”字段为升序排序字段。

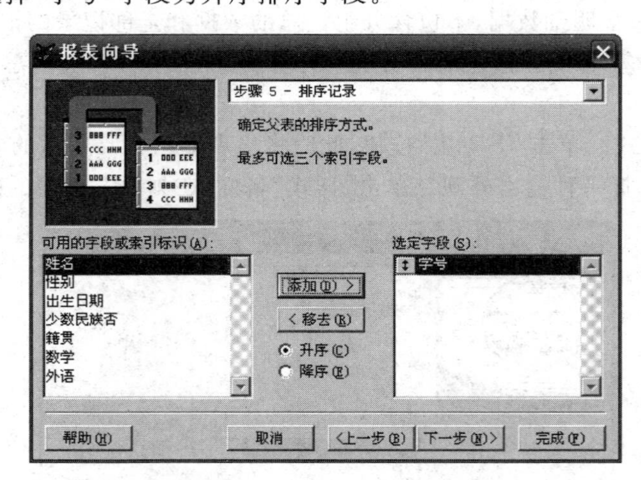

图 9.8　排序记录

⑥ 完成。最后单击“下一步”按钮，此时将出现如图 9.9 所示的画面。这是报表向导的最后一个步骤。首先在“报表标题”中输入标题“学生基本信息表”，再单击“预览”按钮，查看所制作的报表，如图 9.10 所示。如果对报表满意，可以单击“打印预览”工具栏中的“打印”

按钮将该报表输出到打印机；如果不满意，则可以通过单击"关闭预览"按钮，返回到前面的步骤进行相应修改。

报表向导
步骤 6 - 完成
报表标题:
学生基本信息表
创建报表的准备工作已就绪。
要查看报表结果，可单击"预览"按钮。
选择适当选项，然后单击"完成"按钮。
保存报表以备将来使用(S)
保存报表并在"报表设计器"中修改报表(M)
保存并打印报表(R)
使用存储在数据库中的显示设置(D)
对不能容纳的字段进行折行处理(W)
预览(P)
帮助(H)
取消
<上一步(B)
下一步(N)>
完成(F)

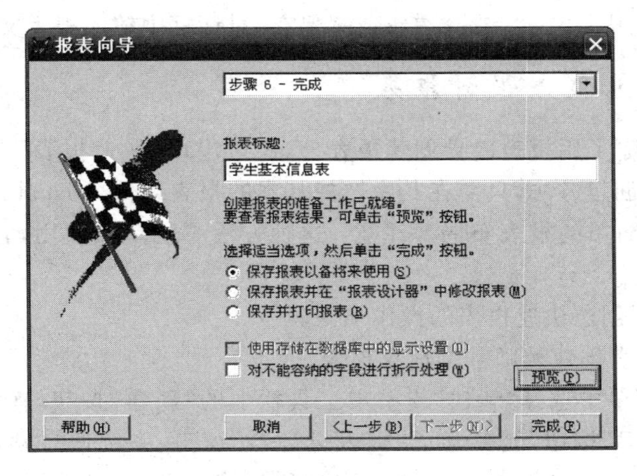

图 9.9　完成

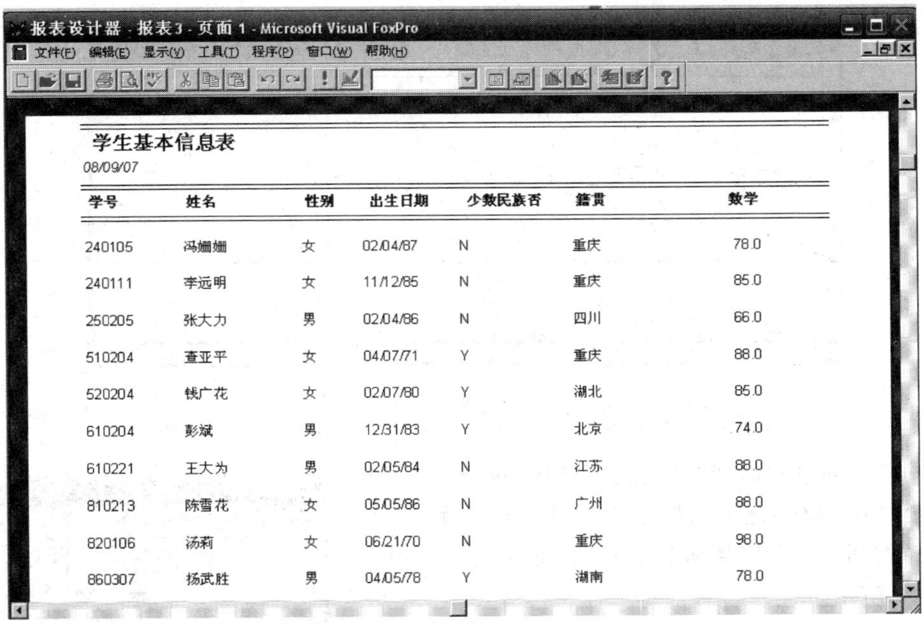

报表设计器 - 报表3 - 页面 1 - Microsoft Visual FoxPro
文件(F) 编辑(E) 显示(V) 工具(T) 程序(P) 窗口(W) 帮助(H)
学生基本信息表
08/09/07
学号 姓名 性别 出生日期 少数民族否 籍贯 数学
240105 冯姗姗 女 02/04/87 N 重庆 78.0
240111 李远明 女 11/12/85 N 重庆 85.0
250205 张大力 男 02/04/86 N 四川 66.0
510204 查亚平 女 04/07/71 Y 重庆 88.0
520204 钱广花 女 02/07/80 Y 湖北 85.0
610204 彭斌 男 12/31/83 Y 北京 74.0
610221 王大为 男 02/05/84 N 江苏 88.0
810213 陈雪花 女 05/05/86 N 广州 88.0
820106 汤莉 女 06/21/70 N 重庆 98.0
860307 杨武胜 男 04/05/78 Y 湖南 78.0

图 9.10　预览

退出预览窗口返回到如图 9.9 所示的向导，并在三个单选框中任选一个，以便确定是要保存、打印或编辑报表。

保存报表以备将来使用：若选取此选项，则会将报表保存起来，供稍后使用。

保存报表并在"报表设计器"中修改报表：若选取此选项，则会保存报表并随即使它在报表设计器中打开，以便立即编辑修改。

保存并打印报表：若选取此选项，单击"完成"按钮后，将会显示"另存为"对话框，以确定报表文件的文件名，接着会再显示"打印中"对话框，以告知此报表目前的打印状况。

本例选择“保存报表以备将来使用”，去除“对不能容纳的字段进行拆行处理”(即使屏幕显示不开，也不拆到下一行)。

所有设置修改完毕，单击“完成”按钮，在“保存”对话框中输入报表文件名。

9.1.2 利用快速报表设计报表

对初学者来说，除了用报表向导创建报表外，还可以用“快速报表”来建立报表，这是一种非常简单、快捷的创建方法，只需在其中选择基本的报表组件，Visual FoxPro 就会根据选择的布局，自动建立简单的报表布局。注意：这种方法不能单独使用，它必须在启动“报表设计器”后才能使用。

下面以实例说明创建快速报表的操作步骤。

例 9.2 对教师表创建教师基本信息报表。

(1) 在“文件”菜单中选择“新建”或单击工具栏上的“新建”按钮，在“新建”对话框中选择“报表”并单击“新建”按钮，就打开了“报表设计器”窗口，系统便自动增加一个“报表”菜单，如图 9.11 所示。其中的几个白色区域称为“带区”，在报表设计器一节中将详细介绍。现在所有的带区都是空白的，此表是一个空白报表。

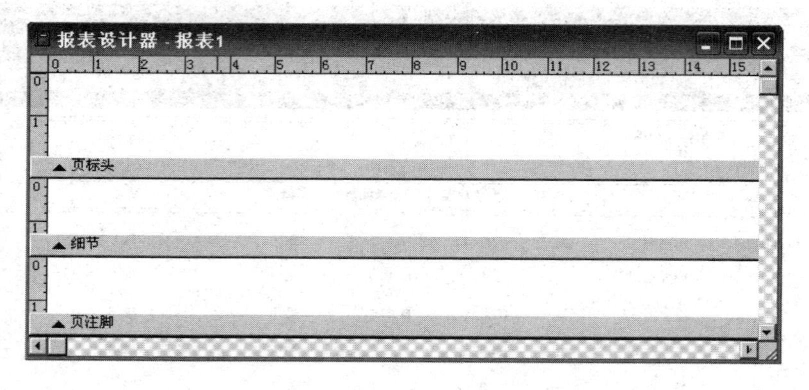

图 9.11 “报表设计”器窗口

(2) 在主菜单栏出现的“报表”菜单中选择“快速报表”，弹出“打开”对话框，选择用于创建报表的数据表，这里选择教师.dbf。紧接着将显示“快速报表”对话框，如图 9.12 所示。

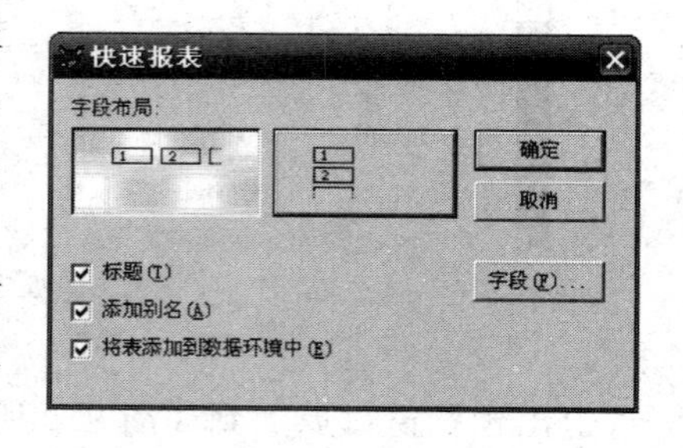

图 9.12 “快速报表”对话框

注意：*在这一步操作中，弹出“打开”对话框，选择用于创建报表的数据表，这是因为在创建报表之前没有打开任何数据库或数据表。如果在创建报表之前有数据库或数据表打开，则直接弹出“快速报表”对话框。*

在“快速报表”对话框中可以为报表选择所需的字段、字段布局以及标题和别名选项，其选项的意义如下。

① 字段布局。在“字段布局”区域中的第一个按钮是列布局按钮，选定它以后(默认)，表的各个字段会在页面上从左到右排列；第二个按钮是行布局按钮，选定它后，表的各个字段会在页面上从上到下排列。本例选择列布局按钮。

② 标题。确定是否在报表中用字段名作为各报表列的标题文本。本例选定此复选框。

③ 添加别名。确定是否在报表中的字段名前面添加表的别名作为引导。如果数据源是多个表则选择此项,否则别名无实际意义。本例未选定此复选框。

④ 将表添加到数据环境中。确定是否自动将表添加到数据环境中作为报表的数据源。本例选定此复选框。

⑤ 字段。单击"字段"按钮,显示"字段选择器"对话框,如图 9.13 所示。在此可为报表选择要输出的字段或全部字段(通用型字段除外)。系统默认是所有表的所有字段都在"所有字段"列表框中出现,用户可以将需要的字段移至"选定字段"列表框中。

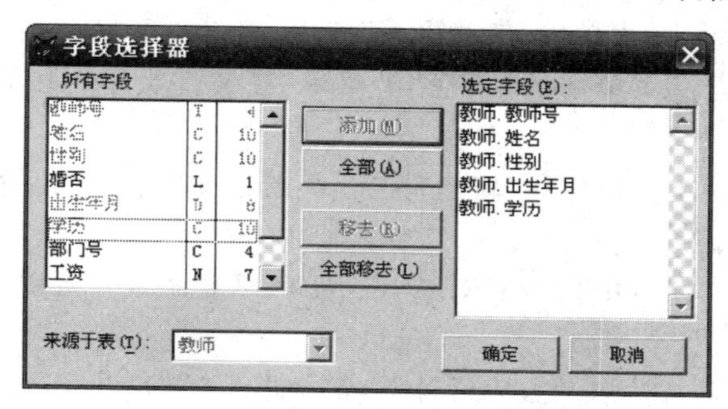

图 9.13 "字段选择器"对话框

(3) 单击"字段选择器"中的"确定"按钮,返回"快速报表"对话框,再单击"确定"按钮,前面选中的选项就出现在"报表设计器"的布局中,如图 9.14 所示。

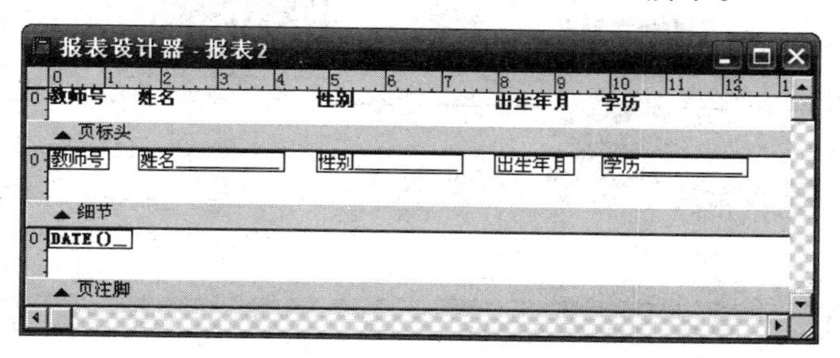

图 9.14 报表设计器布局

注意:如果没有单击"字段"按钮,直接单击"快速报表"对话框中的"确定"按钮,系统会把除通用型字段以外的所有字段作为报表的输出字段。

(4) 单击工具栏上的"打印预览"图标,在"预览"窗口中可以看到快速报表的输出结果,如图 9.15 所示。如果对报表满意,可选择打印输出。

报表设计器 - 报表2 - 页面 1

教师号	姓名	性别	出生年月	学历
110001	赵东华	男	04/11/80	本科
110002	孙希	女	05/10/78	专科
110003	周云	女	06/10/79	研究生
110004	李丽	女	07/10/68	研究生
110005	张华	男	02/01/77	研究生

图 9.15 报表预览效果

(5) 最后进行“保存”操作，在“保存”对话框中输入报表文件名。

9.1.3 利用报表设计器设计报表

用“报表向导”和“快速报表”生成的报表样式比较简单，往往不能满足实际要求，需要进行修改、完善。Visual FoxPro 提供的报表设计器允许用户通过直观的操作来直接设计报表或修改已有的报表。只有学会使用报表设计器，才能真正打造出符合实际需求的报表。要打开报表设计器可采用下列方式之一。

方法一：打开“项目管理器”，选择“文档”选项卡中的“报表”项，单击“新建”按钮，在弹出的“新建报表”对话框中，再单击“新建报表”按钮，如图 9.1 所示。

方法二：打开“文件”菜单中的“新建”子菜单，在文件类型栏中选择“报表”，然后单击“新建文件”按钮。

方法三：单击常用工具栏中的“新建”按钮，接着选择“新建”对话框中的“报表”类型，然后单击“新建文件”按钮。

方法四：在“命令”窗口中执行 CREATE REPORT 命令。可以在执行命令时，一并指定报表文件的名称。

不管采用上述哪种方法启动报表设计器，都会出现“报表设计器”窗口，如图 9.16 所示。同时“报表设计器”和“报表控件”工具栏也会一并显示出来。

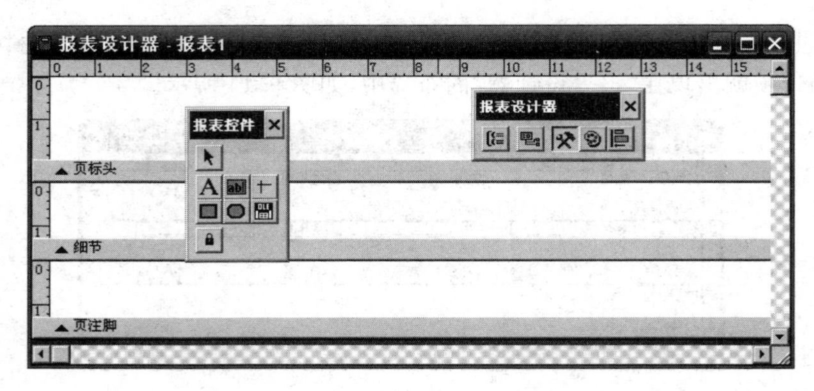

图 9.16 “报表设计器”窗口

如果打开报表设计器后，并没有显示出“报表设计器”和“报表控件”工具栏，请在“显示”下拉菜单中单击“工具栏”选项，然后在如图 9.17 所示的对话框中选择“报表设计器”和“报表控件”，并单击“确定”按钮打开这两个工具栏。

图 9.17 “工具栏”对话框

“报表设计器”提供的是一个空白布局，从空白报表布局开始，可以设置报表数据源、设计报表的布局、添加报表的控件和设计数据分组等。

1. 设置报表数据源

报表总是与一定的数据源相联系，因此在设计报表时，确定报表的数据源是首先要完成的任务。

设置报表数据源也就是设置数据环境。如果一个报表总是使用相同的数据源,就可以把它添加到报表的数据环境中。在设计数据环境以后,每次打开或运行报表时,系统会自动打开数据环境中已定义的表或视图,并从中收集报表所需的数据。当数据源中的数据更新之后,使用同一报表文件打印的报表将反映新的数据内容,但报表的格式不变。当关闭和释放报表时,系统也将关闭已打开的表或视图。

设置报表的数据源是在数据环境设计器中进行,操作步骤如下。

(1) 单击"显示"菜单中的"数据环境"命令或在报表设计器中空白带区里单击鼠标右键,在弹出的快捷菜单中选择"数据环境"命令,如图 9.18 所示。

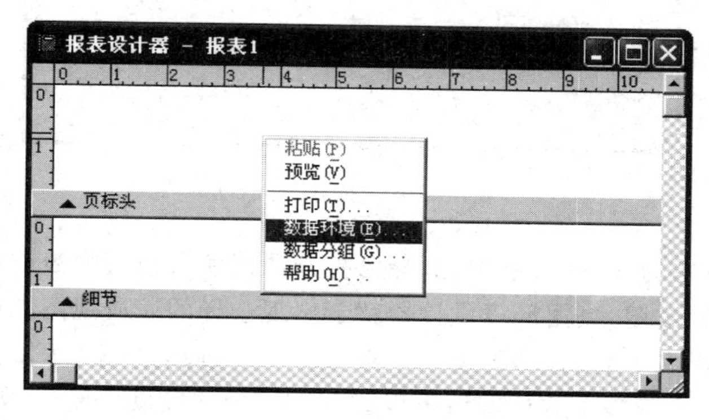

图 9.18　选择数据环境

(2) 选择"数据环境"选项后,便打开"数据环境设计器"窗口,如图 9.19 所示。右击数据环境设计器的任意区域,在弹出的快捷菜单中选择"添加",或从"数据环境"菜单中,选择"添加"子菜单,可弹出"打开"对话框,选择报表数据源,如图 9.20 所示。

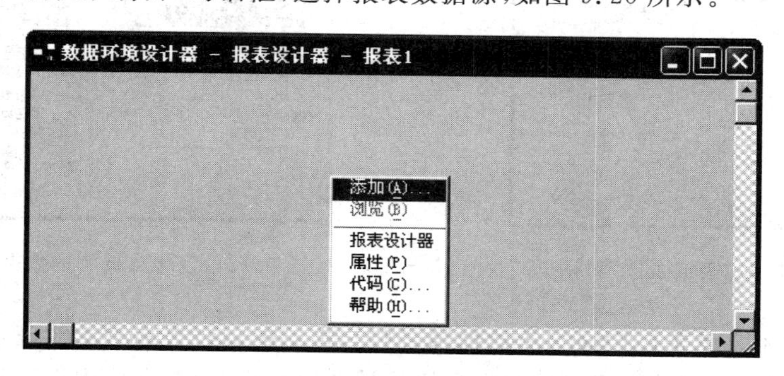

图 9.19　数据环境设计器

单击"确定"按钮关闭"打开"对话框,并将数据表加入数据环境中。此时屏幕上还会显示如图 9.21 所示的"添加表或视图"对话框,该对话框主要是为了让用户能够继续添加其他的表或视图,这样就可以方便创建多表报表。

(3) 在"添加表或视图"对话框中,从"数据库"框中选择数据库。此框显示所有已打开的数据库名。

(4) 在"选定"区域中选取"表"或"视图"。如果选择"视图"选项,可查看数据库所有的视图。

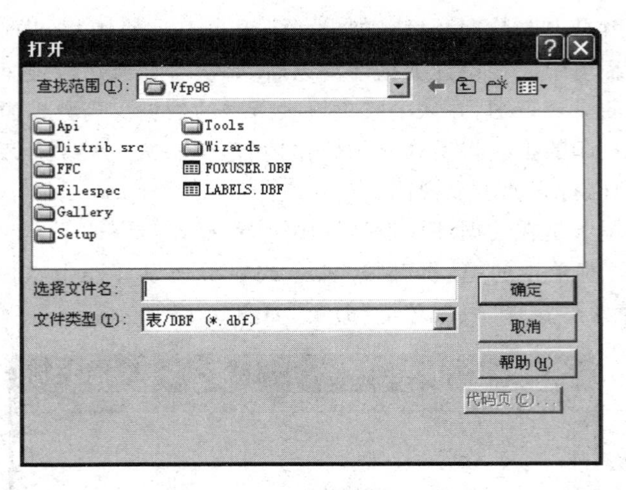

图 9.20 “打开”对话框

(5) 在“数据库中的表”列表框中,选择已打开数据库所包含的表或视图。

(6) 单击“添加”按钮,数据环境设计器就会出现选择的表或视图的所有字段列表。

(7) 如果要选择多个数据源,则重复步骤(3)~(6),最后单击“关闭”按钮。

这样,选择的一个或多个数据源就可以添加到数据环境设计器中,如图 9.22 所示。

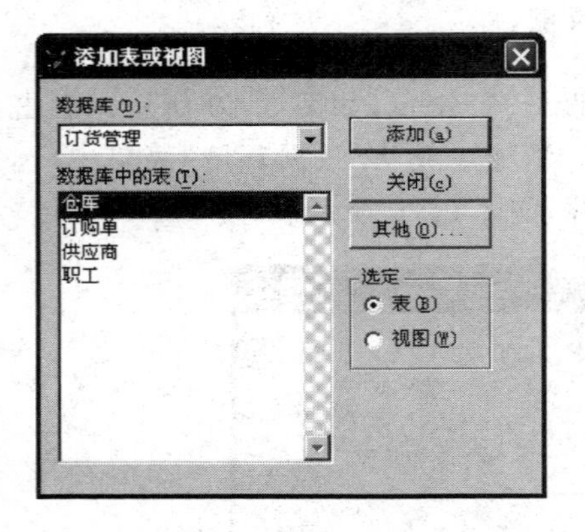

图 9.21 “添加表或视图”对话框

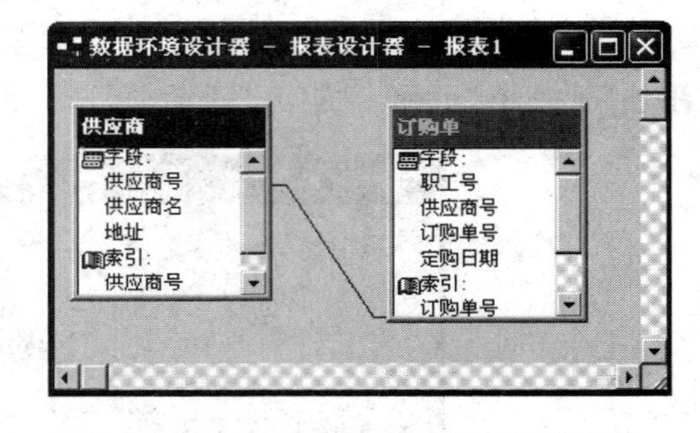

图 9.22 包含数据源的数据环境设计器

如果报表不是固定使用同一个数据源,例如,在每次运行报表时才能确定要使用的数据源,则不把数据源直接放在报表的数据环境设计器窗口中,而是在使用报表时由用户先作出选择。

2. 设计报表的布局

创建报表之前,应该确定所需报表的常规格式。报表可能同基于单表的电话号码列表一样简单,也可能复杂得像基于多表的发票那样。另外,还可以创建特殊种类的报表。例如,邮件标签便是一种特殊的报表,其布局必须满足专用纸张的要求。

按照报表布局的类型可将报表分为 5 种:列报表、行报表、一对多报表、多栏报表和标签。为了帮助选择布局,表 9.1 给出这 5 类布局的一些说明,以及它们的一般用途举例。

表 9.1 报表布局类型

布局类型	布局说明	示例
列报表	每行输出一条记录，每条记录字段的值在页面上按水平方向放置	职员清单、学生成绩单
行报表	字段在页面上从上到下排列，每条记录的字段在一侧竖直放置	货物清单、产品目录
一对多报表	一条记录或一对多关系	发票、财务状况报表
多栏报表	多列的记录，每条记录的字段沿左边缘竖直放置	电话簿、名片
标签	多列的记录，每条记录的字段沿左边缘竖直放置，打印在特殊纸上，一般用来打印标签	工资条、邮政标签

确定满足需要的报表布局后，便可以使用报表设计器创建报表布局文件。

3. 报表设计器窗口

在报表设计器中可以添加各种控件，如表头、表尾、页标题、字段、各种线条，及 OLE 控件等。

1）报表带区

报表中的每个白色区域，称为“带区”，它可以包含文本、来自表字段中的数据、计算值、用户自定义函数以及图片、线条和框等。报表上可以有各种不同类型的带区。

在报表设计器的带区中，可以插入各种控件，它们包含打印的报表中所需的标签、字段、变量和表达式。

每一带区底部的灰色条称为分隔符栏。带区名称显示于靠近蓝箭头的栏，蓝箭头指示该带区位于栏之上，而不是之下。

默认情况下，报表设计器中显示三个带区：页标头、细节和页注脚。

（1）页标头带区。在页标头带区中的数据将会显示在每一页报表的开头处，而且包含的信息在每页中只出现一次。一般来讲，出现在报表表头中的项包括报表标题、报表的列标题（相当于字段名序列，用来说明该列细节区的内容）、当前日期、分割线等。

（2）细节带区。报表的主体。当报表输出时，报表设计器会根据细节带区中的设置，显示表中的全部记录。这部分格式是报表文件中最基本也是最重要的。

（3）页注脚带区。在页注脚带区中的数据将会显示在每一页报表的最底端，而且每页只显示一次。可以在该区打印页码、节、小计等。

除了默认情况下的三个带区外，在实际应用中，往往还需要添加其他一些带区。比如：报表还可能有多个分组带区、多个列标头、注脚带区或标题带区等，下面分别介绍其他带区的用途。

（4）标题和总结带区。从系统菜单中的“报表”菜单中选择“标题/总结”，打开如图 9.23 所示的对话框，分别选定“标题带区”和“总结带区”复选框，则会在报表的最上方和最下方添加相应带区。在这两个带区中的数据只会分别出现在第一页报表的最顶端和最后一页报表的最底端。标题带区中一般放置报表的题目，而将整份报表的统计信息放置在总结带区中。如果选定“新页”复选框，则标题或总结会被单独打印一页。

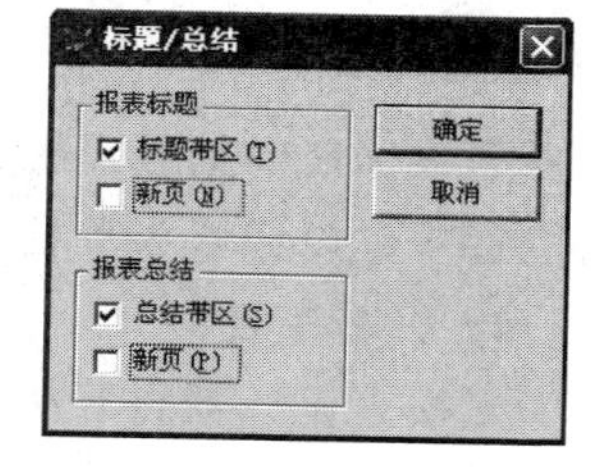

图 9.23 “标题/总结”对话框

（5）组标头和组脚注带区。从“报表”菜单中选择“数据分组”,报表设计器中会出现组标头和组脚注带区。每组一次,在组标头带区中的数据会出现在每一个分组的开始处,一般是这个分组的标题;在组脚注带区中的数据会出现在每个分组的结束处,一般是这个分组的小计信息。组标头和组脚注带区总是成对出现在报表中。

(6) 列标头和列脚注带区。从“文件”菜单中选择“页面设置”,设置“列数”大于1,就会在报表设计器中出现列标头和列脚注带区。每列一次,分别在每列的开始与结尾部分打印一次。

在报表设计器中,可以修改每个带区的大小和特征,有以下两种方法。

粗调:用鼠标左键按住相应的分隔符栏,以左侧标尺作为指导,将带区栏拖动到适当高度,如图 9.24 所示。

注意:标尺量度仅指带区高度,不表示页边距。

微调:粗调方式快速、简单,但是无法精确定位。而利用微调就可以精确地设置带区的高度。用鼠标左键双击带区标识栏,系统打开如图 9.25 所示的对话框,然后在对话框的“高度”微调器中输入精确的高度值。

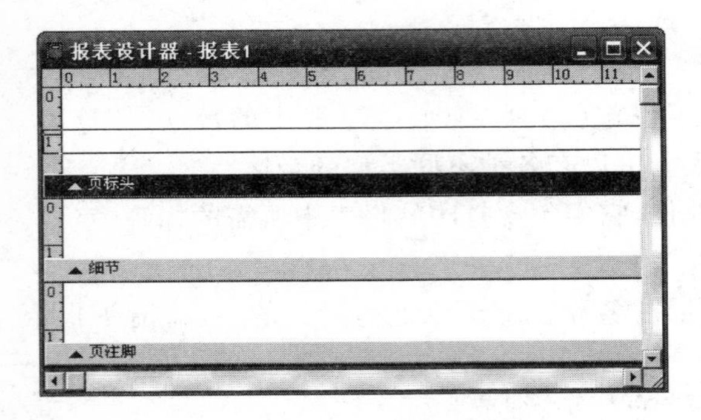

图 9.24　粗调对话框

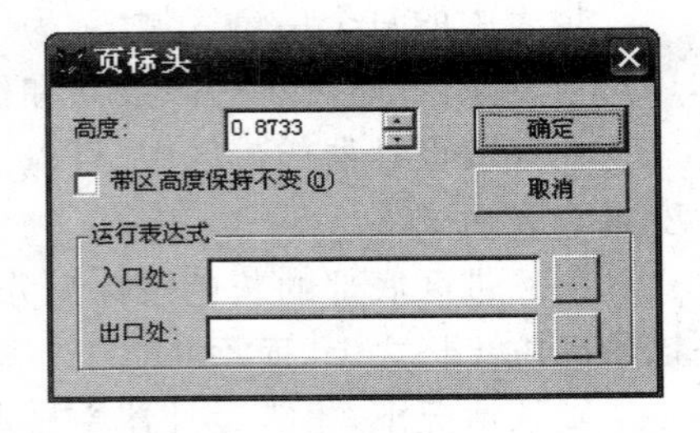

图 9.25　微调带区高度

注意:当把带区高度调整为0,则报表输出时,该带区信息将不会出现在报表中。通常不能使带区高度小于布局中控件的高度。因此可以把控件移进带区后,再修改带区高度。

2) 标尺

报表设计器中最上面部分设有标尺,可以在带区中精确地定位对象的垂直和水平位置。标尺和“显示”菜单的“显示位置”命令一起使用可以帮助定位对象。

标尺刻度由系统的测量设置决定。可以将系统默认刻度(英寸或厘米)改变为 Visual FoxPro 中的像素。若要更改标尺刻度为像素可用如下方法:从“格式”菜单中选择“设置网格刻度”。显示如图 9.26 所示的“设置网格刻度”对话框。

其中,“系统默认值”是根据系统的语言设置,指定英尺或厘米为标尺上显示的度量单位。“像素”是指定像素作为标尺的度量单位。在“设置网格刻度”对话框中选定“像素”并单击“确定”。

如果标尺的刻度设置为像素,状态栏中的位置指示器(如果在“显示”菜单上选中了“显示位置”)也以像素为单位显示。

4. 报表工具栏

当报表设计器打开时,显示“报表设计器”工具栏。图 9.27 显示了“报表设计器”工具栏及其他有关报表工具栏。

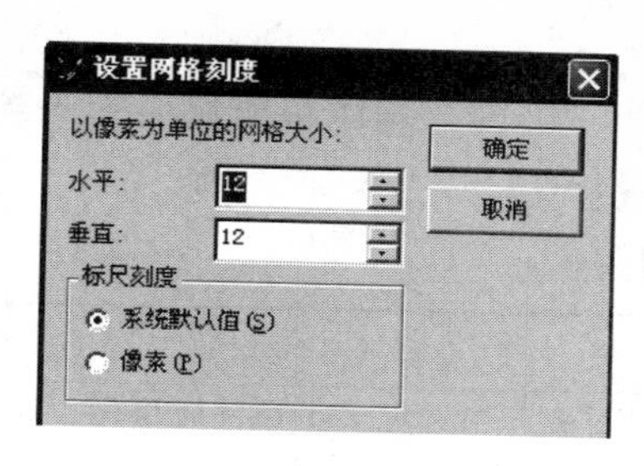

图 9.26 “设置网格刻度”对话框

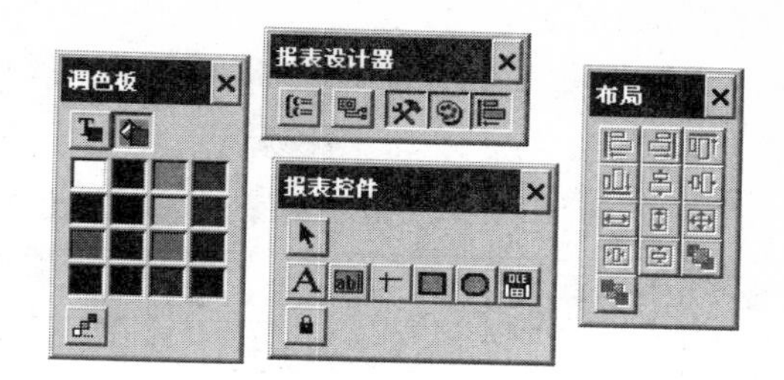

图 9.27 报表工具栏

1)“报表设计器”工具栏

此工具栏中各按钮功能说明如表 9.2 所示。

表 9.2 “报表设计器”工具栏中各按钮功能表

图形	按钮名称	功能说明
	数据分组	打开“数据分组”对话框。用于创建报表中的数据分组,并为其指定属性
	数据环境	打开数据环境设计器,为报表设计数据环境
	报表控件工具栏	显示/隐藏“报表控件”工具栏
	调色板工具栏	显示/隐藏“调色板”工具栏
	布局工具栏	显示/隐藏“布局”工具栏

2)“报表控件”工具栏

利用“报表控件”工具栏可以为报表创建控件。创建的时候,只要单击需要的控件按钮,把鼠标移动到报表上,然后单击报表来放置控件或把控件拖动到适当的大小。创建控件以后,可以通过双击控件或鼠标右键单击控件选择“属性”,在弹出的对话框中设置或修改该控件的相关属性。表 9.3 介绍了该工具栏中各控件的功能。

表 9.3 “报表控件”工具栏中各按钮功能表

图形	按钮名称	功能说明
	选定对象	当要删除、移动或更改控件的大小时,必须先选定控件。操作方法:先单击报表控件工具栏中的该按钮,然后单击要选定的控件或对象。如果要选定多个控件或对象,则配合 Shift 键同时选定多个控件或对象;也可以通过框选来实现。说明:在创建一个控件后,会自动选定“选定对象”按钮,除非按下了“按钮锁定”按钮
	标签	用于在报表中创建一个标签控件,来显示一些说明性文字,这些文字是不能改动的文本,比如在域控件前面或图形下面的标题
	域控件	用于在报表中创建一个域控件,显示表字段、内存变量、表达式、函数等内容
	线条	用于在报表中绘制一个线条
	矩形	用于在报表中绘制一个矩形框
	圆角矩形	用于在报表中绘制一个圆角矩形框或椭圆
	图片/Active X 绑定控件	用于在报表中显示图片或通用型字段的内容
	按钮锁定	允许连续添加多个相同类型的控件,而不用重复选择该控件按钮

3）“布局”工具栏

利用“布局”工具栏可以在报表上对齐或调整各控件的位置。具体功能说明如表 9.4 所示。

表 9.4 “布局”工具栏中各按钮功能表

图形	按钮名称	功 能 说 明
	左对齐	将所有被选定的控件，向最左边控件的左边界对齐。当选定多个控件时可用。如果按住 Ctrl 键，单击此按钮，则所有被选定控件都会向最右边控件的左边界对齐
	右对齐	将所有被选定的控件，向最右边控件的右边界对齐。当选定多个控件时可用。如果按住 Ctrl 键，单击此按钮，则所有被选定控件都会向最左边控件的右边界对齐
	顶对齐	将所有被选定的控件，向最上方控件的顶端边界对齐。当选定多个控件时可用。如果按住 Ctrl 键，单击此按钮，则所有被选定控件都会向最下方控件的顶端边界对齐
	底对齐	将所有被选定的控件，向最下方控件的底端边界对齐。当选定多个控件时可用。如果按住 Ctrl 键，单击此按钮，则所有被选定控件都会向最上方控件的底端边界对齐
	垂直居中	将所有被选定的控件，按控件的中心移至报表的垂直中央位置
	水平居中	将所有被选定的控件，按控件的中心移至报表的水平中央位置
	相同宽度	将所有被选定的控件，设置成与其中最宽控件的宽度相同。如果按住 Ctrl 键，单击此按钮，则会将所有被选定控件设置成与其中最窄控件的宽度相同
	相同高度	将所有被选定的控件，设置成与其中最高控件的高度相同。如果按住 Ctrl 键，单击此按钮，则会将所有被选定控件设置成与其中最矮控件的高度相同
	相同大小	将所有被选定的控件，设置成与其中最高的控件高度相同、与最宽的控件宽度相同。如果按住 Ctrl 键，单击此按钮，则会将所有被选定控件设置成与其中最矮控件的高度相同、最窄控件的宽度相同
	水平居中	将选定的一个或多个控件，在保持彼此原有的间距的情况下，按控件的中心移至水平中央位置
	垂直居中	将选定的一个或多个控件，在保持彼此原有的间距的情况下，按控件的中心移至垂直中央位置
	置前	将被选定的控件移至其他控件的前面
	置后	将被选定的控件移至其他控件的后面

4）“调色板”工具栏

利用“调色板”工具栏可以设置报表上各控件的颜色。表 9.5 介绍了该工具栏中各按钮的功能。

表 9.5 “调色板”工具栏中各按钮功能表

图　　形	按 钮 名 称	功 能 说 明
	前景色	设置控件的默认前景色
	背景色	设置控件的默认背景色
	其他颜色	显示“颜色”对话框，用户可以自己选择颜色

5. 报表控件的使用

在报表设计器中，为报表新设置的带区是空白的，通过在报表中添加控件来定义在页面上显示的数据项，可以安排所要打印的内容。

1）添加域控件

域控件实际上就是指与字段、变量和计算结果链接的文本框。添加域控件的方法有以下两种。

方法一：从数据环境中添加域控件。打开报表的数据环境，选择表或视图，在数据环境设计器中用鼠标左键按住选定字段，直接拖动到报表设计器的相应带区中放开，此时该字段就被拖动到报表设计器上了。这时，域控件的内容来自数据字段，也可以修改控件，使其内容为变量或表达式，具体方法在方法二中介绍。该方式添加内容为数据字段值的域控件很方便、快捷。因此，设置数据环境能够方便添加域控件。

方法二：从工具栏添加域控件。单击"报表控件"工具栏上的"域控件"按钮，然后将鼠标移动到"报表设计器"上，鼠标变成十字形，按住鼠标左键在目标位置（比如："细节"带区）拖动到适当大小，此时便打开"报表表达式"对话框，如图 9.28 所示。

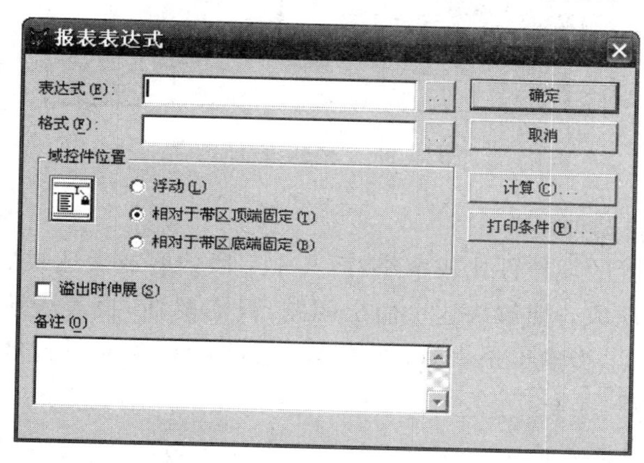

图 9.28 "报表表达式"对话框

（1）域控件内容输入。

在"报表表达式"对话框中，可以直接在"表达式"文本输入框内输入字段名、变量名或表达式；或者通过单击"表达式"框右边的按钮，打开"表达式生成器"对话框，如图 9.29 所示，选择需要的数据表字段或创建一个表达式，单击"确定"按钮，即可关闭"表达式生成器"对话框。

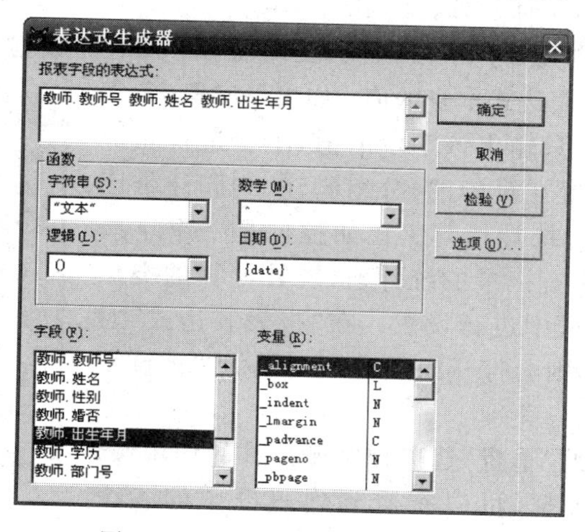

图 9.29 "表达式生成器"对话框

(2) 域控件内容的格式输出。

在“报表表达式”对话框中，可以直接在“格式”文本输入框中输入格式化代码，比如：要想控制电话号码的输出格式，可在文本输入框中输入“@R(999)9999-9999”。或者单击“格式”框右边的按钮打开“格式”对话框，如图 9.30 所示，设置数据输出格式，单击“确定”按钮，关闭“格式”对话框。

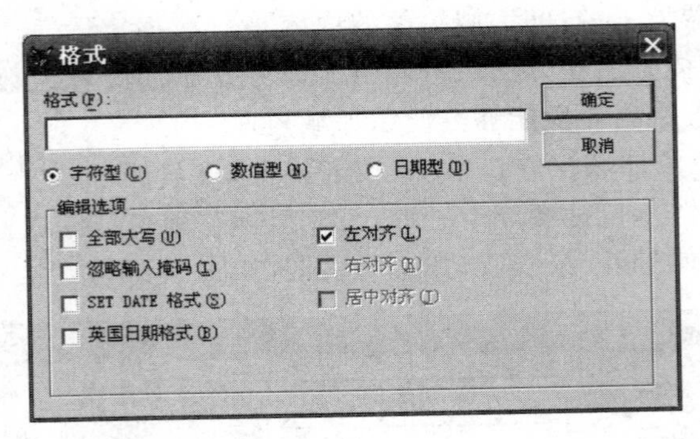

图 9.30 “格式”对话框

(3) 域控件内容自动伸展。

当报表布局中设置的域控件比较窄小，而其中字段内容或表达式的值比较大时，在输出报表中将会发生溢出现象。要解决这个溢出问题，只需要在“报表表达式”对话框中选定复选框“溢出时伸展”即可，当输出报表时，则超宽内容将会自动向下伸展换行，完整地显示出字段内容或表达式的值。

(4) 域控件内容自动换行。

当一个域控件的内容要显示多个字段变量或多个表达式值的时候，为了便于区分各个字段或表达式的内容，希望设置换行操作。方法很简单，只要在字段变量或表达式中插入分号即可。比如可以在域控件中输入此表达式：学号；姓名；出生年月。当输出报表时，学号字段的数据打印完毕以后，系统会立即自动换行，在下一行打印姓名字段的内容，接着换新行打印出生年月字段的内容。

(5) 利用域控件进行统计运算。

利用域控件还可以创建计算字段，显示表或视图中没有的数据。说明：数值型域控件在细节带区时，只会计算表达式本身的值；如果是字段名，不管进行怎样的设计，同样只输出该字段的值，不会进行相应的计算。只有域控件设置在页脚注、分组脚注、列脚注带区或总结带区中，才会进行统计运算。比如控件是一个字段名，则可以计算该字段所有记录的统计值，统计计算的类型可以在“计算字段”对话框中进行设置。在“报表表达式”对话框中单击“计算”按钮，则会打开如图 9.31 所示的“计算字段”对话框。

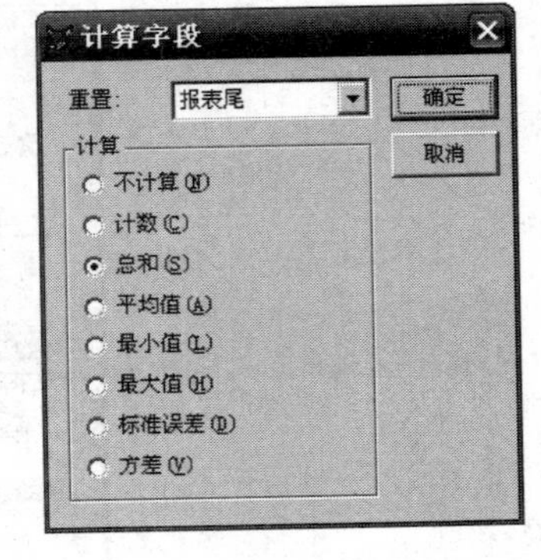

图 9.31 “计算字段”对话框

可以通过对话框中的“重置”选项控制域控件的作用域。单击其右边的下拉列表框，可以查看到列表框中的各个选项。

报表尾：这是默认选项，表示域控件的作用域为全部记录，只有全部记录累计完毕后才置控件值为0。如果报表输出多页，那么控件不但要统计本页数据，还会累计前面各页的数据。因此最后一页将显示前面所有记录的数据值。

页尾：该选项可以使控件对象按页分别统计输出，然后重新置0，再统计下一页。这样就不会出现各页累计结果。

列尾：如果创建了多栏报表，则可以选择"列尾"选项。作用是使控件按每页输出栏进行统计，统计完一列以后重新置0，进行下一列的统计。

分组：对于进行了分组设置的报表，才有这样的选项。"重置"下拉列表框中显示的是各分组的名字，可以选择某分组名，使控件按分组进行统计，每打印完一组数据后，立即重新置0。

(6) 设置域控件的相对位置。

利用"报表表达式"对话框中"域控件位置"区域的选项就可以设置该域控件的相对位置，其中有三个单选按钮，作用如下。

浮动：当域控件上方的对象向下伸展时，域控件会自动向下浮动以避免两者重叠。

相对于带区顶端固定：域控件以所属带区的顶端边界定位。

相对于带区底端固定：域控件以所属带区的底端边界定位。

清楚每个选项的含义以后，就可以根据域控件要设置的内容来选择所要的选项，默认值是"相对于带区顶端固定"。

(7) 设置域控件的打印条件。

在图9.28中，单击"打印条件"按钮，将打开如图9.32所示的"打印条件"对话框，它是一个非常重要的对话框，可以设置控件被打印的条件，使得报表更通用，满足更多的需求。下面分别介绍各选项的作用。

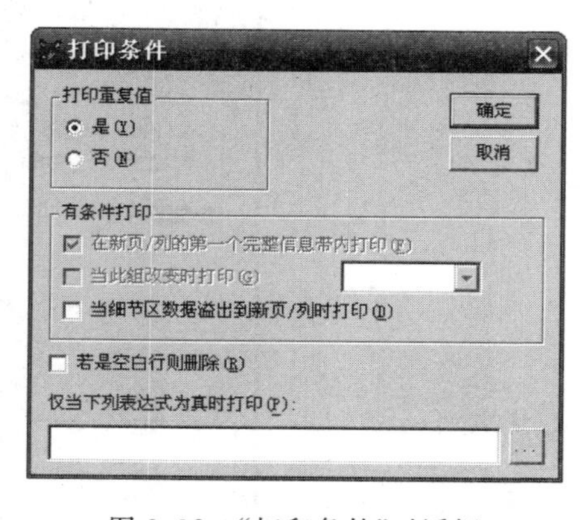

图9.32 "打印条件"对话框

打印重复值：当报表输出时，带区中的所有内容一般都会同时打印出来。但是，某一时候如果希望报表中的某些域控件只有在满足某些条件下才能够被打印出来，那么就为这些域控件选定"否"选项。

有条件打印：利用这个区域的选项设置域控件的打印条件。"在新页/列的第一个完整信息带区内打印"选项含义是：当带区的某个对象的数据量很大，需要输出一页以上，而作为与这个对象有关的其他域控件，却只希望出现在第一页，那么选择这个选项就可以实现该操作。"当此组改变时打印"选项的含义是：针对创建了分组的报表，如果希望只有在组别变换时才将域控件打印出来，这时就选定该选项。"当细节区数据溢出到新页/列时打印"的含义是：当带区的某个对象的数据量很大，需要输出一页以上，而作为与这个对象有关的其他域控件，却只希望出现在每一张含有完整数据信息的页面中，即不出现在最后一页(不完整)中，那么选择这个选项就可以实现该操作。

用表达式控制打印："仅当下列表达式为真时打印"文本框中输入条件表达式，或者单击文本框右边的按钮，打开表达式生成器创建表达式。只有当表达式值为逻辑真时，域控件才会被打印，否则不会被打印。

删除空行："若是空白行则删除"选项的含义：如果前面的打印条件表达式的结果为逻辑假，域控件将无法被打印出来。若恰好没有任何对象与域控件在同一行，系统会在报表上打印出一个空白行。如果不想这样的空白行出现，就为该域控件选定"若是空白行则删除"选项。

完成各项设置以后，单击"报表表达式"对话框中的"确定"按钮，就在报表中增加了一个域控件，该控件按照指定的格式显示指定的数据字段或表达式的值。

2）添加图片控件

存放在数据表通用字段的 OLE 对象以及各种格式的图形文件，都可以插入报表布局中，并最终打印在报表上。例如，在报表的标题带区添加图片显示公司的标志，在细节带区添加 ActiveX 绑定控件显示雇员或客户的照片。在添加图片时，图片不随记录变化；在添加 ActiveX 绑定控件时，显示的 ActiveX 内容将随记录的不同而不同。

要将这些图片插入到报表带区中，使用"报表控件"工具栏中的"图片/ActiveX 绑定控件"按钮，然后在带区的目标位置单击，便弹出"报表图片"对话框，如图 9.33 所示。在"报表图片"对话框中就可以设置图片是来自一个文件或是数据表的通用字段，并设置图片的大小、相对位置等。

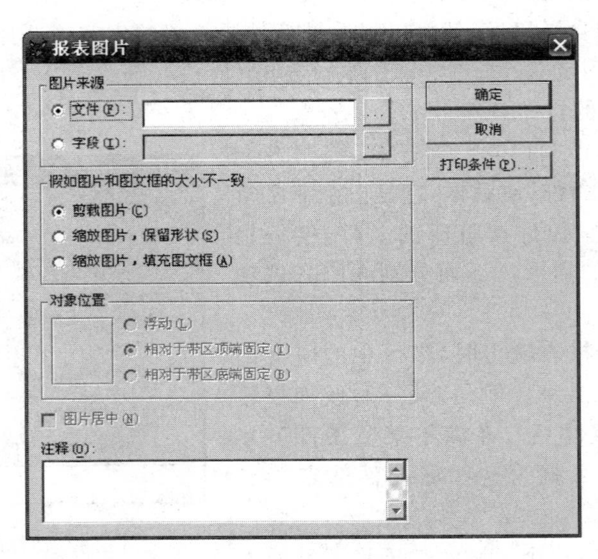

图 9.33 "报表图片"对话框

(1) 设置图片来源。

报表上的图片，可以是一个存放在磁盘上的图形文件，或是通过 OLE 方式存放在数据表通用字段中的图片，下面分别进行介绍。

文件：选择"图片来源"区域的"文件"，在文本框中直接输入图形文件的文件名及盘符路径，或者单击文本框右边的按钮，通过"打开"对话框来选择并指定需要的图形文件。

字段：选择"图片来源"区域的"字段"，在"字段"文本框中输入字段名，或单击文本框右边的按钮，通过"选择字段/变量"对话框选择所需要的字段。

(2) 控制图片大小。

在报表布局中为图片设置的区域，可能会与所要显示的图片大小不相符，这个时候可以通过图 9.33 中“假如图片和图文框的大小不一致”区域的选项来解决。三个选项的含义如下。

剪裁图片：选定此选项，图片从显示区的左上角开始显示，超出图形显示区域的部分将会被自动剪裁掉。

缩放图片，保留形状：选定此选项，图片将在维持原来比例的前提下进行缩放。图形会最大限度地、完整地显示在图形显示区域中。

缩放图片，填充图文框：选定此选项，图片将根据显示区域的大小，自动缩放图片直到填满显示区域为止，虽然这种方式可以最大限度地利用显示区域，但是很可能因此导致图片扭曲变形的情况。

(3) 图片位置居中。

当图片来自数据表的通用字段时，无法在报表布局中见到其真实外观和大小，在报表设计器中见到的是代表显示图片的带交叉线条的灰色区域，因此无法在报表布局中调整图片的位置。如果希望将来自数据表通用字段的图片显示在显示区域的中央，则选定复选框“图片居中”。

在“报表图片”对话框中，还可以设置对象位置、打印条件等，设置方法和对话框中各选项与前面域控件讲述的一样，这里就不再叙述。最后，单击“确定”按钮，图片添加成功。

3) 添加标签控件

利用标签控件可以在报表中随意增加相对固定的文本。例如在报表的页标头带区内对应字段变量的正上方加入一标签来说明该字段表示的意义，或者对于整个报表的标题也可用标签来设置。

(1) 添加标签控件。

单击“报表控件”工具栏中的“标签”按钮，此时鼠标形状变成一条竖直线。移动鼠标至插入文本的位置，单击即可进行文本输入。当输入内容较多时，按 Enter 键可以换行继续输入。单击控件以外任意一处，可结束该控件内容输入和标签控件的添加操作。

(2) 编辑标签控件。

编辑控件字体：从“格式”菜单中选定“字体”，出现“字体”对话框，选定适当的字体、样式、大小、颜色，然后单击“确定”按钮。

编辑控件内容：标签对象创建后，可以通过“编辑”菜单中的“剪切”、“复制”与“粘贴”命令对其进行剪切、复制与粘贴操作。要修改标签对象中的内容，操作方法为：单击“报表控件”工具栏中的“标签”按钮，然后单击要修改的标签对象，该对象上就会出现光标，此时就可以修改里面的内容，最后在对象外任意一点单击，结束对标签控件的编辑操作。

(3) 调整标签内容格式。

选定要调整的标签对象，然后在“格式”菜单中选择“文本对齐方式”子菜单，在弹出的二级菜单中，选择其中的选项，设置标签内容的对齐方式和行间距。

标签创建完成以后，可以双击标签或右击标签，在弹出的菜单中选择“属性”，打开“文本”对话框，如图 9.34 所示。在这个对话框中可以设置标签的“对象位置”和打印条件，设置方法及各选项的功能与前面讲述的一样，这里就不再介绍。

4）添加线条、矩形和圆形

如果一个报表中只有数据和文本，不仅使报表显得呆板，而且还不便于查看，直线、矩形和圆形等几何图形能够增强报表布局的视觉效果，而且可用它们分割或强调报表中的部分内容。因此，在设计报表时，为了使报表清晰、美观，经常要用到各种几何图形控件。

（1）绘制线条。

单击"报表控件"工具栏中的"线条"按钮，将鼠标移动到报表带区的适当位置，拖动鼠标左键就可以画出水平线或垂直线。线条绘制以后，可以移动、调整大小，更改其粗细和颜色。线条移动、大小调整、颜色更改的方法前面已经讲过，这里就不再叙述。

修改线条粗细的方法：选定线条，选择"格式"菜单中的"绘图笔"子菜单，接着在二级菜单中选择适当的选项来调整线条的粗细，还可以设置线条的线型。

设置线条伸展方式：如果线条是一条垂直线，则可以利用"向下伸展"区域的选项来设置线条的延伸方式。首先选定线条，在弹出菜单中选择"属性"或双击线条，打开如图 9.35 所示的"矩形/线条"对话框。在"向下伸展"区域中选择选项，就可以设置线条的伸展方式。该区域有三个选项。"不伸展"：如果带区中包含可向下伸展的字段，则带区的高度在输出报表时可能会动态地变大以便能使字段内容能完整地显示出来，如果不希望位于此带区的垂直线的高度随之改变，就选择此选项。"相对于组中最高的对象伸展"：如果想使用"格式"菜单中的"分组"命令，将垂直线与其他对象一起整合成一组，必须先为线条选定此选项，再进行整合，之后垂直线的高度将相对于同一组中最高的对象变动。"相对于带区高度伸展"：如果带区中包含可向下伸展的字段，则带区的高度在输出报表时可能会动态地变大以便能使字段内容能完整地显示出来，如果希望位于此带区的垂直线的高度随之改变，就选择此选项。

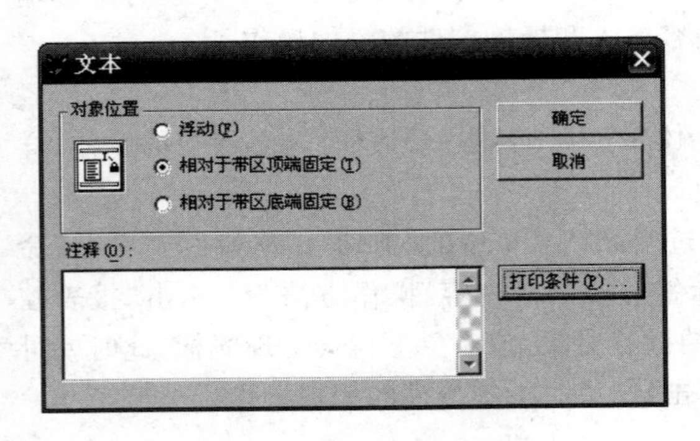

图 9.34 "文本"对话框

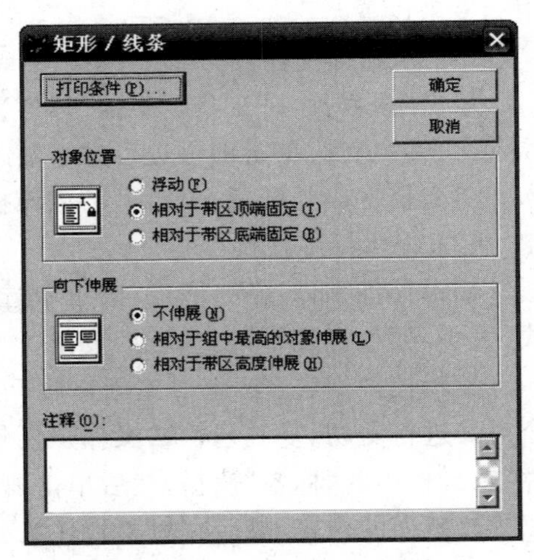

图 9.35 "矩形/线条"对话框

在"矩形/线条"对话框中，还可以设置线条的对象位置、打印条件，用法与前面讲述的一样，在此不再叙述。

（2）绘制矩形。

单击"报表控件"工具栏中的"矩形"按钮，将鼠标移动到报表带区的适当位置，拖动鼠标左键就可以画出方框。方框绘制以后，可以移动、调整大小，更改其粗细、线型和颜色，方法与前面线条的设置方法相同；可以在“矩形/线条”对话框中定义方框的打印条件、相对位置等，方法在前面域控件已经讲过，这里就不再叙述。

设置方框区域的花纹样式：选中方框，在“格式”菜单中选择“填充”选项，在弹出的二级菜单中选择适当的选项，把该方框区域调整成需要的花纹样式。

(3) 绘制圆角矩形和圆形。

单击“报表控件”工具栏中的“圆角矩形”按钮，将鼠标移动到报表带区的适当位置，拖动鼠标左键画出圆弧框。圆弧框绘制以后，就可以调整其粗细、线型、颜色或圆弧框的填充花纹。方法与前面线条、矩形的设置方法相同。

设置圆角样式：首先选定圆弧框，在弹出菜单中选择“属性”或双击圆弧框，打开如图9.36所示的“圆角矩形”对话框。在对话框中，“样式”区域中显示了5个图形按钮，前面4个分别代表了不同圆弧角度的圆弧框，而第5个按钮则表示可以自行拖动，拉出各种不同弧度的椭圆或圆形。

图9.36 “圆角矩形”对话框

在“圆角矩形”对话框中的其他选项与前面讲解过选项一样，因此这里就不再叙述。

5) 选择、移动及调整控件的大小

如果创建的报表布局上已经存在控件，则可以更改它们在报表上的位置和尺寸。可以单独更改每个控件，也可以选择一组控件作为一个单元来处理。

(1) 选择：将鼠标指向任一控件，单击左键可选择一个控件。按住鼠标左键在控件周围拖动以画出选择框，可选择多个控件。这时选择控点将显示在每个控件周围。选择不连续的多个对象，可以先按住 Shift 键，然后再单击各对象，最后放开 Shift 键。当它们被选中后，可以作为一组内容来移动、复制或删除。

(2) 移动：移动的目的是调整对象的位置，有两种方法。

方法一：鼠标方式。选择控件，这时在控件四周会出现多个控点，按住这个控件并把它拖动到“报表”带区中新的位置上。控件在布局内移动位置的增量并不是连续的。增量取决于网格的设置。可以将网格设置为小一些(如都设为1)，若要忽略网格的作用，拖动控件时应按住 Ctrl 键。

方法二：键盘方式。选定控件，按上下左右4个方向键就可以实现移动。当利用方向键移动时，一次只移动一个像素点，因此当要微调某个对象的位置时，使用方向键进行移动是非常合适的。

(3) 调整控件的大小：要调整控件的大小，方法有两种。

方法一：鼠标方式。选择控件，这时在该控件四周出现控点，然后拖动选定的控点直到所需的大小，最后放开鼠标左键即可。说明：拖动控件上边界或下边界中央的控制点可调整对象的高度；拖动控件左边界或右边界中央的控制点可调整对象的宽度；拖动对象4个顶点上的控制点可同时调整控件的宽度和高度。

方法二：键盘方式。使用鼠标调整对象的大小虽然很轻松、迅速，但是很难精确“微调”。利用键盘操作可以进行微调。先选择控件，然后用 Shift＋→键拉大控件的宽度、Shift＋←键缩小控件的宽度、Shift＋↑键压缩控件的高度、Shift＋↓加大对象的高度，而且每次调整的单位大小是一个像素点。

(4) 调整控件的位置：选择控件，可以使用“布局”工具栏中的按钮，进行控件的对齐、居中来调整控件的位置。

6) 复制、删除报表控件

(1) 复制：选定要复制的控件，从快捷菜单或“编辑”菜单中，选择“复制”，然后选择“粘贴”，控件的副本将出现在原始控件下面，再将副本拖动到布局上的正确位置。利用 Ctrl＋C 键和 Ctrl＋V 键也可以完成复制操作。

(2) 删除：选定要删除的控件，从“编辑”菜单中，选择“剪切”或按 Delete 键或 BackSpace 键。

7) 插入页码和当前日期

插入页码主要是用于多页报表，当前日期主要是为了方便以后查找。设置步骤如下。

(1) 打开要插入页码或当前日期的报表。

(2) 在“报表控件”工具栏中，单击“域控件”按钮，将鼠标移动到目标位置(一般设置在“页标头”或“页脚注”带区中)，拖动鼠标到适当大小，打开“报表表达式”对话框。

(3) 在“报表表达式”对话框中，单击“表达式”右边的按钮，出现“表达式生成器”对话框。如果要插入页码，则双击“变量”列表框中的_pageno；如果要插入日期，则双击“日期”列表框中的 DATE()函数。最后单击“确定”按钮。

6. 报表变量的使用

在数据库应用系统中，变量的应用非常广泛，它能够给应用程序带来极大的灵活性。Visual FoxPro 使用变量来保存打印报表时所计算的结果。在报表中可以使用变量，以灵活设计各种形式的报表。特别是总计中，往往是用变量来计算要求得到的值然后输出。使用报表变量，可以计算各种值，并可利用这些值来计算其他相关值。

使用报表变量的方法是在报表设计器的“报表”菜单中选择“变量”，弹出“报表变量”对话框，如图 9.37 所示。

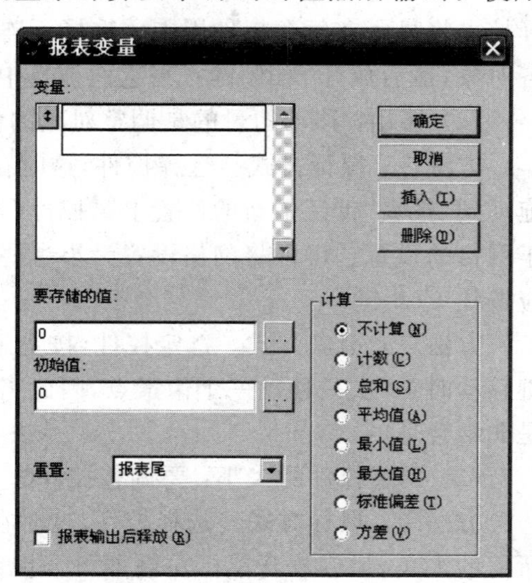

图 9.37 “报表变量”对话框

在这个对话框中允许创建报表中的变量，可以添加新的变量，改变或删除已有变量，或者更改变量的计算顺序。对话框中各选项的含义如下。

(1) 变量：显示当前报表中的变量，并为新变量提供输入位置。

(2) 要存储的值：显示存储在当前变量中的值。可以输入一个字段名变量或其他的表达式。可以直接在文本框中输入，也可以单击文本框右边的按钮，在弹出的“表达式生成器”对话框中生成。

(3) 初始值：显示当前变量的初值，可以是一个常量，也可以是表达式。可以直接在文本框中输入，也可以在“表达式生成器”对话框中生成。

(4) 重置：制定当前变量重置为初始值的位置。可以选择“报表尾”、“页尾”，如果报表创建了组或列数大于1，列表框的选项将增加以分组名命名的选项和“列尾”选项，以供选择。

(5) 报表输出后释放：报表打印后从内存中释放变量。如果没有选定此选项，除非退出 Visual FoxPro 或使用 CLEAR ALL 或 CLEAR MEMEORY 命令来释放变量，否则此变量一直保留在内存中。

(6) 计算：指定变量执行的计算操作，从该变量初始值开始计算，直到变量被再次重置为初始值为止。

(7) 插入：在“变量”框中插入一个空文本框，以便定义新的变量。

(8) 删除：从“变量”框中删除选定的变量。

注意：如果在对话框中定义的变量相互有关联，在定义时必须注意顺序，否则其定义顺序可任意。

9.1.4 报表数据分组

在设计报表时，有时所要报表的数据是成组出现的，需要以组为单位对报表进行处理。例如在设计学生花名册时，为了阅读方便，需要按所在性别或籍贯进行分组。利用分组可以明显地分隔每组记录，使数据以组的形式显示。组的分隔是根据分组表达式进行的。这个表达式通常由一个以上的表字段生成，有时也可以相当复杂。可以添加一个或多个分组，更改组的顺序，重复组标头或者更改、删除组带区。

分组之后，报表布局就有了组标头和组注脚带区，可以向其中添加控件。组标头带区中一般都包含组所用字段的“域控件”，可以添加线条、矩形、圆角矩形，也可以添加希望出现在组内第一条记录之前的任何标签。组注脚通常包含组总计和其他组总结性信息。

报表布局实际上并不排序数据，它只是按它们在数据源中存在的顺序处理数据。因此，如果数据源是表，记录的顺序不一定适合于分组。当设置索引的表、视图或查询作为数据源时，可以把数据适当排序来分组显示记录。排序必须使用视图、索引或布局外的其他形式的数据操作来完成。

1. 添加单个数据分组

一个单组报表可以基于输入表达式进行一级数据分组。例如，对学生表按字段排序后，可以把组设在“籍贯”字段上来打印所有记录，相同籍贯的记录在一起打印。添加单个数据分组的步骤如下。

(1) 从报表设计器的快捷菜单或“报表设计器”工具栏中或“报表”菜单中，选择“数据分组”，出现“数据分组”对话框，如图9.38所示。

“数据分组”对话框中各选项的含义如下。

① 分组表达式。

显示当前报表的分组表达式，如字段名，并允许输入新的字段名。如果想创建一个新的表达式，也可选择“分组表达式”文本框右边的按钮，打开“表达式生成器”对话框，进行相应的设置。

② 组属性。

利用组属性里的选项来设置如何分页。

“每组从新的一列上开始”：当组改变时，从新的一列上开始。

“每组从新的一页上开始”：当组改变时，从新的一页上开始。

“每组的页号重新从 1 开始”：当组改变时，组在新页上开始打印，并重置页号。

“每页都打印组标头”：当组分布在多页上时，指定在所有页的页标头后打印组标头。

“小于右值时组从新的一页上开始”：要打印组标头时，组标头距页底的最小距离。

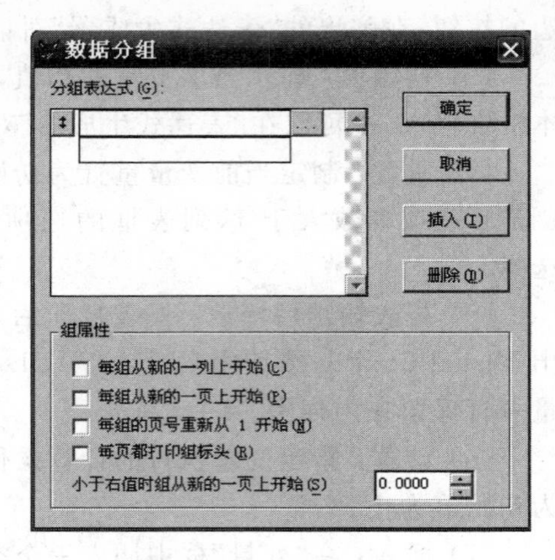

图 9.38 “数据分组”对话框

③ “插入”按钮。在“分组表达式”框中插入一个空文本框，以便定义新的分组表达式。

④ “删除”按钮。从“分组表达式”框中删除选定的分组表达式。

(2) 在第一个“分组表达式”框内输入分组表达式，或者单击文本框右边的按钮，在“表达式生成器”对话框中创建表达式。

(3) 在“组属性”区域，选定想要的属性。

(4) 单击“确定”按钮。

添加表达式后，系统自动生成组标头和组脚注带区，可以在带区内放置任何需要的控件。通常，把分组所用的域控件从“细节”带区移动到“组标头”带区。

2. 添加多个数据分组

有时需要对报表进行多个数据分组，如在打印学生花名册时在用“性别”分组的基础上，还想按籍贯分组，这也称为嵌套分组。嵌套分组有助于组织不同层次的数据和总计表达式。在报表内最多可以定义 20 级的数据分组。

添加多个数据分组的步骤如下。

(1) 打开报表的“数据分组”对话框，如图 9.38 所示。

(2) 在第一个“分组表达式”框内输入分组表达式，或者单击文本框右边的按钮，在“表达式生成器”对话框中创建表达式。

(3) 在“组属性”区域中选择所需的属性。

(4) 选择“插入”按钮，生成一个空文本框，再重复(2)、(3)步骤。

(5) 单击“确定”按钮。

注意：*在选择一个分组层次时，要先估计一下分组值的可能更改的频度，然后定义最经常更改的组为第一层。例如，报表可能需要一个按省份的分组和一个按城市的分组。城市字段的值比省份字段更易更改，因此，城市应该是两个组中的第一个，省份就是第二个。在这个多组报表内，表必须在一个关键值表达式上排序或索引过，例如：省份+城市。*

还可以对添加的单个或多个数据组进行更改分组设置，包括更改组带区、删除组带区、更改分组次序等操作。

9.1.5 报表输出

设计报表的最终目的是要按照一定的格式输出符合要求的数据。事实上报表文件本身并未保存所要打印的数据，只保存数据源的位置和报表格式的定义信息。当报表打印输出时，系统会根据数据源的定义，从数据库的表或视图中取出数据，并按照给定的格式打印报表。

报表文件按数据源中记录出现的顺序处理记录，如果直接使用表内的数据，数据就不会在布局内正确地按组排序。因此，在打印一个报表文件之前，应确认数据源中已对数据进行了正确排序。一般地，建议报表的数据源使用视图或查询文件。

报表输出时，应该先进行页面设置，通过预览报表调整版面效果，最后再打印输出到纸介质上。

1. 页面设置

规划报表时，通常会考虑页面的外观。例如页边距，纸张类型和所需的布局。在“页面设置”对话框中可以设置报表的左边距并为多列报表设置列宽和列间距，设置纸张大小和方向。步骤如下。

(1) 从“文件”菜单中，选择“页面设置”子菜单，出现“页面设置”对话框，如图 9.39 所示。

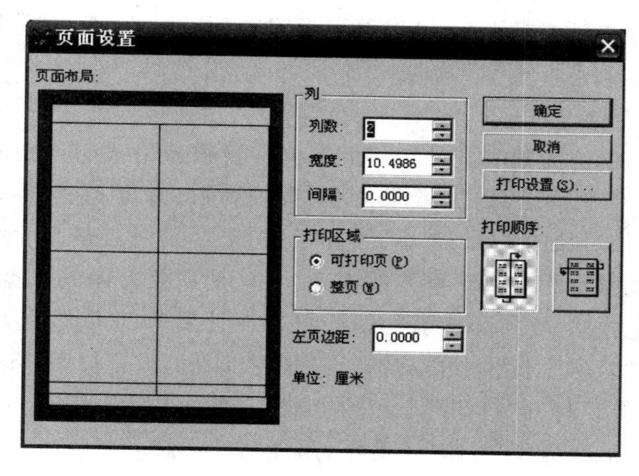

图 9.39 “页面设置”对话框

(2) 在“左页边距”框中输入一个边距数值，页面布局将按新的页边距显示。

(3) 若要选择纸张大小，单击“打印设置”。

(4) 在“打印设置”对话框中，从“大小”列表中选定纸张大小。

(5) 若要选择纸张方向，从“方向”区域中选择一种方向，再单击“确定”。

(6) 在“页面设置”对话框中，单击“确定”。

在更改了纸张的大小和方向设置时，需要注意该纸张大小是否可以设置所选的方向，例如，如果纸张定位信封，则方向必须设置为横向。

2. 预览报表

整个报表创建并设计完成后，可以对报表的输出结果进行预览，并修改不满意的地方。

预览可以在报表定制的任何时候进行，通过报表预览，不用打印就能看到它的页面外观，例如，可以检查数据列的对齐和间隔，或者查看报表是否返回所需的数据。

单击常用工具栏中的“打印预览”按钮或从“文件”菜单中选择“打印预览”子菜单，在预览窗口中会立即输出当前报表。预览窗口有它自己的工具栏，使用其中的按钮可以逐页地进行预览。表9.6说明了个按钮的功能。

表9.6 “预览”工具栏按钮说明

图形	按钮名称	功能说明
⏮	第一页	显示报表的第一页
◀	上一页	显示目前报表的前一页
	移至页次	显示跳至第 n 页的对话框，用来设置具体跳转到多少页
▶	下一页	显示目前报表的下一页
⏭	最后一页	显示目前报表的最后一页
100%	缩放	调整预览报表的尺寸比例
	关闭预览	关闭打印预览窗口
	打印报表	将报表输出至打印机打印

报表预览结束后，单击打印预览工具栏中的“关闭预览”按钮，将关闭预览窗口并回到报表设计器中。如果不需要编辑修改，可以单击常用工具栏中的“保存”按钮，以便保存报表格式文件。

3. 打印输出

使用报表设计器创建的报表文件实际上是保存着报表格式(布局)的文件，报表文件中所保存的信息包括：①页面信息，如纸张大小、报表列数、宽度、左边界、打印方向等；②所有对象的各项信息，如对象的位置、大小、外观等；③数据源连接信息。

报表文件并不能显示用户真正需要的内容，仅仅是把要打印的数据组织成令人满意的格式。如果使用预览报表，在屏幕上获得最终符合设计要求的页面后，就要打印输出报表。在打印输出时，通过“打印”对话框可以选择合适的打印机，设置打印范围、打印份数、打印纸张的尺寸、打印精度等。打开“打印”对话框的方法有如下几种。

(1) 从“文件”菜单中选择“打印”子菜单，出现“打印”对话框。

(2) 在报表设计器中单击鼠标右键，在弹出的快捷菜单中选择“打印”，出现“打印”对话框。

(3) 单击打印预览工具栏中的“打印报表”按钮，出现“打印”对话框。

(4) 单击常用工具栏中的“运行”按钮，出现“打印”对话框。

通过命令或程序的方式也可以打印或预览指定的报表。格式如下：

```
REPORT FORM <报表名>[PREVIEW].
```

9.1.6 综合实例

以上介绍了创建报表的三种方法，学习了如何在报表设计器中创建各种控件对象，以及各种设计技巧。下面将介绍一个综合实例，以便巩固前面的知识。

例 9.3 对教师表创建报表，具体要求如下。

(1) 报表的内容(细节带区)是教师表中的教师号、姓名、性别、工资、婚否的信息。页标头带区中有相应的字段标题，并设置粗体。

(2) 增加数据分组，分组的依据是学历字段，组标头带区的名称是“学历”，组脚注带区的内容是该组的平均“工资”。

(3) 增加标题带区，内容是“平均工资分组汇总表(按学历)”，要求 3 号黑体。

(4) 增加总结带区，内容是所有教师的平均工资。

(5) 页脚注处设置当前的日期。

操作步骤如下。

(1) 建立索引。根据题目要求对教师表按学历建立索引。

(2) 打开报表设计器。从“文件”菜单中选择“新建”选项，弹出“新建”对话框，“文件类型”区域中选择“报表”，单击“新建文件”按钮，进入报表设计器窗口。

(3) 创建数据环境。在报表设计器中单击鼠标右键，在弹出的快捷菜单中选择“数据环境”选项，打开数据环境设计器，单击鼠标右键，弹出快捷菜单，选择“添加”选项，选择教师表添加到数据环境中。

(4) 设置页标头带区。按题目要求，在页标头中输入字段标题。单击“报表控件”工具栏中的“标签”按钮，并单击工具栏中的“锁定”按钮(需要添加多个标签控件)，鼠标移至页标头带区，在适当的位置，按顺序分别输入“教师号”、“姓名”、“性别”、“婚否”和“工资”。然后选中所有的标签控件，选择“格式”菜单中的“字体”选项，打开“字体”对话框，设置字形为“粗体”，最后单击“确定”按钮，返回到报表设计器窗口中。

(5) 设置细节带区控件。按题目的要求，从数据环境中拖动相应的数据字段到报表设计器的“细节”带区，并调整控件大小。说明：由于数据字段“婚否”是逻辑型的，为了方便查看报表，需要将逻辑型内容“T”或“F”，转换成“已婚”或“未婚”。操作方法如下：双击“婚否”字段，打开其“报表表达式”对话框，然后在“表达式”文本框中输入：iif(教师.婚否，已婚，未婚)，如图 9.40 所示。最后单击“确定”按钮返回到报表设计器窗口中。

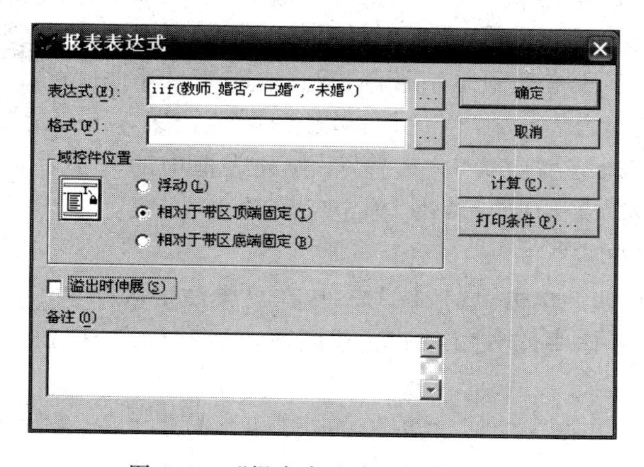

图 9.40 “报表表达式”对话框设置

(6) 创建数据分组。在报表设计器中单击鼠标右键，在弹出的快捷菜单中选择“数据分组”选项，打开“数据分组”对话框，在“分组表达式”输入框中输入“教师.学历”，如图 9.41 所示。单击“确定”按钮，在报表设计器中增加了“组标头”和“组脚注”两个带区。

(7) 设置组带区内容。把数据环境设计器中的“学历”字段拖动到组标头带区中。把“工资”字段拖动到组脚注带区。双击组脚注带区中的“工资”字段，弹出“报表表达式”对话框，如图 9.42 所示。在该对话框中单击“计算”按钮，弹出“计算字段”对话框，在“重置”下拉列表框中选择“教师.学历”，“计算”区域中选择“平均值”，如图 9.43 所示。单击“确定”按钮，再单击“报表表达式”对话框中的“确定”按钮。

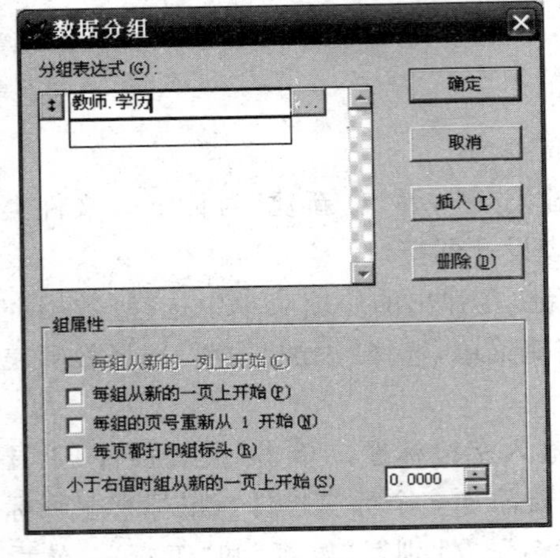

图 9.41 “数据分组”对话框

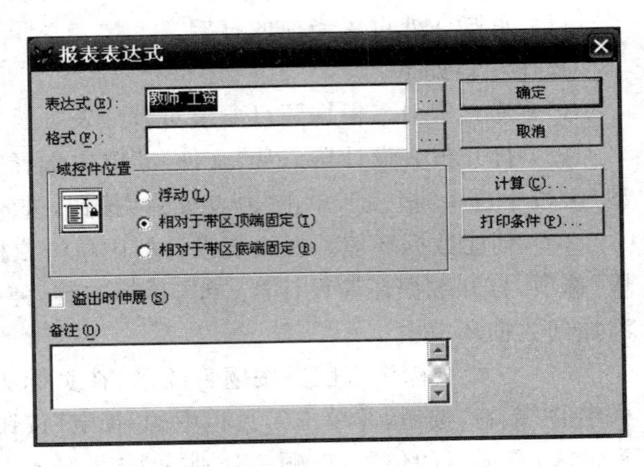

图 9.42 “报表表达式”对话框

(8) 创建标题/总结带区。从“报表”菜单中选择“标题/总结”子菜单，弹出“标题/总结”对话框，选定“标题带区”和“总结带区”两个选项，单击“确定”按钮，在报表设计器窗口中增加了两个带区：标题和总结。

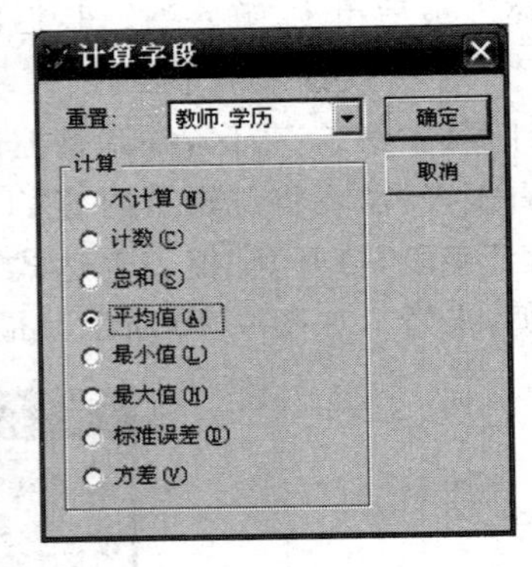

图 9.43 “计算字段”对话框

(9) 设置标题和总结带区的内容。单击“标签”控件，在标题带区处单击，输入“平均工资分组汇总表(按学历)”，选择“格式”菜单中的“字体”子菜单，设置 3 号黑体。把数据环境设计器中的“工资”字段拖动到总结带区，双击总结带区中的“工资”字段，弹出“报表表达式”对话框，单击“计算”按钮，在弹出的“计算字段”对话框中选中“重置”下拉列表框中的“报表尾”，“计算”选择“平均值”，单击“确定”，再单击“报表表达式”对话框中的“确定”。

(10) 设置当前日期。单击“域控件”按钮，在页脚注带区处单击，出现“报表表达式”对话框，在“表达式”输入框中输入“DATE()”函数，单击“确定”按钮。此时，报表设计器如图 9.44 所示。

(11) 预览报表。单击“文件”菜单中的“打印预览”，可以查看报表效果，如图 9.45 所示。

(12) 保存报表。退出报表设计器窗口，输入文件名，保存此报表文件。

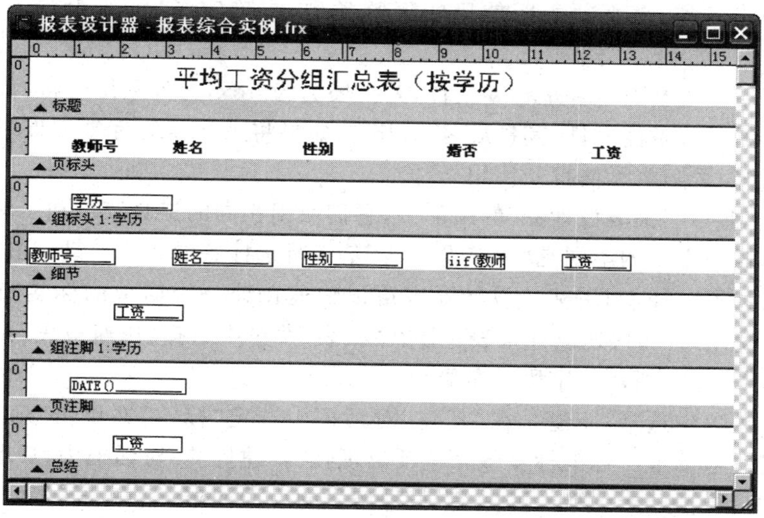

图 9.44　教师工资报表设计

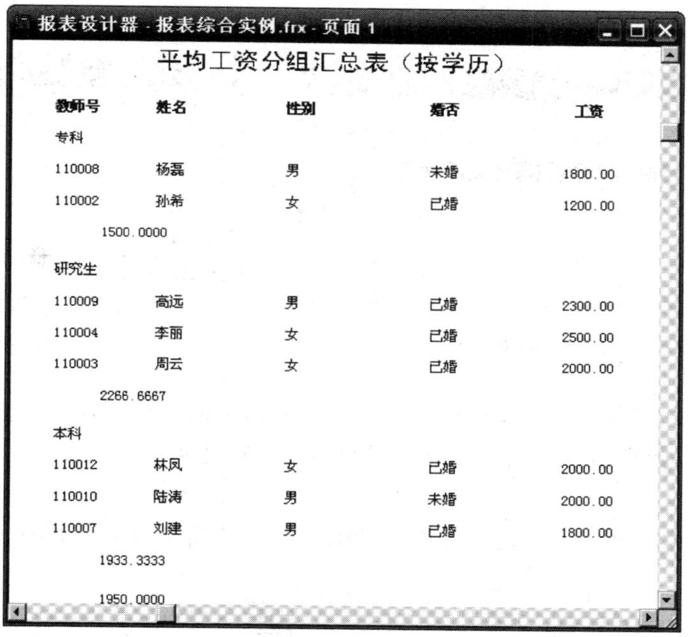

图 9.45　教师工资报表预览

9.2　标签设计

标签是一种特殊类型的报表，适合打印在特定的标签纸上，如：学生入学通知书、员工工资、学生补考通知等都是一种特殊的报表，它的创建、修改方法与报表基本相同。和创建报表一样，可以使用标签向导创建标签，也可以直接使用“标签设计器”创建标签。无论使用哪种方法来创建标签，都必须指明使用的标签类型，它确定了“标签设计器”中的“细节”尺寸。

标签保存后系统会产生一个标签文件，其扩展名为.lbx，另外系统还将自动生成一个与标签文件同名的标签备注文件，其扩展名为.lbt。如果将来要复制标签文件时，请务必将两个文件一并复制，否则将无法打开使用。

“标签设计器”是“报表设计器”的一部分，它们使用相同的工具菜单和工具栏，甚至有的界面名称都一样。主要的不同是“标签设计器”基于所选标签的大小自动定义页面和列。

和报表设计器一样，利用标签设计器也可以快速创建一个简单的标签布局，操作方法是：打开标签设计器，和快速设计报表一样在“报表”菜单中选择“快速报表”命令。“快速报表”提示输入创建标签所需的字段和布局。

在“文件”菜单中选择“新建”，在“新建”对话框中选定“标签”并单击“新建文件”按钮。显示“新建标签”对话框。标准标签纸张选项出现在“新建标签”对话框中，如图 9.46 所示。

列表框中提供了几十种型号的标签，每种型号的后面列出了其高度、宽度和列数。标签向导提供了多种标签尺寸，分为英制和公制两种。

从“新建标签”对话框中，选择标签布局，然后单击“确定”按钮，出现“标签设计器”窗口，如图 9.47 所示。

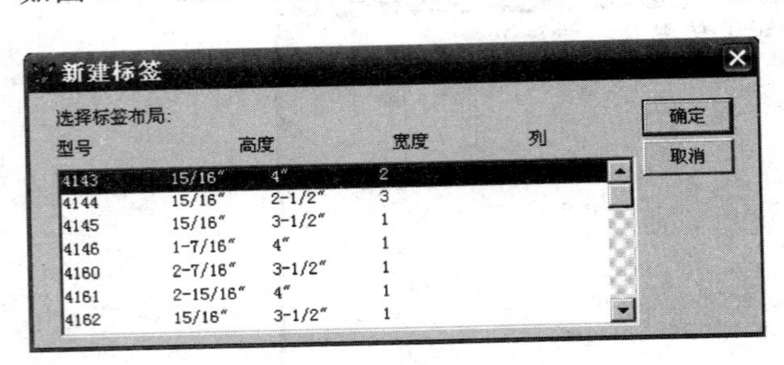

图 9.46 “新建标签”对话框

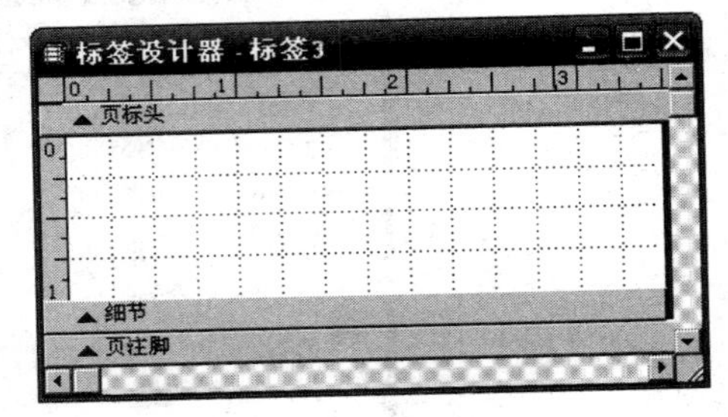

图 9.47 “标签设计器”窗口

标签设计器中将出现刚选择的标签布局所定义的页面，默认情况下，标签设计器中显示 5 个报表带区：页标头、列标头、细节、列注脚和页注脚，还可在标签上添加组标头、组注、脚标题、总结带区。

接着就可以像处理报表一样在标签设计器中给标签指定数据源并插入控件。

习 题

一、思考题

1. 一般报表输出通过什么命令？
2. 报表的基本格式分为几个带区？
3. 标题带区与页标头带区输出有何区别？
4. 域控件可输出几类数据？

二、选择题

1. 报表的数据源可以是(   )。

A. 数据库表、自由表或视图　　B. 自由表或其他表

C. 表、视图或查询　　D. 数据库表、自由表或查询

2. 在创建快速报表时，基本带区包括(　　)。

A. 组标头、细节和组脚注　　B. 标题、细节和总结

C. 页标头、细节和页脚注　　D. 报表标题、细节和页脚注

3. 报表设计器中默认的带区不包括(　　)带区。

A. 页标头　　B. 页注脚　　C. 细节　　D. 标题

4. 预览报表可以使用命令(　　)。

A. DO　　B. REPORT FORM

C. MODIFY REPORT　　D. OPEN DATABASE

5. 在 VFP 提供的可定制的快捷工具栏中，提供设计报表的快捷工具为(　　)。

A. 报表控件　　B. 报表设计器　　C. 表单控件　　D. 表单设计器

6. 创建报表的命令是(　　)。

A. CREATE REPORT　　B. MODIFY REPORT

C. RENAME REPORT　　D. DELETE REPORT

7. 使用报表向导定义报表时，定义报表布局的选项是(　　)。

A. 列数、方向、字段布局　　B. 列数、行数、字段布局

C. 行数、方向、字段布局　　D. 列数、行数、方向

8. 调用报表格式文件 PP1 预览报表的命令是(　　)。

A. REPORT FROM PP1 PREVIEW　　B. DO FROM PP1 PREVIEW

C. REPORT FORM PP1PREVIEW　　D. DO FROM PP1 PREVIEW

9. VFP 的报表文件.FRX 中保存的是(　　)。

A. 打印报表的预览格式　　B. 打印报表本身

C. 报表的格式和数据　　D. 报表设计格式的定义

10. 在创建快速报表时，基本带区包括(　　)。

A. 标题、细节和总结　　B. 页标头、细节和页注脚

C. 组标头、细节和组注脚　　D. 报表标题、细节和列表框

11. 在报表设计器中，可以使用的控件是(　　)

A. 标签、域控件和线条　　B. 标签、域控件和列表框

C. 标签、文本框和列表框　　D. 布局和数据源

12. 报表的数据源可以是(　　)。

A. 自由表或其他报表　　B. 数据库表、自由表或视图

C. 数据库表、自由表或查询　　D. 表、查询或视图

13. 如果要创建一个数据的三级分组报表，第一个分组表达式是“部门”，第二个分组表达式是“性别”，第三个分组表达式是“基本工资”，当前索引的索引表达式应当是(　　)。

A. 部门＋性别＋基本工资　　B. 部门＋性别＋STR(基本工资)

C. STR(基本工资)＋性别＋部门　　D. 性别＋部门＋STR(基本工资)

二、填空题

1. 设计报表通常包括两部分内容：(　　)和(　　)。

2. 报表文件的扩展名是：(　　)。

3. 报表的样式分为列报表、(　　)、(　　)、多栏报表及(　　)。

4. 设计报表可以直接使用命令(　　)启动报表设计器。

5. 如果已对报表进行了数据分组，报表会自动包含(　　)和(　　)带区。

6. 多栏报表的栏目数可以通过“页面设置”对话框中的(　　)来设置。

7. 报表由数据源和(　　)两个基本部分组成

8. 数据源通常是数据库中的表，也可以是自由表、视图或(　　)。

9. 定义报表打印格式的是(　　)。

10. 使用快速报表创建报表，仅需(　　)和设定报表布局。

11. 使用(　　)创建报表比较灵活，不但可以设计报表布局，规划数据在页面上的打印位置，而且可以添加各种控件

12. 定义报表主要包括设置报表页面，设置(　　)中的布局位置，调整报表带区大小等。

13. 首次使用报表设计器时，报表布局中只有三个带区，即页标头、(　　)和页注脚。

14. 如果已对报表进行了数据分组，报表会自动包含(　　)和(　　)带区。

15. 创建分组报表需要按(　　)进行索引或排序，否则不能保证正确分组。

16. 利用一对多报表向导创建的一对多报表，把来自两个表中的数据分开显示，父表中的数据显示在(　　)带区，而子表中的数据显示在细节带区。

17. 报表设计器在(　　)菜单和快捷菜单中都提供了报表预览功能，使用户可以在屏幕上观察报表的设计效果，具有所见即所得的特点。

18. 从(　　)角度来看，报表可看成是由各种控件组成的。因此，报表设计主要是对控件及其布局的设计。

三、操作题

有一个学生档案表：

学生档案(学号，姓名，性别，出生日期，籍贯，少数民族否，数学，外语)

完成下列操作。

1. 利用报表向导设计一个报表。

2. 快速生成一个报表。

3. 利用报表设计器设计一个简单报表。要求显示表中所有字段，报表标题为“学生基本信息表”。按籍贯分组，并求数学和外语平均成绩。

4. 利用学生表，使用报表设计器创建一个报表，具体要求如下。

(1) 报表的内容(细节带区)是学生表的学号、姓名、性别、年龄、民族的信息。页标头带区中有相应的字段标题，并设置粗体。

(2) 增加数据分组，分组的表达式为籍贯字段，组标头带区的名称是“籍贯”，组脚注带区的内容是该组的平均“成绩”。

(3) 增加标题带区，内容是“平均成绩分组汇总表(按籍贯)”，要求3号黑体。

(4) 增加总结带区，内容是所有学生的平均成绩。

(5) 页脚注处设置当前的日期。

5. 利用学生表创建一个标签。

第 10 章 项目管理器

项目管理器是 Visual FoxPro 开发人员的工作平台。在这里能一目了然地看到组成应用程序的元素,包括文档、数据、对象等,通过项目文件(扩展名为. pjx)对这些元素进行集中的管理。开发一个应用程序,通常首先要建立一个项目文件,然后逐步向其中添加数据库、表、表单、菜单、程序等对象,最后对整个项目进行连编,生成一个可独立运行的应用程序。

10.1 项目文件的创建

建立一个项目文件,通常有两种方式:菜单方式和命令方式。

1. 菜单方式

(1) 单击“文件”菜单项中的“新建”命令,在“新建”对话框中,选定“文件类型”为“项目”,然后单击“新建文件”按钮,将弹出“创建”对话框,如图 10.1 所示。

(2) 在“创建”对话框中,输入项目文件名(比如:学生选课),单击“保存”按钮。此时“创建”对话框关闭,打开项目管理器,如图 10.2 所示。

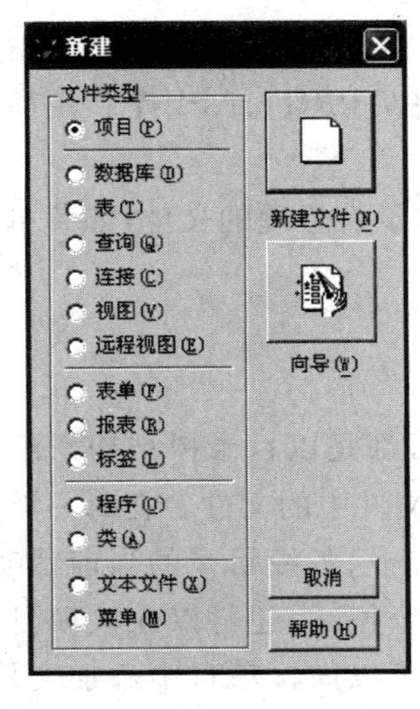

图 10.1 “新建”对话框

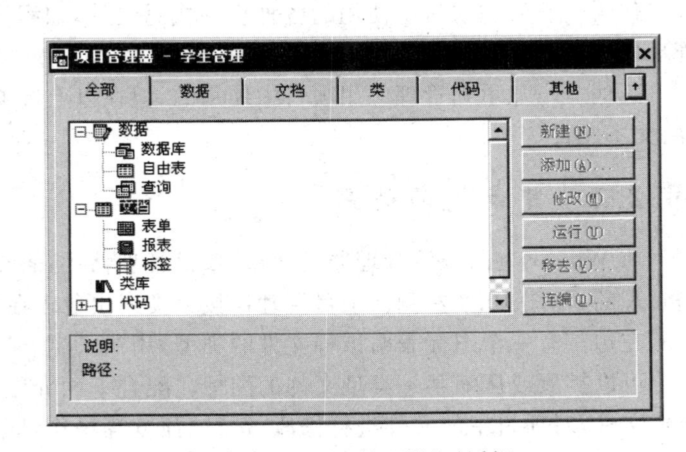

图 10.2 “项目管理器”对话框

2. 命令方式

命令格式如下:

```
CREATE PROJECT <项目文件名|?>
```

说明：

<项目文件名>：指定项目的文件名。如果没有为文件指定扩展名，则 VFP 自动指定.pjx 为扩展名。

<?>：打开“创建”对话框，提示为正在创建的项目文件命名。

要打开已有的项目文件，单击“文件”菜单中的“打开”命令，在“打开”对话框中，选择或直接输入项目文件路径和项目文件名，单击“确定”按钮。此时也将出现如图 10.2 所示的项目管理器。

10.2 项目管理器的数据管理

10.2.1 选项卡的使用

在图 10.2 中，可以看到 6 个选项卡，每一个选项卡管理一种类型的文件，单击选项卡的标题，即可浏览其中的文件。

各选项卡的含义如下。

全部——可显示和管理应用项目中使用的所有类型的文件，“全部”选项卡包含它右边的 5 个选项卡的全部内容。

数据——管理应用项目中各种类型的数据文件，数据文件有数据库、自由表、视图、查询文件等。

文档——显示和管理应用项目中使用的文档类文件，文档类文件有表单文件、报表文件、标签文件等。

类——该选项卡显示和管理应用项目中使用的类库文件，包括 Visual FoxPro 系统提供的类库和用户自己设计的类库。

代码——管理项目中使用的各种程序代码文件，如程序文件(.PRG)、API 库和用项目管理器生成的应用程序(.APP)。

其他——显示和管理应用项目中使用的、但在以上选项卡中没有管理的文件，如菜单文件、文本文件等。

10.2.2 目录树的使用

与 Windows 的资源管理器类似，在项目管理器中，各个项目都是以目录树结构来组织和管理的，如图 10.2 左侧。项目管理器按大类列出包含在项目文件中的文件。在每一类文件的左边都有一个图标表明该种文件的类型，用“+”、“-”号来表示各级目录的当前状态，用户可以扩展或压缩某一类型文件的图标。配合下面介绍的命令按钮，还可以在该项目中新建文件，对项目中的文件进行修改、运行、预览等操作，同时还可以向该项目中添加文件，把文件从项目中移去。

10.2.3 命令按钮的使用

在项目管理器的右边，有 6 个命令按钮，命令按钮的功能是随着选定项的变化而动态变化的，用户可以随时利用它们调整或修改项目中的内容。下面介绍它们的功能。

（1）新建：创建一个新文件或对象。在左边的目录树中选定一种文件类型，再单击“新建”按钮，即可创建选定类型的新文件，新创建的文件会自动包含在此项目中。

（2）添加：把已有的文件添加到项目中。

（3）修改：在相应的设计器中打开选定项进行修改，例如，可以在表设计器中打开一个表进行修改。

（4）浏览：在“浏览”窗口中打开选定的表进行浏览。

（5）运行：运行选定的查询、表单或程序。

（6）移去：从项目中移去选定的文件或对象。Visual FoxPro 将询问是仅从项目中移去此文件，还是同时将其从磁盘中删除。

（7）打开：打开选定的数据库文件。当选定的数据库文件打开后，此按钮变为“关闭”。

（8）关闭：关闭选定的数据库文件。当选定的数据库文件关闭后，此按钮变为“打开”。

（9）预览：在打印预览方式下显示选定的报表或标签文件内容。

（10）连编：连编一个项目或应用程序，还可以连编一个可执行文件。

上述命令按钮并不是一成不变的，若在工作区打开一个数据库文件，“运行”按钮会变成“关闭”按钮；打开一个自由表文件，“运行”按钮会变成“浏览”按钮，单击该按钮，系统提供浏览方式显示表的记录。

此外，命令按钮有时是可用的，有时是不可用的。它们的可用和不可用状态是与在工作区的文件选择状态相对应的，如在“全部”选项卡的工作区中，各种文件类型都是“＋”号没有展开，也就是没有选中要操作的具体文件，此时像“新建”、“运行”等按钮呈现灰色，表示是不可用的。如果在工作区展开某类文件，如单击“文档”类文件，选中了“表单”类文件，这些按钮就变成了黑色表示是可用的，现在可修改和运行选中的表单文件了。

以上这些命令按钮，在“项目”菜单中都有对应的菜单命令，其作用是相同的。

10.2.4 项目管理器的个性化设置

用户可以根据自己的需要改变项目管理器窗口的外观。

1. 折叠项目管理器

在项目管理器右上角有一个向上箭头按钮，单击这个按钮，项目管理器折叠成仅显示选项卡的样子，如图 10.3 所示。同时该按钮变为向下箭头按钮，单击此按钮，项目管理器恢复原样。

图 10.3 折叠后的项目管理器

在折叠状态时，单击某一选项卡，将显示一个小窗口，在此窗口中同样可以管理该选项卡中的文件。

2. 拆分项目管理器

当项目管理器处于折叠状态时，可以拖动其中任意一个选项卡，使其与项目管理器分离，成为独立的窗口，如图 10.4 所示。单击分离选项卡中的“关闭”按钮，可以使该选项卡恢复原位。另外，在分离的选项卡中，有一个图钉图标，单击此图标，可以使该选项卡永远处于其他窗口之上，不会被其他窗口遮挡，此时图钉图标变成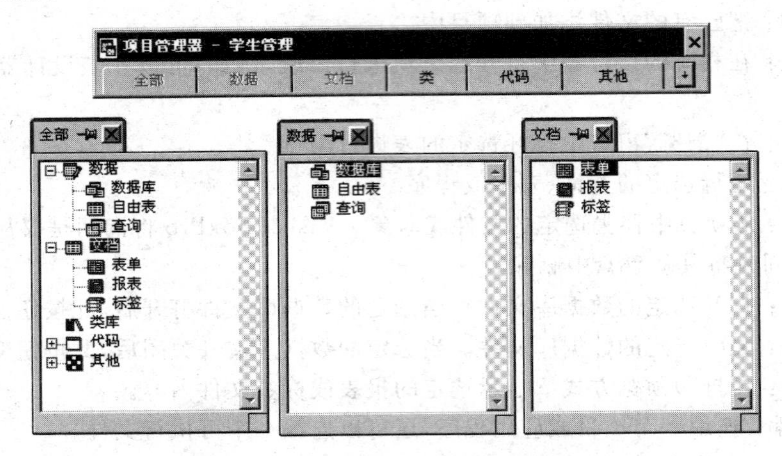。再次单击该图标，则恢复到原始状态。

图 10.4 部分选项卡从项目管理器分离

10.3 使用项目管理器

10.3.1 在项目管理器中新建或修改文件

1. 在项目管理器中新建文件

首先选定要创建的文件类型(如数据库、数据库表、查询等)，然后单击“新建”按钮，将显示与所选文件类型相应的设计工具。对于某些项目，还可以选择利用向导来创建文件。

以用项目管理器新建表为例，操作步骤如下。

打开已建立的项目文件，出现项目管理器窗口，选择“数据”选项卡中的“数据库”下的表，然后单击“新建”按钮，出现“新建表”对话框，选择“新建表”出现“创建”对话框，确定需要建立表的路径和表名，单击“保存”按钮后，出现表设计器窗口。

2. 在项目中修改文件

若要在项目中修改文件，只要选定要修改的文件名，再单击“修改”按钮。例如，要修改一个表，先选定表名，然后单击“修改”按钮，该表便显示在表设计器中。

10.3.2 向项目中添加和移去文件

1. 向项目中添加文件

要在项目中加入已经建立好的文件，首先选定要添加文件的文件类型，如单击“数据”选项卡中的“数据库”选项。再单击“添加”按钮，在“打开”对话框中，选择要添加的文件名，然后单击“确定”按钮。

2. 从项目中移去文件

在项目管理器中，选择要移去的文件，如单击“数据”选项卡中“数据库”选项下的数据库文件。单击“移去”按钮，此时将打开一个提示对话框，询问“把数据库从项目中移去还是从磁盘上删除？"。如想把文件从项目中移去，单击"移去"按钮。如想把文件从项目中移去，并从磁盘上删除，单击"删除"按钮。

10.3.3 项目文件的连编与运行

连编是将项目中所有的文件连接编译在一起，这是大多数系统开发都要做的工作。这里先介绍有关的两个重要概念。

1. 主文件

主文件是项目管理器的主控程序，是整个应用程序的起点。在 Visual FoxPro 中必须指定一个主文件，作为程序执行的起始点。它应当是一个可执行的程序，这样的程序可以调用相应的程序，最后一般应回到主文件中。

2. "包含"和"排除"

"包含"是指应用程序的运行过程中不需要更新的项目，也就是一般不会再变动的项目。它们主要有程序、图形、窗体、菜单、报表、查询等。

"排除"是指已添加在项目管理器中，但又在使用状态上被排除的项目。通常，允许在程序运行过程中随意地更新它们，如数据库表。对于在程序运行过程中可以更新和修改的文件，应将它们修改成"排除"状态。

指定项目的"包含"与"排除"状态的方法是：打开"项目管理器"，选择菜单栏的"项目"命令中的"包含/排除"命令项；或者通过单击鼠标右键，在弹出的快捷菜单中，选择"包含/排除"命令项。在使用连编之前，要确定以下几个问题。

(1) 在项目管理器中加进所有参加连编的项目，如程序、窗体、菜单、数据库、报表、其他文本文件等。

(2) 指定主文件。

(3) 对有关数据文件设置"包含/排除"状态。

(4) 确定程序(包括窗体、菜单、程序、报表)之间的明确的调用关系。

(5) 确定程序在连编完成之后的执行路径和文件名。

在上述问题确定后，即可对该项目文件进行编译。通过设置"连编选项"对话框中的"选项"，可以重新连编项目中的所有文件，并对每个源文件创建其对象文件。同时在连编完成之后，可指定是否显示编译时的错误信息，也可指定连编应用程序之后，是否立即运行它。

习　题

一、选择题

1. 在 Visual FoxPro 中，为项目添加数据库或自由表，应选择(　　)选项卡。

   A. 数据　　B. 信息　　C. 报表　　D. 窗体

2. 对于 Visual FoxPro，以下说法正确的是(　　)。

   A. 项目管理器是一个大文件夹，里面有若干个小文件

   B. 项目管理器是管理开发应用程序的各种文件、数据和对象的工具

   C. 项目管理器只能管理项目不能管理数据

   D. 项目管理器不可以使用向导打开

3. 要删除项目管理器包含的文件,需要使用项目管理器的(　　)按钮。

A. 连编　　B. 删除　　C. 添加　　D. 移去

4. 项目管理器可以有效地管理表、表单、数据库、菜单、类、程序和其他文件,并且可以将它们编译成(　　)。

A. 扩展名为 APP 的文件　　B. 扩展名为 EXE 的文件

C. 扩展名为 APP 或 EXE 的文件　　D. 扩展名为 PRG 的文件

5. 在项目管理器中删除数据库时出现相应对话框,单击“移去”后再单击“删除”按钮将(　　)。

A. 从项目管理器中删除数据库,但并不从磁盘上删除相应的数据库文件

B. 从项目管理器中删除数据库,并从磁盘上删除相应的数据库文件及数据库中的表对象

C. 从项目管理器中删除数据库,并从磁盘上删除相应的数据库文件

D. 不进行删除操作

6. 项目管理器将一个应用程序的所有文件集合成一个有机的整体,形成一个扩展名为(　　)的项目文件。

A. DBC　　B. PJX　　C. PRG　　D. EXE

二、填空题

1. 利用“项目管理器”上的(　　)按钮或“项目”菜单中的“新建文件”命令创建的文件会自动包含在项目中,而从“文件”菜单中创建的文件则不会自动包含在项目中。

2. 要打开“项目管理器”,如同建立或打开其他文件一样可以执行“文件”菜单中的“新建”命令或“打开”命令,也可以在“命令”窗口中执行(　　)命令。

3. 要使在应用程序生成器中所做的修改与当前活动项目保持一致,应单击(　　)按钮。

4. 在打开项目管理器之后,可以通过按 Alt+F2 键、“工具”菜单中的“向导”或快捷菜单上的(　　)菜单项打开应用程序生成器。

三、操作题

有两个数据表如下:

Book(编号 c(8),书名 c(30),出版社 c(20),定价 n(6,2))

Sales(订单号 c(10),编号 c(8),数量 n(6))

(1) 在表设计器中建立两个表的结构,并分别为两个表输入若干记录。

(2) 创建一个项目文件,在项目管理器中新建一个数据库,然后,把 Book 和 Sales 两个表添加到数据库中。

(3) 在项目管理器中修改和浏览这两个表。

第11章 数据库应用系统开发

11.1 数据库应用系统开发的基本步骤

一般来说，一个数据库应用系统开发的基本步骤分为需求分析、系统设计、系统实现、系统发布和系统运行维护几个阶段。

1. 需求分析

需求分析是整个数据库应用系统开发过程中十分重要的工作。此阶段可分为两步，即数据分析和功能分析。数据分析主要是归纳出系统处理的原始数据、数据之间的相互联系、数据处理所遵循的规则、处理结果的输出方式和格式等；功能分析则是详细分析出系统各部分如何对各类信息进行加工处理，以实现用户所提出的各类功能需求等。

2. 系统设计

系统设计是在需求分析的基础上，采用一定的标准和准则，设计数据库应用系统各个组成部分在计算机系统上的结构，为下一阶段的系统实现做准备。它主要包括两大部分：数据库、表的设计和应用系统功能设计。

数据库、表设计是根据数据库系统所要存储和处理的各种数据、数据的类型、数据所表示的实体以及实体之间的相互联系，按照数据库设计的基本原则和关系模型的规范化要求，设计数据库中表的数量和各表的结构。

应用系统功能设计则是设计能够实现数据的输入、输出和各种加工处理，以及对整个应用系统进行管理、控制与维护的功能模块。

3. 系统实现

系统实现是根据数据库应用系统设计的要求，选用合适的数据库管理系统，创建数据库、表，设计、编写、调试应用系统的各功能模块程序。

在该阶段，要根据系统设计要求和功能实现的情况，向数据库、表中小批量输入一些原始数据，通过试运行来测试数据库和表的结构、应用程序的各功能模块是否能满足应用系统的要求。若不能满足，则需要查找未达到系统设计要求的原因，对发现的问题及时进行修改、调整，直到达到系统设计的要求为止，这一过程应贯穿于整个系统的实现阶段。

4. 系统发布

完成整个系统的设计、实现工作，系统试运行合格后，即可进入系统发布阶段。此阶段的工作主要有两个方面：一是对组成数据库应用系统的各功能模块文件进行项目连编，将源程序代码等编译连接，生成一个可执行的应用系统软件；二是整理完善文档资料，并与连编生成的应用系统软件一起发布，交付使用。

5. 系统运行维护

系统投入使用以后，还有一个非常重要的工作，就是定期的系统维护。因为系统运行一段时间后，系统的安全性、数据的完整性都会受到影响，运行效率会有所降低。通过定期的系统维护，可以保证系统自始至终处于正常的运行状态。另外，该项工作还可以对系统进行评价，根据评价结果和管理的要求对系统进行必要的调整。

11.2 “学生信息管理系统”的开发简介

本节以一个简单的“学生信息管理系统”为例，结合前面各章所介绍的基本知识和设计方法，介绍使用 Visual FoxPro 开发数据库应用系统的基本过程和步骤。

11.2.1 需求分析

1. 数据分析

“学生信息管理系统”需要处理的是与学生相关的各类数据，主要包括学生个人基本信息、学生成绩等。

2. 功能分析

“学生信息管理系统”的功能主要有以下几个方面。

(1) 学生基本信息管理功能：实现学生个人信息的输入、修改、删除等。

(2) 学生成绩信息管理功能：实现学生成绩信息的输入、修改、删除等。

(3) 学生信息查询功能：能按照所给出的条件对学生基本信息进行信息查询。

(4) 学生信息打印功能：打印学生信息、学生成绩报表。

在此基础上分析学生信息管理的流程，如图 11.1 所示。

由该流程图及学生信息管理系统所具有的功能，可得到如图 11.2 所示的学生信息管理系统结构图。

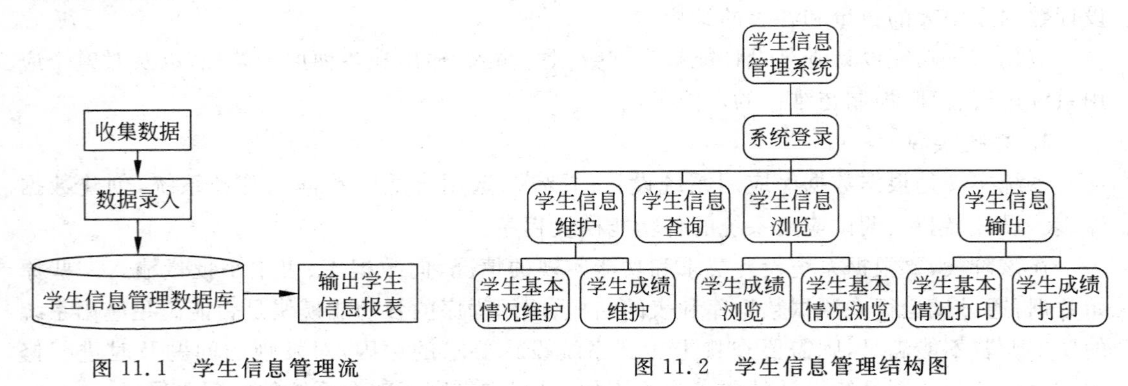

图 11.1 学生信息管理流

图 11.2 学生信息管理结构图

11.2.2 系统设计

系统设计分为数据库设计和应用程序设计两部分。数据库设计的重点是设计数据库的结构，定义创建数据库表以及表之间的关联。应用程序设计的重点是如何使用数据信息。

1. 数据库设计

Visual FoxPro 是通过数据库对数据进行统一管理的。在学生信息管理系统中需创建数据库“学生信息.dbc”，该数据库需要设计的数据文件有学生.dbf、成绩.dbf 及管理员.dbf。它们的表结构分别如表 11.1～表 11.3 所示。

表 11.1　学生表

字　段　名	类　　型	宽　　度	小　数　位	索　　引
学号	字符型	11	—	主索引
姓名	字符型	8	—	
性别	字符型	2	—	
出生日期	日期型	8	—	
政治面貌	字符型	10	—	
专业	字符型	20	—	
简介	备注型	4	—	

表 11.2　成绩表

字　段　名	类　　型	宽　　度	小　数　位	索　　引
学号	字符型	11	—	候选索引
姓名	字符型	8	—	
高数	数值型	6	2	
英语	数值型	6	2	
VF 程序设计	数值型	6	2	
计算机网络	数值型	6	2	
体育	数值型	6	2	

表 11.3　管理员表

字　段　名	类　　型	宽　　度	小　数　位	索　　引
姓名	字符型	8	—	
密码	字符型	8	—	

2. 应用程序设计

学生信息管理系统中设计了如表 11.4 所示的各类文件。

表 11.4　各类文件及说明

文件类型	文件名	说　　明	文件类型	文件名	说　　明
表单	login. scx	系统登录表单	表单	xsxxdy. scx	学生基本情况打印表单
	xssjwh. scx	学生基本情况维护表单		xxcjdy. scx	学生成绩打印表单
	xscjwh. scx	学生成绩维护表单	报表	xsxxbb. frx	学生信息报表
	xssjch. scx	学生信息查询表单		xscjbb. frx	学生成绩报表
	xsxxll. scx	学生基本情况浏览表单	系统菜单	xtcd. mnx	主菜单
	xscjll. scx	学生成绩浏览表单	程序文件	main. prg	主程序

11.2.3 系统实现

在系统中，建立一个“学生信息管理”系统文件夹，并在其中建立相应的子文件夹，用于存放开发系统各类相应的文件，以方便管理。

1. 建立数据库及表

首先创建数据库“学生信息.dbc”及三个数据库表(学生.dbf、成绩.dbf、管理员.dbf)。创建结构如图 11.3 所示。

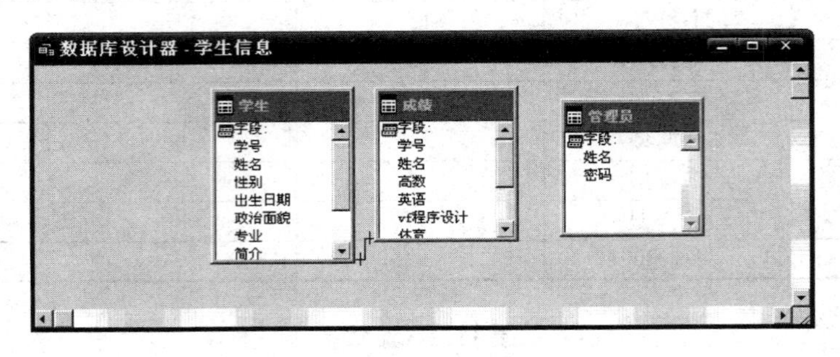

图 11.3 学生信息数据库

2. 设计主程序

主程序就是一个数据库应用系统首先要执行的程序。在主程序中，一般要完成系统环境设置、调用其他菜单程序及其他组件，并显示程序主界面。本例的主程序文件名为：main.prg。

主程序文件的内容如下。

```
clear all
close all
set default to e:\学生信息管理                    && 设置默认路径
set database e:\学生信息管理\学生信息.dbc         && 打开数据库
set talk off                                     && 关闭对话
set escape off                                   && 关闭 Esc 键
set sysmenu off                                  && 关闭系统菜单
set exclusive on                 && 将输出结果发送到 Visual FoxPro 窗口或当前活动窗口中
set delete off                                   && 显示加了删除标记的记录
set safety off                                   && 在改写已有文件时不显示对话框
_screen.windowstate = 2                          && 设置窗体状态最大化
_screen.caption = "学生信息管理系统"              && 设置窗体标题
do form login.scx                                && 打开登录窗口
read events                                      && 建立应用程序的事件循环
return
```

3. 创建系统菜单

一个良好的数据库应用系统程序中，菜单起着组织协调其他对象的关键作用。利用 Visual FoxPro 提供的可视化菜单设计工具设计本例的菜单。菜单结构如图 11.4 所示。菜单文件名称为“xtcd.mnx”，菜单设计如表 11.5 所示。

图 11.4 菜单结构图

根据表 11.5 完成菜单文件的创建，最后选择"菜单"→"生成"菜单项，将菜单文件生成菜单程序文件"xtcd.mpr"。

表 11.5 系统菜单的设置

菜单名称	结果	菜单级	上级菜单	代码
学生信息维护	子菜单	菜单栏		
学生基本信息维护	命令	新菜单项	学生信息维护	do form xssjwh.scx
学生成绩信息维护	命令	新菜单项	学生信息维护	do form xscjwh.scx
学生信息查询	命令	菜单栏		do form xssjch.scx
学生信息浏览	子菜单	菜单栏		
学生基本情况浏览	命令	新菜单栏	学生信息浏览	do form xxsjll.scx
学生成绩浏览	命令	新菜单栏	学生信息浏览	do form xxcjll.scx
学生信息打印	子菜单	菜单栏		
学生基本情况打印	命令	新菜单项	学生信息打印	do form xsxxdy.scx
学生成绩打印	命令	新菜单项	学生信息打印	do form xscjdy.scx
退出	过程	菜单栏		Clear events close all quit

4. 系统功能实现

1）设计系统登录

系统登录表单的主要任务是输入用户名及密码，其作用是为了保护系统数据的安全性。只有合法用户才可以使用本系统。如图 11.5 所示的登录界面，该界面的实现如下。

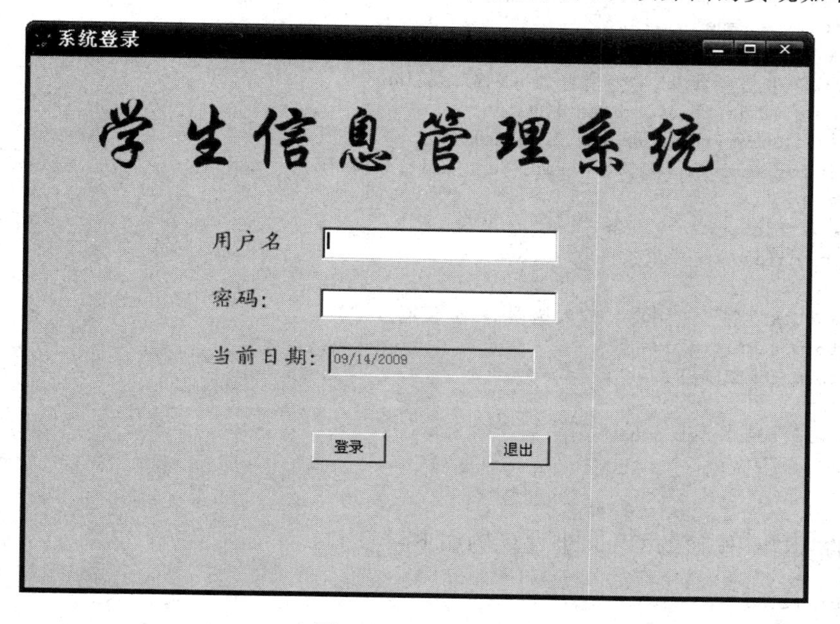

图 11.5 登录界面

(1) 新建一个表单，命名为“login. scx”。

(2) 在新建表单中创建 4 个标签控件、3 个文本框控件、2 个命令按钮控件。各控件的属性按照表 11.6 进行设置。

表 11.6　登录界面控件属性设置

对象名	属性名	属性值	对象名	属性名	属性值
Form1	Caption	系统登录	Label4	Caption	当前日期
Label1	Caption	学生信息管理系统	Text1	Name	Text1
	FontName	华文行楷	Text2	Name	Text2
	FontSize	48	Text3	Enable	.F.
Label2	Caption	用户名	Command1	Caption	登录
Label3	Caption	密码	Command2	Caption	退出

(3) 打开代码编辑窗口，为“登录”按钮和“退出”按钮的 Click 事件和表单的 Init 编写代码。

(4) 保存表单。

表单的 Init 事件代码如下：

```
public n
n = 1
thisform.text3.value = date()
```

表单的“登录”按钮的 Click 事件代码如下。：

```
if (n>2)
  messagebox("密码输入超过三次，不能使用本系统!")
  thisform.release
else
  use e:\学生信息管理\学生信息数据\管理员.dbf
  temp1 = alltrim(thisform.text1.value)
  temp2 = alltrim(thisform.text2.value)
  locate for alltrim(姓名) == temp1 .and. alltrim(密码) == temp2
 if found()
   release thisform
   do form main
 else
   messagebox("密码或用户名输入错误码，重新输入!")
   thisform.text1.value = ""
   thisform.text2.value = ""
   n = n + 1
   thisform.text1.setfocus
 endif
 endif
```

表单的“退出”按钮的 Click 事件代码如下：

```
Thisform.release
```

2) 学生信息维护模块设计

数据维护表单是用户进行数据资源管理的一个工作窗口，是数据库应用系统中的重要工作环境之一。学生信息维护分为：学生基本信息维护和学生成绩维护两个子模块。主要通过两个表单分别对"学生.dbf"和"成绩.dbf"两个表进行所有数据的输入、修改、增加、删除等功能的操作。这里只对学生基本情况维护子模块界面设计和实现的方法做详细阐述，按照该方法可以进行学生成绩维护界面设计和实现。如图 11.6 所示为学生基本信息维护界面。

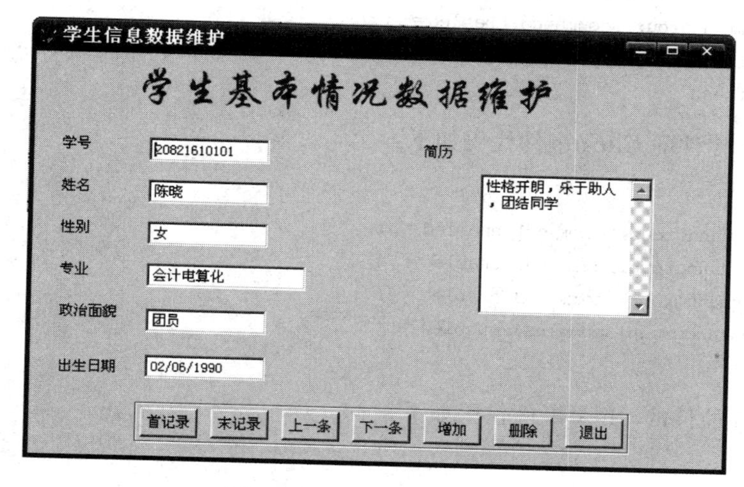

图 11.6　学生信息维护界面

该界面的设计步骤如下。

（1）新建一个表单，并命名为"xssjwh.scx"。

（2）在"表单设计器"窗口中右击，在弹出快捷菜单中选择"数据环境"命令，向表单添加数据资源(学生.dbf)。

（3）在新建的表单中添加 8 个标签控件，6 个文本框控件，一个编辑框控件，一个命令按钮组控件。表单及控件属性如表 11.7 所示。

表 11.7　学生信息维护表单及控件属性设置

对象名	属性名	属性值	对象名	属性名	属性值
Form1	Caption	学生基本情况数据维护	Text5	ControlSource	学生.政治面貌
Label1	Caption	学号	Text6	ControlSource	学生.出生日期
Label2	Caption	姓名	Edit1	ControlSource	学生.简介
Label3	Caption	性别	CommandGroup1	ButtonCount	7
Label4	Caption	专业	Command1	Caption	首记录
Label5	Caption	政治面貌	Command2	Caption	末记录
Label6	Caption	出生日期	Command3	Caption	上一条
Label7	Caption	简历	Command4	Caption	下一条
Text1	ControlSource	学生.学号	Command5	Caption	增加
Text2	ControlSource	学生.姓名	Command6	Caption	删除
Text3	ControlSource	学生.性别	Command7	Caption	退出
Text4	ControlSource	学生.专业			

(4) 打开“代码编辑”窗口编写事件代码。

Command1 控件的 Click 事件代码如下：

```
go top
thisform.commandgroup1.command1.enabled = .f.
thisform.commandgroup1.command2.enabled = .t.
thisform.commandgroup1.command3.enabled = .f.
thisform.commandgroup1.command4.enabled = .t.
thisform.refresh
```

Command2 控件的 Click 事件代码如下：

```
go bottom
thisform.commandgroup1.command1.enabled = .t.
thisform.commandgroup1.command2.enabled = .f.
thisform.commandgroup1.command3.enabled = .t.
thisform.commandgroup1.command4.enabled = .f.
thisform.refresh
```

Command3 控件的 Click 事件代码如下：

```
skip -1
if bof()
thisform.commandgroup1.command1.enabled = .f.
thisform.commandgroup1.command2.enabled = .t.
thisform.commandgroup1.command3.enabled = .f.
thisform.commandgroup1.command4.enabled = .t.
else
thisform.commandgroup1.command1.enabled = .t.
thisform.commandgroup1.command2.enabled = .t.
thisform.commandgroup1.command3.enabled = .t.
thisform.commandgroup1.command4.enabled = .t.
endif
thisform.refresh
```

Command4 控件的 Click 事件代码如下：

```
skip 1
if eof()
thisform.commandgroup1.command1.enabled = .t.
thisform.commandgroup1.command2.enabled = .f.
thisform.commandgroup1.command3.enabled = .t.
thisform.commandgroup1.command4.enabled = .f.
else
thisform.commandgroup1.command1.enabled = .t.
thisform.commandgroup1.command2.enabled = .t.
thisform.commandgroup1.command3.enabled = .t.
thisform.commandgroup1.command4.enabled = .t.
endif
thisform.refresh
```

Command5 控件的 Click 事件代码如下：

```
append blank
thisform.refresh
```

Command6 控件的 Click 事件代码如下：

```
if messagebox("确定要删除该记录吗?",4 + 32,"请确认") = 6
  delete
  pack
  endif
  thisform.refresh
```

Command7 控件的 Click 事件代码如下：

```
Thisfrom.release
```

(5) 保存表单。

3) 学生信息查询模块

数据查询表单,是用户进行数据资源检索的一个工作窗口,也是数据库经常要做的操作。学生信息查询模块提供了三种查询方式：按学号查询、按姓名查询和按出生日期查询，如图 11.7 所示。

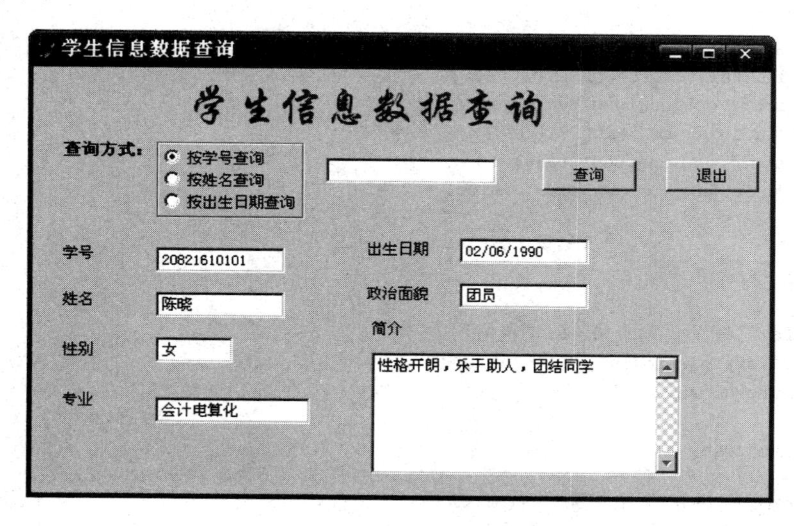

图 11.7　数据查询表单

学生信息数据查询设计步骤如下。

(1) 新建一个表单,并命名为“xssjcx.scx”。

(2) 在“表单设计器”窗口中右击,弹出快捷菜单,选择“数据环境”,向表单添加数据资源(学生.dbf)。

(3) 在新建的表单窗口中创建 9 个标签控件、7 个文本框控件、2 个命令按钮控件、一个编辑框控件和一个命令按钮组控件。表单及控件属性如表 11.8 所示。

表 11.8　数据查询表单及控件属性设置

对象名	属性名	属性值	对象名	属性名	属性值
Form1	Caption	数据查询	Label6	Name	出生日期
Text1	Name	Text1	Label7	Name	政治面貌
Text2	ControlSource	学生.学号	Label8	Name	简介
Text3	ControlSource	学生.姓名	Label9	Name	学生信息数据查询
Text4	ControlSource	学生.性别	Edit1	ControlSource	学生.简介
Text5	ControlSource	学生.专业	Command1	Caption	查询
Text6	ControlSource	学生.出生日期	Command2	Caption	退出
Text7	ControlSource	学生.政治面貌	OptionGroup1	ButtonCount	3
Label1	Name	选择查询方式	Option1	Value	1
Label2	Name	学号		Caption	按学号查询
Label3	Name	姓名	Option2	Caption	按姓名查询
Label4	Name	性别	Option3	Caption	按出生日期查询
Label5	Name	专业			

(4) 打开“代码编辑”窗口编写事件代码。

Command1 控件的 Click 事件代码如下：

```
do case
 case thisform.optiongroup1.value = 1
  locate for thisform.text1.value = 学生.学号
 case thisform.optiongroup1.value = 2
  locate for thisform.text1.value = 学生.姓名
 case thisform.optiongroup1.value = 3
  locate for ctod(thisform.text1.value) = 学生.出生日期
endcase
if found()
 thisform.refresh
else
 messagebox("查无此人!",0 + 64,"提醒")
 thisform.text1.setfocus
 thisform.text1.value = ""
endif
thisform.refresh
```

Command2 控件的 Click 事件代码如下：

```
thisform.refresh
```

(5) 保存表单。

4) 学生信息浏览模块设计

学生信息浏览主要实现以表格的形式对学生的基本信息和学生成绩信息进行快速浏览基本功能。该模块分为学生成绩浏览和学生基本情况浏览两个子模块。这里只对学生成绩信息浏览子模块界面设计和实现的方法做详细阐述，按照该方法可以进行学生基本信息浏览界面设计和实现。学生成绩信息浏览界面如图 11.8 所示。

学生基本信息打印设计步骤如下。

(1) 新建一个表单，并命名为“xscjll.scx”。

图 11.8　学生成绩浏览界面

(2) 在“表单设计器”窗口中右击，在弹出快捷菜单中选择“数据环境”命令，向表单添加数据资源(成绩.dbf)。

(3) 在新建的表单窗口中创建一个标签控件、一个表格控件和一个命令按钮控件。表单及控件属性如表 11.9 所示。

表 11.9　学生成绩浏览表单及控件属性设置

对　象　名	属　性　名	属　性　值
Label1	Caption	学生成绩浏览
Grid1	ColumnCount	7
	RecordSource	成绩
Command1	Caption	退出

(4) 打开“代码编辑”窗口编写事件代码。

Command1 控件的代码如下：

```
Thisform.release
```

5) 学生信息打印模块设计

学生信息打印主要实现学生的基本信息打印和学生成绩打印，其中学生基本信息打印界面如图 11.9 所示。

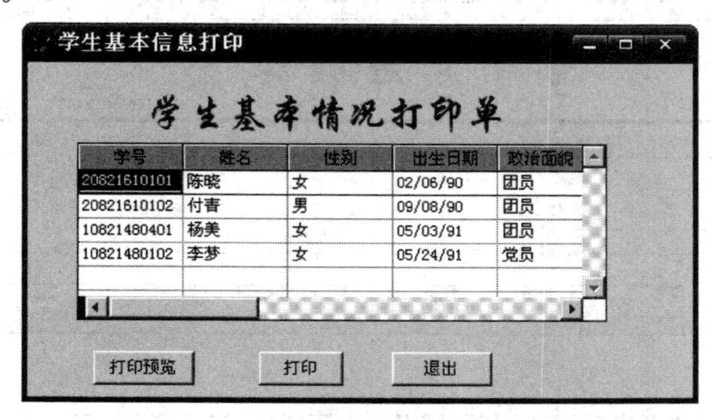

图 11.9　学生基本情况打印界面

学生基本信息打印设计步骤如下。

(1) 新建一个表单,并命名为"xsxxdy.scx"。

(2) 在"表单设计器"窗口中右击,在弹出快捷菜单中选择"数据环境"命令,向表单添加数据资源(学生.dbf)。

(3) 在新建的表单窗口中创建一个标签控件、一个表格控件和三个命令按钮控件。表单及控件属性如表 11.10 所示。

表 11.10 学生基本信息打印表单及控件属性设置

对象名	属性名	属性值	对象名	属性名	属性值
Label1	Caption	学生基本信息打印单	Command1	Caption	打印预览
Grid1	ColumnCount	6	Command2	Caption	打印
	RecordSource	学生	Command3	Caption	退出

(4) 打开"代码编辑"窗口编写事件代码。

Command1 控件的代码如下:

```
report form e:\学生信息管理\学生基本信息报表.frx preview
```

Command2 控件的代码如下:

```
report form f:\学生信息管理\学生基本信息报表.frx to printer
```

Command3 控件的代码如下:

```
Thisform.release
```

(5) 保存表单。

(6) 创建学生基本信息报表

① 新建一个报表,在打开的"新建报表"对话框中单击"新建报表"按钮,打开"报表设计器"窗口。

② 打开"数据环境设计器"窗口,将学生表添加到数据环境中。将需要的字段从数据环境中拖到报表设计器的细节带区中,并调整各对象的大小和外观。增加标题带区,并设置报表标题和打印日期,如图 11.10 所示。

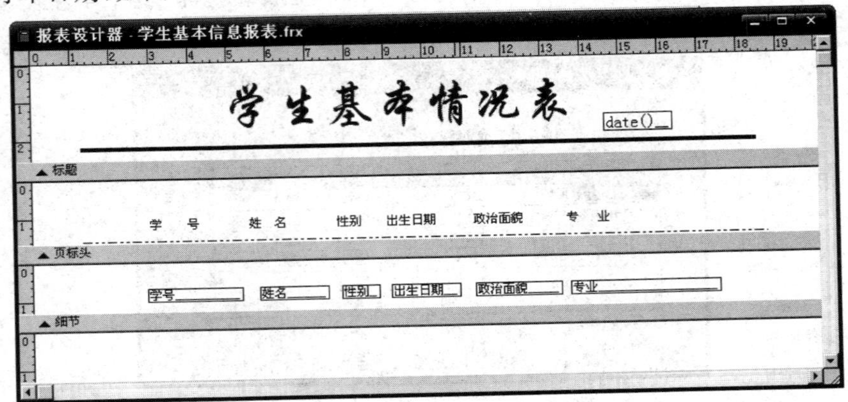

图 11.10 学生基本信息报表设计

在“学生基本信息报表”表单中，单击“打印”按钮调用报表程序，如图 11.11 所示。

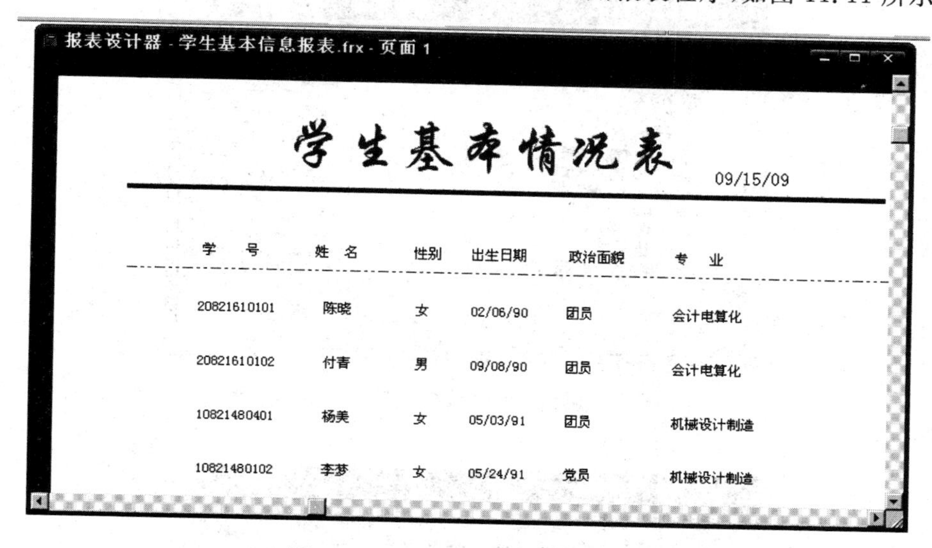

学　号	姓　名	性别	出生日期	政治面貌	专　业
20821610101	陈晓	女	02/06/90	团员	会计电算化
20821610102	付青	男	09/08/90	团员	会计电算化
10821480401	杨美	女	05/03/91	团员	机械设计制造
10821480102	李梦	女	05/24/91	党员	机械设计制造

图 11.11　打印预览下的报表格式

11.2.4　应用系统的连编

应用系统的各组成部分设计完成后，再对各个功能模块分别进行调试，最后需将各模块组装起来，对整个系统进行联合调试。调试成功并进行编译，生成应用系统的可执行程序，即为连编项目。

1. 项目组装

Visual FoxPro 提供了项目管理器来组装各个功能模块，进行统一管理，构建一个完整的应用系统项目。组装功能模块的操作步骤如下。

1）建立或打开项目文件

选择“文件”→“新建”命令，在“文件类型”选项区域中选择“项目”，单击“新建文件”按钮建立项目文件“学生信息”。

2）添加数据

打开项目文件，选择“数据”选项卡，单击“添加”按钮，添加数据库“学生信息.dbc”，如图 11.12 所示。

3）添加表单文件

打开项目管理器，选择“文档”选项卡，单击“添加”按钮，将各种功能的表单添加到“学生信息”项目文件中，如图 11.13 所示。

4）添加应用程序

打开项目管理器，选择“代码”选项卡，单击“添加”按钮，将程序文件添加到“学生信息”项目文件中。

5）添加系统菜单

打开项目管理器，选择“其他”选项卡，单击“添加”按钮，将菜单文件和其他相关文件添加到“学生信息”项目文件中。

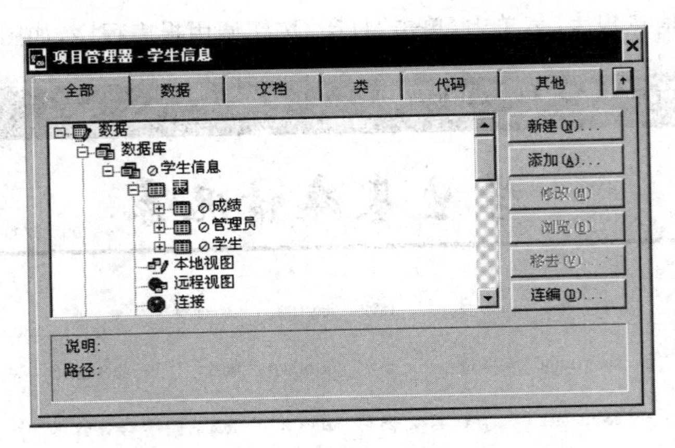

图 11.12 “数据”选项卡

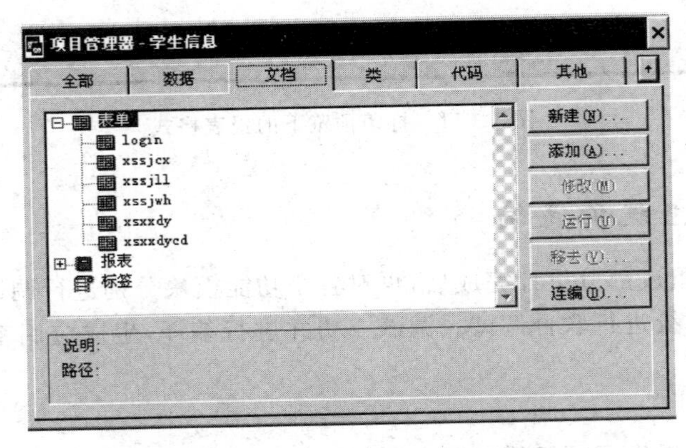

图 11.13 将表单文档添加到项目中

2. 设置主程序

主程序是应用系统的起始点。启动应用程序时，最先运行的是主程序。每个应用系统都只能包含一个主程序。在 Visual FoxPro 系统主菜单下，选择“项目”→“设置主文件”命令，将程序 main 设置为系统启动主程序文件，如图 11.14 所示。

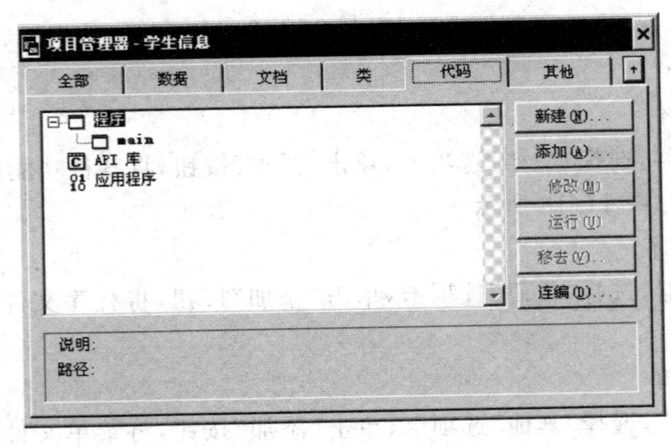

图 11.14 设置主程序

3. 连编应用程序

应用程序创建完后，如果想在没有安装 Visual FoxPro 环境的平台上直接运行，则需要将其连编成可执行文件(.exe)。操作步骤如下。

(1) 打开应用程序项目(学生信息管理系统.pjx)，在项目管理器中选择主程序，单击“连编”按钮，出现如图 11.15 所示的“连编选项”对话框。

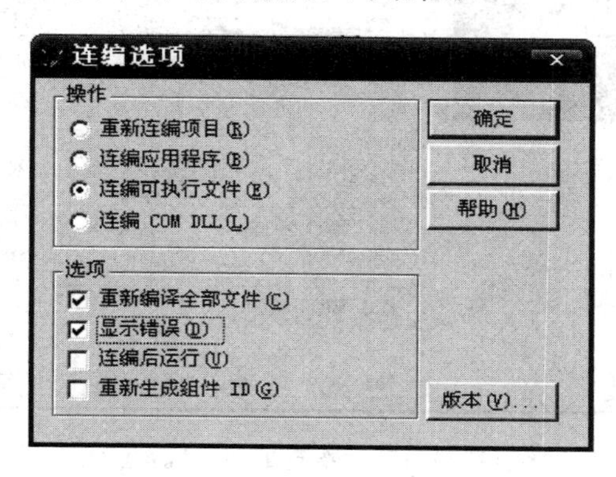

图 11.15 “连编选项”对话框

(2) 在“连编选项”对话框中选择“连编可执行文件”单选按钮、“重新编译全部文件”和“显示错误”复选框，最后单击“确定”按钮，生成可执行文件。

4. 发布应用程序

可以为可执行文件创建安装盘，即所谓的“发布应用程序”。

在运行安装向导前在“命令”窗口中使用命令“close all”关闭所有对象。在系统菜单中选择“工具”→“向导”→“安装”命令，启动安装向导，就可以完成应用程序的发布操作。

1) 定位文件

在如图 11.16 所示对话框中，单击“发布树目录”右侧的按钮，选择发布树目录所在的位置。本例是“E:\学生信息管理”。

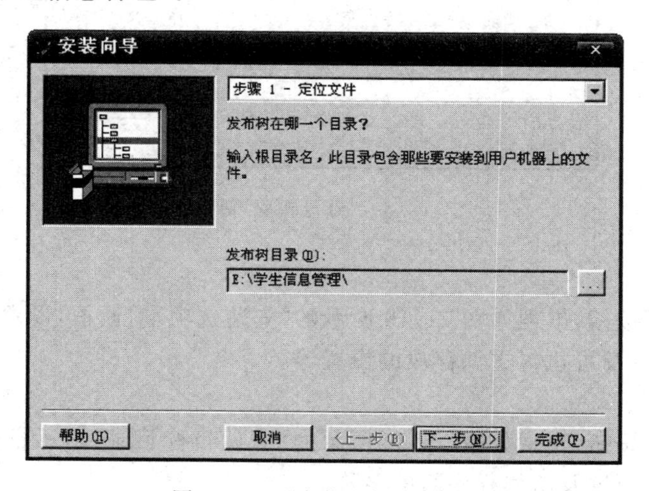

图 11.16 “定位文件”对话框

2）指定组件

单击“下一步”按钮，进入如图 11.17 所示的“指定组件”对话框。

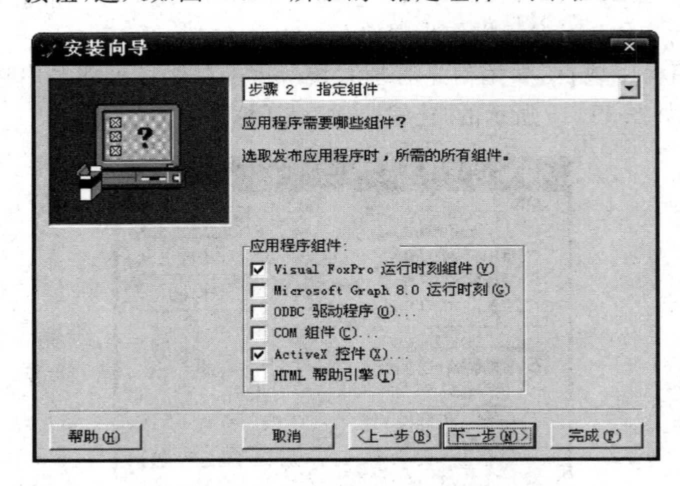

图 11.17 “指定组件”对话框

3）磁盘映象

单击“下一步”按钮，出现如图 11.18 所示的“磁盘映象”对话框，设置安装程序存放的位置及磁盘映象文件的分卷大小。

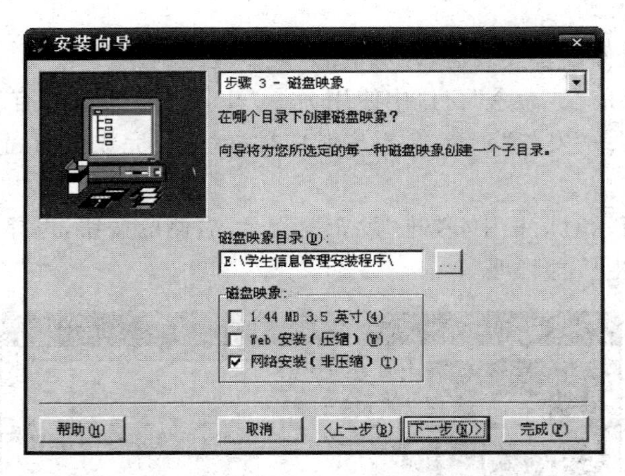

图 11.18 “磁盘映象”对话框

4）安装选项

单击“下一步”按钮，出现如图 11.19 所示的“安装选项”对话框，设置安装程序界面中显示的标题、版权信息及可执行文件存放的位置等。

5）默认目录

单击“下一步”按钮，出现如图 11.20 所示的“默认目标目录”对话框。在该对话框中设置默认的程序安装位置及所属程序组的名称。

6）改变文件位置

单击“下一步”按钮，出现“改变文件设置”对话框。在该对话框中可以更改某些文件的

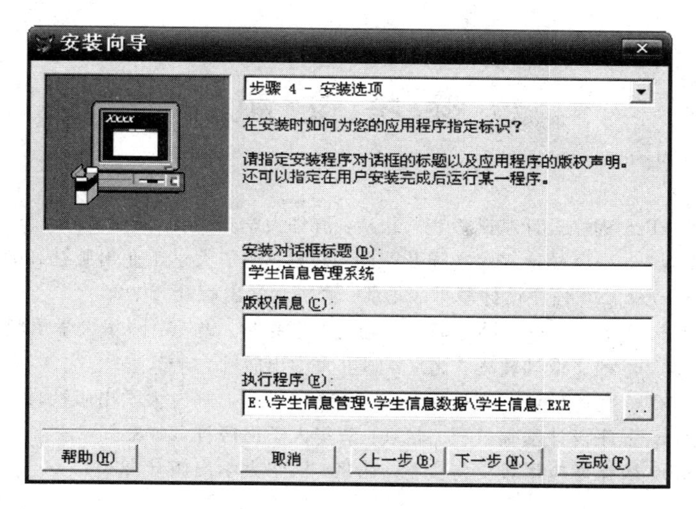

图 11.19 “安装选项”对话框

图 11.20 “默认目标目录”对话框

安装位置,一般此处不用修改。

7）完成

单击“下一步”按钮,出现“完成”对话框。在该对话框中单击“完成”按钮。系统便会在指定的路径下,生成安装文件包。只要单击安装程序 setup.exe,就可以根据安装向导在屏幕提示下完成学生信息管理系统的安装。

习　　题

1. 数据库应用系统的开发一般有几个步骤?
2. 如何将应用程序设计中完成的各种文件组装在项目中?

参 考 文 献

1. 曾庆森. Visual FoxPro 程序设计基础教程. 北京：清华大学出版社,2010.
2. 曾庆森. Visual FoxPro 程序设计实验指导及习题. 北京：清华大学工业出版社,2010.
3. 卢湘鸿. Visual FoxPro 6.0 程序设计基础. 北京：清华大学出版社,2002.
4. 李吉梅等. Visual FoxPro 6.0 程序设计基础习题与实践指导. 北京：清华大学出版社,2002.
5. 刘卫国. Visual FoxPro 程序设计教程. 北京：邮电大学出版社,2005.
6. 刘卫国. Visual FoxPro 程序设计上机指导与习题选解. 北京：邮电大学出版社,2003.
7. 薛磊. Visual FoxPro 程序设计基础教程. 北京：清华大学出版社,2008.
8. 徐辉. Visual FoxPro 数据库应用教程与实验. 北京：清华大学出版社,2006.

图书资源支持

感谢您一直以来对清华版图书的支持和爱护。为了配合本书的使用，本书提供配套的资源，有需求的读者请扫描下方的“书圈”微信公众号二维码，在图书专区下载，也可以拨打电话或发送电子邮件咨询。

如果您在使用本书的过程中遇到了什么问题，或者有相关图书出版计划，也请您发邮件告诉我们，以便我们更好地为您服务。

我们的联系方式：

地　　址：北京海淀区双清路学研大厦 A 座 707

邮　　编：100084

电　　话：010－62770175－4604

资源下载：http://www.tup.com.cn

电子邮件：weijj@tup.tsinghua.edu.cn

QQ：883604（请写明您的单位和姓名）

资源下载、样书申请

书圈

用微信扫一扫右边的二维码，即可关注清华大学出版社公众号“书圈”。